开放数据与数据安全的政策协同研究

马海群 等　著

科 学 出 版 社

北 京

内 容 简 介

本书在描述和探讨开放数据和数据治理定义、特点、类型及相关概念、基本理论基础上，探讨开放数据与数据安全的协同关系、协同模式及协同发展建议，以开放数据政策和数据安全政策内涵分析为引导解读国内外开放政府数据和数据安全的政策进展，既在理论上阐释基于证据的政府数据开放政策制定和我国数据安全政策评估，又展示开放数据与数据安全政策制定的实地实验分析，有创新性地构建开放数据与数据安全政策协同原理及框架、探析开放数据政策与数据安全政策协同环境及风险，重点开展基于政策扩散的开放数据与数据安全政策协同研究、基于语料库的开放数据与数据安全政策协同实证分析、基于知识图谱的开放数据与数据安全政策协同研究等。

本书可用作高等学校数据管理与数据治理、数据安全、信息资源管理、图书情报等相关学科专业博士研究生、硕士研究生、高年级本科生的研究读本和参考资料，也可供从事数字经济、数据产业、数据服务的实际工作者阅读参考。

图书在版编目(CIP)数据

开放数据与数据安全的政策协同研究 / 马海群等著．北京 ：科学出版社，2025．1．-- ISBN 978-7-03-080345-0

Ⅰ．TP309．2

中国国家版本馆 CIP 数据核字第 2024HX0066 号

责任编辑：刘　超 / 责任校对：樊雅琼

责任印制：徐晓晨 / 封面设计：无极书装

科学出版社出版

北京东黄城根北街 16 号

邮政编码:100717

http://www.sciencep.com

北京九州迅驰传媒文化有限公司印刷

科学出版社发行　各地新华书店经销

*

2025 年 1 月第　一　版　开本：787×1092　1/16

2025 年 5 月第二次印刷　印张：18 1/4

字数：420 000

定价：200.00 元

（如有印装质量问题，我社负责调换）

前　言

随着数字化经济时代的到来，大数据成为推动经济社会快速发展的关键因素，数据引发的变革正在从商业领域向政府管理、社会治理和个人生活领域全面拓进，数据正在改变所有组成文明的要素。一方面，开放共享环境下大数据技术的广泛应用，不但激发人类对内容产业创新的欲望，改变科学研究的方法与手段，而且释放数据潜能，助力社会治理。开放数据可以分为政府数据、公共数据 、科学数据 、商业数据和个人数据，各种类型的数据开放 、数据共享及其在各领域应用，已成为一种新的社会运动与经济增长方式。另一方面，在开放和使用数据的过程中，各种不可控的人为因素会导致种种数据安全问题，原因在于数据越来越具有经济价值，能够给人们带来很多利益，少数人可能通过不合法的途径和手段来获取它，并通过数据的不合法或不合理使用为自己的利益服务，给国家、社会乃至个人带来一系列数据安全威胁。由此可见，数据的开放与保护、共享与安全是信息化社会健康发展的重要力量，它不仅需要技术层面的支撑和架构，还需要政策层面的引导和激励。尤其随着近年来数据要素的显性化和数据产业的快速发展，数据范式正在形成，数据治理成为重要的政府治理和社会治理手段；数据治理的两个核心主题即为开放数据与数据安全，数据治理的重要工具是政策手段，数据治理最佳效能状态的一种体现方式则是开放数据与数据安全的政策协同，数据资源已经成为各国以及全社会新的政策制定和运行焦点。在我国，从2015年8月31日《促进大数据发展行动纲要》（国发〔2015〕50号），到2022年12月19日《中共中央 国务院关于构建数据基础制度更好发挥数据要素作用的意见》，再到2024年9月21日《中共中央办公厅 国务院办公厅关于加快公共数据资源开发利用的意见》等，就是最佳实践证明。

本书是国家社科基金重点项目“开放数据与数据安全的政策协同研究”（15ATQ008）成果，研究对象为基于大数据应用，面对互联互通、开放透明的网络技术与社会需求，开放数据的社会功能与政策引导、开放数据政策群的内部协同，数据安全与保护的社会价值与政策设计、数据安全政策群的内部协同，以及开发数据政策与数据安全政策的相辅相成关系、两类政策的外部协同设计。本书核心主题开放数据及政策与数据安全及政策之间存在繁复的非线性关系，开放数据与数据安全既相互依存，又有不同的价值导向，只有实现政策协同有序，才能解决两者之间矛盾冲突所带来的诸多现实问题：一方面因为数据开放方式、数据开放政策引导等因素的局限性而引发数据安全问题；另一方面由于过度强调数据安全，而阻碍数据开放共享的进程，由此影响了数据产业发展进程。

针对这些现实问题，本书设计的解决思路是分析开放数据政策与数据安全政策在制定或实施中存在的偏差，基于共享与安全、开放与保护的相互平衡，设计开放数据政策与数据安全政策的内部和外部协同策略，为政府机构等数据主体提供决策依据，并推动开放数据政策和数据安全政策的中国化和本土化。具体研究内容包括，①开放数据（政策）与数据安全（政策）的社会功能与价值分析：开放数据（政策）的发展现状、数据安全（政策）的发展现状、开放数据（政策）的社会功能与价值分析、数据安全（政策）的社会功能与价值分析。②开放数据与数据安全的政策需求分析：国家战略需求、社会管理需求、企业发展需求、科学研究需求、公众个人需求。③开放数据政策系统与数据安全政策系统的运行分析：开放数据政策系统与数据安全政策系统的制定分析、开放数据政策系统与数据安全政策系统的执行分析、开放数据政策系统与数据安全政策系统的评估分析、开放数据政策系统与数据安全政策系统的反馈分析、开放数据政策系统与数据安全政策系统的调整分析。④基于内容分析法的开放数据政策群及数据安全政策群的内部协同分析：开放数据政策群的横向协同和纵向协同、时间维度协同，数据安全政策群的横向协同和纵向协同、时间维度协同。⑤基于内容分析法的开放数据政策与数据安全政策的外部协同分析：过程协同，涉及制定、执行、评估、反馈、调整等；内容协同，涉及政策主体、政策目标、政策客体、政策资源、政策形式、政策话语等；主体协同，涉及政策制定者、实施者和其他利益相关方。⑥开放数据政策与数据安全政策的协同拟合分析和协同策略研究：基于政策扩散的开放数据与数据安全政策协同研究、基于语料库的开放数据与数据安全政策协同实证分析、基于知识图谱的开放数据与数据安全政策协同研究、开放数据与数据安全整体治理政策对策分析。

项目课题组成员及相关师生参与了著作的撰写，结构顺序为：第 1 章为引言（马海群、韩娜、张春春等）、第 2 章为开放数据与数据安全概述（马海群、蒲攀等）、第 3 章为开放数据与数据安全的协同模式（马海群、邹纯龙、王今等）、第 4 章为开放数据政策研究（马海群、刘瑞等）、第 5 章为数据安全政策研究（马海群、徐天雪、汤弘昱等）、第 6 章为开放数据与数据安全政策协同理论与方法研究（马海群、张涛、邹纯龙、闫倩等）、第 7 章为基于政策扩散的开放数据与数据安全政策协同研究（马海群、张斌等）、第 8 章为基于语料库的开放数据与数据安全政策协同实证分析（马海群、张涛等）、第 9 章为基于知识图谱的开放数据与数据安全政策协同研究（马海群、刘兴丽等）、第 10 章为结束语（马海群、张涛等）。全书由马海群编制撰写大纲、提出修改意见并统稿，张涛、韩娜、张春春协助了统稿工作。

马海群

2024 年 11 月 8 日

于黑龙江大学汇文楼

目　录

第1章 引　　言

"数据"一直是图书情报学的研究要素，图书情报学的研究领域涵盖事实、数据、信息、知识、情报（智能）全信息链的各个链环要素。当然，彼"数据"并非完全等同于此"数据"，即大数据时代的数据。随着大数据技术的兴起，数据引发的变化正在从商业领域向社会治理和个人生活领域全面推进，数据要素正在改变所有组成文明的构成要素。信息与数据的开放与保护、共享与安全，是保障现代社会健康发展与前进透明化的两股交织互动的重要力量，是信息资源开放利用面临的重要课题。它需要数据库技术、网络技术、大数据技术的支撑，也需要经济的配置、利益平衡，还需要政策法律制度的激励、引导与规制，当然也更需要协同与可持续发展。

1.1 大数据的内涵及影响

"大数据"是随着海量数据应用孕育而生的新概念，随着物联网、云计算、5G等技术的催化，大数据对人类社会的政治、经济、文化等各个方面都产生了深远的影响。

1.1.1 大数据的内涵

大数据从产生到普及，其内涵不断发生变化和扩展。本书将从大数据的定义、概念解析和大数据的类型对大数据的内涵进行分析讨论。

1.1.1.1 大数据的定义

大数据是从英语"Big Data"一词翻译而来，是指无法用现有的软件工具提取、存储、搜索、共享、分析和处理的海量的、复杂的数据集合。大数据可以理解为一种巨量资料库，可以在合理时间内进行搜集、管理、处理、整理以帮助政府部门、企业及其他行为主体进行决策和行动的信息[1]。关于大数据的定义尚未形成统一的共识，国内外不同的机构和学者从不同角度进行了界定，见表1-1。

表1-1 部分机构或学者对大数据的定义

序号	机构或学者	定义	出处
1	维克托·迈尔-舍恩伯格（Viktor Mayer-Schönberger）、肯尼斯·库克耶（Kenneth Cukier）	大数据不是随机样本，而是全体数据；不是精确性，而是混杂性；不是因果关系，而是相关关系[2]	《大数据时代》

续表

序号	机构或学者	定义	出处
2	研究机构高德纳（Gartner）	是需要新处理模式才能具有更强的决策力、洞察发现力和流程优化能力以适应海量、高增长率和多样化的信息资产[3]	
3	麦肯锡全球研究所	一种规模大到在获取、存储、管理、分析方面大大超出了传统数据库软件工具能力范围的数据集合[4]	*Big Data: The Next Frontier for Innovation, Competition, and Productivity*
4	欧盟数据保护工作小组	是指被公司、政府以及其他大公司拥有的海量数据，这些数据将会通过计算机算法被广泛的分析	
5	互联网数据中心（IDC）	描述的是一个新的技术时代，通过高速的捕捉、发现和分析体量大、种类多样的数据获取其经济价值	
6	城田真琴	指的是无法使用传统流程或工具处理或分析的信息，它定义了那些超出正常处理范围和大小、迫使用户采用非传统处理方法的数据集[5]	《大数据的冲击》
7	奥莱利（O'Reilly）	超过传统数据库系统处理能力的数据，这种数据非常大、变化速度快，并且不能适应数据库体系结构的约束	
8	大卫·凯洛格（David Kellogg）	太大以至于难以被现有技术合理处理的数据	
9	李国杰、程学旗	无法在可容忍的时间内用传统IT技术和软硬件工具对其进行感知、获取、管理、处理和服务的数据集合[6]	
10	韩翠峰	是存储在数据库中的结构化数据以及由图片、音视频、电子邮件、社交网络等产生的半结构化数据与非结构化数据构成的总和[7]	

1.1.1.2 大数据概念解析

对于大数据概念的理解，可从三个维度进行，如图1-1所示。

第一层面是理论，理论是认知大数据的必经途径。具体包括：大数据的特征定义——理解行业对大数据的整体描绘和定性；大数据的价值探讨——深入解析大数据的价值所在；大数据的现在和未来——洞悉和预测大数据的发展趋势；大数据隐私——平衡和博弈人与数据之间的利益。

第二层面是技术，技术是大数据价值体现的手段和前进的基石。具体包括：云计算、分布式处理技术（Hadoop）、存储技术和感知技术，说明和阐释大数据从采集、处理、存储到形成结果的全生产过程。

第三层面是实践，实践是大数据的最终价值体现。具体包括：互联网的大数据、政府的大数据、企业的大数据和个人的大数据等4个方面，绘制了大数据已经展现的美好景象及即将实现的蓝图。

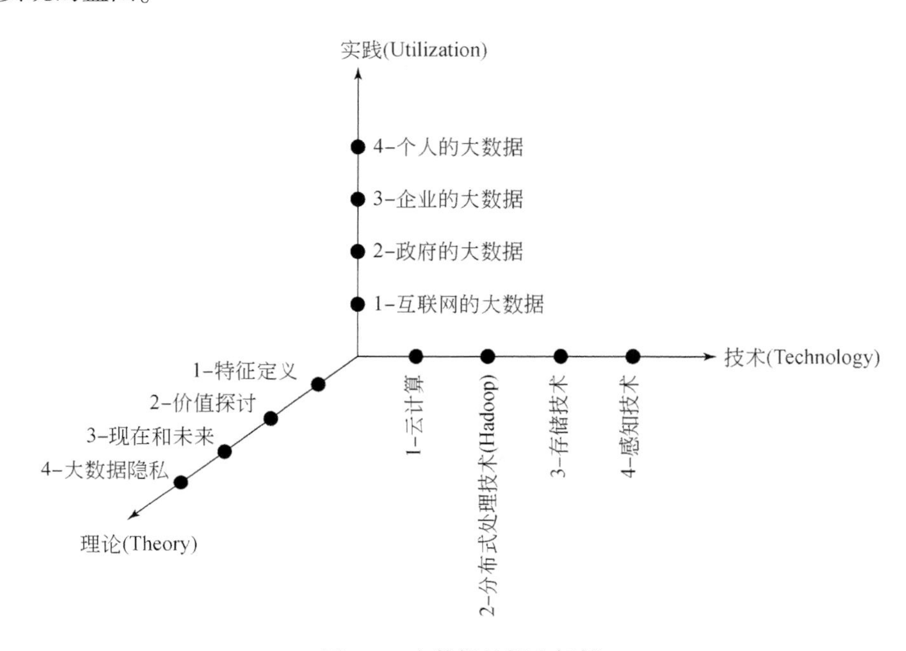

图1-1　大数据的概念解析

1.1.1.3　大数据的类型

按照不同标准，大数据可以划分为不同类型。

按照数据的类型，具体可划分为：非结构化数据、半结构化数据和结构化数据。

按照数据的所有人，具体可划分为：政府数据、公共数据、科学数据、商业数据和个人数据等类型。

按照数据的来源，具体可划分为：传统企业数据（traditional enterprise data），包括CRMsystems的消费者数据、传统的ERP数据、库存数据以及账目数据等；机器和传感器数据（machine-generated/sensor data），包括呼叫记录（call detail records）、智能仪表数据、工业设备传感器数据、设备日志（通常是digital exhaust）、交易数据等；社交数据（social data），包括例如Twitter、Facebook、微博、微信等社交媒体平台的用户行为记录、反馈数据等。

1.1.2　大数据的影响

在大数据时代，大数据将像公路、铁路、港口、水电、和通信网络一样，逐渐成为现代社会基础设施的一部分，不可或缺。大数据已经变成为一种治理方式、一种决策方式、一种经济模式、一种商业资本，对人类社会的政治、经济、社会、文化等方方面面都产生了重要影响[8]。因此，大数据时代的政治、经济、社会、文化、安全以及其他各个领域都会发生巨大甚至是本质上的变化和发展，进而影响人类社会的政治体系、经济体系、价值体系、知识体系和生活方式。

1.1.2.1 大数据对政治的影响

随着大数据、云计算、物联网、人工智能、区块链等技术的快速发展，数据资源已经成为一种重要的战略资源，在一个国家甚至全球的经济社会发展中发挥重要作用并产生重要影响，对国家政治产生了积极作用，也对政府的治理体系和治理能力产生巨大冲击和提出巨大挑战[9]。

一是促进政府数据的开放。公众行使管理国家权力的基础，是以对公共事务的充分了解为前提的。政府作为国家信息和数据的最大拥有者，掌握着全社会信息总量的约 80%，在这些信息和数据中，蕴藏着巨大的价值。政府信息和数据能否得到有效的开发和利用，将直接关系到国民经济和社会发展水平。在大数据时代，加强对政府信息和数据的开放、共享与利用，推行政府数据开放已成为世界各国的共识和普遍趋势。大数据技术打破了政府数据资源的封闭圈，为社会、企业和公众提供各类所需的数据资源，社会、企业和公众能够快捷地获取政府法律法规、统计资料、社会保障等方面的信息和数据，这使政府的开放性和透明度大为提高，从而有效地促进了社会公正的进步。

二是促进政府决策的科学。在传统政务中，管理决策往往依赖决策者的个人经验判断，而信息的有限性是影响人们理性决策的直接原因之一。在现代办公模式中，政府的决策者要做出正确的决策，需要掌握的信息和数据越来越多。在大数据时代，通过建立决策支持系统，为政府决策者提供必要决策信息和分析数据，改善了决策者的有限理性，使决策者在全面了解决策所需的信息和数据的前提下进行决策。同时，大数据技术下使政府决策实施情况的及时反馈成为可能。依靠政府部门掌握的大数据，可以及时获得决策实施过程中的反馈信息，了解和掌握问题发展变化的最新信息，并据此完善和追踪决策。以往政府决策往往需要依据各级政府部门和相关机构提供的抽样信息和数据，但这些样本信息和数据往往存在“失真”和“不实”等问题，致使决策的科学性不强。大数据的样本是全部数据，并通过科学方法分析处理，能够直观和准确地反映实际情况，有利于提升决策的科学性和针对性。

三是促进政府效能的提高。随着现代信息技术的发展，为政府工作人员提供了现代化的办公手段和应用工具，降低了信息传输的时间成本和人力成本，节约了原来依靠人脑和文件处理信息所消耗的大量时间、精力、经济等成本，将政府工作人员从常规的事务性工作中解脱出来。在大数据时代，依托信息互联网技术的发展，打破了政府工作的时空界限，加强了政府不同部门之间以及政府与社会公众之间的沟通和互动，使政府部门获取、共享、利用数据进行社会治理和公共服务的能力得到有效提升。一方面，政府通过数据统计和分析的结果，可以有效地剖析、研判政府业务和公众行为，从而为政府决策提供依据，提升政府决策力；另一方面，政府通过大数据有效改进对组织和人员的绩效考核以及政府资产的配置，从而有效降低政府运行成本、增强政府影响力、树立政府正面形象。通过大数据技术的运用，创新了政府治理模式，实现了政府治理的智能化，为政府治理提供智能支撑，进而提升公共服务效能、指引社会发展方向、带动社会经济文化发展。

1.1.2.2　大数据对经济的影响

在大数据时代，人类拥有的数据处理能力变得更加强大，可以将海量的概率数据进行整理分析，从而发现事物基本规律作为依据进行决策、优化，形成海量化、高增长和多样性的信息和数据资产。

一是对数据的分析使用。从企业经营者的角度来看，对于大数据分析非常有助于企业了解消费者个体行为与偏好数据、判断和预测消费者消费行为，针对大量消费者提供产品或服务的企业可以利用大数据的分析结果进行精准营销，准确地根据每一位消费者不同的兴趣与偏好为其提供专属性的个性化产品和服务，从而促使更多的交易行为。例如，超市可以通过客户购买记录，了解和掌握同一类客户的购买喜好和购买习惯，从而将产品放到合理位置或者将相关产品放在一起来增加产品销售额。

二是数据的二次开发。对数据进行二次开发，在网络服务项目中被运用得比较多，通过将这些信息和数据进行总结与分析，从而制定出符合客户需求的个性化方案，并营造出一种全新的广告营销方式。一些专注于小而美模式的中小微企业可以利用大数据开展服务转型业务。通过大数据的分析，将产品和服务进行结合并不是偶然事件，而是由数据时代的领导者引领的。随着信息化与工业化的融合发展，信息技术渗透到了工业企业产业链的各个环节。例如Sensor、RFID、Barcode、物联网等技术已经在企业中得到应用，工业大数据也开始逐渐得到积累。企业中生产线高速运转时机器所产生的数据量不亚于计算机数据，而且数据类型多是非结构化数据，对数据的实时性要求也更高。

1.1.2.3　大数据对文化的影响

大数据技术的发展与应用对文化产业来说，既是难得的机遇，也是严峻的挑战。一方面，随着数据处理能力呈指数级的上升，为文化产业的创新和发展拓展了极大的空间。信息可视化技术对于即时了解大众文化需求的变化提供了技术支持，便于文化产业及时调整产品供给，使创造出的产品更加贴近大众文化需求。另一方面，大数据技术的发展也对文化产业提出了更高的要求。传统文化产业如果不能主动进行自我调整、自我重构，那么难免不遭遇被淘汰的命运。与以往时代的文化生产方式不同，大数据时代的文化主要生产者开始回归大众本身。一般来说，各种文化的生产、传播和流行都是依据大众的喜好和需求产生的。在以往时代，是先将文化创造出来，大众根据自己的喜好选取自己所需要的；而在大数据时代，则是根据大众的喜好定制出相应的文化。但是，在大数据技术还不够完善的时期，这样的文化生产方式存在片面之处。一方面，大众很难接受不符合自身喜好的文化的产生；另一方面，也会对社会文化带来潜在风险，一些怀有不良目的、别有用心的人进行价值取向的歪曲、误导，容易使文化产业的生产偏离社会主流价值。

1.1.2.4　大数据对公众的影响

在大数据的时代，数据开放与共享已经成为社会需求的一个重要部分，人们的思想方式、思维观念、生活方式等方面也都发生了明显的变化，公众足不出户、只需要对网络上的信息进行搜集、分析和整理，就能随时随地地充分了解当前社会的热点新闻、时事动态、发展状况等信息和数据。

但是，大数据技术在为公众的生活带来方便、快捷的同时，也为公众带来了很多潜在的风险。公众在进行网络运用的过程中产生了大量的信息和数据，这些信息和数据被互联网公司进行收集、分析和利用，公众的个人隐私受到了威胁，公共领域的公共性与个人领域的隐私保护逐渐产生冲突，并逐渐演化为社会风险。例如，各类软件极大地方便、丰富了人们的生活，但软件也时刻掌握着人们的行为轨迹：脸书（Facebook）、微信等社交软件了解用户的社交网络情况，亚马逊、淘宝等购物平台能够快速分析用户的网络消费情况等。此外，用户信息在被用于商业运用之后，往往又在用户毫不知情的情况下被转卖到其他有需要的人手中，使得用户的个人隐私安全受到巨大的威胁。如何在数据开放与隐私保护之间寻找平衡点，已经成为大数据时代必须要关注和研究的关键问题，这也是本书开展数据开放与数据安全政策协同的一个重要着力点。

1.1.2.5 大数据对安全的影响

大数据对安全方面既带来了潜在风险也有积极作用。一方面，大数据对安全带来了潜在风险。大数据技术的发展与应用使数据生命周期由传统的单链条逐渐演变成为复杂多链条形态，随着数据应用场景和参与角色逐渐多样化，在大数据背景下的数据安全面临着有别于传统安全的新威胁。另一方面，大数据对维护安全也起到积极作用。大数据在国防、反恐、安全等领域也起着至关重要的促进作用，可以推动和提高安全保障能力。例如，大数据会将各部门搜集到的信息和数据进行自动分类、整理和分析，有效解决情报、监视和侦察系统不足等问题[10]。

1.2 数字经济发展的战略定位

大数据开启信息化新阶段，并催生了人类社会崭新的经济形态即数字经济。习近平总书记强调，数字经济具有高创新性、强渗透性、广覆盖性，不仅是新的经济增长点，而且是改造提升传统产业的支点，可以成为构建现代化经济体系的重要引擎。数据要素市场培育的核心目标是发展与壮大数字经济，因而有必要对数字经济加以明确定位和分析。随着先进的信息网络技术不断应用于实践，人类原有的关于时间和空间的观念受到了挑战。数字经济的发展给包括竞争战略、组织结构和文化在内的管理实践带来了巨大的冲击。企业组织正在努力试图整合与顾客、供应商、合作伙伴在数据、信息系统、工作流程和工作实务等方面的业务，而不同企业又都有各自不同的标准、协议、传统、需要、激励和工作流程。更为重要的是，数字经济的不断拓展为数据产业的兴起提供了有利的社会环境。

数字经济（digital economy）主要研究生产、分销和销售都依赖数字技术的商品和服务，是指一个经济系统，在这个系统中，数字技术被广泛使用并由此带来了整个经济环境和经济活动的根本变化[11]。数字经济也是一个信息和商务活动都数字化的全新的社会政治和经济系统。企业、消费者和政府之间通过网络进行的交易迅速增长。数字经济的商业模式本身运转良好，因为创建了一个企业和消费者双赢的环境。

1.2.1　数字经济的概念

数字经济是关于如何对数字经济进行衡量的概念，其是由美国经济学家唐·泰普斯科特（Don Tapscott）在1996年提出的。曼彻斯特大学的理查德·希克斯（Richard Seeks）认为，数字经济主要包括两个部分——核心部门，或者称之为“数字部门”，包括信息与通信技术（information and communication technology，ICT）相关制造和服务等子行业；“数字化经济”，包括应用信息通信技术来加强现有的制造业，服务业和初级生产的经济活动。我国的《数字经济分类》中对数字经济的概念进行了界定，数字经济是指以数据资源作为关键生产要素、以现代信息网络作为重要载体、以信息通信技术的有效使用作为效率提升和经济结构优化的重要推动力的一系列经济活动。该分类从“数字产业化”和“产业数字化”两个方面，确定了数字经济的基本范围，将其分为数字产品制造业、数字产品服务业、数字技术应用业、数字要素驱动业、数字化效率提升业等五大类[12]。2021年，中国信息通信研究院发布的《中国数字经济发展白皮书（2021年）》[13]中进一步提出，数字经济由初期的“两化”（数字产业化和产业数字化）经“三化”（增加数字化治理）过渡到“四化”范围，在原有基础上又增加了数据价值化。数字化治理改变的是生产关系，是数字经济发展的重要保障。数字经济中信息技术发挥巨大作用，数据、智能化设备、数字化劳动者等创新发展，加速了数字经济与传统产业的融合，基础设施、生产方式、工作方式、生活方式甚至社会治理都在数字化，经济社会的数字化逐渐向线上化、智能化和云化发展壮大，这就要求治理体系向着更高层级迈进，支撑和推动国家治理体系和治理能力现代化水平的提升。

随着大数据、云计算、物联网、人工智能，下一代移动网络技术的逐步成熟和应用，以数据的深度挖掘和融合应用为主要特征的智慧化，将成为未来数字化的主要标志。新一代信息技术在经济社会领域的渗透日益深入，未来经济发展的技术延展性不断增强，商业、产业、企业活动的边界不断拓展。每一个行业都会因为技术的创新而改变，都会因为人工智能技术的不断演进而改变，从金融到房地产，从教育到医疗，从物流到能源等等。以人工智能为代表的技术创新会在未来的几十年当中不断地推动数字经济的发展，其有三个成长动力。第一个是算法，人工智能尤其是机器学习的算法在过去几年迅速地发展，不断地有各种各样的创新，从深度学习、DNN到RNN到CNN，不停地有新的发明创造出来。第二个是算力，计算的成本在不断地下降，服务器越来越变得强大。第三个是数据，数据的产生仍然在以非常高的速度发展，它会进一步推动算法的不断创新，以及对算力提出更新的要求。

世界各国的不同组织和机构分别从不同角度对数字经济进行测算和研究。1998年，美国商务部出版了《浮现中的数字经济》；2015年和2017年，经济合作与发展组织（Organization for Economic Co-operation and Development，OECD）分别出版了的《OECD数字经济展望2015》和《OECD数字经济展望2017》；2017年，中国信息通信研究院发布了《中国数字经济发展白皮书（2017年）》；2017年，第四届世界互联网大会发布了互联网蓝皮书《中国互联网发展报告 2017》和《世界互联网发展报告 2017》；2018 年，阿里研究院和毕马威在“数字经济论坛”上联合发布了《2018 全球数字经济发展指数》；2019 年财新智库发布了《2019 中国数字经济指数》报告；2020 赛迪发布《2020 中国数字经济发展指数（DEDI）》；2021 年 3 月 12 日，国家“十四五”规划纲要发布，在社会发展主要目标中，“数字经济核心产业增加值占 GDP 比重”首次成为体现创新驱动的指标。到 2025 年，数字经济核心产业增加值占 GDP 比重将达到 10%。

数字经济是一个全球性的数字生态系统，在这个生态系统中，数据由数据经营者收集、组织和交换，目的是从积累的信息中获得价值。数据输入由各种参与者收集，包括搜索引擎、社交媒体网站、在线供应商、实体供应商、支付网关、软件即服务（software-as-a-service）供应商，以及越来越多部署物联网（internet of things）连接设备的公司。收集到的数据会被传递给个人或公司，通常需要支付一定的费用[14]。技术的巨大进步导致了新数据创建速度的爆炸式增长。数据经济正在满足企业和政府的需求，创造高质量的就业机会，推动经济增长，并使各部门的组织能够成功扩张，并为客户提供服务。

2021 年 11 月 23 日，欧洲议会内部市场和消费者保护委员会以绝对多数的投票，通过了《数字市场法》（DMA）建议案。该法案意在明确数字服务提供者的责任并遏制大型网络平台的恶性竞争行为，但其具体约定却充满争议，很可能会对网络生态带来巨大冲击。《数字市场法》是欧洲数据保护局（EDPB）发布“数字服务数据战略包”中的一项。除《数字市场法》外，“数字服务与数据战略包”还包括数字服务法案（DSA）、数据治理法案（DGA）、欧洲的人工智能方法（AIR）和即将出台的数据法案。无论是《数字服务法》还是《数字市场法》，其目标都是建立更加开放、公平、自由竞争的欧洲数字市场，促进欧洲数字产业的创新、增长和竞争力。数字技术、数字经济是世界科技革命和产业变革的先机，是新一轮国际竞争重点领域。我国要积极以数字赋能产业、城市、生活，催生新业态新模式，提高全要素生产率，发挥数字技术对经济社会发展的叠加、倍增作用。

企业、政府、学术机构、非营利组织、消费者和公民在 21 世纪第二个十年获得的数据比 10 年或 20 年前任何人所能想象的都要多。从传统数据源（如企业数据库和应用程序）到非传统数据源（如社交媒体、移动设备和配备有数据生成传感器的机器），数据量呈爆炸式增长，而且没有任何减少的迹象。据 IDC 发布的《数据时代 2025》报告显示，全球每年产生的数据将从 2018 年的 33ZB 增长到 175ZB，相当于每天产生 491EB 的数据[15]。随着现代科技的迅猛发展，互联网应用、社交网络、移动终端、传感器采集产生了海量的数据，这些数据包括数以亿计的推文，上千亿的电子邮件，社交网络中的照片和视频，甚至是连接网络的汽车都会创建以 TB 为单位的数据。由数据推动的世界永续不间断，永续跟踪记录，永续监控，永续倾听，永续观察——因为它会永续学习[15]。

1.2.2 我国数字经济的发展现状

近年来，随着党和政府对数字经济发展的重视日益加强，我国的数字经济发展快速持续高速，产业规模日益扩大、商业模式不断创新。2017 年，数字经济首次写入全国人民代表大会和中国人民政治协商会议政府工作报告，提出“促进数字经济加快成长”；党的十九大报告明确提出，我国未来数字经济发展的战略方向是“推动互联网、大数据、人工智能和实体经济深度融合”，核心思路是大力发展产业大数据与产业互联网，加强人工智能在实体经济中的渗透，促进融合发展；2019 年，政府工作报告中提出，深化大数据、人工智能等研发应用，培育新一代信息技术、高端装备、生物医药、新能源汽车、新材料等新兴产业集群，壮大数字经济；2020 年 4 月，数据作为新型生产要素，被正式写入中央关于要素市场化配置的文件——《中共中央国务院关于构建更加完善的要素市场化配置体制机制的意见》（以下简称为《意见》）。《意见》首次提出要“加快培育数据要素市场”，明确“推进政府数据开放共享”即优化基础数据库，制定共享责任清单，研究公共数据开放的制度规范；进而“提升社会数据资源价值”，培育数字经济新产业、新业态和新模式，支持各领域规范化的应用场景，推动数据采集标准化；同时要注重“加强数据资源整合和安全保护”。要“建立健全数据产权交易和行业自律机制”，从而完善要素交易规则和服务。这标志着数据已和其他要素一起，融入了我国经济价值创造体系，成为数字经济时代的基础性资源、战略性资源和重要生产力。2020 年 12 月国务院印发《“十四五”数字经济发展规划》（下文简称为《规划》）。《规划》总结了“十三五”时期我国实施数字经济发展战略后，在完善数字基础设施、培育新业态新模式、推进数字产业化和产业数字化方面取得的成效，数字经济为经济社会持续健康发展提供了强大动力。2022 年 1 月，国务院办公厅印发《要素市场化配置综合改革试点总体方案》（以下简称为《方案》），以期推动要素市场化配置改革向纵深发展。《方案》强调“充分发挥市场在资源配置中的决定性作用，更好发挥政府作用，着力破除阻碍要素自主有序流动的体制机制障碍，全面提高要素协同配置效率，以综合改革试点为牵引，更好统筹发展和安全，为完善要素市场制度、建设高标准市场体系积极探索新路径”。

目前，数字经济已成为中国经济增长的核心动力。上海社会科学院的研究显示，中国数字经济增速已连续三年排名世界第一，2016～2018 年，中国数字经济同比增速分别达到 21.51%、20.35%和 17.65%；2016～2018 年，数字经济对中国 GDP 增长的贡献率分别达到 74.07%、57.50%和 60.00%[12]。2018 年，中国数字经济发展指数为 0.718，位于全球第二位[16]。2019 年，我国数字经济增加值规模为 35.8 万亿元，占 GDP 比重达 36.2%[17]。中国信通院的数据显示，2020 年我国数字经济规模达到 39.2 万亿元，占 GDP 比重为 38.6%；数字经济增速达到 GDP 增速 3 倍以上，成为稳定经济增长的关键动力[18]。从产业链角度出发，数据要素市场应覆盖数据要素从产生到发生要素作用的全过程，应包含数据采集、数据存储、数据加工、数据流通、数据分析、数据应用和生态保障七大部分。不同产业链环节在保障数据要素市场配置中需要关注的重点各不相同，数据采集环节关注数据采集的准确性和全面性；数据存储环节强调存储安全性和调用实时性；数据加工环节要注意加工的精度问题；流通环节作为数据要素市场的核心环节，既要保证所有者权利，又要合理合规地流通；数据应用环节则重视数据要素产生的价值。国家工业信息安全发展中心认为，对于不同数据要分级分类进行数据要素市场化配置，并建立“数据流通金字塔模型”，该模型将数据分为公开数据、低敏感度数据、中敏感度数据和高度机密数据四种，其中的公开数据主要由各地数据开放平台提供，是目前政府数据开放的主要组成部分；车牌号数据或交通违章数据可以视为低敏感度数据，通过数据沙箱等技术处理后才能流通；个人信用数据、医疗数据等中敏感度数据则要通过安全多方计算等手段才允许流通；国家安全数据和个人核心隐私数据作为高度机密数据则不能作为数据要素进行流通。从该模型中可以看出数据要素的流通是有条件的，不同的数据要素应根据其所属数据安全等级，确定其流通技术和服务模式。

当前，大数据已经成为提升政府治理能力、重构公共服务体系的新动力、新途径，发展数字经济已经成为未来经济社会发展的核心动能。受内外部多重因素影响，我国数字经济发展形势面临深刻变化。世界主要国家都出台数字经济战略规划，采取多种措施打造竞争优势，重塑数字时代的国际新格局，这就要求我国把握数字经济发展这一新科技革命和产业变革的战略选择，持续用好数据要素，协同推进技术、模式、业态和制度创新，提高数字化服务的普惠化水平，满足群众多样化个性化的需求，解决数字经济发展不平衡、不充分、不规范的问题，补齐短板弱项，提高我国数字经济治理水平。全国 31 个省级行政区域均陆续出台相关政策文件。

需要关注的是，我国数字经济发展迅速的同时，也存在一定的问题。

一是数字经济主体参与广度仍需扩大。自然人成为数字经济重要参与者，需要进一步政策支持。数字经济提供了以前所不具备的技术手段，如大数据、新的信用体系以及监管手段的改变，为商业活动准入门槛的降低创造了条件，自然人因此可以获得以前所不能具有的权利。例如，自然人获得了开网店和国际贸易这两项商业活动的基本权利，但与目前的工商管理方式、国际贸易规则等方面并不适应。

二是数据权属不清晰，流转困难。数据只有充分开放共享和利用，才能发挥其价值，才能为社会、企业、个人带来福利。数据的产生、收集、存储、加工、使用分属于不同的主体，既有政府、企业、社会组织，也有规则个人[18]。在数据权属不确定的情况下，即使交易数据已经经过脱敏和脱密处理，但在数据反复挖掘利用过程中可能导致数据运营行为的不合法情况出现。数据蕴藏的价值是需要在流通中体现的，而数据权属不清晰，会阻碍数据要素在不同主题间的有效流通，进而制约数据要素市场的发展。目前，数据权属规范尚不明确，尚未有法律法规进行规定，在实际操作中数据的流转、交易存在困难，由于数据交易违法成本低造成数据隐私泄露问题屡见不鲜。因此尽快建立数据权属界定方法体系，出台相关的政策法律法规对数据所有权和使用权进行分离，才能保证数据要素顺利流通交易。

三是数据估值不准确，难以实现定价。数据作用生产要素在市场上流通，需要将数据作为资产进行价格估算和定价，只有价格确定了，交易才有明确的衡量基准。数据估值定价可以分为数据定价和数据产品或服务定价两个方面[19]。数据价格在市场经济杠杆的作用下，不仅与数据质量有关，更与数据的场景和数据收集的难易程度密不可分，这就造成数据本身的价值难以衡量和确定。数据估值定价标准不统一，造成数据无法作为资产进行核算，数据交易时无法明确支付金额，收益分配时也不能合理进行贡献比例划分，势必影响数据要素市场的运行和数字经济的持续发展。目前，数据资产的无形化和虚拟化特征结合资产价值评估理论使得目前国内数据要素市场主要存在数据所有权交易定价和数据使用权交易定价两类，随着数据要素市场行业应用不断扩展，建立统一的数据要素定价规则和标准才能为数据定价提供有力的支撑手段。

四是信用体系建设和治理有待完善。信用是数字经济的灵魂，没有新型的信用体系，数字经济就无法发展起来。用更海量化的数据，覆盖更多元化的各类主体、提供与每一主体信用相匹配的精准服务，正在成为大数据时代信用发展的现实。在此过程中，信用治理应特别注意两大问题：一是严格区分作为软约束的信用惩戒和作为硬约束的行政处罚的边界，避免以失信惩戒之名，行行政处罚之实；二是多方协同共治，严厉打击炒信等灰色、黑色产业链，促进产业健康发展。

五是数字规则尚不完善，落后于数字化变革进程。2020 年习近平总书记在中央经济工作会上首次提出数字规则的概念，明确了数字规则的重要战略地位。数字规则的构建是数字化发展的基础保障与重要支撑。数字规则从数字化发展细分领域来看，需要涵盖数字产业化、产业数字化、数字化治理、数据价值化规则以及通用规则。从数据管理的维度出发，数字规则需要围绕数据处理各个环节，为不同主体属性与行业属性的数据确立规范化的数据管理规则体系[20]。我国的数字规则构建需要持续健全顶层法规体系，加快数据共享向纵深的推进，同步规范数据应用技术，积极探索数据交易，建立多元协同共治的数字规则体系。

1.2.3　我国数字经济未来发展的战略与方向

目前，我国数字经济发展已取得了一定的成就，但在数字技术应用到实体经济、提升实体经济效率方面仍有较大的上升空间。从过去的发展经验看，我国数字经济企业的发展战略基点是依托快速增长的用户数量，以互联网营销思维、流量思维、平台思维推动数字经济规模持续扩张。这种思维充分利用了我国在数字经济领域的用户流量红利，推动了我国数字经济快速崛起。但是，在互联网核心技术等领域，我国仍未能实现突破，在数字经济与实体经济深度融合发展方面，仍有待于进一步深化。我国在推进数字经济与实体经济融合发展方面有很大的空间，数字经济在不同行业、不同环节的发展情况仍有较大的差异。在制造业中，流通端的数字化开展较好，生产端开展不好，生产领域的数字化有很大的发展空间，仍需要进一步努力。在服务业中，数字化投入较多，数字化对生产（服务）过程改造较大，但对后端的服务营销方面，仍主要是采用传统的模式，未来基于位置的服务等模式在服务领域仍有较大的应用空间。在农业发展中，我国农产品网络营销占全部农产品销售额的比重较低，整体的数字化改造空间较大，是我国数字经济发展的一个重点。

从未来发展趋势看，我国数字经济发展已进入单纯用户数量扩张向深度应用转型的阶段。在大物智云等新一代信息技术的推动下，在用户流量红利递减的背景下，需要破除单纯的互联网营销思维、流量思维、平台思维等局限，推进数字经济在诸多领域的融合发展，使数字经济成为我国经济转型升级的新动力。未来我国数字经济发展的战略重心，一方面是提升数字经济的核心技术，另一方面是促进深度融合发展。《“十四五”数字经济发展规划》（以下简称《规划》）明确我国数字经济发展目标为：到 2025 年，数字经济核心产业增加值占 GDP 比重达到 10%，数字化创新引领发展能力大幅提升，智能化水平明显增强，数字技术与实体经济融合取得显著成效，数字经济治理体系更加完善，数字经济竞争力和影响力稳步提升。预期到 2035 年，数字经济将迈向繁荣成熟期，形成统一公平、竞争有序、成熟完备的数字经济现代化市场体系，数字经济发展基础、产业体系发展水平居世界前列。《规划》从优化升级数字基础设施、充分发挥数据要素作用、大力推进产业数字化转型、加快推动数字产业化、持续提升公共服务数字化水平、健全完善数字经济治理体系、着力强化数字经济安全体系和有效拓展数字经济国际合作十个方面提出数字经济发展的具体措施和要求，并从加强统筹协调和组织实施、加大资金支持力度、提升全民数字素养和技能、推动数字经济试点示范以及强化监测评估等角度给予保障。

在对技术要素市场进行改革试点过程中，从提高土地要素配置效率、推动劳动力要素合理畅通有序流动、推动资本要素服务实体经济发展、促进技术要素向现实生产力转化、建立数据要素流通规则、加强资源环境市场制度建设、健全要素市场治理和发挥要素协同配置效应八大任务入手，在 2022 年上半年完成试点地区布局、实施方案编制报批等工作，最终在 2025 年基本完成试点任务，为完善全国要素市场制度做出重要示范。

从主体层面来看，数字经济对政府监管和平台治理提出了新的命题；从客体层面来看，在传统客体概念的基础上，重点指向了“数字经济”定义中提出的数据、网络及信息通信技术产品或服务；从权利义务关系来看，数字经济时代下权利义务关系主要围绕数据产生的权利义务关系、网络产生的权利义务关系以及产品或服务产生的权利义务关系而展开[20]。在市场经济环境下，只有明晰好权责，依法保护数据权益，推动数据产业的迅速崛起，我们才能更好、更快地发展数字经济，释放数据价值。

数据价值最大化的实现，需要在不同主题间共享开放，而数据要素市场的发展势必推动数据的开放共享。数据具有提供给多方使用者而不使数据资产价值减少的特性，同一数据可以同时支持多方使用者使用，不同使用者对同一数据的利用将产生不同的价值。数据只有共享和融合才能实现价值最大化，最大限度地挖掘数据资产价值。数字经济新业态新模式形成和发展的基础就是数据开放共享，全要素、全产业链、全价值链的数据开放共享，将引发生产方式、组织模式和商业范式的深刻变革，新模式新业态蓬勃发展将为传统经济注入新动能新活力，拓展数字经新空间。智能穿戴设备、智能家居、智能网联汽车等新产品，精准营销、产业链金融、个性化医疗等新服务，共享经济、数字贸易、零工经济日益普及，新零售、宅经济、云生活等都是数据与传统行业融合产生的新生事物。2022 年 4 月 10 日发布的《中共中央 国务院 关于加快建设全国统一大市场的意见》提出：加快培育数据要素市场，建立健全数据安全、权利保护、跨境传输管理、交易流通、开放共享、安全认证等基础制度和标准规范，深入开展数据资源调查，推动数据资源开发利用。

1.2.4 数字经济发展中的数据安全风险根源及表现

数据安全是数据经济产业的基石，也必然是数字经济的基石。2021 年 10 月联合国贸易和发展会议发布的《2021 年数字经济报告》称，当前，数据驱动的数字经济表现出极大不平衡，呼吁采取新的全球数据治理框架。2021 年 12 月 12 日我国发布的《“十四五”数字经济发展规划》中，也重点提出了建设数据安全治理体系。数据安全是指保持数据的保密性、完整性和可用性，另外也可包括例如真实性、可核查性、不可否认性和可靠性等。如果说石油是第二次工业革命的重要原材料，那么数据则是即将到来的第三次工业革命不可或缺的原资源。数据的安全问题并不仅仅指数据本身的安全，还包括通过开放数据或大数据引起的对于个人和国家的安全风险。因此数据不仅给个人隐私安全带来威胁，同时也给国家安全带来前所未有的挑战。

首先，在数据开放的潮流和趋势下，数据和信息的分享已经势不可挡，开放空间的数据几乎可以被人们随意使用，在使用数据时，不可控的人为因素是引起安全问题的一个很重要的原因。由于数据越来越具有经济价值，能够给人们带来很多利益，少数人可能通过不合法的途径和手段来获取它，并通过数据的不合法或不合理使用为自己的利益服务。这些不合法或不合理的数据使用或传播活动在程度上有轻也有重，我们尤其要注意各种不同形式的情节比较严重的数据犯罪问题。因此，我们急需制定出相关的政策和法律来规范人们的行为。

其次，大数据本身的特点是引起安全问题的一个很重要的原因。我们知道，现实中很多的数据都是自动生成的，比如关于网上个人行为活动的数据都自动地被系统记录下来，成为我们看不见的关于我们个人的数据影子，我们根本就不知道谁获取了我们的数据，因此这对我们的隐私来说是一个非常严峻的挑战。由此可以看出，在开放的互联网空间中，我们的私人领域已经名不副实，在私人领域变成公共领域的过程中，无数双眼睛都盯着我们，更何况大数据处理技术本身就强调数据的关联性，旨在从那些看似毫无章法的、混乱无序的，同时分离开来看并不会产生安全问题的大量的数据中提取出有价值的信息，然而这些提取出来的信息却可能引发安全问题，这种安全问题不仅仅涉及个人隐私安全还涉及国家安全。总之，数据本身的自动生成、开放和关联性特点是引发安全问题的主要原因。

再次，发达国家在大数据处理技术上的优势，更广泛地说，在信息技术上的优势对诸如技术上处于劣势的国家来说更是一种安全风险。无论是计算机操作系统还是手机的操作系统几乎都被微软、苹果、谷歌这样的公司占据，由于我们自主的操作系统尚不成熟，数据被别人“偷走”就一点也不奇怪。因此，为了防止在数据管理中的被动局面，充分掌握数据管理的主动权，研发具有自主知识产权的并且能够实际应用的各类操作系统和计算机芯片仍然是必要的。

最后，随着数据被看作21世纪的石油，发达国家早已发起数据争夺战。它们通过其所谓的国家安全政策对其他国家及其领导人进行监视，搜集情报，这对我们来说是非常严峻的挑战。因为在发达国家政府的要求下，发达国家的IT企业不得不把收集来的信息交给其政府，这样，数据在全世界范围产生，而大部分都被美国公司收集，进而全世界的大部分数据和信息都被美国掌握和控制，这对其他国家而言都是一个不可忽视的安全威胁。

1.3　数据范式的形成与应用

得益于信息技术的高速发展，现代自然科学和社会科学的研究出现了基于大数据的新的科学研究范式和知识发现方式。基于大数据的科学研究具有数据密集型和数据驱动型的典型特征，与传统科学研究在科学建模、科学说明以及思维方式等方面具有极大的差异，可以看作信息时代的一种新的关于复杂性的科学研究范式，将会促成社会科学研究的重大革命。2009 年，微软研究院在 *The Fourth Paradigm: Data-Intensive Scientific Discovery*[21]中从科学研究方法的角度解释科学研究范式的变迁。

1.3.1 数据范式的形成

在 2007 年的美国国家研究理事会计算机科学和远程通讯委员会（NRC-CSTB）的报告中，计算机科学家吉姆·格雷发表了《e-Science：科学方法的一次革命》的学术演讲，他明确提出了科学分期和分类的新方法，以时间和研究工具两个维度将历史上的科学划分为经验科学、理论科学、计算科学和数据密集型科学四大类型，并对这四大科学类型的内涵与特点进行了初步的论述，归纳出经验科学范式、理论科学范式、计算科学范式和数据密集型科学范式这四种科研范式[22]。科学正在进入一个崭新的阶段。在信息与网络技术迅速发展的推动下，大量从宏观到微观、从自然到社会的观察、感知、计算、仿真、模拟、传播等设施和活动，产生出大量科学数据，形成被称为“大数据”（big data）的新的科学基础设施。科学家不仅通过对广泛的数据实时、动态地监测与分析来解决难以解决或不可触及的科学问题，更是把数据作为科学研究的对象和工具，基于数据来思考、设计和实施科学研究。数据不再仅仅是科学研究的结果，而且变成科学研究的活的基础；人们不仅关心数据建模、描述、组织、保存、访问、分析、复用和建立科学数据基础设施，更关心如何利用泛在网络及其内在的交互性、开放性、利用海量数据的可知识对象化、可计算化，构造基于数据的、开放协同的研究与创新模式，因此诞生了数据密集型的知识发现，即科学研究的第四范式[23]。

微软公司于 2009 年 10 月发布了《e-Science：科学研究的第四种范式》论文集，首次全面的描述了快速兴起的数据密集型科学研究。其中译本《第四范式：数据密集型科学发现》系统分析了地球与环境科学、生命与健康科学、数字信息基础设施和数字化学术信息交流等方面基于海量数据的科研活动、过程、方法和基础设施，生动揭示了在海量数据和无处不在网络上发展起来的与实验科学、理论推演、计算机仿真这三种科研范式相辅相成的科学研究第四范式——数据密集型科学发现，进一步探讨了这种新范式的内涵和内容，包括利用多样化工具不间断采集科研数据、建立系统化工具和设施来管理整个数据生命周期、开发基于科学研究问题的数据分析及可视化工具与方法等，并深入探讨了这种新范式对科学研究、科学教育、学术信息交流及科学家群体的长远影响。

1.3.2 数据范式的应用

知识发现为特征的科学研究的第四范式以大数据为数据来源，与实验科学、理论推演和计算机仿真三种范式相结合，逐步从科学研究向政府治理、经济发展和社会发展渗透。

1.3.2.1 科学研究中的数据范式

由于专业需要，自然科学界很早就进入了大数据研究时代，科学研究已经被大数据彻底改变，科学数据的开放有力地推进了科学研究及应用。例如，在天文领域，The Sloan

Digital Sky Survey已经变成目前球天文学家的信息和数据来源中心；在生物科学领域，借助对大数据的研究，已有了建立公共数据库行之有效的方法；在医学领域，对信息技术的利用在减少医疗费用的同时也提高了治疗的质量，实现了事先预防。

大数据在社会科学研究领域的应用使社会科学研究正在经历从定性研究、定量研究、仿真研究向大数据研究的第四研究范式转型。第四研究范式缓解了已有社会科学研究用通则理论和简单数量关系来解释复杂社会现象，用小数据小样本来外推复杂的社会因果关系，用有限数据来模拟复杂信息条件下的宏观涌现等问题。这样，第四研究范式就突破了传统社会科学研究目标弱化、学科学派对立、有限数据质量和统计偏误等的局限性。大数据通过对个体化、全样本的研究，为社会科学提供了精准的数据和计算实验平台，重建了社会科学预测的可能性，推动了社会科学宏观理论研究的发展，促进了社会科学内外部学科之间的融合，形成了社会科学知识体系多元化集成和拓展，是社会科学方法论的革命和认识论的跃迁。

1.3.2.2 政府治理中的数据范式

在大数据时代，政府分析数据、运用数据、依据数据，将其融入治理的过程进行决策，充分发挥数据资源的最大价值，已经成为推动政府治理现代化、提升政府治理能力的重要手段，为政府治理提供了新的范式，有效推动了政府业务流程再造以及治理模式的变革。在政府数据治理过程中，企业、社会组织和公众等非政府主体信息和数据的需求得到有效满足，有利于缩小企业和公众与政府之间的信息鸿沟，改善了政府与企业和公众之间信息不对称的状况，有效保障了企业和公众的信息和数据权益，增强了数字民主。此外，企业、社会组织、公众等主体能够参与到社会治理过程中，提升了社会治理的开放度和主体平等化，增强了政府透明度，优化和完善政府治理模式。美国的《开放政府指令》中的三大基本原则之一——“透明”，是指政府需向公众提供政府“正在干什么”的信息来实现对政府的问责[24]。通过构建政府数据治理范式，最大范围地开放政府数据，能够有效促进政府治理理念向“善治”转变，使政府的治理方式由依赖经验转向依据数据，构建政府主导、公众参与、多元主体协同的治理模式，促进政府由传统政府向智慧型政府、从优位政府向等位政府的转型。

1.3.2.3 经济发展中的数据范式

经济预测是经济发展中的最重要的工具之一，也是政府、企业、个人等进行经济决策的参考和依据。基于计量经济方法实施的经济预测，特别是宏观经济预测，离不开经济统计的支撑。经济统计是经济预测得以实施的前提，为经济预测提供了最基础的数据指标。大数据对经济预测的影响涉及数据来源、预测方法、预测结果等每一个环节，在某种程度上改变了常规经济预测所遵循的基本范式。第一，经济预测的数据基础发生很大变化。经济统计不再是数据指标的唯一来源，基于互联网技术产生的搜索数据、社交媒体数据、在线新闻、交易支付数据以及快递服务数据等都可以用于经济预测。第二，数据指标的生成也不再完全依赖传统的抽样调查、经济普查。基于搜索数据、社交媒体数据等网络数据资源可以实时生成不同的数据指标。第三，对经济预测所采用的方法、工具有了新的要求，通常是将传统的计量经济方法与机器学习、统计学习等分析手段相互结合，以适应大数据处理的需要。第四，大数据有助于经济预测结果的改善。一方面，在既有的计量经济预测模型中引入大数据及相应的处理方法，能够较为显著地减少误差、提高预测精度；另一方面，预测的时效性进一步增强。在网络在线数据的支撑下，数据指标的滞后问题得以解决，近乎实时的即时预测已经出现[25]。

1.3.2.4 社会发展中的数据范式

大数据开启了一次重大的社会转型，就像望远镜能够让人类看宇宙，显微镜能够让人类测微生物一样，大数据正在改变人类的认知世界和社会运行的方式，成为新发明和新服务的源泉，而更多的社会改变正蓄势待发。一方面，大规模社会经济数据，拥有低获取成本、实时更新和高时空分辨率等优势；另一方面，随着统计分析和计算方法的进步，提升了对社会发展态势的感知能力。正是依靠数据来驱动社会经济洞察，能够精准及时感知社会经济发展状态，更好地揭示社会和经济发展的现象和趋势。世界各国政府在社会治理方面已经引入了各种数据分析，以期从繁杂的社会现象中总结出科学的政策来指引民众，保证社会的稳定有序发展。例如，美国政府将犯罪率加以统计，以期预测未来可能发生的犯罪行为，从而预防犯罪事件的发生。

1.4 数据治理的内涵、工具及框架

数据治理（data governance）是指从使用零散数据变为使用统一主数据、从具有很少或没有组织和流程治理到企业范围内的综合数据治理、从尝试处理主数据混乱状况到主数据井井有条的一个过程。

1.4.1 数据治理的内涵

对数据治理的研究和实践，始于企业管理领域，后随着大数据技术的发展，逐渐扩展、应用至其他领域。2014 年 6 月，我国在 IT 治理和 IT 服务管理分技术委员会（ISO/IEC JTC1/SC40）第一次全会中提出了数据治理概念，推动了关于数据治理的研究与实践。Sunil Soares 在 *Big Data Governance: An Emerging Imperative* 中指出："大数据治理是广义信息治理计划的一部分，其通过协调多个职能部门的目标来制定与大数据优化、隐私和货币化相关的策略"[26]。我国学者指出："大数据治理是对组织的大数据管理和利用进行评估、指导和监督的体系框架。其通过制定战略方针、建立组织架构、明确职责分工等，实现大数据的风险可控、安全合规、绩效提升和价值创造，并提供不断创新的大数据服务"[27]。政府数据治理是指政府对所属部门和社会拥有的数据资产进行管理、分配和利用，并做出评估、指导和监督，实现数据挖掘、决策和服务，在确保数据安全、准确和可控的基础上，推动政府公共行政走向数据化"善治"的过程[28]。可见，数据的共享利用与安全可控应当是协同的。

大数据共享包括政府部门之间的数据共享、跨行政区域政府间的信息共享、政府与企

业间的数据的合作和共享、企事业单位之间的数据共享等。政府层面，需要设立大数据协同管理机构，促进政府部门间的数据共享，但是必须要健全大数据相关制度框架和制度体系[29]。

我国各省的大数据管理局的成立表明，当地政府已充分认识到大数据的重要性，专职机构的设立也能真正敦促各级各部门更重视大数据建设。据不完全统计，省级层面已有广东省、浙江省、山东省、贵州省、福建省、广西壮族自治区、吉林省、河南省、江西省、内蒙古自治区、重庆市、上海市等 20 个地区设立了省级的大数据管理机构。

（1）贵州省大数据发展管理局

2017 年 2 月，贵州省将省公共服务管理办公室职责全部划入贵州省人民政府办公厅。将贵州省经济和信息化委员会承担的有关数据资源管理、大数据应用和产业发展（除电子信息制造业外）、信息化（除“两化融合”外）等职责，整合划入省大数据发展管理局。此外，贵州省信息中心（省电子政务中心、省大数据产业发展中心）调整由省大数据发展管理局管理。

（2）福建省大数据管理局

2018 年 10 月，在新一轮机构改革中，设置省政府部门管理机构数字福建建设领导小组办公室，加挂省大数据管理局牌子。

（3）山东省大数据局

2018 年 10 月，为主动适应数字信息技术的快速发展，解决部门信息“孤岛”和信息“烟囱”问题，加快推进“互联网+电子政务”，建设“数字山东”，在山东省政府办公厅大数据和电子政务等管理职责的基础上，组建省大数据局，作为省政府直属机构。

（4）浙江省大数据发展管理局

2018 年 10 月 25 日，浙江省大数据发展管理局挂牌。负责推进政府数字化转型和大数据资源管理等工作。通过组建这一机构，进一步加强互联网与政务服务的深度融合，统筹管理公共数据资源和电子政务，推进政府信息资源整合利用，打破信息孤岛、实现数据共享，进一步助推“最多跑一次”改革和政府数字化转型，加快推进数字浙江建设。

（5）广东省政务服务数据管理局

2018 年 10 月 26 日，广东省政务服务数据管理局正式挂牌。统筹推动“数字政府”建设，促进政务信息资源共享协同应用，提升政务服务能力。

（6）广西壮族自治区大数据发展局

2018 年 11 月 14 日，广西大数据发展局挂牌，是广西壮族自治区机构改革新成立的直属机构。新组建的自治区大数据发展局将承担推进数字广西建设，统筹全区电子政务基础设施和重要信息系统建设，负责政府数据和社会数据采集、汇聚、管理，推进战略新兴产业发展等方面重要职责，整合相关部门信息化建设、政务服务监督管理等职能。

（7）吉林省政务服务和数字化建设管理局

2018 年 10 月，吉林省组建了省政务服务和数字化建设管理局，整合电子政务、大数据建设、营商环境优化等职责。该局作为吉林省政府直属机构，加挂吉林省软环境建设办公室牌子。

（8）河南省大数据管理局

2018 年 11 月 26 日，河南省大数据管理局挂牌成立。河南省大数据管理局，是将河南省政府相关部门的电子政务规划建设指导、行政审批与便民服务建设、数据挖掘利用等职责整合组建的，作为省政府办公厅的部门管理机构。

（9）内蒙古自治区大数据发展管理局

内蒙古大数据发展局职能未公开。

（10）江西省大数据中心

2018 年 1 月 3 日，从省发展和改革委员会获悉，经报中央编办批复，江西省大数据中心日前在江西省信息中心正式挂牌成立，将承担我省大数据发展核心技术研究和标准制定、基础设施及应用的建设维护、公共数据汇聚共享和开放等工作。

（11）上海市大数据中心

2018 年 4 月 12 日，上海市大数据中心正式揭牌。该中心将构建全市数据资源共享体系，制定数据资源归集、治理、共享、开放、应用、安全等技术标准及管理办法，实现跨层级、跨部门、跨系统、跨业务的数据共享和交换。

（12）重庆市大数据应用发展管理局

2018 年 11 月 5 日，重庆市大数据应用发展管理局挂牌，作为市政府直属机构。大数据应用发展管理局是由市经济和信息化委员会的人工智能、大数据、信息化推进职责，市发展和改革委员会的社会公共信息资源整合与应用、智慧城市建设职责等整合。

（13）黑龙江省政务大数据中心

2019 年 5 月 22 日，黑龙江省政务大数据中心正式揭牌。该中心将建设龙江政务“一网通办”总门户，打造网上政务服务统一入口和出口，以数字政务推动数字政府和人民满意政府建设。

（14）海南省大数据管理局

2019 年 5 月 23 日，海南省大数据管理局挂牌仪式举行。这是全国首个以法定机构形式设立的省级大数据管理局。该部门承担大数据建设、管理和服务等职责，坚持创新、市场化、与国际接轨的基本原则，统筹规划，整体推进，加快推进海南大数据发展。

（15）湖南省政务管理服务局

2018 年 10 月进行机构改革后设置的机构，由湖南省人民政府办公厅管理。

（16）辽宁省信息中心

2018 年 7 月 17 日，辽宁省信息中心正式挂牌运行。

（17）山西省大数据中心揭牌

2019 年 6 月 23 日，山西省大数据中心揭牌，这标志着山西转型综改示范区国际互联网数据专用通道正式开通。山西省大数据中心依托云时代公司设立，承担山西省政务数据集中运营管理、数据资源开放共享应用等任务。

（18）安徽省政务服务数据中心

2020 年 5 月 12 日，安徽省政务服务数据中心更名为安徽省大数据中心，主要职责是承担全省大数据发展战略研究，政务等数据归集和应用融合，政务信息系统整合，以及“皖事通办”、电子政务云等平台建设、运维相关具体工作等。

（19）北京市大数据管理局

2018 年 11 月 8 日，北京市经济和信息化局加挂市大数据管理局牌子，统筹推进本市大数据工作。2019年12月19日，北京大数据中心揭牌。

（20）天津市大数据管理中心

2018年7月13日，天津市大数据管理中心成立，该中心承担促进大数据全业态发展、大数据基础资源平台建设和促进数据资源共享、开放、开发、流通、交易等工作，为数字天津建设提供基础性、支撑性保障。

从省级以下层面来看，根据机构改革前的机构设置情况来看，各省市都已在省会或主要城市设立了与大数据管理相关机构和部门。

1.4.2 面向数据开放与安全的数据治理

开放政府（open government）作为一种治理途径，有其特定的内涵、目标和意义[30]。开放政府的概念模型与分析框架是开放政府理论的支柱，因此，充分理解开放政府分析框架是进一步完善开放政府理论的前提。就开放政府这个概念的定义而言，艾伯特（Albert）等人认为，政府开放就是公民通过接触政府信息和参与政策制定而监督和影响行政过程的程度。Heckmann认为，开放政府就是在所有的公共事务中增加透明度和责任，透明实际上就是人们知晓政府的活动，掌握一定的公共信息。Gianluigi Viscusi等人认为，开放政府正在成为一个核心的问题，一方面是公民参与，另一方面是公共行政的责任、透明和传递数字服务的能力，而其最终的兴趣是公共价值和社会价值。Parycek和Sachs认为，开放政府代表一种现代治理方法，为开放、透明以及政府和公民之间的持续性对话提供新的空间。综合上述，开放政府是一种治理理念，旨在通过信息公开、数据开放、政府与公众之间的互动和对话以及政府与企业和非营利性社会组织之间的合作，提升政府的治理能力，其最终的目标是通过提供完善的公共产品和服务实现公共价值和社会价值。

开放政府的目标和意义实际上是指开放政府带来的直接价值。美国前总统奥巴马认为，开放政府可以强化民主，使政府的行政活动更有效率和效果。换句话说，政府的开放是实现有效治理的一条重要的途径，同时也是使政府从管理型政府向服务型政府、有效政府和有责任政府转变的一种手段。Hilger提出了开放政府的三个目标，即公民构思能力与创新、公民承包（citizen sourcing）、合作民主。Fons Wijnhoven等人在Hilger的基础上增加了选民支持这个目标。其中，公民的构思能力与创新目标旨在从公民那里聚集知识，并运用这些知识改善公共行政的业绩；公民承包目标旨在让公民支持日常的公共行政任务，但不是要获得新思想和创新性的成果；合作民主目标旨在为政治决策过程实行开放政府行动计划；选民支持目标旨在通过政治家与选民之间的数字化交流使政治家获得选民的支持，同时增强选民与政治家的关系。开放政府的目标和意义不仅在于民主价值、行政活动的效率和效果这三个方面，还有助于反腐败和社会公正。

1.4.3 数据治理的工具

由于大数据作为战略资源的地位越来越重要，数据管理、安全隐私、开放共享成为当前的重点，因此建立数据的治理体系，成为当前一项紧迫的任务。数据的治理体系涉及到企业组织，国家和政府，更甚至涉及国际，至少包括这三个层面。数据治理体系需要完善的法律法规，数据治理体系技术支撑需要涵盖大数据管理、存储、质量、共享与开放、安全与隐私保护等多个方面。从企业组织层面看，注意解决以下问题，一是资产地位确立，即企业通过规定将数据确定为核心资产；二是管理体制机制，即需要建立适应数据资源完善、价值实现、质量保证等方面的组织结构和过程规范，提升企业能力；三是共享与开放，即需要促进企业内部的数据共享，以及对外的数据流通和交易；四是安全与隐私保护，即需要保障企业和客户的数据安全与隐私信息安全。从行业层面看，主要解决以下问题，一是管理体制机制，即建立规范行业数据管理的组织机构，制定行业数据管理制度；二是共享与开放，即需要制定行业内数据共享与开放的规则，构建数据共享交换平台，为本行业企业提供服务；三是安全与隐私保护，即需要建立行业内数据安全保障制度，确保行业内部的相关活动有序开展。从国家层面看，主要解决以下问题，一是资产地位确立，即需要在国家法律法规层面明确数据资产的地位；二是管理体制机制，即需要建设良好的管控协调体制，促进数据产业的健康发展；三是共享与开放，即需要制定数据开放共享政策，建设政府主导的数据共享平台；四是安全与隐私保护，即需要出台国家数据安全与隐私保护的法律法规，保障国家、组织和个人的数据安全[31]。

由以上三层次结构的内容看，不论是企业组织层面，还是行业层面，抑或是国家层面，都突出地围绕着两个核心问题或活动领域，即数据的开放与数据的安全，因此可以说，数据治理体系的两大核心就是要解决既实现数据的充分开放与共享，促进组织、行业乃至国家的发展，又划分清楚数据开放的度，确保涉及多元主体的敏感数据的安全。这正是本书的两个重要主题。

数据治理应用于政府治理的主要手段和工具是法律法规政策，其可以看作是一个系统，内容涵盖开放利用、安全隐私、标准规范等多种类型的法律法规政策，包含政府数据的构建、处理、发布、获取、开发、利用、安全、反馈等诸多环节，实施操作涉及多个层级和不同类型的政府部门、企业、社会组织、公众等多个行为主体。美国的《开放政府指令》中的三大基本原则之一——“参与”，是指激励公民贡献自己的创意和能力，使政府能够利用散落在社会中的信息来制定公共政策[32]。这即是一种政策协同思想的具体体现。在政府数据治理系统运行的过程中，各类工具之间容易产生“摩擦”和“阻力”（交易成本），如果各类工具的制定与执行主体相互配合、不同工具要素达到相互协调的状态，系统将达到更为“润滑”（即协同）的状态，系统的运行效率也将随之提升，从而能够更好地提升政策效果。构建政府数据治理协同机制，有利于减少和消除数据治理过程中的政策碎片化、数据冲突、数据孤岛等问题，实现用数据说话、用数据决策、用数据管理、用数据创新的治理机制，提升政府智慧决策水平，提升政府处理复杂问题和应对突发危机的能力。在政府数据治理过程中，需要涉及不同部门的权力和利益，既要实现在同一系统内不同层级部门之间进行信息和数据的纵向间互相传递，又要实现在同一层级的不同部门之间进行信息和数据的横向间互相传递。在我国当下政府部门机构设置存在“条块分割”、职能交叉以及跨系统机构运行缺乏有效沟通和协作的现实情况下，某些部门在进行治理过程中，制定政策时往往缺乏通盘考虑的全局意识以及与其他部门之间的相互沟通，以致制定的政策孤立或与其他政策冲突，执行政策时缺乏与其他部门的互动和合作，缺乏数据开放和共享意识，致使治理效果大打折扣。美国的《开放政府指令》中的三大基本原则之一是鼓励联邦政府内部不同行政部门之间、不同政府层级之间以及政府和私营部门之间建立合作伙伴关系来提升政府效能[32]。构建政府数据治理协同机制，可以将统筹与平衡作为政府数据相关政策制定与实施的依据，有效消除不同政策之间、不同政策主体之间的矛盾和张力，缓解政策碎片化问题，促进不同治理主体相互之间的利益协同和目标协同，增强公共服务的有效供给，提升政府治理能力的内容完整度和效果满意度。

近年来，我国已出台包括《“十三五”国家信息化规划》、《促进大数据发展行动纲要》在内的相关政策文件50余个，涉及数据管理和治理问题。其中，对政府数据的开放共享、政府和重要行业数据安全管理等内容做出了规定，既包括总体性要求，也包括数据应用安全以及特殊类别数据安全等具体要求。尤其是2015年8月，国务院印发《促进大数据发展行动纲要》（以下简称《大数据纲要》）提出“数据已成为国家基础性战略资源，大数据正日益对全球生产、流通、分配、消费活动以及经济运行机制、社会生活方式和国家治理能力产生重要影响”，“但也存在政府数据开放共享不足、产业基础薄弱、缺乏顶层设计和统筹规划、法律法规建设滞后、创新应用领域不广等问题，亟待解决”，并倡导“用数据说话，用数据管理，用数据决策，用数据创新”。《大数据纲要》兼顾开放共享与安全主题，因此它既成为数据开放共享与数据安全的国家层面的政策导向，同时也成为政策协同的宏观架构表现形式。然而，国内外相关研究文献的调研成果显示，目前对于数据开放与数据安全的政策研究尚不充分，有关数据开放和数据安全的政策协同研究更是十分匮乏，而这正是本书后文尝试进行创新研究的重要主题。

1.4.4　数据治理框架

近年来，国内外众多组织和机构都对数据治理体系和框架进行了研究和阐述，根据数据治理的研究重点不同提出多种数据治理框架。

（1）代表性治理框架

国际标准化组织IT服务管理与IT治理分技术委员会制定了ISO/IEC38500系列标准，该标准提出了信息技术治理的通用模型和方法论，并将该模型应用于数据治理领域[33]。该模型提出基于原则驱动的数据治理方法论，强调对数据治理主体的评估、指导、监督，明确决策层、管理层的责任。该模型是对IT治理方法论的扩展，并未对数据治理的落地提供具体、有效的手段。

国际数据治理研究所（DGI）从组织架构、规则、过程3个层面总结了数据治理的十大关键要素，创新性地提出DGI数据治理框架[34]。

国际信息系统设计和控制协会（ISACA）提出顶层设计、基层实施的数据治理模型COBIT5，强调数据治理的灵活性[35]。

IBM数据治理委员会（IBMDGCouncil）提出数据治理成熟度模型，将数据治理分为5个等级，并将数据治理要素分为4个层级[36]。

信息技术服务分会（ITSS）提出组织进行数据治理的框架，明确数据治理目标、数据治理域、内外部环境和流程。

国际数据管理协会（DAMA）提出结合功能和环境要素的数据治理模型，明确指出数据治理中的数据管理功能及其内容[37]。

不同国家和地区基于以上代表性治理框架，结合数据治理的范围、数据治理的过程和数据治理的不同特点提出各异的数据治理框架以完成企业、国家（政府）和全球的数据治理。

（2）数据治理体系范围

根据目前数据治理相关研究来看，数据治理范围可以分为企业数据治理、全球数据治理，以及国家和政府数据治理。

1）企业数据治理。

数据治理起源于企业管理领域，是由 Watson[38]在两家公司的“数据仓库治理”实践基础上发展而来。企业数据治理的目的是使企业数据得到有序规范的管理，保证基于数据做出的决策是科学有效的，数据价值得到充分发挥。对企业数据治理整体框架通常包括四大环节：①数据战略：企业对数据治理的整体策略和方向；②数据资产盘点：明确企业数据的范围和分布；③数据规范：打破数据壁垒，实现数据互通和共享；④企业数据治理对三道防线：实现数据质量闭环管控。

2）全球数据治理。

2019 年 6 月，时任日本首相安倍晋三在 G20 峰会上启动了“大阪轨道”计划，倡议在加强数据保护和安全的前提下，建立数据跨境流通框架，包括中国和美国在内的 24 个国家共同签署了一项声明，提出了推动数据自由流通的理念。但由于各个国家数据政策、标准和法律都具有各自特点，形成全球范围内的数据治理困难重重。2019 年 10 月，新美国机构（New America，是一个致力于振兴美国实现国家最高理想的非盈利研究机构）在华盛顿就解决全球数据治理相关问题召开专家圆桌会议，该会议主要界定了对数据、数据治理的理解，明确了数据治理的焦点任务，强调数据治理杠杆中技术协议和标准的重要性。不同国家规定了不同“数据本地化”政策，从最宽松的“镜像”到俄罗斯和印度的部分数据采取的最严格的不允许数据跨境流通，无论哪种政策都无法限制所有的数据，因为尽管数据自由流通永远不会实现，但数据自由流通几乎已成为当今世界的现状。这就要求政府在制定治理决策时要充分考量技术要素，如互联网技术的可行性和技术的影响力，以及国家间的互操作性。

全球数据治理面临诸多问题。实现各国制度兼容是第一个困难，国家间是否该合作兼容数据治理兼容制度，以及如何处理国家、个人和企业间利益和权利关系都是在考虑制定数据自由流通规则时应考虑的问题。确定全球数据治理的国际机构是第二个问题。不同国家间对数据自由流通的理解和监管程度不同将给维持全球性的数据系统制造障碍，这是全球数据治理要解决的第三个问题。

全球数据治理的实现前提是世界各国政府在数据治理上达成共识，建立数据治理兼容的制度，针对数据跨域流通建立通用标准，同时强化数据流通和监管的一致性，而以上问题短期内很难从根源上得到解决。

3）国家和政府数据治理。

国家数据治理通常指的是国家数据资源的治理，主要包括建立健全数据资源产权、交易流通、跨境传输和安全保护等基础制度和标准规范，推动数据资源开发利用在推进国家治理体系与治理能力现代化的过程中，数据不仅是治理的工具，治理的资源，也是治理的对象[39]。健全国家数据资源治理体系是数字经济发展规律的必然要求，也是赢得全球数字竞争和规则标准主动权的战略抉择。实施数据战略、强化数据治理已成为新的国际竞争热点。政府数据治理主要将治理对象集中在政府数据上。我国国家标准《信息技术服务治理第 5 部分：数据治理规范》（GB/T 34960. 5—2018）将数据治理定义为：数据资源及其应用过程中相关管控活动、绩效和风险管理的集合。该标准旨在对数据治理现状进行评估，指导数据治理体系建立，并监督其运行和完善，还提出了数据治理的总则和框架，规定了数据治理的顶层设计、数据治理环境、数据治理域及数据治理过程的要求，其框架如图 1-2 所示[40]。夏义堃[41]认为政府数据治理代表的是对数据过程和结构的管理，作用对象不仅仅是政府数据内容本身，还包括政府数据平台、业务流程、信息基础设施以及技术水准与人员和内部管理等要素。

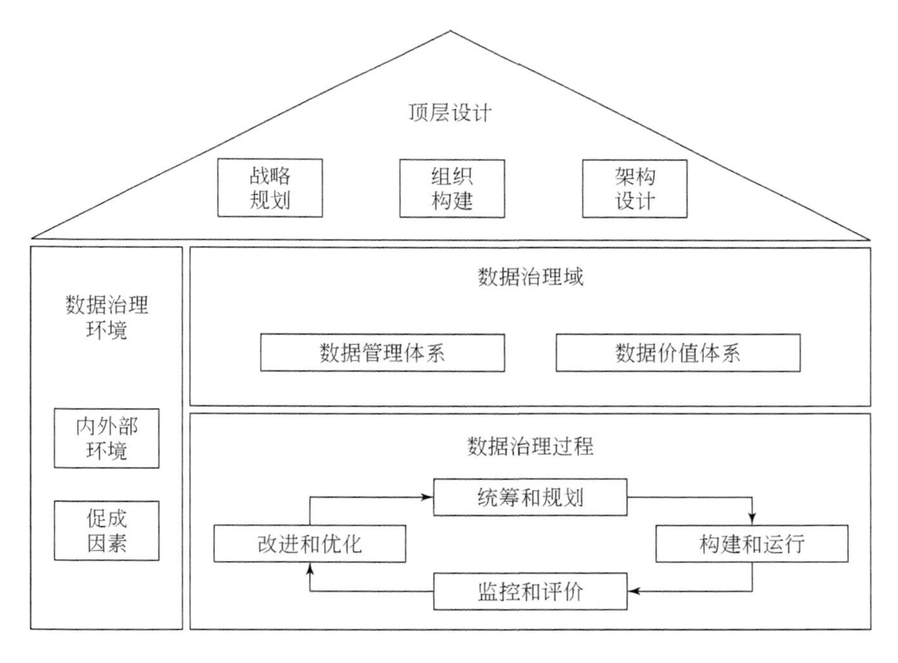

图 1-2　数据治理框架图

近年来，随着大数据、数据开放与共享的普及，政府大数据、政府数据开放与共享让社会各界意识到数据重要性的同时，也加快了数据及其技术在政府治理中的应用，“政府数据治理”成为新的研究焦点。政府机构在借鉴企业数据治理的模型、策略和技术的同时，开始探索建立具有自身特色、超越企业数据治理的治理模式。

不同学者研究国家（政府）数据治理以期对我国的数据治理提供借鉴或启示。黄璜[42]从美国联邦政府的政策文件及其涉及到的机构出发，认为美国的数据治理至少应包括六大领域：数据开放、信息公开（自由）、个人隐私保护、电子政务、信息安全和信息资源管理。纵观美国数据治理政策发展历程，保护（安全）与开放贯穿其中，基本形成了以直接服务于总统的行政部门为核心结构的治理体系。李重照和黄璜[43]从治理政策和治理结构两个维度入手，从英国政府数据治理政策涵盖的为个人数据（隐私）保护、信息自由与信息公开、政府数据开放、国家信息基础设施、信息资源管理与再利用、电子政务和网络信息安全等七大领域梳理出政策内容及相关机构职能、分工，从而得到英国数据治理的完整政策体系及治理结构。通过对英国政府数据治理体系的研究，谭必勇和刘芮[44]认为政府主导、社会组织协调、公众积极参与的多元协同的数据治理体系可以有效整合数字资源、满足公众需求、有利于实现数据治理“1+1>2”的社会效应。谭必勇和陈艳[45]等发现加拿大联邦政府在数据治理过程中建立了职能全面且互补的组织机构，具备了法律与政策配合的体制保障和风险防范的审计系统，最终提供给社会能实现治理价值的服务体系。刘芮和谭必勇[46]等从数据资源体系建设、数据治理制度规范、治理工具和网络形态治理结构四个方面考察了澳大利亚的数据治理体系建设。澳大利亚的数据治理资源体系从中央不断向地方纵深发展，不断推动政府服务功能深入社会组织、公众；在数据治理过程中澳大利亚政府形成了以高效严密的法律法规为基础和核心，政策指南相互配合使数据治理实践过程清晰可见，标准规范的数据治理体系使数据治理“有章可循，有据可依”，内外部门结合进行审查监督，确保政府数据治理构成有效的政府数据治理框架。充分发挥数据治理过程中涉及到的多元主体作用，多元主体协同合作，实现共振。合理利用先进的技术治理工具，实现了“智慧服务”，让数据治理发挥最大作用。宋懿等[47]发现美英澳三国政府大数据治理政策关注的问题集中在政府大数据的供给能力、基础设施的建设能力、政府大数据开放利用过程中的资源支持力以及信息安全及隐私保护能力。美英澳三国侧重战略层面上界定治理要素范围和框架建构过程，而数据治理应从系统论的角度出发，将涉及的理论体系和技术方案合理融合，坚持“整体大于孤立部分之和”的整体性原则，将政府数据治理视为系统工程，才能保证数据治理体系中的各部分都发挥作用，不断提升数据治理水平。

（3）我国政府数据治理研究

谭必勇和刘芮[44]认为政府数据治理是以治理为理念指引、以善治为最终目标、以规章制度为保障、以组织要素为主体、以技术治理为途径，对政府数据的齐全完整、真实可靠等进行全程管理，保障政府数据的开放利用，以实现政府数据经济效益和社会效益最大化的过程。左美云和王配配[48]则将政府数据治理定义为：政府根据数据治理的目标和准则，对于政府部门各角色的数据权责进行明晰，同时利用互联网等信息技术手段，对数据的全生命周期进行管理，以使政府数据得到合理、有效的使用。黄璜[49]从三个视角界定政府数据治理，宏观上是对数据产业和社会数据化进程的治理；中观上包括政府对于公共事务相关的数据资源和行为的治理；微观上关注数据操作、数据仓库、数据元素等具体问题。

数据治理存在着很多挑战和问题，如数据治理体系层次不清晰；数据主权保护权责模糊；数据生产要素价值实现困难；数据安全和个人隐私面临风险等[50]。为了解决数据治理中存在的问题，数据治理体系框架应运而生。

数据治理框架是为了实现数据治理的总体战略和目标，将数据治理领域所蕴含的基本概念（如原则、组织架构、过程和规则等），利用概念间关系组织起来的一种逻辑结构[34]。安小米等[51]学者提出政府数据治理宏观联盟共治、中观联通共生、微观联结共赢的多元主体大数据治理体系框架；左美云和王配配[48]人提出构建我国跨部门政府数据治理的CGCS（China Government Cross-Sectoral）数据治理框架；郑大庆等[52]把数据治理要素分为支持要素、核心要素、促成要素和目标要素，以此构建数据治理框架；梁宇和郑易平[53]则将着眼于政府数据协同治理问题，通过揭示政府数据协同治理面临的困境提出协同治理的实现路径；黄静和周锐[54]以信息生命周期为基础，按照数据采集、整合、评估、存储及共享五个阶段构建政府数据框架；杨琳等[55]提出了大数据环境下的数据治理框架，包含数据治理目标、治理保证、治理域与治理方法论等；吴善鹏等[56]提出大数据生命周期管理下的政务大数据治理框架；杨琳等[50]等人从国家、政府和企业不同主体角度出发构建了多层级数据治理体系，明确多层级数据治理间的关系如图1-3所示。不同层级的数据治理间需要互相协同发展，同时要关注数据开放和数据安全的双重推进。不同学者提出的数据治理框架大多基于政府数据治理环境，为我国的政府数据治理提供理论依据和实践指导。

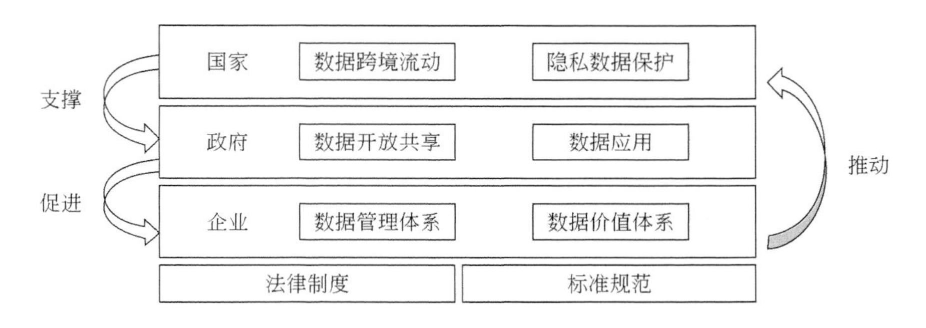

图1-3　多层级数据治理体系间的关系[49]

政府数据治理从初期的以数据为治理对象，围绕数据全生命周期针对政府数据库或信息存储中的数据进行微观层面的管理，发展为将数据作为治理工具，应用大数据、人工智能、区块链等信息技术，应用自身拥有的数据支撑政府的管理、政策服务与决策，以提供政府公共治理的效能；目前政府数据治理进入新阶段，将数据治理涉及到的生命周期环节、数据环境等外部要素均融合为数据治理生态体系，从系统观的角度入手，关注人、数据、社会间的数据关系，从技术、组织、制度、政策、法规和文化等多层面进行治理。政府数据治理过程中，整体性政府数据治理的理论逻辑包括协同逻辑、开放逻辑、生态逻辑、信任逻辑等四大理论逻辑[57]，其中的协同涉及到治理主体的协同，平台的协同、还要关注数据协同（即开放共享）、制度协同等内容，与本书讨论的协同具有一定程度的重合。

1.5 元数据标准建设现状及其影响

随着大数据、物联网、人工智能的飞速发展，信息革命已来临，世界信息资源以几何级数高速发展，数据库、开放获取资源、图书馆的数字资源等不同形式的信息资源与日俱增，海量数字资源在给传统信息资源管理带来巨大挑战的同时，也迎来整理、存储与共享的难题。各类信息资源的安全保障、开放获取、普遍共享，需要与之相适应的元数据标准，它是管理、发现和获取信息资源的简洁、可操作方法，也是各类信息资源安全保障工作的重点之一。

1.5.1 元数据标准建设现状

元数据（Metadata）被称为“数据的数据”，即对信息资源的结构化描述，其主要用于对信息资源的组织、描述、发现、检索、索引、集成、浏览、保存、管理等。元数据标准（metadatastandards）则是描述信息资源的具体内容的所有规则的集合，包括数据项集合、数据项语义定义、著录规则以及计算机应用时的语法规定等，不同形式的信息资源可能存在不同的元数据标准，其可以规范、普遍描述各类信息单元以及信息资源集合。为了设计特定的数据结构、规范不同的数据值，以及实现数据内容和数据交换的有效性和一致性，需要制定与之相适应的不同元数据标准。大数据时代的来临，数字资源成为各类群体获取、利用、发现、揭示的主流形态，通过不同渠道、采用不同方式获取元数据并汇聚形成一种新的资源整合和利用模式，并为用户提供细颗粒度的信息挖掘与分析以及精准化的知识服务，已然成为未来发展的趋势。然而，由于数据壁垒带来的共享限制，不同渠道获取元数据描述方式往往不同，信息组织的方式存在差异，这就为信息资源的全面集成、整合与利用带来了困难。国内外元数据标准建设差距也较大。

1.5.1.1 国外元数据标准建设现状

针对不同领域的开放数据，形成了各种元数据标准或方案，它们有些是通用的、有些是专门领域的，其中比较有代表性的如下。

都柏林核心元数据（Dublin Core Metadata Element Set，DC），是目前国际上应用最广泛、影响最大的元数据标准之一。其中，都柏林核心集（Dublin Core Meta-data Initiative，DCMI）是元数据的一种应用。DC 创建于 1995 年 3 月在美国的都柏林召开的第一届元数据研讨会，旨在揭示英文数字资源，包含 13 个元数据元素的 DC 元素集。DC 元素集是可扩展的，并且每个标记元素可以具有子模式和子类型。随着信息资源建设的不断发展与变革，DC 已被采纳为国际标准《ISO15836：2009 信息与文献 都柏林核心元数据元素集》，具有最高的权威性、普遍性。该标准由 15 个元素构成，核心元数据元素分为内容描述、外形描述、知识产权三种类型，主要包括名称、主题、创建者、出版者、日期等，在我国已经得到广泛应用。

数据目录词汇表（data catalog vocabulary，DCAT）是除 DC 外，国际上最基本的元数据标准，目前产生的其他元数据标准大部分由这两个标准衍生而来。DCAT 发端于2010年，最初由爱尔兰国立大学 DERI（Digital Enterprise Research Institute）启动并研制，2012年转交万维网联盟（World Wide Web Consortium，W3C）政府关联数据工作组，2014年正式发布 DCAT1.0 版。DCAT 定义了资源描述框架（Resource Description Framework，RDF）词汇表，其包含7个类，其中核心三类为数据目录、数据集和数据资源，主要发挥发现、选择、访问、利用信息资源的作用。DCAT 采用 XML 和 JSON 编码元数据记录，因此可以从语义、语法两个方面保障信息资源之间的互操作性。

在数据开放运动和政府信息公开的推动下，开放政府数据（Open Government Data，OGD）应运而生。美国、英国、加拿大、澳大利亚等国家纷纷开展开放政府数据活动，并积极构建相应的数据平台，而元数据标准是管理数据集的重要方式，已被作为考核开放政府数据质量的主要指标之一。美国是世界范围的 OGD 运动的发起者、推动者和领跑者，于2009年5月上线全球第一个国家数据门户 Data. gov 网站。该网站是以数据目录的形式集中呈现数据集信息，采用元数据收割的方式获取数据集的目录信息，通过目录信息链接到具体的数据集。元数据收割的实现基于数据集的统一元数据标准描述。Data. gov 网站按照原始数据集、地理空间数据集和数据工具3个门类组织平台中开放的数据资源，并分别采用不同的元数据标准对这3类具有不同特征的数据资源进行描述。

英国则拥有最大的欧洲数据时长，且在数据创新方面始终处于世界前沿。在数字经济高速发展中，英国极为关注政府数据的作用，积极推动政府信息公开、共享与应用。2017年，英国开放数据研究所（Open Data Institute，ODI）联合 W3C 共同启动了“数据的开放标准”（Open Standards for Data，OSD）项目（周期为2017～2020年），旨在为政府和机构开发、采纳和实施开放标准提供指南和帮助。OSD 项目主要包括开放标准的开发方法、选择指南和标准目录等。

欧盟及其意大利、比利时、荷兰、爱尔兰等11个国家的数据门户网站都采用了 DCAT-AP。欧盟数据门户（European Data Portal，EDP；www. europeandataportal. eu）于2014年启动了 EDP 建设项目，包含24万个数据集，支持三种语言。StatDCAT-AP 的研制是为了在欧盟统一数据门户网站集成统计数据，提高数据开放的可操作性。其在 DCAT-AP 模型的基础上进行扩展，增加了6个属性描述数据集的维度、质量状况和度量单位等信息，并将4个类作为这些属性的值域。

1.5.1.2 国内元数据标准建设现状

2015年8月，国务院印发了《促进大数据发展行动纲要》，指出“2018年底前建成国家政府数据统一开放平台，率先在信用、交通、医疗、卫生、就业、社保、地理、文化、教育、科技、资源、农业、环境、安监、金融、质量、统计、气象、海洋、企业登记监管等重要领域实现公共数据资源合理适度向社会开放”。那么，要实现各领域的“数据资源合理适度开放”，就要求数据加工过程中满足标准化、规范化的元数据要求，各个领域则需要在遵循元数据基本原则的基础上逐渐建立各自的元数据标准或元数据应用方案。我国元数据标准建设各有特色，尤其体现在资源利用上面，下面介绍几种较典型的元数据标准。

《政务信息资源目录体系 第3部分：核心元数据》（GB/T 21063.3—2007）是我国使用较早的元数据国家标准，它发布于2007年9月，2008年3月起开始试实施。该标准以交换服务为基础，规定了描述政务信息资源特征所需的核心数据及其表达方式，给出了各核心数据的定义和著录规则。其共有22个元素，其中包括9个必选元数据元素、3个必选元数据实体、7个可选元数据元素、3个可选元数据实体。主要适用于政务信息资源目录的编目、建库、发布和查询。

《信息资源核心元数据》（GB/T 26816—2011）标准是我国较早具备广泛适用的元数据国家标准，于2011年12月起开始实施。本标准规定了信息资源元数据的属性、核心元数据的构成、元数据扩展原则和方法。其定义的信息资源核心元数据包含9个元素，其中有4个必选元数据元素，2个必选元数据实体，2个可选元数据元素，1个可选元数据实体。主要适用于信息资源的编目、归档、建库、发布、共享、交换和查询等。

除了如上两项国家标准之外，2009年国务院办公厅秘书局编制并发布了《政府信息公开目录系统实施指引（试行）》，包括了14个元素；2017年国家发展和改革委员会、中央网络安全和信息化委员会办公室等编制并发布了《政务信息资源目录编制指南（试行）》，包括了13个元素。

我国对于科学研究数据的元数据标准建设工作起步较晚，其中较具代表性的有如下两种：其一，科学数据库核心元数据标准，该标准是由中国科学院数据应用环境建设和服务项目组于2009年编制的，规定了各种需求层次的元数据应用所需要的核心元数据，是对元数据进行扩展和制定元数据应用方案的规则和方法，主要适用于科学数据库的编目、描述、组织管理以及数据资源的交换、集成和服务；其二，科学数据共享元数据内容，该标准主要是为了科学数据共享提供元数据内容框架，定义了科学数据共享核心元数据、公共元数据和参考元数据，是科学数据共享领域元数据标准化的基础。

对于数字资源的标准化、规范化建设一直是学术界关注的重点。其中较具代表性的元数据集成资源发现系统有国家科技图书文献中心（National Science and Technology Library，NSTL）资源发现系统、中国高等教育文献保障系统（China Academic Library & Information System，CALIS）资源整合和云服务平台以及国家图书馆推出的文津搜索系统等。另外，国家图书馆联手上海图书馆等6所图书馆共同开展“中国实验型数字图书馆”项目，CALIS与部分高校图书馆共同开展元数据标准建设研究等，这些研究项目共同推进了数字图书馆的标准化、规范化建设工作。

1.5.2 元数据标准建设的影响

大数据时代，各个行业及公众对于数字资源挖掘、知识服务乃至智慧化服务的需求与日俱增，接踵而至的是数字资源数量及其类型激增，数字资源组织的颗粒度日趋细化。而数字资源能够被发现、挖掘、重组、拆分、分析、利用等都离不开元数据标准建设，元数据标准建设的重要性毋庸置疑。

1.5.2.1 元数据标准建设对政治环境的影响

近些年来，我国政府相继出台了《政务信息资源共享管理暂行办法》《政务信息系统整合共享方案》《政务信息资源目录编制指南（试行）》等文件，由此可知，政府信息资源的公开、共享、开放是政策性发展方向。对于社会发展来看，开放数据具有一定的经济价值；对于政治环境来看，开放数据能够提高政府决策的透明度、提升政务服务效能、优化治理水平。开放政府数据（Open Government Date，OGD）运动最初由美国发起，它是在政府信息公开和开放数据运动的驱动下产生的，英国、加拿大、澳大利亚以及我国等都纷纷加入到开放政府数据运动中，其依托开放政府数据平台向公众提供政府信息获取、共享与利用服务。政府信息具有多维性与生命周期特征，各国开放政府数据平台一般以目录的形式集成多源数据集，而元数据标准则是管理多源数据集的主要手段，因此元数据标准建设对于构建开放政府数据平台、营造良好政治环境、保障政府信息安全具有重要作用，也被多个国家作为考核开放政府数据质量的重要指标之一。

一是优化政务服务质量。政府信息即由政府或政府所属机构产生或委托产生的数据与信息，开放即可以被任何人免费使用、重用和再传播。由于政府数据开放可以增加政府工作透明性、增强数据的社会和商业价值、提高公民对政府活动的参与度，因此开放政府数据能够提高政府服务的质量与效率。而元数据标准的建设是政府信息公开的基础保障，能够有效促进发现、组织、开发、维护、再利用等一系列政府信息管理工作，进一步提高政府信息的规范化、标准化、知识性。元数据标准化、规范化建设更贴合政府信息的多维特征，有助于找准需求定位、突出资源特征，构建基于生命周期特征的政府信息元数据标准体系框架，为制定融合政府信息特征、社会治理现实情况以及满足使用需求多方利益与权利的元数据标准提供体系支撑与现实参考。

二是提升公共服务效能。现阶段，政府信息的开发、整合、开放、利用等相关工作正在如火如荼地进行，上海、北京等地都已建设了开放政府数据平台，但仍存在元数据标准不统一、数据集描述不全面、互操作性较低等问题，这更加凸显了元数据标准对于开放政府数据的重要性。基于资源描述、开发、管理与利用等需求，统一构建元数据标准框架，并基于此制定兼容性强、互操作水平高、数据及描述较全面的元数据标准，是提升公共服务的效能的基础保障。在服务社会方面，基于统一元数据标准建立的政府信息可以广泛涉猎经济、政治、社会、民生、教育、医疗、文化、农业、工业等各个领域，能够满足公众一站式获取所需的各方面权威信息，有助于进一步消除信息不对称造成的社会矛盾。在治理方面，元数据标准化、规范化的建设能够帮助政府相关部门有效的收集、保存、整合、开发政府信息，统一元数据标准框架下的构建的政府数据集，能够促进政府各职能部门之间的交流、协作，便于整体统筹与分工合作，也更加顺应协同治理、阳光政府以及开放政府数据的世界发展趋势。

三是有效保障政府信息安全。政府信息涉及国家运行及公民生存等重要信息，其中可能包含涉及国家秘密、公众利益及个人隐私等内容，因此，信息安全是政府信息管理的重点问题之一，要防止重要科技信息或政府信息被窃取、篡改，保证各类政府信息分类分级管控。2021年9月1日起《中华人民共和国数据安全法》生效实施，数据安全治理已成为社会普遍关注的问题。这就要求元数据的标准化、规范化建设，既能够准确地描述信息，也能选择合适的资源保存与利用方式。那么，安全管理元数据可以描述政府信息安全管理过程中涉及的相关信息，在构建元数据核心集过程中，可以通过参考并酌情吸纳信息安全技术相关的国家及行业标准，涵盖安全风险说明、安全监控、安全等级评估、信息安全技术等核心元素，以提高政府信息安全管理的水平和效能。

1.5.2.2 元数据标准建设对科学研究的影响

元数据标准是学术资源建设与共享的重要支撑，也是学术研究得以顺利实施的重要数据保障，因此，元数据标准建设对于推动我国学术资源共享，促进学术科研服务发展，助力资源节约型社会建设都具有重要的作用。

一是学术资源建设的基础保障。在互联网技术高速发展的背景下，各种信息技术手段令人应接不暇，如云计算、区块链、数字人文等，科技型数字资源不断向更高发展层次的智慧化数字资源转化，数字学术资源未来的发展将趋向于集约化、智慧化、知识型的云端数字学术资源。而数字学术资源元数据是对学术资源的结构化描述，是发现、揭示、检索、组织、管理、保存、交换、共享数字学术资源的重要基础。由此可见，数字学术资源作为各领域创新发展重要战略资源，其标准化、规范化建设是我国学术研究的重要保障。

二是多学科融合发展的前提。当前的学术科研发展更趋向于多学科融合发展，各个科研项目、战略性发展目标越来越需要使用多学科原理、信息、技术及工具、方法，因此，跨学科的学术交流、数据的互通与分享、多学科数据跟踪、管理、再利用是现阶段以及未来学术科研发展的必然趋势。那么，数字学术资源元数据作为沟通各类数字学术资源之间的桥梁，其标准化、规范化建设是多学科融合发展的前提条件。目前，我国各学科领域学术资源的元数据标准建设取得了较多成果，但各学科数字学术资源元数据结构及语义信息的多样性给多学科融合发展带来了一定的障碍，面向多学科融合发展科研需求的数据描述、发现与再利用以及多领域通用的元数据标准建设工作势在必行。

三是学术研究可持续发展的必要保证。基于生命周期管理视角，学术研究要保证一定的延续性与创新性需要动态地、连续地捕捉科研数据，要时刻了解什么数据在持续产生，什么数据随着时间、外部环境的变化而改变，科研数据变化的走向和未来发展趋势如何，等等。而在管理由科学研究而产生的数字学术资源的数据产生、数据采集、数据处理、数据揭示以及数据分析等管理过程中，收集、半自动、自动地生成所需元数据，则需要构建元数据标准基础设施服务。

本章小结

目前，人类社会已经进入一个高速发展的社会，科技发达、信息流通，人们之间的交流越来越密切，生活也越来越方便，大数据就是这个高科技时代的产物。未来的时代将不仅是IT时代，更是数据科技（data technology，DT）的时代。大数据时代是信息社会运作的必然结果，其让人类的信息社会更上一个台阶。在农业社会，土地是核心资源；在工业时代，能源为核心资源；而在信息社会，数据则成为社会的核心资源。谁掌握了数据和数据的分析方法，谁就将会在大数据领域领先，无论是国家文明还是商业组织，只要充分发挥大数据技术的价值，迎接大数据时代面临的挑战，如数据安全和隐私问题，并及时进行应对，就会处于大数据时代的不败之地。大数据环境下，单纯的信息资源不足以满足日益增长的用户需求，这就需要通过不同路径及方式方法获取数据，并将其整合、开发为一种新的数字资源，以为用户提供细颗粒度的知识挖掘与智慧化服务，这就需要打破不同渠道、不同领域数据之间的共享壁垒，推进元数据标准建设。随着数字经济的兴起和数据产业的发展，数据范式正在形成，数据治理成为重要的政府治理和社会治理手段；数据治理的两个核心主题即为开放数据与数据安全，数据治理的重要工具是政策手段，数据治理最佳效能状态的一种体现方式则是开放数据与数据安全的政策协同。

在大数据的环境下，各类数据能够被揭示、挖掘、整合与利用都是基于适用各种范围的元数据标准的描述、拆分与重组，元数据标准是结构化描述数据的重要手段，是大数据能够被有序利用、开发及其发挥作用的重要前提。随着大数据及其相关技术的蓬勃发展，以数据深度挖掘与融合为主要特征的智慧化信息服务日趋完善，新一代信息技术渗透至各行各业，不断催生数字经济发展，与此同时，在数字的产业化和产业的数字化的数字经济发展进程中，也推动了大数据技术的迭代更新与进步。而在大数据及其信息技术的高速发展的驱动下，各领域科学研究出现了适用于大数据的新的科学研究范式和知识发现方式，这为数据治理提供了多维研究路径与思维架构，而元数据标准则是构建数据范式、助力数据治理的基础保障。综上，我们将大数据、元数据标准、数字经济、数据范式以及数据治理等作为一个整体，其中元数据标准是“细胞”，大数据是“土壤”，数字经济是“催化剂”，数据范式是“框架”，开放数据与数据安全则是数据治理的“果实”。

参考文献

[1] 张其金．大数据时代下的产业革命［M］．北京：中国商业出版社，2016：3.

[2] 维克托·迈尔-舍恩伯格，肯尼思·库克耶．大数据时代［M］．盛杨燕，周涛，译．杭州：浙江人民出版社，2013：29.

[3] Gartner. Inc. Big data［EB/OL］．［2022-2-20］. http：//www. gartner. com/it-glossary/big-data.

[4] Manyika J. Chui M. Big data：The next frontier for innovation，competition，and productivity［R］. Chicago：McKinsey Global Institute，2011.

[5] 城田真琴．大数据的冲击［M］．周自恒，译．北京：人民邮电出版社，2013.

[6] 李国杰，程学旗．大数据研究：未来科技及经济社会发展的重大战略领域［J］．中国科学院院刊，2012（27）：648-654.

[7] 韩翠峰．大数据带给图书馆的影响与挑战［J］．图书与情报，2012（5）：37-40.

[8] 马海群，洪伟达．我国开放政府数据政策协同的先导性研究［J］．图书馆建设，2018（4）：61-68.

[9] 张其金．大数据时代下的产业革命［M］．北京：中国商业出版社，2016：103.

[10] 维克托·迈克-舍恩伯格，肯尼思·库克耶．大数据时代［M］．盛杨燕，周涛，译．杭州：浙江人民出版社，2013：15.

[11] 搜狐新闻．上海社科院发布研究显示，中国数据经济增速连续三年排名世界第一［EB/OL］．［2022-2-20］. http：//www. sohu. com/a/299659266_120013869.

[12] 搜狐新闻．《数字经济分类》确定了数字经济的基本范围［EB/OL］．［2022-3-8］. https：//www. sohu. com/a/470516918_121124360.

[13] 中国信息通信研究院．中国数字经济发展白皮书［R］．北京：中国信息通信研究院，2021.

[14] 王伟玲，吴志刚．全球数据治理：概念、障碍与前景［N］．中国计算机报，2020-7-27，（8）.

[15] 中国存储网．2018IDC发布最新版《数据时代2025》白皮书［EB/OL］．［2022-4-2］. http：//

www. chinastor. com/market/12214001R018. html.
[16] 中国大数据产业观察.《2018 全球数字经济发展指数》出炉，中国排名第二 [EB/OL].[2022-3-8]. http://www. cbdio. com/BigData/2018-09/20/content_5842460. htm.
[17] 人民网.《中国数字经济发展与就业白皮书（2019 年）》显示：我国数字经济规模占 GDP 比重超三成 [EB/OL].[2022-03-08]. http://finance. people. com. cn/n1/2019/0418/c1004-31037803. html.
[18] 人民网. 人民财评：拥抱数字经济时代，既要抢先更要行稳 [EB/OL].[2022-3-18]. https://baijiahao. baidu. com/s? id=1695799360904244000&wfr=spider&for=pc.
[19] 经济参考报. 从零起步到规模近 40 万亿数字经济折射中国高质量发展印记 [EB/OL].[2022-3-18]. http://www. ce. cn/cysc/tech/gd2012/202105/17/t20210517_36561585. shtml
[20] 中国信息通信研究院，重庆市大数据应用发展管理局. 数字规则蓝皮报告（2021 年）[EB/OL].[2022-2-14]. https://view. inews. qq. com/a/20211211A01PFM00.
[21] Hey T, Tansley S, Tolle K. The fourth paradigm: Data-Intensive Scientific Discovery [M]. Redmond: Microsoft Press, 2009.
[22] 徐敏，李广建. 第四范式视角下情报研究的展望 [J]. 情报理论与实践，2017（2）：7-11.
[23] 刘量. 科学研究的第四范式 [N]. 中华读书报，[2012-11-4]（20）.
[24] US Securities and Exchange Commission. Open Government Directive [EB/OL].[2022-3-10]. https://www. sec. gov/open.
[25] 蔡跃洲. 大数据改变经济预测范式 [EB/OL].[2015-12-9]. https:// http://www. cass. net. cn/xueshuchengguo/jingjixuebu/201512/t20151209_2775199. html.
[26] Soares S. Big Data Governance: An Emerging Imperative [M]. Boise: MC Press Online, 2012.
[27] 张绍华，潘蓉，宗宇伟. 大数据治理与服务 [M]. 上海：上海科学技术出版社，2016：17.
[28] 吴韬. 大数据治理视域下智慧政府“精准”决策研究 [J]. 云南行政学院学报，2017（6）：110-115.
[29] 邬贺铨. 大数据共享与开放及保护的挑战 [J]. 中国信息安全，2017（5）：55-58.
[30] 王本刚，马海群. 开放政府理论分析框架：概念、政策与治理 [J]. 情报资料工作，2015（6）：35-39.
[31] 梅宏. 大数据治理体系建设的若干思考 [EB/OL].[2022-2-20]. http://baijiahao. baidu. com/s? id=1598368111691945589&wfr=spider&for=pc.
[32] US Securities and Exchange Commission. Open Government Directive [EB/OL].[2022-4-10]. https://www. sec. gov/open.
[33] ISO, ICE. ISO/IEC 38505-1: 2017, Information technology—Governance of IT—Governance of data, Part 1: Application of ISO/IEC 38500 to the governance of data [EB/OL].[2022-3-17]. https://www. iso. org/standard/56639. html.
[34] Thomas G. The DGI Data Governance Framework [EB/OL].[2022-03-17]. https://www. data sqlvisionary. com/wp-content/uploads/2018/06/dgi_framework. pdf.
[35] Gantz S D. Information Systems Audit and Control Association (ISACA) [EB/OL].[2022-03-17]. https://cyber-guild. org/home-page/information-systems-audit-and-control-association-isaca/.
[36] IBM. The IBM Data Governance Unified Process: Driving Business Value with IBM Software and Best Practices [M]. Boise: MC Press, 2010.
[37] DAMA International. The DAMA Guide to the Data Management Body of Knowledge [M]. New York: Technics Publications, 2009: 37.
[38] Watson H J, Fuller C, Ariyachandra T. Data Warehouse Governance: Best Practices at Blue Cross and Blue

Shield of North Carolina [J]. Decision Support Systems, 2004, 38 (3): 435-450.
[39] 冯海红. 健全国家数据资源治理体系 [EB/OL]. [2022-2-20]. http://www.china.com.cn/opinion/theory/2021-02/05/content_77190775.htm.
[40] 国家标准化管理委员会. GB/T 34960.5 信息技术服务治理第5部分: 数据治理规范 [EB/OL]. [2022-3-17]. https://max.book118.com/html/2019/0315/6004104223002014.shtm.
[41] 夏义堃. 政府数据治理的维度解析与路径优化 [J]. 电子政务, 2020 (7): 43-54.
[42] 黄璜. 美国联邦政府数据治理: 政策与结构 [J]. 中国行政管理, 2017 (8): 47-56.
[43] 李重照, 黄璜. 英国政府数据治理的政策与治理结构 [J]. 电子政务, 2019 (1): 20-31.
[44] 谭必勇, 刘芮. 英国政府数据治理体系及其对我国的启示: 走向"善治" [J]. 信息资源管理学报, 2020, 10 (5): 55-65.
[45] 谭必勇, 陈艳. 加拿大联邦政府数据治理框架分析及其对我国的启示 [J]. 电子政务, 2019 (1): 11-19.
[46] 刘芮, 谭必勇. 数据驱动智慧服务: 澳大利亚政府数据治理体系及其对我国的启示 [J]. 电子政务, 2019 (10): 68-80.
[47] 宋懿, 安小米, 马广惠. 美英澳政府大数据治理能力研究——基于大数据政策的内容分析 [J]. 情报资料工作, 2018 (1): 12-20.
[48] 左美云, 王配配. 数据共享视角下跨部门政府数据治理框架构建 [J]. 图书情报工作, 2020 (1): 116-123.
[49] 黄璜. 对"数据流动"的治理——论政府数据治理的理论嬗变与框架 [J]. 南京社会科学, 2018 (2): 53-62.
[50] 杨琳, 司萌萌, 朱扬勇. 多层级数据治理体系框架构建思路探究 [A]. 成都: 第十五届 (2020) 中国管理学年会, 2020: 8.
[51] 安小米, 郭明军, 洪学海等. 政府大数据治理体系的框架及其实现的有效路径 [J]. 大数据, 2019, 5 (3): 3-12.
[52] 郑大庆, 范颖捷, 潘蓉等. 大数据治理的概念与要素探析 [J]. 科技管理研究, 2017, 37 (15): 200-205.
[53] 梁宇, 郑易平. 我国政府数据协同治理的困境及应对研究 [EB/OL]. 情报杂志. https://kns.cnki.net/kcms/detail/61.1167.G3.20210608.1538.038.html.
[54] 黄静, 周锐. 基于信息生命周期管理理论的政府数据治理框架构建研究 [J]. 电子政务, 2019 (9): 85-95.
[55] 杨琳, 高洪美, 宋俊典等. 大数据环境下的数据治理框架研究及应用 [J]. 计算机应用与软件, 2017, 34 (4): 65-69.
[56] 吴善鹏, 李萍, 张志飞. 政务大数据环境下的数据治理框架设计 [J]. 电子政务, 2019 (2): 45-51.
[57] 胡海波. 理解整体性政府数据治理: 政府与社会的互动 [J]. 情报杂志, 2021, 40 (3): 153-161.

第2章 开放数据与数据安全概述

从2009年起，随着美国、英国、加拿大、新西兰等国政府相继宣布他们的公众信息开放计划，开放数据开始受到主流媒体的关注。我们认为，全球数据资源急速膨胀的倒逼、信息公开实践的推动、后信息时代大众创新的需求驱动、开源理念与开放思维的普及、公众政治参与意识的觉醒等共同推动了全球开放数据运动的兴起。在我国，国家主席习近平曾指出，实现中国梦的关键在于共享。这种共享是多方面的，数据的开放就是其中之一，它不仅是促进我国民主社会中公众知情权、数据权等基本权利普遍实现的必要手段，也是促进大数据时代以价值发现为主要目标、以数据驱动为主要方式的社会创新和大众创新的重要途径。与在开放数据被作为推动相关产业与创新发展的核心竞争力的同时，作为“一个硬币的两面”的数据安全在机密性、可用性、完整性等方面受到各国关注。数据开放必须以数据安全为前提条件，即在收集、存储、加工、开发、利用、传播、公开等数据处理的全过程中，数据需处于有效保护和合理利用的状态，以保障持续的数据开放共享进程。

随着国内数据中心联盟（DCA）和开放数据中心委员会（ODCC）等的相继成立，2014年和2015年开放数据中心峰会的召开，以及2013年《关于进一步加强政务部门信息共享建设管理的指导意见》和《关于促进信息消费扩大内需的若干意见》、2015年《促进大数据发展行动纲要》、2016年《贵州省大数据发展应用促进条例》的颁布，包括2019年发布的《中华人民共和国政府信息公开条例》（修订版），我国的开放数据行动已经有望跟国际形势接轨。同时，2015年7月中华人民共和国主席令第29号公布《中华人民共和国国家安全法》，2016年11月通过《中华人民共和国网络安全法》，2021年6月通过《中华人民共和国数据安全法》，2021年8月通过《中华人民共和国个人信息保护法》等，数据安全被快速提高到了战略高度。

2.1 开放数据的内涵认知

互联网时代，在大部分网民的观念中，开放数据是指将大量的数据集通过新的信息技术达成公开与共享的过程。面对全球开放数据运动的新进展，开放数据的内涵也在不断地明晰和丰富。以下通过对现有几种关于开放数据的典型定义、开放数据类型的分析，以及开放数据与大数据、开放源代码、开放获取、信息公开、开放科学相关概念的辨析，深入剖析开放数据的内涵。

2.1.1 开放数据的定义与特点

2009 年美国政府发布了《开放政府指令》，引领了国际开放政府数据（Open Government Data，OGD）的潮流，并确立了透明、参与和协作的开放政府三原则，要求政府通过网站发布数据等方式，使公众了解更多的政府信息，提升公众对政府的信任感。开放政府三原则可以进一步解释为：第一，透明，即要求政府有解释的责任，告知公民政府正在做什么。第二，参与，即吸纳公众参与有助于提高政府的效率和决策质量。第三，协作，即让更多的公民参与到政府的决策过程中来。因此，开放政府的定位既为下面的开放数据、开放数据政策、开放数据政策协同研究奠定了基础，考虑到开放政府数据中可能涉及的国家安全情报、企业商业机密、公民个人隐私等，又为开展数据安全与开放数据政策的协同研究埋下伏笔。

2.1.1.1 开放数据的定义

在很多数据开放的方法中，最直接的方式是在互联网上提供数据在线版本。对于开放数据的定义，大多是针对开放性进行描述，至今尚无统一标准。以下介绍几种典型定义。

开放知识基金会：开放数据是一类可以被任何人免费使用、再利用、再分发的数据，在其限制上，顶多是要求署名和使用类似的协议再分发[1]。维基百科：开放数据是指数据应该免费提供给任何人，以便他们按照自己的意愿自由地访问、使用、修改和再发布，而不受版权、专利权或其他控制机制的限制和约束[2]。乔尔·古林：那些已经被政府或者其他组织发布，任何人都能获得并能用于任何商业或者个人目的的数据[3]。相丽玲：一种自然属于或被许可进入公有领域，可以面向所有人自由使用或被授权利用、再利用和重新分配的数据[4]。李佳佳：开放数据不是可供人们获取的数据，也不是免费的数据，它是总是被给予的数据，它依赖于见证者而存在[5]。

本书在此通过“数据”和“开放”两大要素来阐释开放数据的内涵。先从“数据”的角度理解，“数据（data）”一词在拉丁文里是“已知”的意思。第一次开放数据的正式会议将“数据”定义为“一切以电子形式存储的记录”[6]。化柏林指出：数据是对客观世界的简单描述与观察记录，是对事实的编码化、序列化、数字化[7]。美国纽约州 2013 年 11 月发布的开放数据手册中对“数据”的解释是，数据是统计或事实性信息的最终版本，它以字母、数字形式反映在列表、表格、图形、图表或其他非叙事形式的文件中，可以进行数字传输或处理[8]。综上可知，数据首先是字母、数字形式的可供处理的客观记录。其次，开放数据所开放的不单是某一个数据，更多的是某一类数据或者数据组合，通常被称为“数据集”，即保存在存储设备上的相关命名记录，以及包含序化和格式化，并以表格或非表格形式呈现的数据的集合。最后，数据的格式应该是开放的。

再从“开放”的角度理解，洪京一指出，开放数据的核心是降低获取数据的难度和提高数据的再利用程度，并不是简单地将数据电子化、格式化，这一核心的实现正是对于“开放性”的要求[9]。真正的开放意味着对任何人不存在来自法律、经济以及经济方面的任何再利用数据的限制。2007 年 12 月，第一次开放数据的正式会议制定发布了开放公共数据的8条标准和原则，要求数据必须是完整的、原始的、及时的、可读取的、机器可处理的、不需要许可证的、数据的获取必须是无歧视的、数据的格式必须是通用非专有的[10]。阳光基金会在此基础上增加了可持续提供和最小化获取开支，英国皇家学会提出了“可评价”的标准[11]。以上准则使得开放数据具有“互用性”的特点，互用性的存在直接推动着开放数据最终目标“数据增值”的实现。

2.1.1.2　开放数据的特点

《G8开放数据宪章》提出开放政府数据五大原则：一是开放数据成为规则，二是注重质量和数量，三是让所有人都可用，四是为提高治理发布数据，五是为激励创新发布数据。它还提出了开放数据的14个重点领域，如下表2-1所示。

表2-1　《G8开放数据宪章》的重点开放数据领域

序号	数据分类	数据集实例
1	公司	公司/企业登记
2	犯罪与司法	犯罪统计、安全
3	地球观测	气象/天气、农业、林业、渔业和狩猎
4	教育	学校名单、学校表现、数字技能
5	能源与环境	污染程度、能源消耗
6	财政与合同	交易费用、合约、招标、地方预算、国家预算（计划和支出）
7	地理空间	地形、邮政编码、国家地图、本地地图
8	全球发展	援助、粮食安全、采掘业、土地
9	政府问责与民主	政府联络点、选举结果、法律法规、薪金（薪级）、招待/礼品
10	健康	处方数据、效果数据
11	科学与研究	基因组数据、研究和教育活动、实验结果
12	统计	国家统计、人口普查、基础设施、财产、从业人员
13	社会流动性与福利	住房、医疗保险和失业救济
14	交通运输与基础设施	公共交通时间表、宽带接入点及普及率

国外开放数据的主要关注点包括：开放程度、数据形式、数据安全、开放数据技术、开放许可证、数据质量、实施方法。纵观世界发展情况，国外开放数据已显现出五大特点：一是出台战略和政策，以一定的格式开放政府数据，使开放数据成为默认的规则；二是开放数据门户，纷纷建设开放数据门户并分类开放数据集；三是数据再利用，采取鼓励措施激发企业和创新者利用开放数据开发更多应用，促进经济增长和就业；四是数据安全及隐私保护，在开放数据的同时，注重数据的安全、隐私保护和保密，完善相关法律制度；五是示范和典型案例，通过示范和典型案例引导数据的开放和开发利用[12]。可见在开放数据的流程中，数据的开放与数据的安全是并重及协同的。

例如，从开放数据门户建设情况看，根据2018联合国电子政务调查报告显示拥有OGD门户网站的国家数量达到139个，占联合国会员国的72%，与2014年的46个国家和

2016 年的 106 个国家相比进步明显。总体而言，这些门户网站中的 84% 还提供了目录或元数据库，描述了数据的基本概念、方法和结构。OGD 门户网站的功能性也在提升。大约 74% 建立了 OGD 门户网站和网站的国家还提供了复杂数据集的使用和导航指南，鼓励用户要求获得新的数据集、发起编程竞赛活动和促进使用公开数据编写网络应用，如下图 2-1 所示[13]。

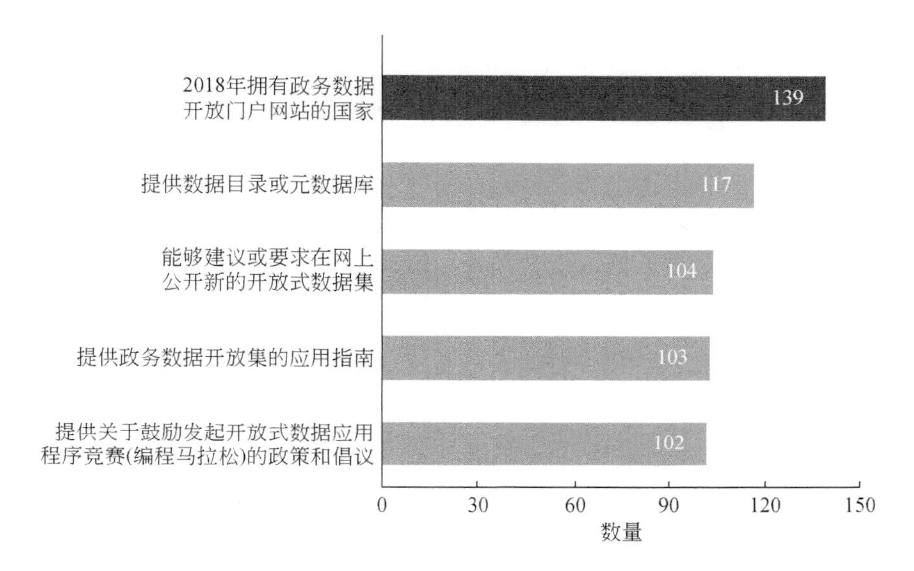

图 2-1　2018 年政务数据开放门户网站的功能

2. 1. 2　开放数据的类型

当今的开放数据兴起于科研领域的开放获取。徐佳宁将开放数据的发展分为科学数据共享阶段、开放政府数据阶段和开放数据的结构化、关联化阶段这三个阶段[14]。所以我们认为如今各类符合“默认开放”原则的结构化、关联化数据也应属于开放数据的范畴。本书将开放数据按照权利主体、成熟度进行分类。

2. 1. 2. 1　根据开放数据权利主体分类

麦肯锡全球研究所（MGI）2013 年发布的研究报告《开放数据：流动性信息开启创新、提高效率》中指出，来自公共和私人领域的开放数据（Big data）为大数据分析增加了新的维度，可见开放数据可来自政府或其他机构、企业以及个人，无须考虑其大小[15]。报告还对数据的范围和关系进行了界定（图 2-2），可以很明显地看到开放政府数据（Open government data）完全包含在开放数据中，而作为个人数据的“MyData”也有一部分与开放数据重合。

此外，由于开放数据的理念最早源于 1958 年国际科学联合会建立世界数据中心（WDC）时提出的科学数据的开放获取[16]，所以如今的科学数据应该有绝大部分属于开放数据的范畴，比如公共资金、公益基金资助的科学研发过程中产生的原始数据（涉及国家

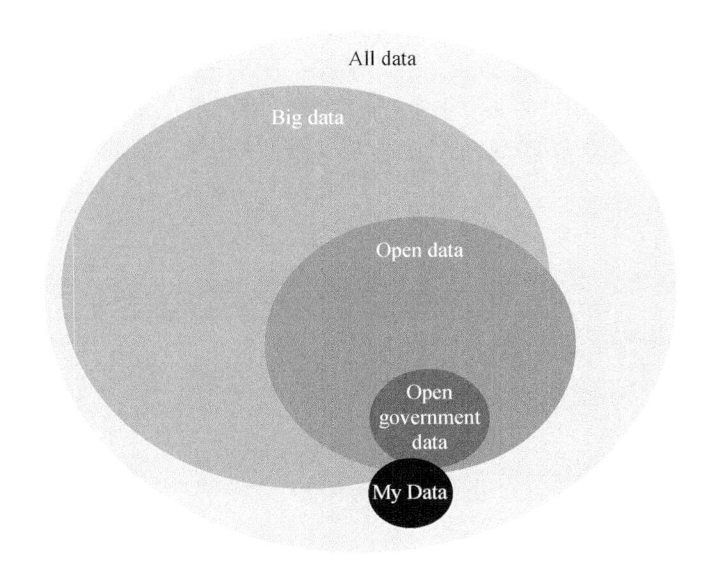

图 2-2　开放数据与其他种类数据的关系

安全、公共安全的除外)。根据开放知识基金会的定位，开放数据类型可以如下图 2-3 所示。

图 2-3　开放知识基金会开放数据类型[16]

需要特别强调的是，美国信息智库专家乔尔·古林指出，从某个特殊的意义上来说，个人数据也可以成为开放数据，借助新技术，个人可以安全并有选择地公开自己想要公开的数据。同时，Personal. com 和 Reputation. com 等公司也坚持认为，由个人控制的私人数据的新市场将能在保护个人隐私的同时创造出新的商业发展机会[17]。那么，由于个人数据拥有极大的价值增值空间，但又很容易触及隐私问题。MGI 的报告为之提供了可能的思路，即可将个人数据分为不包含个人可识别信息部分以及涉及个人身份信息的数据[18]。

综上，按数据的权利主体可将开放数据的类型分为政府数据、公共数据、科学数据、商业数据和个人数据。本书的研究重点是开放政府数据，但也涉及开放科学数据的研究。需要说明的是，虽然公共数据的权利所有人是公众，但大部分是政府持有的，这部分数据与政府数据重合。同样，虽然公民个人数据的所有权在公民自己手中，但很多数据是托管于第三方。公民受个人、机构或政治利益的因素影响，往往愿意积极生产发布开放数据，这种数据往往又成为公共治理的重要基础，它一方面为公共治理提供更有效的情报，另一方面又会挑战现有的权力结构。因而，对于公共治理而言，这种数据具有协同和论证双重功能[19]。

2.1.2.2 根据开放数据成熟度分类

随着互联网、大数据、信息技术的飞速发展，全球信息化建设、公共数据挖掘与利用、智慧治理等得到了长足进步，开放数据在数据资源管理、弥合数字鸿沟、信息公开透明、科研创新、科学决策等方面发挥了不可替代的作用。各国、各领域、各行业对于开放数据的获取、加工以及再利用行为推动着开放数据的可持续发展，体现了开放数据未来价值的延展。在保持开放水平的基础上不断提高数据开放程度，从而推动开放数据进一步发挥应用效能，这就需要对开放数据的开放能力进行衡量，而成熟度是评估开放阶段性能力的重要指标。

“成熟度”这一概念最早可追溯至 1984 年美国卡内基梅隆大学（Carnegie Mellon University，CMU）的软件工程研究所提出的“能力成熟度”，它主要是改进软件开发过程的一种方法论，由起始阶段、项目式管理阶段、定位阶段、定量管理控制阶段和持续优化阶段五个阶段构成[20]。随着“成熟度”相关理念的认可，成熟度评估模型被用于管理、医疗、信息等领域，测评事务的发展阶段、运行质量以及能力水平，有助于推进开放数据战略目标的实施，提高权利主体数据开放能力。

目前，成熟度模型已经成为评估政府开放数据能力的重要标准，在全球范围内得到普遍共识。其中较具有代表性的开放数据成熟度模型有：①万维网联盟数据开放政府数据三步走成熟度模型，第一步，出版原始的数据，结构完整；第二步，建立政府原始数据的开放目录；第三步，保证出版的数据人类可读和机器可读[21]。②Tim Berners-Lee 开放数据关联 5 颗星模型，其核心的原理是以 URL 命名事物；使用 HTTP URIs 方便查询事物的名称；通过查询 URL 提供有用的信息和标准；通过利用其他的 URL 发现和利用更多有效知识[22]。③政府开放数据价值增值四阶成熟度模型，即不同来源数据收集阶段、政府开放数据阶段、整合政府数据与非政府数据阶段、整合政府数据和非政府数据与社交媒体数据阶段[23]。

自 2015 年欧洲数据门户建立以来，其一直致力于优化开放数据的获取方式，推进国家、地方各级别开放数据的高质量出版。2019 年欧洲数据门户发布了《2019 开放数据成熟度报告》（以下简称《报告》），其从更宏观的视角研究、揭示开放数据及其核心要素，提出了开放数据成熟度的评估方法及成熟度级别。《报告》从政策、门户、影响和质量四个维度对欧盟成员国的开放数据进行详细评估，按成熟度表现由好到差将开放数据划分为趋势引领级、快速监测级、跟随级和入门级。其中，趋势引领级开放数据表明相关政策、门户、影响及质量方面都日臻成熟，其主要关注点在于动态调整、完善相关政策、门户等，以匹配用户需求。而快速监测级开放数据则需要通过政策、财政、经济等手段来推动数据检测，提高开放数据的可持续发展水平。跟随级开放数据可以满足正常的开放数据活动需求，但存在战略方法不完善、门户功能有限、开放数据监测与重用不足等缺陷。入门级开放数据尚处于开放数据建设的起步阶段，制定了开放数据数字议程、开始提供部分数据等，但还未看到实际效果[24]。

当然在现实生活中，开放数据还具有更广泛的含义如包括开放政府数据、开放科学数据，也包括开放商业数据、开放平台数据、开放商标数据、开放教育数据、开放文化数据，还包括开放文摘数据、开放知识图谱数据等。例如，2018 年 12 月 26 日，国家知识产权局正式向全社会免费公开现有全部存量商标的基本信息。商标数据的开放共享，有助于加强商标数据应用，发挥其经济价值和社会效益。中国商标网上服务系统的注册用户，均可免费下载约 3500 万件商标的基本信息，无需重复申请账户权限，后期系统数据将会定期更新。又如，2018 年末，康奈尔大学发布了迄今为止规模最大（130 万文档和高质量摘要）、来源最广（来自于 38 个主流的新闻出版物）、最具多样性（涵盖抽取式、抽象式等多种摘要策略）的文本摘要数据集 NewsRoom。再如，知识图谱也构成开放数据的一种形式，有研究者在文献中介绍了当前世界范围内知名的高质量大规模开放知识图谱，包括 DBpedia、Yago、Wikidata、BabelNet、ConceptNet 以及 Microsoft Concept Graph 等，还介绍了中文开放知识图谱平台 OpenKG[25]。

2.1.3 开放数据相关概念辨析

通常情况下，开放数据是开放政府数据的简称，或者说开放政府数据是开放数据的代表，我们所讨论的开放数据以开放政府数据为主，但也会涉及到开放科学数据等领域。和开放数据运动一样，开放源代码、开放获取、信息公开等信息资源共享运动同样崇尚开放、自由和共享的精神，为避免概念的混淆，在此对包括大数据在内的与开放数据相关的概念进行辨析。

2.1.3.1 开放数据与大数据

首先，大数据是与小数据相对的概念。大数据的核心在于“大”规模、“大”处理和“大”创新，而开放数据的核心要义在于大“开放”。其次，二者特点不同。开放数据强调数据的可获取性、再利用性、普遍参与性、免费性和互用性，大数据强调数据的体量（volume）、高速（velocity）、多样（variety）、真实（veracity）、易变（variability）、价值（value）和复杂（complexity）的“6V+1C”特性。再次，开放数据与大数据囊括的数据范围不同[17]。开放数据与大数据有相交重合的部分，也有相互分离的部分，就范围来看，绝大部分开放数据最终都属于大数据。最后，二者目的性不同。开放数据最初的目的在于推进民主，而大数据通常来源于无目的、无方向甚至无意识间产生的资源。

2.1.3.2 开放数据与开放源代码

首先，开放的对象与要求不同。开放源代码开放的是程序源代码，并且没有特殊的格式要求，面向的仅仅是程序员。而开放数据开放的是原始数据，要求统一标准的开放格式，它不仅和技术人员相关，还与数据的来源、性质以及过去和未来的使用人员都息息相关。其次，兴起的领域不同。开放源代码属于软件工程领域。而开放数据兴起于科研、政府及公共领域，是为了响应公众的数据诉求，自带公益的属性。最后，受益的群体不同。开放源代码的受益者主要是信息技术产业领域的各互联网企业。而开放数据的受益者是无差别的所有自然人，无须具备特定的技能。

2.1.3.3 开放数据与开放获取

首先，开放的对象和领域不同。开放数据的对象是诸多来源的原始数据本身，而开放获取兴起于科研、学术和出版领域，它的对象主要是学术出版物。其次，开放的程度不同。开放获取分两种程度：“免费”开放获取，和“自由”开放获取[26]。而开放数据遵循“默认公开推定”原则。最后，开放的形式不同。开放数据以机器可读的开放格式公布原始数据，任何人可以对这些数据进行操作并提出质疑。但由于开放获取只能提供科学发现的最终版本，即包含知识的原始文献，这些版本里或许会包含一定量的数据集，但却不包括得出发现的原始数据[27]。

2.1.3.4 开放数据与信息公开

政府数据的例子包括国家统计数据、预算信息、议会文件、地理数据、法律以及关于教育和交通方面的数据，当然，所谓的开放政府数据只有在满足一定条件时才可以成为开放数据。由此我们可以理解开放政府数据需要具备两个主要要素，其一，开放数据是为任何人均可不受限制使用的、可用于任何目的的数据。其二，政府数据或公共部门信息是由公共部门机构形成或委托形成的任何数据和信息。从上述第二个方面，可以看到二者必然逻辑关系，即它们之间的交叉性和关联性，可以认为，开放政府数据是政府信息公开的延伸与拓展；当然，这两者还是有一定的差别的，因此，有必要探讨一下政府信息公开与开放政府数据的逻辑关联。首先，产生的环境不同。信息公开是上个世纪末提出的，对应于电子政务的早期环境，最早是互联网技术普及催生的政府行为，而数据开放是 2009 年提出的新概念，产生于大数据时代，由科学领域的开放获取运动催生[28]。其次，概念的内涵不同。第一，公开是政府等相关权力机构和社会公众或某一社会特定主体的关系，是点对点或点对面的。开放是将相关数据的全过程透明化，形成了开放主体与社会公众面对面的关系。第二，信息公开强调主体的主动性，开放数据强调主体的义务性。第三，情报学专家认为，信息是有意义的数据，而数据本身并无意义[29]。最后，最终目的不同。信息公开主要是民主政治的要求，为了满足公众的知情权，并对政府机构进行监督与检查。开放数据除了考虑社会效应，满足公众的知情权、数据权以外，还要考虑经济效益。它通过赋予公众数据的使用权、分享传播权来刺激公众的数据需求、推动大众创新，并最终实现数据增值[30]。

2.1.3.5 开放数据与开放科学

首先，开放科学为开放数据提供理念支撑、技术支持与行动保障。开放科学理念“自由、开放、合作、共享”已成为国际组织、各国机构制定相关开放数据政策的重要依据，如OECD秉承2007年颁布的《关于公共资助的研究数据获取的原则与指南》中提出了13条数据开放共享原则，而这些原则成为OECD成员国制定、完善开放数据政策的重要依据。同时，开放科学的高度开放性、社会化、共享合作的属性特征使其成为一种基于互联网的开放式科学研究与交流模式，为人们提供了获取、加工、整理、编辑、发布数据的双向信息交流平台，为开放数据的运行提供技术支持与保障。其次，开放数据是开放科学的核心要素。存储信息、数据、知识的数据库是科学开放性的重要元素之一，从这个角度可以理解为，开放数据是开放科学的重要组成部分，如麦肯锡全球研究院发现，开放数据在教育、交通、消费品、电力、石油和天然气、卫生保健、消费金融7个领域能够撬动每年3.2万亿至5.4万亿美元的经济价值，可见在某些领域开放数据及其共享创造极大的社会影响和经济价值[31]。

以上对开放数据内涵的分析为相关研究的展开奠定了基本的理念基础，而开放数据理论研究体系的丰富还需要有相关理论基础的支撑，下面基于开放数据运动所追求的目标属性探究其理论基础。

2.1.4 开放数据的基本理论分析

人们的自由理想和对公民权利的诉求催生了开放数据，数据增值所带来的经济效益又进一步推动了它的发展，而协同耦合又是保证开放数据持续高水平发展的关键因素。信息自由是开放数据所要实现的社会目标，保障知情权、数据权是它所要实现的政治目标，发挥数据价值、形成价值链是它所要实现的经济目标，多主体、多系统协同发展则是它的终极目标。相关理论既为开放数据的发展提供了方向指引，也是开放数据运动得以顺利进行的基石。因此可以说，信息自由理论、知情权理论、数据权理论、数据价值理论、价值链理论、协同理论为开放数据运动提供了基本的理论依据，是开放数据的理论基础。

2.1.4.1 信息自由理论

“信息自由”（information freedom）这一概念最早出现在1764年的瑞典《政府宪法》中，其被定义为“获取和接受信息，或者以其他方式了解他人观点的自由”。而美国对于“信息自由”的政策保障最健全，从1966年制定起已经过三次修订的《信息自由法》对政府信息公开的原则、范围、责任主体、公开程序等行为进行了规范，因此也可以将其看作为“政府信息公开法”，其中，对于政府信息的“公开为原则、不公开为例外”“具有公共财产属性”“不提供信息负有举证责任”等原则性内容充分体现了信息自由的理论基础。在该法的积极影响下，各国政府纷纷出台了针对不同保障范畴的信息自由保障政策，加拿大国会两院先后通过了《信息公开法》《个人信息保护法》（1982年），澳大利亚联邦颁布了《信息自由法》（1982年），韩国通过并实施了《国家公共机关信息公开法》（1998年实施），日本国会审议通过了《行政机关所拥有的信息公开法》（2001年实施）。信息自由理由对于相关法律的制定提供了理论支撑，保障了政策推行的科学合理。

我们可以将信息自由理解成为一种领域自由，即人类对于自由的渴望与诉求在信息活动领域的现实表现，信息活动可以包括信息获取、信息管理、信息发布、信息公开、信息揭示等。从哈耶克的自由观来看，信息自由即人类信息获取、认知以及表达的过程不受不合理、不合法限制的状态。而权利哲学视角则认为信息自由即为一种基本公民权利，可包括言论自由、出版自由、表达自由等。在我国信息自由理论最早被引入到图书馆学理论，基于该理论研究信息获取、加工、整理、利用等具体问题[32]。国家图书馆协会联合会（IFLA）下设“信息获取自由与表达自由”委员会，在《IFLA 图书馆与知识自由声明》中指出“图书馆应尽力发展和保护知识自由”。

2.1.4.2 知情权理论

知情权（right to know）又称了解权或知悉权，是第二次世界大战后出现的一项新的人权。宪政领域的公民知情权是指公民接受、寻求和获取官方所掌握的情报信息的自由和权利[33]。1766 年瑞典颁布的《出版自由法》规定市民为出版可以自由地阅览公文书，成为知情权的雏形，也是世界上最早以法律形式规定知情权的国家[34]。1945 年，美联社执行主编库珀率先在美国提出了“知情权”的概念，他指出：知情权是指人民有权知道政府的运作情况和信息。如果不尊重公民的知情权，在任何一个国家，甚至全世界，都将无政治自由可言。1953 年，美国哈罗德·克劳斯出版了《人民的知情权》一书，被后世誉为信息自由运动的“圣经”，后来美国出台的《信息自由法》，基本主张也都来源于此[35]。此后，知情权的概念逐渐流行起来，并被作为公民的一项基本权利写入法律。如联合国大会 1948 年通过的《世界人权宣言》、美国 1966 年的《信息自由法》、挪威 1971 年的《信息自由法》、法国 1978 年的《自由获得行政文件》、澳大利亚 1982 年的《情报自由法》、加拿大 1987 年的《信息公开法》、荷兰 1991 年的《政府信息法》、俄罗斯 1995 年的《信息、信息化与信息保护法》、日本 1995 年的《关于行政机关所保有之信息公开的法律》、韩国 1996 年的《公共机构信息公开法》、英国 2000 年的《信息自由法》以及我国 2007 年通过的《中华人民共和国政府信息公开条例》等。

知情权是民主政治的内在要求，固有性、基本性与核心性是知情权的基本权利属性，同时具有基础性、普遍性和不可剥夺性的特点，并遵循普遍、合理和正义的原则。它的价值主要体现在：保障公民基本民事权利（人身权、财产权、知识产权等），推动政治民主化进程，监督政府行为、防止政府腐败，提高信息资源的共享程度和利用效率，维护法治秩序等方面。开放数据最初的目的在于推进民主，毫无疑问，它的整个过程是为了满足公民的知情权，而关于开放数据的立法及行政法规制定的首要目标也是保障公民基本的知情权，从而实现对公民的赋权，进而实现建立在公民知情权基础上的对公民的参与权和监督权等的保障，并且使之能够成为约束行政权力和建立民主政治的基础[36]。可以说，若公民基本的知情权得不到有效保证，民主政治将失去重要基石，开放数据也便成为一纸空谈。

2.1.4.3 数据权理论

2010 年 5 月，时任英国首相卡梅伦领导的联合政府在深化数据开放运动的同时，首次提出了“数据权”（right to data）的概念，强调数据权是信息时代每个公民都拥有的一项基本权利，它将确保人民有权向政府索取各式各样的数据，用于社会创新或者商业创新，并承诺要在全社会普及数据权。不久后的 5 月 25 日，英国女王在新一届议会发表的演讲中也强调要全面保障公众的数据权利[37]。此后，数据权作为数字时代一项新的公民权利开始受到广泛关注和讨论。曹磊指出，数据民主下的数据权是民主社会公民权利在网络空间的延伸[38]。李良荣指出，“数据权”有望成为下一个公民应有且必需的权利[39]。2011 年 4 月，英国劳工关系部和商业部推出了落实全民数据权的“MyData”项目，“你的数据你做主”是该项目的核心思想，谷歌、巴克莱信用卡、汇丰银行、Groupe Aeroplan、Home Retail Group 等十多家不同行业的大公司纷纷加入了这个项目，承诺将对社会开放公司收集的与客户相关的数据，实现了商业领域开放数据的巨大飞跃。值得一提的是，由于把数据开放的理念从公共领域推进到商业领域的重大实践，“MyData”的成功一度使英国的数据开放超越了美国。

广义的数据权包括数据主权和数据权利两个方面，前者的实施主体是国家，后者的主体是全体公民。狭义的数据权仅指数据权利，即卡梅伦政府提出的信息时代公民的一项基本权利，主要包括个人数据权和数据财产权。数据主权是一个国家独立自主地对其政权管辖地域内的数据享有生成、传播、管理、控制、利用和保护的权力，其核心是对数据的管理权、控制权和利用权。数据权利是相对应公民数据采集义务而形成的对数据利用的权利，具备独立性和开放性。国家的数据主权是公民的数据权利得以行使的充分条件。个人数据权是自然人依法对其个人数据进行控制和支配并排除他人干涉的权利，属于人格权类型，主要包括数据检索权、数据获取权、数据授权、数据裁定权、数据修正权、监督使用权、数据隐私权、数据安全权、数据隐匿权、数据遗忘权、数据收益申请权和数据侵害索赔权等。数据财产权是权利人直接支配特定的数据财产并排除他人干涉的权利，属于经济权类型，它是大数据时代诞生的一种新类型的财产权形态，主要表现在权利人依法享有对自己数据财产的所有、利用、获益和处理的权利[40]。此外，个人数据具有价值和使用价值的商品特征，为构建数据市场提供了“数据商品化”的思路，这也为个人数据权与数据财产权之间搭起了桥梁，以便公民数据权的充分实现[41]。

需要特别指出的是，在基于“预测”的大数据时代，公民的数据权也会因预测的“双刃剑效应”而受到侵害。2002 年上映的美国电影 *Minority Report* 中有这样一个场景：在 2054 年的华盛顿特区，警局预防犯罪组依据三个超自然人的想象——Howard Marks 将要谋杀他的妻子，而逮捕了他，可事实上，Howard 什么也没做[42]。电影描述了一个未来可以准确预知的世界，而如今我们利用大数据分析技术正在实现这种预知，该场景警示我们：未来可能出现大数据“预测”的滥用，通过侵犯个人数据权，而侵犯公民的人身财产权利。这种预测违背了人类的自由意志，违反了无罪推定的原则，面对这种侵害，我们应当有权利依法行使数据侵害索赔权、数据隐私权、监督使用权等数据权利。

2.1.4.4 数据价值理论

2015 年 1 月 1 日，由大华南 IT 高管共赢圈、CIO 发展中心等发起成立的“数据价值网”正式上线，作为 DT 时代的新锐媒体，它致力于促进分享、连接，以及整合各种有价值的数据资源。

数据价值网的成立在为大数据时代数据增值提供良好平台的同时，也启发我们重新审视数据价值。数据科学家舍恩伯格指出：数据的全部价值远远大于其最初的使用价值，最终，数据的价值是其所有可能用途的总和[43]。这一说法与大数据定律之一“数据之和的价值远远大于数据价值的和”的观点一致，即对于大数据时代数据价值的挖掘，总能得到“1+1>2”（这里的“+”指的是数据的整合，而非简单的加和）的效果。即使考虑数据折旧（指数据失去部分基本用途），也不影响这种价值的实现，因为在开放数据的助力下，数据的潜在价值（因使用而产生的价值）往往足以抵消数据折旧所带来的负面影响，而且并非所有的数据都会贬值（比如史书资料数据）。此外，数据具有价值和使用价值的商品特征，价值取决于数据本身，由它的及时性、真实性、客观性和准确性决定，也就是说数据一旦产生这个价值就确定了，我们暂且把这部分价值称为数据的“固有价值”。但正如舍恩伯格所言：“大部分的数据价值在于它的使用，而不是占有本身”，基本再利用、数据重组、数据扩展、数据折旧、数据废弃和开放数据这六种潜在价值的释放方式将最终决定数据的全部价值。开放数据使数据具有经济学意义上的“非竞争性”，由于无差别获取原始数据，因此个人的使用并不会妨碍其他人的使用，也不会像其他物质产品一样随着使用而有所耗损，即数据经过无限次重复利用之后，要么获得新的科学发现而增值，要么保持原有价值继续传播。同时，根据边际成本递减规律，当收集多个数据流或每个数据流中更多的数据点时，由于额外成本减少、数据用途增多的双重影响，潜在价值会得到更大程度的释放。

价值转移也是数据价值实现的一个重要途径，这一点在诸多商业实践中得到了证实。数据价值链主要由数据本身、技术和思维这三大要素构成。大数据时代最初，数据本身更值钱，典型的例子就是 2006 年微软以 1.1 亿美元的价格购买了埃齐奥尼的大数据公司 Farecast，而两年后，谷歌以 7 亿美元的价格购买了为 Farecast 提供数据的 ITA Software 公司。这 5.9 亿美元的价格差并不一定说明 ITA Software 比 Farecast 实力强，但却在很大程度上表明了商业公司对数据本身的看重，要想挖掘数据带来的价值与利益，就需要最大程度地获取数据本身。随着数据爆炸式增长，数据的价值密度不断降低，拥有海量数据本身的优势就减弱了，此时价值转移到了技术上，数据科学家应运而生，并成为极度缺乏的人才。谷歌首席经济学家哈里・范里安曾说“数据非常之多而且具有战略重要性，但真正缺少的是从数据中提取价值的能力”，数据科学家正拥有这种能力，他们懂技术，具备数据处理相关的所有素质，并且运用得恰到好处。到目前为止，数据和技能依然备受关注，因为在现今世界，技能依然欠缺，而数据则非常之多。但这并不是说思维就不重要了，相反，数据思维非常关键，因为它往往能够激发数据和技能的双重优势，并且实现数据价值在这三者之间的自由转移。“大数据+”就是数据思维的典型例子，它通过把大数据嫁接到不同的产业，充分整合数据资源以创造经济效益。另外，对数据废气（用户在线交互的副产品，通常包括浏览的页面、停留的时间和位置、输入的信息等等）的挖掘也是数据思维的价值体现。在大数据时代，那些单纯拥有数据、技术或思维的公司，都在数据的价值转移中分得了一杯羹，而像谷歌的拼写检查程序、亚马逊的图书推荐系统、淘宝的商品推荐系统等三者兼具的企业更是收获颇丰。

数据的潜在价值和价值转移重塑了大数据价值链，颠覆了传统的商业模式，催生了新的科学发现，也成为呼唤开放数据的原始动力和最终目标。

2.1.4.5 价值链理论

价值链理论是由迈克尔·波特（Michael E. Porter）于1985年提出的，主要针对企业竞争优势源泉分析。波特[44]认为，企业的价值创造是由一系列活动构成，这些活动可以分为基本活动和辅助活动两大类，基本活动是涉及产品的物质创造、销售和售后服务的各种活动，包括物料、生产、后勤、销售、服务等，而辅助活动是辅助支持基本活动，通过提供采购、开发、人力资源管理、基础设施保障等支持基本活动，这些活动分工明确又相互配合，共同实现了企业的价值创造。每项生产经营活动都是价值创造不可或缺的环节，这些活动的分工和协助，形成了企业的价值创造链。这些界限分明的价值创造活动都可以在价值链中得到体现，因此价值链是各种价值创造活动的有机组合。波特的"价值链"理论揭示，企业与企业的竞争，不只是某个环节的竞争，而是整个价值链的竞争，而整个价值链的综合竞争力决定企业的竞争力。

2013年，T. Gustafson与D. Fink提出大数据价值链的概念，认为每条大数据价值链都由数据获取、数据存储、数据分析和数据应用4个基本阶段组成[45]。

作为公共价值的重要组成部分，政府开放数据的价值具有多元价值特征。它不仅具有价值属性，同时具有使用价值[46]，其使用价值体现在政府治理、经济运作和社会生活等方面[47]，并可以分为内部价值和外部价值，即提高政府透明度、提升政府办事效率、获取社会效益和经济效益等[48]。任福兵等[49]认为政府开放数据价值形成是价值实现和增值的基础，开放数据价值可以形成两条链路。一是基础链路，由于政府数据具有绝对价值属性才能完成价值实现；二是主体链路，政府数据开放涉及了利益相关者、政府、企业、第三方机构和公众等众多主体。基础链路和主体链路构成了政府开放数据价值的形成链路，二者相互影响和作用，符合价值链理论定义，可以将政府开放数据"无价值-低价值-高价值-增值"的过程看作包含基础活动和辅助活动的政府开放数据增值链。其中基础活动主要侧重于政府数据的生命周期，包含数据采集、数据处理、数据开放和数据利用等活动；辅助活动则侧重于政策支持、财政支持、技术保障和人力资源保障等协助基本活动实现数据价值增值的活动。

2.1.4.6 协同理论

联邦德国斯图加特大学教授、著名物理学家Hermann Haken最先提出协同理论，当一个系统与外部世界进行能量和物质交换的时候，它是一个存在失衡风险的开放式系统，必须要调动自身的各个子系统，达到一种所谓时空上的有序结构，即协同效应（Synergy Effects，SE）[50]。SE是协同理论的重要研究内容[51]，复杂大系统的内部各个子模块内聚耦合作用并且相互协调才能达成协同效应，为形成有序系统提供持续内驱力[52]。协同论以现代科学的最新成果——系统论、信息论、控制论、突变论等为基础，吸取了结构耗散理论的大量营养，采用统计学和动力学相结合的方法，通过对不同的领域的分析，提出了多维相空间理论，建立了一整套的数学模型和处理方案，在微观到宏观的过渡上，描述了各种系统和现象中从无序到有序转变的共同规律。

协同理论的普适性可以应用于市域社会治理。一方面，协同理论在无生命界和生命界之间架起一道桥梁，其认为处在生命世界中的系统都是开放性系统；对系统演化而言，各个集体运动形式的增长率决定了某种结构的最终实现。因此，协同理论所揭示的是关于系统结构形成的一般性、普遍性的原理和规律，在关于复杂事物和复杂系统发展演化规律的研究上，为我们提供了新的视角和新的范式。另一方面，从协同理论的应用范围来看，作为系统论中用于研究不同学科中共同存在的本质特征的一个分支理论，它已被广泛地应用到了众多领域中，从物理学、化学，到医学、经济学，再到脑功能、计算机科学、社会学等，几十年的时间里，协同理论已被不同领域众多学者认可并得到了广泛发展[53]。因此，考虑到协同理论的这种普适性，在政府数据开放研究中引入协同理论，能够对政府数据开放的研究发展起到推动作用。

政府数据开放必然牵涉到多方利益的博弈，开放的效果和效率是由这种博弈决定的，无论是数据产生主体、使用主体还是管理主体，会因为信息孤岛造成主体间的不理解彼此的诉求、目标无法顺利沟通等问题。协同效应要求系统内部的子系统内聚耦合，相互协调最终达到平衡状态，该理论可以用于解决开放数据过程中多元主体间的协同合作问题。毛太田[54]等人提出政府开放数据共建共享应联合数据产生主体、使用主体和管理主体等在内的各方，从系统整体性出发，在子系统之间、主体之间以及子系统与主体之间进行充分的协同耦合，达成系统的整体协同效应，最终建设一个共同参与的网络化、集成化的政府开放数据协同共建共享系统。

在数据开放过程中，开放政府数据中不可避免会涉及到国家安全情报、企业商业机密、公民个人隐私等，这为数据开放和数据安全二者间的协同提出新要求，即关注开放数据的同时也要将数据安全纳入开放数据时考虑的因素之中。随着 2015 年印发的《国务院关于促进大数据发展行动纲要的通知》的发布，截至 2020 年 5 月，我国先后出台了健康医疗、农业农村、水利、工业等多个行业的大数据政策。2020 年 12 月 28 日，国家发展改革委发布了《关于加快构建全国一体化大数据中心协同创新体系的指导意见》，该意见意味着国家在顶层设计上规范大数据产业发展，用“全国一盘棋”体系破除“数据孤岛”，不断推进大数据在行业、公司的应用场景落地和创新。与开放数据匹配的《中华人民共和国数据安全法》于 2021 年 6 月 10 日被第十三届全国人民代表大会常务委员会第二十九次会议表决通过，于 2021 年 9 月 1 日正式生效。《中华人民共和国个人信息保护法》已由中华人民共和国第十三届全国人民代表大会常务委员会第三十次会议于 2021 年 8 月 20 日通过，于 2021 年 11 月 1 日起施行。这标志我国在数据安全领域有法可依，为各行业数据安全提供监管依据。

2.2 数据安全概述

唯物辩证法告诉我们，事物都具有两面性，数据也不例外。当数据被合理善意利用时能极大地造福社会和人民；但当其被恶意使用时也会对民众和公共利益造成巨大的威胁。数据开放共享与数据安全正是一个硬币的两面。数据安全是数据开放共享的前提，数据开放要建立在数据安全的基础上，只有安全的数据才是实现数据价值的保障。数据安全不仅涉及网络安全、信息安全、社会安全、人身安全，还关系到国防安全、国家安全，而没有国家安全，就没有经济的稳定发展，无法保障人民的利益。数据开放和数据安全是一体两翼，是驱动数据价值最大化的双轮，二者应相辅相成，缺一不可。

百度百科中将数据定义为对客观事件进行记录并可以鉴别的符号，是对客观事物的性质、状态以及相互关系等进行记载的物理符号或这些物理符号的组合。它是可识别的、抽象的符号。这些符号既可以是狭义的数字，也可以是文字、字母、数字等符合的组合，甚至包括图形、图像、视频、音频等多样化的表现形式。在计算机科学中，数据则是所有输入计算机并能被计算机程序处理的符号的介质的总称。

《中华人民共和国数据安全法》中第三条指出：数据，是指任何以电子或者其他方式对信息的记录；数据安全是指通过采取必要措施，确保数据处于有效保护和合法利用的状态，以及具备保障持续安全状态的能力[55]。IBM 公司则将数据安全视作保护数字信息在其整个生命周期中免遭未经授权的访问、损坏或盗窃的做法，该概念涵盖了信息安全的各个方面，从硬件和存储设备的物理安全到管理和访问控制，软件应用程序的逻辑安全以及组织政策和程序[56]。随着大数据浪潮的来临，各行业数据规模呈 TB 级增长，如何确保网络数据的完整性、可用性和保密性，避免信息泄露、非法篡改的安全问题出现，成为数据安全研究的核心问题。大数据的安全防护包括敏感数据和数据存储管理载体的梳理、核心数据存储加密、敏感数据匿名化以及数据管理全过程中人员的安全操作等内容。

数据中本身蕴涵着可以被解读和分析的国家政治、经济、军事各方面重要信息，因而需要加以保护[57]。数据已经成为基础性战略资源的前提下，对数据的控制和运用对社会影响越来越显著，可能对于国家治理权利的实施效果和基本结构产生深远影响。大数据发展会带来诸如隐私安全、数据采集、数据分析应用合理性、数据泄露等问题，习近平总书记在网络安全和信息化工作座谈会指出“很多技术都是‘双刃剑’，一方面可以造福社会、造福人民，另一方面也可以被一些人用来损害社会公共利益和民众利益”[58]，强调“依法加强对大数据的管理”，将大数据安全纳入国家安全层面。对于数据安全的重视，被上升到“数据主权”这一层面，数据主权成为了相关立法的基本立场[59]。

数据安全发展初期力图将保护的数据封闭在一个强边界内，目的是防止外部的入侵。随着数据种类和来源的扩展，数据应用场景越来越多，边界范围越来越大，最终会将整个数据存在范围纳入其中，这种情况下边界就形同虚设，为了更好地对数据进行保护，数据安全关注内容扩大为场景化的安全，即数据应用场景的安全性。随着大数据时代到来，数据治理成为当前研究的主要趋势，同时数据安全也进入数据安全治理时代，数据已成为生产要素，上升到资产和基础设施层面，数据安全不再是数据本身和应用场景的安全，而是体系化的安全，即需要建立组织，出台政策规范等以应对数据风险威胁。此时的数据安全不再是纯粹技术上的安全，而是将技术与社会组织、组织规范等融合形成的整体安全，即数据安全治理问题。

2.2.1 数据安全治理

2020 年 4 月发布的《中共中央 国务院 关于构建更加完善的要素市场化配置体制机制

的意见》标志着我国将数据上升为与土地、劳动力、资本、技术并列的新型生产要素。数据成为新时代生产生活支柱，促使数据安全成为保障经济发展、社会稳定和国家安全的重要基石。世界各国都积极推进数据安全和公民隐私保护等立法，密集发布各类相关的政策、法规、标准和规范，要求企业和组织履行数据保护义务，“数据安全治理”概念应运而生，成为满足数据安全要求和数据安全风险防控的系统性方法论。

2.2.1.1 数据安全治理概念

2016 年，Gartner 在报告中提出 Data Security Governance，将其视为“信息管理的子集”[60]；2017 年安华金和根据国内数据安全发展需求在国内率先提出数据安全治理概念；2019 年数据安全治理专业委员会发布的《数据安全治理白皮书 2.0》中，提出了数据安全治理理念框架；2021 年，《数据安全治理白皮书 3.0》[61]中明确了数据安全治理的愿景是“让数据使用更安全”，满足数据安全保护、合规性、敏感数据管理三个需求目标。数据安全治理核心内容包括对数据进行分类分级，并根据类级制定管理和使用原则，实现对数据的针对性保护和保护下的数据自由流动；数据安全访问控制则要确定数据访问主体的角色授权，即不同角色具有不同的访问权限，实现数据访问和使用的安全；保证数据正常访问和使用前提下，对不同场景制定相应的数据安全策略。

数据治理被定义为数据资源及其应用过程中相关管控活动、绩效和风险管理的集合。而数据安全是在数据治理过程中应具备的“建立数据安全体系，实施数据安全管控，持续改进数据安全管理能力”。以保护数据及其价值实现为目的而采取的风险评估和安全管控活动就是数据安全治理，是数据治理的子集，但在实际治理过程中，二者无论从发起部门、工作目标还是产出结果都有所不同，所以当前的数据安全治理在保护数据及其价值实现过程安全目标上与数据治理一致，但在合规性方面则完全可以独立于数据治理，需要全面满足国家层面的数据安全类的法律法规、政策、规范和标注。数据安全治理研究可以独立于数据治理成为新的研究主题。

大数据时代的数据安全问题容易走入误区，即仅关注大数据或大数据系统的安全，而忽略了大数据时代下传统数据安全问题仍然存在。数据安全治理包括大数据安全和传统数据安全两个方面，大数据时代下数据的存在形式、使用方式、共享模式都与传统数据安全不同，但数据安全仍关注数据被窃取、滥用和无用问题。数据安全的基本思想是，技术上以数据为中心，管理上以组织为单位，治理的基本抓手是能力成熟度[62]。数据安全治理的技术措施[63]更是要根据规标准和业务场景的梳理按照数据分类分级找出敏感数据，并监控敏感数据的流转变化过程，实施基于数据全生命周期的数据安全防护，同时包含检查评估措施和安全服务措施。

数据安全治理是维护组织数据资产的机密性、完整性和可用性的系统，包括管理承诺和领导、组织结构、用户意识和承诺、政策、程序、流程、技术和合规执行机制[64]。

数据安全治理和数据安全管理是容易混淆的概念。数据安全治理强调通过各方协调和合作来实现数据使用更加安全的愿景，通常以方法论的形式展现；而数据安全管理则更加强调为达到数据保护和实现数据价值安全目标形成的制度和条例规范。数据时代和数字化社会形态都处于方兴未艾的阶段，不断涌现新兴事物和新的问题，数据安全建设还没有形成固定模式，数据安全治理比数据安全管理具有更好的灵活性、丰富性和包容性，数据安全治理作为指导性的方法论体系，可以为数据安全发展提供更大的创新空间。

2.2.1.2 数据安全治理研究现状及问题

（1）数据安全治理研究现状

吕毅[65]从构建大数据安全体系和开展数据安全生命周期安全治理两个角度探讨了金融领域的数据安全治理；赵保国等[66]采用演化博弈模型分析用户在登记个人信息的情况下，参与主体不同行为策略造成的数据安全风险；魏国富等[67]从宏观战略、法律法规、标准规范等维度，梳理了人工智能数据安全治理现状以为我国的人工智能数据安全治理提供参考；方兴[68]作为专业数据安全专家提出以数据为中心，以风险驱动的数据安全治理体系架构，以解决数据安全治理成本高昂、难以评估效果、业务和风险不平衡的安全策略等问题；张斌等[69]则从政务大数据安全入手，考虑平台安全、数据安全、管理安全和服务安全并构建政务大数据安全评估指标体系；王欣亮等[70]则将精准治理应用于大数据安全治理主体、治理流程、治理手段和治理保障四个方面，有利于提升大数据安全治理效率和推进大数据安全治理的现代化建设；陈兵[71]则强调应从补齐多元主体共治机制、强化数据生命周期各环节差异化风险和加强数据跨境流动安全三方面完善数据安全治理的体制机制和政策体系；许可[72]认为数据安全治理从基于“公司治理”进入“公共治理”，同时要在法律、社会规范、市场和代码的整体性架构下思考数据安全治理；白利芳等[73]将企业数据安全治理战略体系概括为数据全生命周期的数据行为、数据内容及数据环境三个方面，体系框架包含治理层、管理层、执行层和监督层；都婧[74]认为新形势下数据安全治理周期应覆盖数据识别、数据采集和生成、数据传输、数据使用、存储、销毁、数据出境和共享交互及数据汇聚的全链条，是涉及政府、行业、基础设施网络运营、互联网平台及社会各界共同发力的系统性工作；李跃忠[75]认为数据安全治理体系建设以数据安全治理框架为纲领，以数据资产发现为基础、数据安全风险管控为核心构建以数据为中心的安全防护体系，具体包括治理评估、组织建设、管理建设、技术建设以及审计改进等要素；盛小平等[76]围绕科学数据开放共享在数据机密性、完整性和可用性方面存在的安全问题进行研究，针对存在问题从立法制度、管理和技术等方面提出解决对策；叶红[77]分析了全球数据安全呈现数据安全风险影响范围扩大、数据安全风险防范难度提高和危害程度加深的态势，提出我国数据安全治理体系建设应建立数据安全治理国际合作机制、推进数据安全治理法治化、创新数据安全核心技术和健全关键设施安全防护手段的建设对策。

现有的数据安全治理研究有的从数据安全治理在金融、个人信息、政务、科学数据开放共享等不同领域入手，针对领域特征完成数据安全体系构建和数据安全治理的解决对策；有的学者从数据安全产生的阶段出发，提出全生命周期的数据安全监控、管理、治理路径；有的学者从技术角度提出构建数据安全治理体系的建议。数据安全治理研究的内容丰富，方法多样，随着数据成为生产要素，并且在数字经济、数字政府、数字社会等建设中的重要性的凸显，数据安全治理面临的新问题也层出不穷。

（2）我国数据安全治理存在的主要问题

从数据安全治理的技术发展、体系构建、部门协作、法律建设等角度来看，我国在大数据环境下的数据安全治理存在诸多问题。

1）数据安全防护跟不上技术发展脚步。

近年来，大数据时代的特点逐渐显现，数据存储和应用价值愈发突出，这也使得大数据更加受到黑客们的“重点关注”。和大数据技术的日新月异相比，数据安全防护手段的发展根本跟不上大量数据的积累速度和种类的变化。这就使得越发展问题越多，来不及填补的漏洞越多，传统的安全防护手段不要说防护了，就是将整个数据扫描一次都需要花费很多的时间，而数据泄露往往就是几分钟的过程。此外，大数据技术的发展也给黑客们带来了机会，黑客们通过大数据技术来攻击数据库盗取数据。由于大数据的数据量巨大，平均价值密度不高，方便了他们将攻击隐藏在漫无边际的数据中，更增加了数据安全防护难度。大数据技术越进步，黑客攻击技术发展就越快速，但数据安全防护技术提升缓慢，加大了大数据的安全风险。不法分子们利用大数据技术对数据库的内容进行分析，发现更多的漏洞并实施攻击措施，躲避系统的数据安全防护检查，使得攻击更加准确、有效，最终达到窃取数据的目的。大数据时代，数据是个人信息的主要表现形式，而个人信息保护集中于对数据的保护上。人工智能对个人信息数据的分析，能及时帮助用户解决需求，但另一方面其强大的计算、分析能力可能整合个人碎片化信息而自动推导出超出用户授权范围的信息，甚至侵犯用户隐私权[78]。因此，当我们在运用大数据技术挖掘和处理数据时，应该同时发展相应的大数据安全防护技术，甚至着重发展数据安全防护技术。只有这两部分技术相辅相成的进步，大数据产业才能健康发展。

2）数据安全治理体系不健全。

我国处在数据安全治理的起步阶段，没有一个宏观统一的监管机构，对于数据安全治理的重视程度和治理力度严重不足，在数据安全治理上缺少协同性和持续性，因此数据安全治理体系的构建是不健全的。2015 年印发的《国务院关于促进大数据发展行动纲要的通知》中多次提到数据作为国家基础性战略资源的重要性，但同时也指出了基础薄弱、缺乏顶层设计、法律法规建设滞后等诸多问题。数据安全治理体系不健全直接导致数据安全治理没有指向性和协调性，云计算专家李志霄博士说：“数据安全三分靠技术，七分靠管理”[79]。因此，解决数据安全问题，单纯靠技术是远远不够的，还需要综合治理。在一定程度上，数据安全治理的必要性远远高于数据安全防护技术。特别是在大数据环境下，防护技术和治理手段更要统筹兼顾、二者协同，有重点、有分工、有层次且全面而系统地为数据安全提供坚实保障。

3）法律规范缺乏针对性系统性。

对于一个法治国家，关键领域的治理没有法律的约束是不合理的，尤其是在当今大数据时代复杂的网络关系背景下，数据安全的治理必须要有法律的支持和规范。有法可依，有据可循是我们执法的准则和标准。法律法规是公众和企业的行为准绳，更是行业道德的底线。因此，我们应该加快数据安全治理的立法步伐，从宏观层面上提供数据安全治理的依据，抓紧健全法律法规，早日形成完备、合理、系统的治理模式。2017 年 6 月 1 日起开始实施的《中华人民共和国网络安全法》在保障网络产品和服务安全、网络运行安全、网络数据安全、网络信息安全等方面进行了具体的制度设计[80]。然而，虽然该法律涉及了数据安全，但相比日益严峻的数据安全形势和高发的数据安全漏洞[81]，无论是单独制定数据安全法律或者是现有法律数据安全条款的具体化，还是配套规范和标准的制订运行，都是提高数据安全治理的现实迫切需求。

4）缺少部门协作，资源利用效率低。

在数据安全治理上，我国的基层政府部门基本上是各自为政，缺少部门间的协同。①数据具有流动性。从宏观角度上讲，我国的数据安全是一个整体概念；从微观上看，涉及到我国所有公民的共同利益。这就需要中央和地方间、部门间的有效协作协同。②我国区域发展不平衡。一些地方的网络技术发达、硬件设施完善、治理力度大，数据安全保障强；而有一些地方地处偏远，网络化进程缓慢、硬件防护措施缺失、数据安全治理也得不到重视，防护能力相对较弱。很多网络攻击和数据泄露事件都是跨地域作案的，犯罪分子就是抓住了各区域治理力度的不均等和协调合作能力不强的特点，从而频频得手。部门协同十分重要，完善的协作体系有助于资源利用效率的提升，有助于不同区域的数据安全治理资源节约和经验共享，也能够提高政府行政效率。

2.2.1.3 数据安全治理发展趋势

由于数据的资产价值属性不断得到关注，针对数据的威胁和风险也迅速升级。越来越多的外部数据安全威胁来自有组织犯罪集团，同时，随着大国间战略博弈态势的加剧，政治对抗也成为数据安全威胁的来源之一。数据安全的威胁覆盖面扩大导致其影响范围已经从企业和个人延伸到国家的各个行业、整个社会，甚至是国际性的舆论关注，因数据安全问题造成的经济损失，个人生命财产时有发生，随着数字化发展战略的推进，数据安全已成为国家安全的重要组成部分。尽管数据安全治理已经取得一些研究进展，但仍需要继续完善优化，尤其要认识到数据安全的紧迫性，坚持安全和发展并重，应对数据安全的风险与挑战，共同促进我国数据安全治理领域的发展和进步。

（1）持续加强相关政策法律体系建设

我国高度重视数据安全领域的立法和标准化工作，2015 年 7 月 1 日颁布《国家安全法》；同日，国务院发布《关于运用大数据加强对市场主体服务和监管的若干意见》，后又先后发布《关于积极推进“互联网+”行动的指导意见》和《促进大数据发展行动纲要》。这标志着我国大数据战略部署和顶层设计初步建立。2021 年，数据安全和个人信息保护领域三部重要立法均已落地。《中华人民共和国民法典》于 2021 年 1 月 1 日正式实施，该法典有效厘清“隐私权”和“个人信息保护”的关系，通过明确保护原则、法律责任、主体权利、信息处理等内容，为个人信息主体主张数据侵权提供充实的法律依据。《中华人民共和国数据安全法》于 2021 年 9 月 1 日起实施。作为中国第一部有关数据安全的专门法律，是我国政府依法保障数据安全的重要步骤，标志着我国在依法保障数据安全方面迈出了重要一步。《数据安全法》是充分借鉴国际有益经验基础上建立的具有鲜明中国特色的数据保护机制，即政府领导和推动下的兼顾安全与发展的数据安全保障与复合治理体系。

《中华人民共和国个人信息保护法》于 2021 年 8 月 20 日通过，并于同年 11 月 1 日起施行，该法旨在保护网络用户的数据隐私，明确不得过度收集个人信息、“大数据杀熟”，对人脸信息等敏感个人信息的处理作出规划，确立了个人信息跨境传输的监管模式。《数据安全法》《个人信息保护法》和《网络安全法》形成了有效衔接，在数据安全治理工作中形成网络安全等级保护制度、关键信息基础设施安全保护、网络安全审查、个人信息处理等多维度的制度体系。

同时，国家出台了包括个人信息保护和数据安全两个方向的多项国家标准，同时，金融、医疗、电信和互联网、教育、政务等行业标准也陆续完善。随着数据安全在更多国民行业中的应用，相应行业的标准也应在《数据安全法》和《个人信息保护法》及《网络安全法》的规范下持续建设或优化。建立数据安全治理的全行业、全流程的完整法律规范体系。

从目前构建的数据安全相关法律规范体系化仍存在不足，如数据利用、跨境流动相关法律规范不完备；数据分类分级标准、数据权属及保护界限尚待明确；数据跨境流动细则需进一步探索深化。

（2）推进多元主体共治体制

随着大数据的跨界融合、交叉互联，数字经济涵盖的主体结构日益复杂化，政府机构、社会组织、市场主体及公民等都与大数据安全密切相关。数据安全是齐射多方主体的事务，数据安全不仅需要国家和政府在治理中给予保障，更加需要企业、公民等多方主体共同维护。多元主体共治要求每一方主体积极承担自己的责任，共同形成合力。政府外的非营利组织和私营部门等公共行为主体也应承担其管理公共事务的责任。即根据不同主体的特性，在明确治理主体定位的基础上，构建数据安全多元主体共治。

首先要明确政府的权利和责任。厘清政府部门对数据安全的监管权责，界定政府监管范围。政府负责制定相关政策法规，宏观上确定数据安全的发展路线、基本原则、实施步骤和具体细则。加强政府部门间的协作，党中央集中统一领导、地方具体负责的自上而下的治理体系。

其次要积极推动行业自治。随着数据价值在各行业中的显现，要厘清数据组织或与数据相关的主体的安全责任。通过行业规范标准等方式确定权责，引入第三方机构安全认证等方式激发行业积极性，强化行业主体的内部管理，提供数据安全保障措施。

再次是深化公众在数据安全治理中的作用。应当通过政策宣传、畅通群众意见反馈等多种方式促使公民享受数据安全权利的同时承担相应的数据安全义务，增强法律意识，为数据安全治理奠定群众基础。

（3）建立数据安全治理国际合作机制

随着跨境数据流动范围的不断扩大，内容的不断丰富，数据跨境流动引发了“数据本地化”“数据主权界定”“个人信息保护”等诸多问题，成为数据跨境的重要议题。尽管俄罗斯、美国、欧盟成员等代表性国家已出台相关的法令或法案、条例，但数据跨境问题在国际上仍未形成统一的标准。这就要求世界各国建立数据安全治理国际合作机制，在相互尊重的前提下，积极探索数据跨境引起的数据安全问题解决方案。我国应积极参与国际数据安全治理规则体系的制定，通过建立国际数据安全合作小组、信息交流共享、备忘录签署及民间组织往来等多层次方式，推动国家间数据安全治理交流。考虑国际通行标准和做法的基础上，制定合理的跨境数据安全法规，加强与国际规则的衔接，促进数据安全跨境执法合作，积极构建国际数据治理多边关系，发挥发展中大国的担当。

（4）数据共享与数据安全共同推进

我国的《数据安全法》首次提出“数据安全自由流动原则”，这一原则彰显了我国坚持对外开放与国际合作的基本立场，又明确了对国家安全的高度关注。数据安全与数据共享息息相关，企业、个人和政府利用集体知识、经验和能力，充分了解数据安全威胁，才能在保障各方利益不受损的前提下，持续进行数据共享，是提升网络防护能力的重要途径，即“数据驱动安全”。由于数据主体的不对等性，一方面，鼓励企业向政府共享安全数据，除非数据危及国家主权、公众权利和公共利益；另一方面，强制要求政府将其掌握的安全数据与企业和公众进行共享，除非数据涉及国家秘密或公民隐私。

（5）加强技术创新，丰富治理场景

技术安全是数据安全的基线。我国《网络安全法》76 条第 2 项将“数据安全”界定为“保障网络数据的完整性、保密性、可用性的能力”。我国《网络安全法》76 条第 2 项将“数据安全”界定为“保障网络数据的完整性、保密性、可用性的能力”。而“保密性”、“完整性”和“可用性”也被各国普遍认可。数据安全治理其核心是技术创新，需要加强数据应用和数据安全的协同发展，推动数据共享和数据安全保障体系同步规范、同步实施、同步建设。采用多种方式以需求刺激企业开展技术创新，积极利用大数据、人工智能等技术强化在加密存储、数据隔离、数据迁移、安全审计、数据残留、持续性攻击防范等方面的应用，积极赋能安全体系构建。

2.2.2　我国数据安全法定位及价值

《中华人民共和国数据安全法》由总体国家安全观决定了其价值取向和体系定位。《数据安全法》应当以满足安全需求为目标，配置权利资源和法律责任，进而实现发展与安全的相互促进、相互配合和良性互动[82]。《数据安全法》是国家安全法律体系的一部分，在符合总体国家安全观的“整体性”要求下，对现有数据安全制度供给的不足和缺陷进行弥补调和。

《数据安全法》共 7 章 55 条，分别为总则、数据安全与发展、数据安全制度、数据安全保护义务、政务数据安全与开放、法律责任及附则。总则部分提出制定《数据安全法》的目的，并对数据、数据活动、数据安全进行明确定义；核心部分是数据安全与发展、数据安全制度、数据安全保护义务和政务数据安全与开放四个部分；法律责任及附则是对涉及的法律问题的说明[83]。数据安全与发展的原则是统筹发展和安全，坚持保障数据安全与促进数据开发利用并重，在战略要求、标准体系制定、评估认证实施、人才培养和解决数据鸿沟等问题提出具体细则。数据安全制度则在数据分类分级保护、风险评估、应急处置、安全审查和出口管制方面提出规范，弥补了当前重技术而轻内控制度建设情况。数据安全保护义务确定了在开展数据活动中不同主体的数据安全保护义务。政务数据安全与开放独立成章，说明国家对政务数据安全与开发的重视，该部分从数据产生与流转的全过程切入，对数据的收集、使用、存储、加工、提供进行了明确的要求。

《数据安全法》以贯彻总体国家安全观的目的为出发点，以数据治理中最为重要的安全问题作为切入点，抓住了数据安全的主要矛盾和平衡点[84]，是数据领域的基础性法律，其基础性主要体现：将与数据收集、存储、使用、加工、传输、提供、公开相关的所有“数据处理活动”都纳入《数据安全法》的规范对象范围内；《数据安全法》中明确坚持数据安全与数据利用并重，从而保障数据依法有序自由流动、培育数据交易市场、推进政务数据开放，发挥数据的基础资源作用和创新引擎作用，发展数据经济并提升公共服务的智能化水平[85]。《数据安全法》采取协同治理理念，提倡政府部门、企业、行业组织、个人等相关各方共同参与数据安全保护工作，同时对各个角色的职责进行划分，厘清了政府部门间的权责，避免管理冲突。《数据安全法》是时代的产物，它积极回应了数字时代我国面临的重大机遇与挑战，是我国处理数字事务的制度基石，为我国数据安全夯实了法治根基。在数字经济时代，对数据资源进行控制，已经成了大国博弈的一个重要手段[86]。我国的《数据安全法》填补了我国数据安全、数据主权管辖方面的法律短板，避免于欧美的大国数据博弈中处于劣势。《数据安全法》首次绘制出数据安全整体布局，提出建立健全数据安全治理体系[87]，既标志着我国数据安全治理进入总体建设的新阶段，也意味数据安全治理作为提升国家治理能力的重要组成部分将发挥更重要的作用。

本章小结

本章是研究的起点，描述了开放数据的定义、特点、类型及相关概念，对开放数据的基本理论进行详细探讨，主要包括信息自由、知情权理论、数据权理论、数据价值理论、价值链理论及协同理论，这 6 个理论能够很好支撑数据开放行为，使之意义凸显。数字经济的兴起催生了大量以数据为生存基础的公司企业，大数据收集和分析后的成果会为企业和国家带来经济及社会效益，所以数据自身的价值凸显，那么数据安全问题也就成为人们必须优先考虑的因素。数据安全已演变为技术与社会组织、组织规范等融合的数据安全治理问题，通过梳理数据安全治理的研究现状和问题，明确了数据安全需要在数据安全法的规范下，推进多元主体共治，促进数据开放和数据安全协同发展。

参考文献

[1] Open Knowledge Foundation. Open Data Handbook Documentation [R]. Cambridge: Open Knowledge Foundation, 2012.

[2] Wikipedia Open data [EB/OL]. [2022-3-12]. https://en.wikipedia.org/wiki/Open_data.

[3] Gurin J. 开放数据 [M]. 张尚轩，译. 北京：中信出版社，2015：6.

[4] 相丽玲，王晴. 论开放数据的法律属性、责任义务及其相关机制 [J]. 国家图书馆学刊，2013 (5)：38-44.

[5] 李佳佳. 信息管理的新视角：开放数据 [J]. 情报理论与实践，2010，(7)：35-39.

[6] 涂子沛. 大数据：正在到来的数据革命，以及它如何改变政府、商业与我们的生活 [M]. 桂林：广西师范大学出版社，2012：193.

[7] 化柏林，郑彦宁. 情报转化理论（上）——从数据到信息的转化 [J]. 情报理论与实践，2012，35 (3)：1-4.

[8] ITS. New York State Open Data Handbook [R]. New York: New York State Government, Office of Information Technology Service, 2013.

[9] 洪京一. 从 G8 开放数据宪章看国外开放政府数据的新进展 [J]. 世界电信, 2014 (Z1): 55-60.
[10] 涂子沛. 大数据: 正在到来的数据革命, 以及它如何改变政府、商业与我们的生活 [M]. 桂林: 广西师范大学出版社, 2012: 192.
[11] 中国科学院国家科学图书馆开放资源建设组. 开放数据调研报告 [EB/OL]. [2022-3-25]. http://open-resources. las. ac. cn/drupal/? q=node/3064.
[12] 郭少岩. 一个公共数据开放政策 [EB/OL]. [2022-3-25]. https://wenku. baidu. com/view/04526d39793 e0912a21614791711cc7931b77889. html.
[13] UN DESA. The UN E-Government Survey 2018 [EB/OL]. [2022-3-25]. https://www. un. org/development/desa/publications/2018-un-e-government-survey. html.
[14] 徐佳宁, 王婉. 结构化、关联化的开放数据及其应用 [J]. 情报理论与实践, 2014 (2): 53-56.
[15] McKinsey Global Institute. Open data: Unlocking innovation and performance with liquid information [R]. Chicago: MGI, 2013.
[16] Wikipedia. Open access. [2022-3-25]. https://en. wikipedia. org/wiki/Open_access.
[17] Gurin J. 开放数据 [M]. 张尚轩, 译. 北京: 中信出版社, 2015: 17.
[18] McKinsey Global Institute. Open data: Unlocking innovation and performance with liquid information [R]. Chicago: MGI, 2013.
[19] Meijer A, Potjer S. Citizen-generated open data: An explorative analysis of 25 cases [J]. Government Information Quarterly, 2018, 35 (4): 613-621.
[20] Oklahoma Government. Governence MaturityModel [EB/OL]. [2022-3-7]. https://www. ok. gov/cio/documents/ DataGovernanceMaturityModel_IS. pdf.
[21] W3C. Publish Open Government Data [EB/OL]. [2022-3-7]. https://www. w3. org/TR/gov-data/.
[22] Bizer C, Heath T, Berners-Lee T. Linked Data-The Story So Far [EB/OL]. [2022-3-7]. http://tom-heath. com/papers/bizer-heath- berners-lee-ijswis-linked-data. pdf.
[23] KalampokisE, Tambouris E, Tarabanis K. Open Government Data: A Stage Model [EB/OL]. [2022-3-9]. https://link. springer. com/con-tent/pdf/10. 1007%2F978-3-642-22878-0_20. pdf.
[24] 陈媛媛. 欧洲国家开放数据成熟度研究及发展建议 [J]. 图书馆学研究, 2021, (2): 67-72.
[25] 漆桂林, 高桓, 吴天星. 知识图谱研究进展 [J]. 情报工程, 2017 (3) 1: 4-25.
[26] Wikipedia. Open access [EB/OL]. [2022-3-12]. https: //en. wikipedia. org/wiki/Open_ access.
[27] Murray-RustP. Open data in science [J]. Serial Review, 2008, 34 (1): 52-64.
[28] 胡小明. 信息公开与数据开放有什么区别 [J]. 中国信息化, 2014, (Z3): 8-9.
[29] 化柏林, 郑彦宁. 情报转化理论 (下) ——从信息到情报的转化 [J]. 情报理论与实践, 2012, 35 (4): 7-10.
[30] 卫军朝, 蔚海燕. 上海推进政府开放数据建设的路径及对策 [J]. 科学发展, 2014, (11): 80-88.
[31] 盛小平, 杨智勇. 开放科学、开放共享、开放数据三者关系解析 [J]. 图书情报工作, 2019, 63 (17): 15-22.
[32] 蒋永福. 信息自由及其限度研究 [M]. 北京: 社会科学文献出版社, 2007: 51-58.
[33] 陈瑞平, 邱冠文, 蔡秀娟. 知情权理论与高校党务公开制度的若干探讨 [J]. 前沿, 2010, (4): 112-114.
[34] 夏青青. 公民知情权的基本理论探研 [J]. 通化师范学院学报, 2010, (7): 62-66.
[35] 涂子沛. 大数据: 正在到来的数据革命, 以及它如何改变政府、商业与我们的生活 [M]. 桂林: 广西师范大学出版社, 2012: 17-21.

[36] 马海群等. 高校信息公开政策研究 [M]. 北京：知识产权出版社，2014：10-12.
[37] 涂子沛. 大数据：正在到来的数据革命，以及它如何改变政府、商业与我们的生活 [M]. 桂林：广 西师范大学出版社，2012：271-274.
[38] 曹磊. 网络空间的数据权研究 [J]. 国际观察，2013 (01)：53-58.
[39] 李良荣. "数据权" 下一个公民应有且必需的权力 [EB/OL]. [2022-3-15]. http://theory.people.com.cn/n/2013/0521/c112851-21551974-3.html#.
[40] 齐爱民，盘佳. 数据权、数据主权的确立与大数据保护的基本原则 [J]. 苏州大学学报（哲学社会科学版），2015 (1)：64-70，191.
[41] 谢楚鹏，温孚江. 大数据背景下个人数据权与数据的商品化 [J]. 电子商务，2015 (10)：32-34，42.
[42] Wikipedia. Minority Report (film) [EB/OL]. [2022-3-8]. https://en.wikipedia.org/wiki/Minority_Report_(film).
[43] 维克托·迈尔-舍恩伯格，库克耶. 大数据时代 [M]. 盛杨燕，周涛，译. 杭州：浙江人民出版社，2013：132.
[44] 迈克尔·波特. 竞争优势 [M]. 陈小悦，译. 北京：华夏出版社，2005：36.
[45] Gustafson T, Fink D. Winning within the data value chain [J]. Strategy & Innovation Newsletter, 2013, 11 (2)：7-13.
[46] 陈美. 开放政府数据价值：内涵、评价与实践 [J]. 图书馆，2018，(9)：27-32.
[47] 周丽霞，张良妍. 大数据时代开放数据的多元价值探析 [J]. 数字图书馆论坛，2016，(6)：23-27.
[48] Donker F W, Van Loenen B, Bregt A K, et al. Open Data and Beyond [J]. ISPRS International Journal of Geo-Information, 2016, 5 (4)：2-16.
[49] 任福兵，孙美玲. 基于价值链理论的政府开放数据价值增值过程与机理研究 [J]. 情报资料工作，2021，42 (4)：56-63..
[50] 杨鹏程. 图书馆嵌入式学科服务内容初探 [J]. 黑龙江科学，2019，(23)：12-14.
[51] 孙波，刘万国，谢亚南，等. "双一流" 背景下面向 PI 的高校图书馆嵌入式学科服务探索 [J]. 图书情报工作，2019，63 (4)：54-60.
[52] 董同强，马秀峰. 融合与重构：一流学科建设中高校图书馆智慧型学科服务平台的设计 [J]. 国家图书馆学刊，2019，(3)：54-62.
[53] 郭烁，张光. 基于协同理论的市域社会治理协作模型. 社会科学家，2021，(4)：133-138.
[54] 毛太田，赵绮雨，朱名勋. 基于协同理论的政府开放数据共建共享研究 [J]. 图书馆学研究，2020，(11)：28-32，51.
[55] 中国人大网. 中华人民共和国数据安全法 [EB/OL]. [2022-4-2]. http://www.npc.gov.cn/c2/c30834/202106/t20210610_311888.html.
[56] IBM. Why is data security important [EB/OL]. [2022-4-2]. https://www.ibm.com/topics/data-security.
[57] 杨蓉. 从信息安全、数据安全到算法安全——总体国家安全观视角下的网络法律治理 [J]. 法学评论，2021，39 (1)：131-136.
[58] 习近平. 在网络安全和信息化工作座谈会上的讲话 [N]. 人民日报，2016-4-26，(1).
[59] 许可. 数据安全法：定位、立场与制度构造 [J]. 经贸法律评论，2019，(3)：52-66.
[60] Innovative Routines International. Data Security Governance [EB/OL]. [2022-4-2]. https://www.iri.com/blog/vldb-operations/data-security-governance/.

[61] 数据安全治理专业委员会．数据安全治理白皮书 3.0 [R]．北京：中国（中关村）网络安全与信息化产业联盟数据安全治理专业委员会，2021.
[62] 杜跃进．数据安全治理的几个基本问题 [J]．大数据，2018，4（6）：85-91.
[63] 王世晞，张亮，李娇娇．大数据时代下的数据安全防护——以数据安全治理为中心 [J]．信息安全与通信保密，2020，(2)：82-88.
[64] Solms S H, Solms R. Information security governance [M]. New York: Springer, 2009: 24.
[65] 吕毅．主动构建数据安全体系，稳步推进数据安全治理 [J]．中国信息安全，2019，(12)：54-55.
[66] 赵保国，张雅琼．互联网用户数据安全影响因素研究——基于演化博弈模型 [J]．现代情报，2020，40（6）：106-113.
[67] 魏国富，石英村．人工智能数据安全治理与技术发展概述 [J]．信息安全研究，2021，7（2）：110-119.
[68] 方兴．以数据为中心，以风险为驱动的数据安全治理体系 [J]．中国信息安全，2019（12）：77.
[69] 张斌，王法中，王庆升，等．基于层次分析法的政务大数据安全评估指标体系构建研究 [J]．信息技术与信息化，2021，(2)：213-215.
[70] 王欣亮，任弢，刘飞．基于精准治理的大数据安全治理体系创新 [J]．中国行政管理，2019，(12)：121-126.
[71] 陈兵．完善数据安全治理应从三方面入手 [J]．国家治理，2020，(36)：43-48.
[72] 许可．放宽数据安全治理的视野 [J]．中国信息安全，2019，(12)：49-51.
[73] 白利芳，唐刚，闫晓丽．数据安全治理研究及实践 [J]．网络安全和信息化，2021，(2)：46-49.
[74] 都婧．新形势下对于构建数据安全治理体系的思考与建议 [J]．中国信息安全，2019，(12)：68-70.
[75] 李跃忠．浅谈大数据时代背景下的数据安全治理 [J]．中国信息化，2021（4）：76-79，67.
[76] 盛小平，郭道胜．科学数据开放共享中的数据安全治理研究 [J]．图书情报工作，2020，64（22）：25-36.
[77] 叶红．立足全球数据安全态势，提升我国数据安全治理水平 [J]．中国信息安全，2019（12）：46-48.
[78] 张云燕．人工智能与数据安全的矛盾统一 [R]．上海：上海市法学会.
[79] 惠志斌．美欧数据安全政策及对我国的启示 [J]．信息安全与通信保密，2015（6）：55-60.
[80] 张郁安．流动的数据铁打的安全 [N]．人民邮电报，2016-3-21，(6).
[81] 国家计算机网络应急技术处理协调中心．2016 年我国互联网网络安全态势综述 [EB/OL]．[2022-3-24]．http://efinance.cebnet.com.cn/upload/situation2016.pdf.
[82] 朱雪忠，代志在．总体国家安全观视域下《数据安全法》的价值与体系定位 [J]．电子政务，2020（8）：82-92.
[83] 马海群，张涛．从《数据安全法（草案）》解读我国数据安全保护体系建设 [J]．数字图书馆论坛，2020（10）：44-51.
[84] 王春晖．《数据安全法》：坚持总体国家安全观 [N]．人民邮电报，2021-9-10，(3).
[85] 许可．《数据安全法》：数字时代的基本法 [N]．经济参考报，2021-6-22，(8).
[86] 陈永伟．《数据安全法》：数据产业变革的开始 [N]．经济观察报，2021-8-23，(33).
[87] 刘桂锋，阮冰颖，刘琼．加强数据安全防护提升数据治理能力——《中华人民共和国数据安全法（草案）》解读 [J]．农业图书情报学报，2021，33（4）：4-13.

第 3 章　开放数据与数据安全的协同模式

根据世界银行的定义，开放数据（open data）是指数据可以被任何人自由免费地访问、获取、利用和分享。《开放数据宪章》将开放数据定义为具备必要的技术和法律特性，从而能被任何人、在任何时间和任何地点进行自由利用、再利用和分发的电子数据。以上定义都突出强调了开放数据供社会进行充分利用和再利用，意在释放数据能量，创造社会经济价值。由于技术特性和法律特性的限定，我们认为，在开放数据的定义中，应当涵盖敏感信息、安全情报、个人隐私的保护潜台词，从而保证数据安全，由此体现开放数据的相对性以及开放数据与数据安全的协同性内涵。在大数据时代，政府应该兼顾数据的“开放”和“安全”。过度提高政府数据开放的深度和广度会引发第三方对数据的不当和不法利用；但过多聚焦于政府数据安全及隐私保护会阻碍对数字资源的合理使用，会降低政府管理的透明度和组织及公民对政府的满意度。所以有必要将二者有机结合起来，达到协同发展。

通过检索可以发现，现有文献较多集中于对政府数据“开放”与“安全”其中一端的探索，少数学者研究了提高政府开放数据安全的策略，但尚未回答在大数据环境下，政府是否能够兼顾数据的开放与安全，更重要的是政府如何在数据开放与安全两个层面进行协同，以期保证在数据安全的状态下进行最大程度的数据开放。本章结合间断平衡框架首先对政府数据开放与安全的演化过程及趋势进行探讨，然后分析政府数据开放与安全的二元性行为矛盾关键点，最后基于协同演化理论提出并说明政府数据开放与安全的协同模式。

3.1　开放数据与数据安全的协同关系及模式

“互联网+”的深入发展使互联网和人类社会经济活动交互渗透，数据呈现指数级的增长，数据已经成为国家基础性战略资源和数字经济的新型经济动能。2015 年 8 月，国务院印发了《促进大数据发展行动纲要》[1]（以下简称《纲要》），多次提到“开放”“共享”“大数据安全”等关键词，充分显示了数据开放、数据安全对我国大数据产业经济发展的重要性。《纲要》作为促进数字经济发展的宏观指导方针，旨在引导各地区政府、企业行业及社会各层级将政策文本中的任务与自身定位、实际情况等相结合，合理科学地细化分解任务并落到实处。同时，《纲要》中提出两项重要任务的关键词，即“开放数据”和“数据安全”，而两者之间辩证的关系在今后决策和制定等过程中值得深思：数据开放方式、政策指导等因素的不恰当或片面性可能引发个人甚至国家层面的数据信息安全问题；与此同时，过度地重视数据安全可能阻碍数据开放的发展进程，两者之间既相互依存，又有不同的价值导向，只有实现两者的协作统一，才能解决数据开放和数据安全之间的矛盾冲突所带来的问题，在确保数据安全的前提下科学合理地指导数据开放，充分发挥大数据作为新型战略资源的经济价值。

3.1.1 开放数据与数据安全协同研究的必要性与可行性

我国现有开放数据政策和数据安全政策现状表明，我国在不断完善相关数据政策体系，但仍缺少专门独立的数据开放法规，对数据开放的政策规定分散在多种不同类的政策中，没有形成系统化的开放数据政策体系；同时，关于开放数据的宏观战略还需借鉴各个地方政府的实际措施进行分类细化和序化。另外，开放数据政策中仅涉及一部分对数据安全的规定指导，而与数据安全有关的法律法规中也亟待添加与开放数据发展同步的相关内容规定。若政策的横向制定主体和纵向执行主体不能将数据安全和数据开放相关法律政策协同考虑，则容易造成两类政策隐性目标、政策运行管理以及政策功能的冲突与政策效能的抵消[2]。具体表现在，两类数据政策的制定与实施过程中，存在一定程度的相互矛盾：政府部门对于数据开放的重视可能由于开放数据的详细目录、开放范围、数据的权利主体模糊等造成国家、个人等层面的数据安全风险；而过于强调数据安全，则给数据开放的实现造成一定壁垒。因此，政策决策者在制定两类数据政策的过程中，需辩证地对待两类政策之间的矛盾与统一关系，才能在实现最大程度上的数据开放共享、提高数据利用率和价值的同时，保障国家和个人的数据安全。

政策协同的作用主要体现在以下两个方面。①政策协同使两类数据政策系统精简高效、协调一致。通过政策协同解决两类政策亟待解决的共同问题，减少冗余政策，这符合马尔福德和罗杰斯提出的“两个以上的组织创造新规则或利用现有决策规则，共同应对相似的任务环境”这一政策协同概念[3]。同时，通过协调一致的政策框架，解决数据开放与数据安全政策的潜在矛盾。②政策协同以最少资源实现最大政策效能。政策的制定与运行管理需要消耗政策资源，而无论是人力、物力还是财力资源都是有限的，政策制定者在考虑政策协同后制定政策，将便于日后的运行管理，减少政策修改次数，减少消耗，实现政策资源的合理分配。

总之，构建开放数据和数据安全政策协同系统可以实现“1+1>2”的效果，形成具有开放性、回应性、自组织、关联性强的数据政策系统[4]，最大程度地实现政策目标，提高政策执行效力。

3.1.2 开放数据与数据安全政策协同的方式

为减少开放数据政策和数据安全政策之间的冲突、减少因效力抵消造成的内耗，提高数据政策系统的整体效能，需要寻找科学合理的理论和应用依据来实现开放数据与数据安全的协同。本书在借鉴已有研究成果的基础上，将开放数据政策和数据安全政策按照政策主体与政策效力、政策目标、政策措施三个方面进行分析和协同探讨[5]。

1）政策主体协同与政策效力协同。政策主体指的是参与或影响政策制定、执行、评估的组织、团体或个人[6]。政策主体包括政策决策主体与政策执行主体[7]，横向决策主体指具有政策制定权力的部门，纵向执行主体指主要负责对决策层制定的宏观政策进行细化分解和落实的部门。政策效力即政策力度，一般来说层次越高的政府机构颁布的政策效力越高，其对行为主体的影响较为宏观；而层级较低的部门颁布的政策虽然法律效力小，但对行为主体的影响却较明确，在政策目标的达成程度和政策措施的落实效果上更易体现出来[7]。我国关于开放数据政策和数据安全政策的宏观战略指导主要由全国人大及其常务委员会、国务院、各部委分层制定，再由省、市、县依据当地实际情况进行自上而下的任务分解细化和落地实际化。政策主体的协同是具体政策体系协同的首要一步。

2）两类数据政策的政策目标协同。目标有总目标、子目标，也有显性目标与隐性目标等，协同的、科学合理的政策目标体系是政策内容制定、措施协调一致的必要基础。《纲要》中提出的总目标是推动我国大数据产业的发展和应用、加快数据强国，分目标包括加快政府数据开放、推动资源整合与健全大数据安全保障体系、强化安全支撑，这两项目标在各层级制定政策时显性表现一致，却存在隐性目标的冲突，即上文提出的：开放数据政策和数据安全政策之间的辩证关系带来的隐性目标冲突。因此，要实现开放数据政策与数据安全政策的协同，决策者在制定政策时必须考虑两者之间存在的矛盾及可能带来的问题，明确政策目标之间的协同关系。

3）两类政策的政策措施协同。政策措施即政府制定和实施政策时为实现既定目标运用的方法和手段。关于数据开放和数据安全的主要政策措施可分为：技术措施、人事措施、行政措施、金融措施、财政税收措施、引导措施和其他经济措施等。数据政策措施包括与解决的问题、涉及的领域直接相关的基本措施，也有在间接领域中涉及到数据开放与数据安全协调一致的辅助措施。无论是基本措施还是辅助措施，都是为实现两类数据政策目标而制定的。

开放数据政策与数据安全政策协同即从政策主体出发，以国务院、数据政策相关中央部门等为横向决策主体，将数据安全和数据开放协同作为政策制定依据及方向之一，制定数据开放与数据安全这两类相互关联、相互依存的政策体系与具体政策（图 3-1）。各省、市、县政府部门、企业、高校等作为两类政策的纵向执行部门，依据总的指导方针与自身实际情况，制定出更具实践意义的细化政策。纵向执行主体相关单位可依据两类数据政策在实际中的执行效果和产生的相关问题进行政策评估，在部门之间交流完善，向横向决策

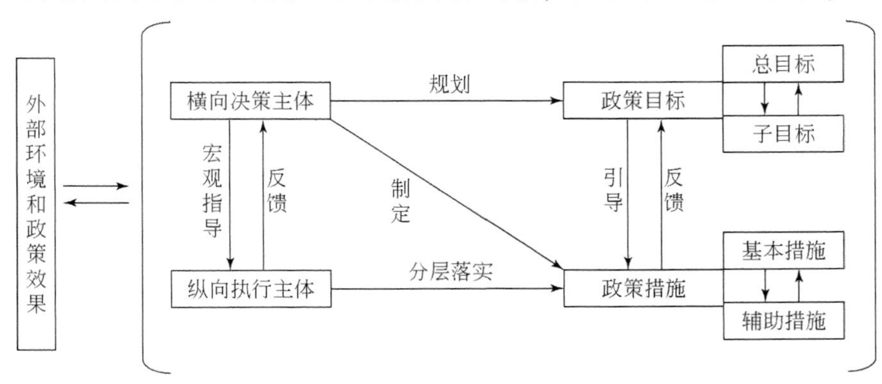

图 3-1　开放数据与数据安全政策协同关系框架

主体反馈政策协同效果，再由政策制定者依据反馈、评估结果等进行政策体系的修改或完善，具体措施如表 3-1。

表 3-1　开放数据政策与数据安全政策协同措施

开放数据与数据安全政策协同——政策措施层面	
人事措施	分别建立负责数据开放、数据安全的中央专门机构，明确机构职责；最大限度地培养、培训专门人才，制定推动人才发展的相关制度；制定关于加强两类数据政策部门之间、部门成员之间协作沟通的制度等
财政及金融措施	在财政预算、补贴、奖励上给予支持，明确具体额度及支持办法；对有关数据开放和数据安全平台建设、相关产业链发展的项目，制定相关支持办法或机制；明确相关信贷监管办法，完善支持数据产业等相关信贷政策
引导措施	大力引导政府、企业、各个行业与社会数据开放的同时，强调注重数据安全问题，包括健全大数据安全保障体系、强化安全支撑等方向和具体措施引导；将详细的数据开放目录、范围及标准等的制定与保护网络数据安全的范围边界、责任主体及具体要求的规定细化结合；制定实施示范试点，为其他区域数据开放与安全的措施带头
行政措施	妥善处理数据开放与数据安全的关系，审慎监管，推动开放共享数据资源的同时探索完善保密的管理规范措施，加强国家利益、个人隐私、军工科研生产等相关信息安全保护；制定统一协调的数据开放与数据安全范围、内容、标准等，注重两者的关系协调；建立数据开放与数据安全协调发展的保障体系、评估体系，并以此为标准监管相关信息平台和服务商
其他措施	主要是技术层面，采用安全、信誉高的产品、服务、基础设施，建设国家网络安全信息汇聚共享和关联分析平台，在信息开放共享平台建设基础上加强安全防护和预警通报工作，切实加强信息资源开放平台的防攻击、防泄露、防窃取、重隐私的监测管控、应急处理能力等

3.2　间断平衡框架对政府数据开放与安全的发展过程分析

进化生物学科学家达尔文曾提出这样的理论：事物的演变有两种方式，一种是逐渐改变的方式，另一种是突然出现的方式，即为渐变和突变两种方式[8]。Gould 和 Eldredge 将其完善为间断平衡理论，即“一种受到突发情况和片段干扰后仍能通过自我调节实现的平衡”[9]。该理论指出，在经历较长期稳定的状态中，事物本身深层结构与环境资源会进行信息交换，受到环境危机和突发性事件的影响，在快速、剧烈的变化中实现演化，这种波动在影响了事物与环境的关系后，会经历与周围事物的身份变化，进而慢慢实现在环境中的平衡[10]。这种相继经历“突变”到“渐变”的状态，从变化速度上来看，存在“平衡—突变—渐变—新的平衡”过程[11]。这种间断平衡规律可以广泛地应用于团队、组织发展、科学史、生物演化以及物理科学中[12]。该理论为本部分解释大数据环境下，政府进行数据开放与安全协同发展的原因提供理论基础。

通过系统梳理国内外开放政府数据和政府维护数据安全的相关事件及政策，考察政府数据开放与安全的演化轨迹，此处试图运用间断平衡框架解释政府数据开放与安全的发展过程，以此探索政府数据开放与安全问题的发展趋势。

3.2.1 突变时期的政府数据开放显性与安全隐性过程分析

政府数据开放是因为大数据技术的飞速进步和计算机快速普及，改变了政府原有的工作方式，通过数据开放这种形式能够最大程度地实现全社会数据资源的有效配置和充分再利用。早期的政府没有实施数据开放是因为互联网的运行速度缓慢，无法满足政府数据开放的要求。但随着技术的不断进步，“数据开放”的构想被一些国家的政府所接受，这种数据开放的构想首先在发达国家展开。

2009 年 1 月，时任美国总统奥巴马率先签署了《透明和开放的政府》，该文件规定了政府和其管理部门要将其决策结果和运营情况通过技术处理在网站上公开，以供民众及时获取并方便利用[13]。该政策掀起了全球数据开放运动的序幕，至此以美国为首的发达国家，包括英国、加拿大、新西兰等国政府相继宣布其数据开放计划，政府数据开放作为国家战略层面的管理工具开始受到人们的广泛关注，在社会治理和政府治理领域形成了不可阻挡的发展趋势。继美国之后，2009 年 6 月，英国政府正式启动“政府数据公开”倡导计划，同年在《智能政府，时代前沿》的报告中提出，要从根本上开放除中央政府的机密数据之外的地方会议数据、卫生部门数据、公安部门数据等大数据信息，使它们可以被自由地使用[14]。2009 年 6 月，澳大利亚成立电子政务工作组 Gov2. 0，通过广泛搜索各公共部门的信息并合理进行公开，以促进政府资源的创新和增值效率，从而增强政府开放水平，提高政府透明度。同时，该工作组制定并实施了政府信息公开计划，将政务信息在网络公开，提高民众创新性地整合利用政府数据的能力。新西兰政府曾在 2008 年就部署数据开放战略，计划通过网络技术将电子政务及服务信息公开使民众普遍获取，以改变公众参与政府的方式。到 2009 年 11 月，新西兰中央政府更是开通了 data. gov. nz 网站，将需要公开的信息进行数据处理，形成试点目录，并在网站中开辟了政府与公民的沟通反馈渠道。同时设置专职政府内务部（Department of Internal Affairs）负责建设并维护网站运行。这一措施为开放和获取政府数据提供一站式寻访网站，有效提高了各政府部门数据开放意识及能力与公民的政务参与意识及能力，并提供增进与检验数据开放的平台[15]。目前全球参与开放数据运动的国家遍布美洲、亚洲、欧洲、非洲和大洋洲，既包括美、英、法等发达国家，也包括印度、巴西、中国等发展中国家，在这些国家的政府机构、组织团体和个人的充分协作下，这时的政府开放数据运动处于轰轰烈烈的突变时期。

在此阶段，政府不断扩大数据开放的类型和内容，并延伸和深化数据开放的程度，能够最大限度实现数据的价值，然而数据安全问题却没有得到重视。可见在这一突变时期，政府数据开放的发展正处于显性状态，体现为数量增长、内容扩大、开放程度更深等增强态势，但数据安全则处于隐性状态，尚未得到政府的关注及政策、技术等方面的支持。

3.2.2 平衡时期的政府数据开放与安全渐变平衡过程分析

间断平衡理论表明，事物在经历剧烈和快速的变化之后势必会放缓扩张的趋势，逐渐形成和周围环境新的平衡[16]。随着我们面临的数据选择越来越多，同样潜在的数据安全问题也显露出其威胁之势。这些数据安全问题体现为，政府通过采集、加工等方式收集的数据被黑客或不法分子盗取而导致数据泄露的安全问题。例如学者黄晓林在关于政府开放数据管理的研究中，通过例子形象说明个人数据开放存在的安全问题：曾经一次去医院进行治疗，在和医生面谈时发现只要在电脑上输入患者的名字，就会在电脑上显示该患者基本的信息和以前所有的治疗经历。如果在以往治疗中有一些信息是较为敏感的，那么这种随意就暴露于医生的情况就会令患者非常不安[17]。而涉及国家数据安全的问题更不容小觑，像美国这样的高科技国家，不仅凭借其信息技术上的优势获取其他国家的大量数据，还通过所谓的安全法为其收集别国情报赋予了合法性。比如在美国的《对外情报监控法案》中，规定了美国政府有权利获取云服务提供商们得到的原始数据。也就是说它们只需要通过联络几家跨国服务的互联网公司，就能够收集并监控整个世界范围内大多数地方的数据信息[18]。所以，在政府数据开放政策不断被推崇的同时，数据的安全意识也随之觉醒。

此后，各个国家开始放缓全面、迅速的数据开放脚步，关注有关于政府开放数据引发的数据安全问题。例如，美国出台的《信息自由法》在倡导公民自由获取政府信息的同时，还规定了九条在特定情况下可免于公开的数据项目与数据类型。比如包括关系到国家利益的石油勘察数据；关系到企业安全和商业机密的财物数据等[19]。这九项豁免不仅是对涉及个人隐私、企业机密的数据安全的保护，更是对国家数据安全和主权利益的维护。2012 年 1 月，欧盟公布的《数据保护指令》中也表示，当数据主体已经表示其信息不允许作为数据集项目被收集甚至被公开时，那么就有权利要求该数据控制者删除其数据项，或者停止将这些数据进行继续传播。法国政府重视数据问题的时间较早，其确保数据安全的具体措施是对数据进行脱敏处理。例如隐去带有包括人名、地名等特征性数据，将这类数据处理为“盲数据”，以保证开放数据能够被有效利用，但又不会泄露数据主体的敏感信息[20]。相较而言，我国虽然早在 2015 年 8 月，国务院就印发了《促进大数据发展行动纲要》，该文件明确指出“推动政府数据开放共享”，但仍有许多部门在观望等待和拖延共享。在确保国家安全、个人隐私等的前提下，设定阶段性目标，分步进行政府数据开放，明确今后的发展方向和发展道路，对我国来说是十分必要的。

按照间断平衡理论进行分析[21]，政府数据开放存在着由“突变”到“渐变”再到数据开放与安全的平衡过程，且这种变化不受任何计划的安排，完全由事物内部和外部环境的作用形成。笔者认为在大数据环境以及计算机技术作用下：一方面，政府在管理社会过程中积累了大量的数据，通过第三方对这些数据进行分析、处理、挖掘和整合，能够开发出各种创新应用，给人们生活提供各种便利和个性化服务[22]。另一方面，政府想要通过数据开放的方式实现办公透明化和公民对政务的积极参与[23]。因此，政府在这种环境的变化下，进入数据开放的突变时期，并且应该在出现安全问题后逐渐进入渐变时期，通过对数据“开放”与“安全”协调而实现最终的平衡。

综上来看，政府数据开放伴随技术的进步和安全问题的频发，逐渐经历了从迅速发展的突变时期到逐渐放缓的开放与安全并行阶段。在这一时期，政府数据开放发展的速度逐渐放缓，同时数据安全的发展速度相应提高，二者的发展处于渐变的状态，逐渐呈协同的平衡态势。

3.3 政府开放数据与数据安全的二元性行为分析及协同模式构建

基于上述分析，我们认为政府数据开放与安全的发展必将趋向于平衡态势，且这种平衡势必遵循一定法则而成，尽管看似对立的需求，在某种情境下，也能够通过特定的选择，在特定的系统中得以实现共生。因此有学者试图平衡那些看起来“矛盾对立”的行为，并把焦点从“取舍”转到“协同”形成对二元性行为的研究范式。与此同时如何进一步解释二元性行为产生协同的内部机理，本部分将结合协同演化理论从微观个体的演化行为和中观群体间的协同过程给出系统、完整的说明。

3.3.1 政府数据开放与安全的二元性行为分析

（1）二元性理论的内涵

“二元性”（ambidexterity）这个词源于拉丁文的ambos、both、dexter和right。原始的意思是两个右在一起，其中隐藏着具有两个矛盾元素的内涵[24]。“二元性”在以往的研究中被看成是组织的一种属性，或是一种能力[25]，多用于组织生存领域的矛盾平衡[26]。这种二元的内容是指在组织发展中会存在对立的组织行为，他们的存在都能够有助于提升持续竞争力，缺乏其中某种因素则会有抑制组织的发展[27]，组织二元性是同时追求两种矛盾不能共存事物的协同发展。这种矛盾的因素可以视作事物发展的两段，只有在这条线上找到最佳平衡的一点，才能使两个矛盾的因素达成共存。随着外部环境不断复杂化，越来越多的研究都开始关注“二元性”，将其作为一种新型的研究范式[28]，来解决更多复杂环境中存在的矛盾问题。现有研究对二元性的另外一种解读是：寻找某一点使矛盾的二者都发挥最大的效用。如学者Gedajlovic对二元性这个构念分解为两个维度，平衡维度和结合维度。平衡维度的操作是在取舍的观点下将矛盾的两个元素得分进行相减以求平衡；而结合维度是在正交的观点下将矛盾因素平衡以求相互支持和补充[29]。且学者Mom、Bosch和Volberda认为，二元性得以实现的关键是领导者所具备的能力[30]，这要求在平衡矛盾的过程中，合理的分析和规划是必不可少的。

如前所述，这种寻求矛盾因素最佳平衡或最优点的二元性研究范式，能够为我们理解大数据时代，政府进行数据开放与安全的二元性行为协同提供一种特殊的理性逻辑和社会的解释工具。在本部分中，笔者倾向于用二元性行为描述政府数据开放和政府数据安全这两种连续的行为。为探索这两种行为的协同方式，应首先分析数据开放与安全的矛盾点，进而突破矛盾找到能够对政府数据开放与安全进行协同的机制。

（2）政府数据开放与安全的矛盾分析

学者们将看似矛盾对立的东西，从“取舍”转向“二元平衡”[31]，这背后的逻辑是在复杂环境的作用下，事物常常是存在冲突的，这要求组织管理者进行权衡去调节背后的冲突和矛盾，以求获得长期的竞争优势，即便可能存在短期利益的损失。鉴于此，笔者试图分析政府数据开放过程中必然存在的安全问题，以寻找两者之间的矛盾。政府数据安全问题的产生是数据过度开放的结果。因此，可以从数据安全的视角对矛盾进行分析。依照相关学者在数据权利保护方面的研究，将矛盾点作如下归类，第一类是政府数据开放与安全问题，第二类是企业机密数据安全问题，第三类是个人数据开放与安全问题。

首先，在大数据或数据开放时代，国家一方面倡导深化大数据的高效采集、整合和分析，并依托统一交换平台实现数字资源的开放共享。与此同时，开放数据引起的国家安全问题也不容小觑。国家层面的数据安全问题一般源于具有先进信息技术的发达国家，能够通过处理发展中国家的数据而掌握其机密情报。其次，是政府开放数据中涉及企业机密的数据。一些看似普通的基础开放数据，如果经过一些算法和加工就有可能暴露一个企业的运营状况、发展趋势甚至涉及核心竞争力的商业机密。因此，对于政府开放数据的使用和分析需要进行追踪，以确保企业的开放数据安全问题。再次，是个人数据安全问题，在大数据时代，越是倡导数据开放就越威胁着个人的数据安全。在开放的互联网空间中进行数据采集往往较为隐秘，通常我们在手机或电脑网页面浏览的足迹都会被后台记录下来，且我们不会对此有所察觉，也就不会进行申诉和反对，因而从运营商收集用户信息的方式来看似乎并不涉及个人隐私权的侵犯问题。但是，当这些所收集的数据信息进行大数据技术处理后，往往会关联到数据主体的隐私问题，从而侵犯个人隐私权，且很难追踪到侵犯隐私权的证据。因此，对于个人数据隐私安全问题和开放问题一直是矛盾的焦点。

3.3.2 政府数据开放与安全的协同模式构建及分析

面对政府数据开放造成的数据安全问题，和政府数据安全措施降低了数据开放的效率及开放的广度与深度的客观矛盾，政府需要探索一种数据开放与安全模式，以期望在进行最合理的数据开放的同时能够维护本国政府、企业及个人的数据安全问题。对此，本部分引入协同演化理论，解释说明当政府数据开放行为受到外界环境影响而需要受到安全措施行为的限制时，政府如何主动且永久地与所处的环境保持一致，通过协调开放与安全的功能以保持二元行为的协同来适应环境的变化。

（1）协同演化理论内涵

协同演化理论（亦称为协同进化理论）源于达尔文的生物进化理论，认为存在于特定环境中的两个或多个物种，可以通过彼此相互间的影响获得共同生存和发展的状态[32]。基因论证明了上述观点，认为上述的演化过程是一种自然的选择机制，它普遍存在于个体及种群的生存和发展中，作为具有遗传性的因子对物种的持续繁衍起到重要作用。从微观层面来看，较早的研究就曾分析独立单元的演化，探究企业内不同职能部门间的相互作用方式及协同发展路径。中观层面的研究则将单一的组织生长延伸为群体的共同进步，强调自身适应环境变化和需求的能力。演化经济地理学表明，所有的集群活动都无法以单独的个体存在，都需要与之互为因果和要素的个体及群体一起协同运作以实现演化发展。学者吕可文等研究也指出在中国具有多重背景的生态环境中，政府、市场、制度及技术四种因素是构建集群网络的主要动力，它们能够通过相互作用与协同演化产生知识外溢、规模报酬及学习效应等行为创造累积增长[33]。也就是说，协同演化理论说明了生物体的持续发展一方面需要协调自身的行为，对现有功能进行取舍，另一方面需要主动且持续地与环境中其他主体互动，并保持协调的关系。遵循上述逻辑，我们将政府视为生态环境中的个体，其演化发展中的有限理性决定了它的任何行为能否持续进行，都需要经过其所处环境的检验。

因此为实现政府数据开放与安全行为的协同发展，需要将政府数据开放及数据安全的二元性行为置于其利益相关者组成的环境中进行分析，依据演化发展及战略创新管理理论中提出的“要素–过程–结构”协同演化逻辑[34]，结合谢蓉等基于组织柔性提出的流程管理双元性（即本部分所研究的二元性）的研究框架[35]，笔者提出政府数据开放与安全的协同演化模式，通过该模式能够找出开放与安全二元行为的矛盾点及协同方式，从而解释政府数据开放和政府数据安全行为协同发展的演化本质，如图 3-2 所示。

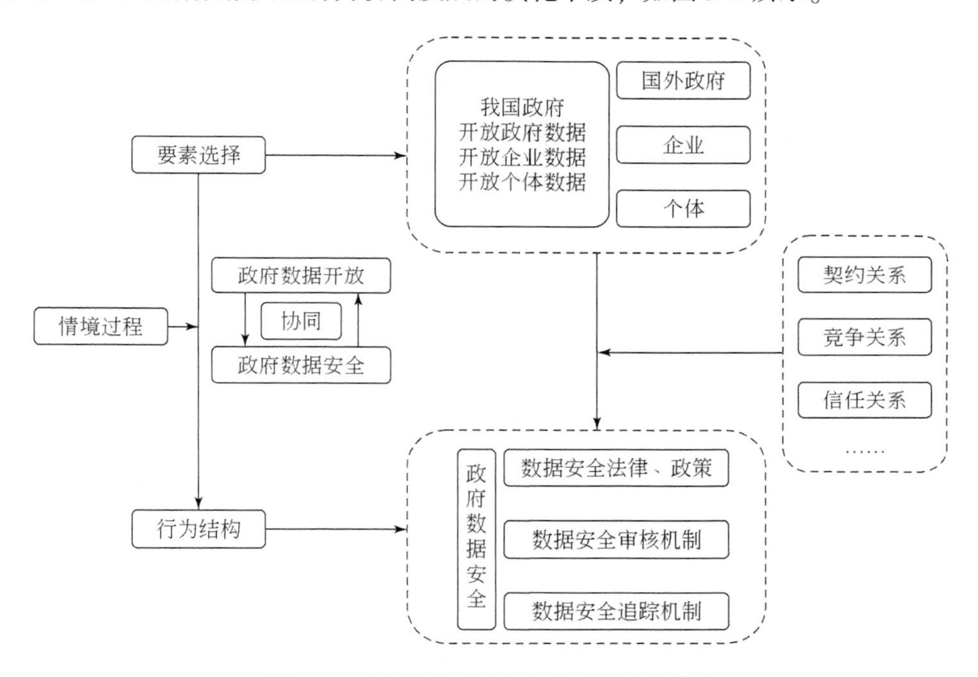

图 3-2　政府数据开放与安全协同演化模式

（2）政府数据开放与安全协同演化分析

基于上述政府数据开放与安全协同演化模式，本部分将解释“开放”和“安全”的二元性行为如何实现“取舍”转向“二元平衡”。依照演化发展理论从微观个体的演化分析递进至中观群体间协同发展的系统理论，笔者认为实现政府数据开放与安全的内部协同，需要通过要素选择、情境过程和行为结构三个方面进行事物矛盾的调和并厘清实现协同的内部机理。

首先，要确定要素选择对象以明确协同演化的主体及其互动特征，要素选择包含单个体层面、两个体层面和群体层面。本部分选取群体层面并找到政府数据开放和政府数据安全行为背后涉及的利益相关群体。依照相关学者在数据权利保护方面的研究，将与政府数据开放与安全有关的主体分为三类，即其他国家政府、企业（包含我国企业和其他国家企业）、个体（包含我国个体和其他国家个体）。

其次，从群体层面出发，依据协同演化理论多主体之间的协同发展依赖于相应的情境过程，这种情境包括是否受到合约保护形成的契约和非契约关系，是否因利益冲突与共同利益形成的竞争或合作关系，是否基于互惠形成的信任关系等。通过分析政府与之数据开放和数据安全行为下的利益群体关系，能够理清不同矛盾呈现的特点来寻求政府数据开放与安全的帕累托最优点，这对政府数据开放与安全不同情境下的协同演化更具解释力。例如，我国政府与我国公民之间存在着潜在的契约关系，无论是基于对公共权力的委托代理而形成的契约，还是出于对政府的信任而产生的心理契约，都受到我国政府法律政策及制度的约束或影响。此情境下政府进行数据开放能够受到契约的保护，可以进行较高水平的开放和较低水平的安全保护。然而，我国政府与某些发达国家政府之间可能因存在利益冲突而产生竞争关系，且发达国家因为具有先进信息技术能够通过处理大数据信息资源而掌握其机密情报。同样存在竞争关系的国外企业也能够经过一些算法和数据加工破解我国企业的运营状况、发展趋势甚至涉及核心竞争力的商业机密。因此，针对竞争关系且缺乏有利契约支持的利益相关群体，政府需要加强数据安全保护，降低数据开放力度。

再次，行为结构体现了进化论中“适者生存”的自然选择状态，笔者将其延伸为在不同情境下为适应环境需求和利益最大化而需要选择的手段。政府通过数据开放赢得特定利益，再通过加强数据安全减少因数据开放带来的损失。通过不同行为结构的选择能够为不同的利益相关群体，在不同的情境过程产生的协同演化方向进行调整。例如，在契约关系下的我国政府数据开放与安全矛盾中，我国政府可以通过健全政府数据安全保护体系、及时惩戒来减少或阻止威胁数据安全的行为。而对于竞争关系下政府数据开放与安全矛盾中，则需要加强数据开放前的数据审核，避免涉及数据安全的信息被开放。或强化数据利用的追踪技术，通过监控数据被检索和整合的路径，防止被不法分子利用。

3.4 政府数据开放与安全协同发展建议

依据上述对政府数据开放与安全协同模型的因素分析，并结合当前有关政府数据开放与安全的现有状况及对国家、企业和个人层面的影响，从法律政策层面、管理层面和效率层面对政府数据开放与安全协同发展提出参考意见。

3.4.1 法律政策层面

（1）明确国家数据的归属和管理权力

应从国家战略安全高度重视政府数据开放，在推进数据开放进程中，政策制定需要明确主权。数据主权是指，国家享有对其政权管辖内的数据生成、传播、管理、控制、利用和保护的权力[36]。政府的数据作为一种重要的战略资源，无论是个人拥有还是国家拥有，都要纳入到主权范围里面来考虑，对于有可能涉及国家安全的开放数据更要进行严格的把关，切实保护这些数据不被非法地获取进而威胁国家数据安全，对于我国的大数据资源我们要把握住对其治理和管理的权力。

（2）完善企业及个人数据所有权和控制权

由于企业和个人数据的滥用所导致的安全问题与日俱增，已然威胁到各方主体的利益，因此相应的隐私保护意愿也在增强。而政府作为数据的收集、监管和开放机构，应对这一威胁最有效的办法就是立法，尽可能完善相关数据保护法规，是顺应数据时代更好进行数据利用的前提。相关法律可以规定个体数据的范围和权利，以及应该以何种方式被利用。同时要打击数据相关的违法犯罪活动，对违反或侵犯个体数据要承担相应的法律责任。再者，要明确数据主体对其所有数据的主动控制权，也就是说，政府在进行涉及个体的数据开放时，需经过个人的确定和授权。如果企业或个人不愿意让自己的个人数据被开放，那么可以通过一些途径反馈自己的诉求，确立"告知—同意原则"作为数据收集和利用规程的基本原则[37]，在合理的情况下不对这些数据进行开放。

（3）强化政府数据开放与安全政策协同运行

相较于法律法规而言，政策具有灵活性、周期短等特征，且将国家意志以标准化的形式体现，主要表现为具体的措施和步骤。现有关于政府数据和信息政策表明，虽然，我国政府数据开放工作起步较晚，但是，也已经取得一定的成就，政府数据开放政策数量在2016年增长迅速，内容逐渐系统和完善。相比之下，数据安全方面政策较少，关注度不够。2016年《中华人民共和国国民经济和社会发展第十三个五年规划纲要》中首次将个人数据保护问题加以强调，但仍然缺乏系统具体的指导措施。本研究表明，保护政府开放数据的安全既是合理规划及配置数据资源的重要手段，更是维护政府数据战略平稳发展的必然要求。所以，应该在数据开放的同时更加不能忽视数据安全问题。因此，政府要在数据开放与安全两个层面进行协同，以期保证在数据安全的状态下进行最大程度的数据开放。

3.4.2 管理层面

（1）设立政府开放数据的管理机构

设立专门的政府开放数据的管理机构，同时安排专业的数据管理人员，直接负责对开放数据进行预先的审查和处理。也就是说在数据进行开放之前，要通过专业人员按照规程进行数据的预处理并通过一定程序进行审查。国家层面的开放数据可以通过资料和技术分析的手段确保数据开放的内容不涉及国家安全问题，经过筛选或模糊处理后进行开放；企业及个人层面的数据可以将企业或个人的身份信息从数据库中抹去，使数据以匿名的形式进行开放。通过开放数据的审核和处理，符合安全保护内容和规程的数据才能进行开放。且对于企业和个人的数据，要充分考虑数据主体的利益，进行更严格的数据层级的审核和管理。这种通过专业数据管理机构进行审查和批准的开放数据，能减少政府开放数据的非法和不当利用造成的损失。

（2）进行政府数据利用路径的追踪

应当在管理过程中设置相应技术部门或人员追踪数据的利用情况。国家层面数据的跨国流动可以通过双方达成协议来解决，协议的主要内容应该包括对合作国家的数据分析方式以及分析结果的共享，但这种具有普遍约束力的制度还没有出现，因此通过提高技术水平来追踪各国获取数据的痕迹变得尤为重要。对于企业及个人层面的数据，其数据获取者和利用者一般通过政府数据开放网站进行数据阅读或下载利用，为确保数据安全，可以在用户进入网站或进行数据下载的时候，通过身份认证记录并储蓄用户信息，以便于当出现涉及危害数据安全的行为发生时，能够以最快的效率追踪不法分子。同时良好的身份认证方式能够督促用户合理地利用数据。

3.4.3 效率层面

（1）提高数据开放与安全技术

我国的信息化基础相对薄弱，大数据原创技术欠缺，关键产品和服务的供应比较滞后，且我国在网络控制权、关键技术和高端设备等方面，还受制于西方，依赖国外技术，这样不仅难以满足国家治理的需求，而且还存在诸多安全风险[38]。只有全面提高数据开放与安全的技术水平才能从根本上抵制数据的泄露和大数据的合理利用。一方面要提高数据处理和分析的原创技术，另一方面要加强对开放数据进行安全审查，通过有效的数据技术手段加强数据保护。

（2）提高数据开放质量

在确保政府数据安全的政策和技术基础上，只有确保数据的质量才能使政府数据的开放与安全协同发展达到最好的效果，实现更高的效率。良好的政府开放数据质量评估体系和技术能够确保政府提高数据的开放效率。首先，可以确保政府开放数据更新的频率，及时的更新能够确保数据的时效性[39]。其次，增强数据检索的便利程度，在保障数据安全的前提下尽可能简化数据的获取程序；同时对数据的格式和表示方式进行技术处理，可以通过可视化等形式方便用户理解数据的内涵，以此确保开放数据的易用性。最后，在确保国家安全和企业及个人数据权益不被侵犯的前提下，尽可能地包含涉及医疗、住房、教育等各方面的数据信息，使公民对我国的国情和经济发展状况有全面的了解，从而提高公民政务参与的意愿。

3.4.4 平台建设层面

复旦大学数字与移动治理实验室发布的《中国地方政府数据开放报告》中统计发现，截至2021年4月底，我国已有174个省级和城市的地方政府上线了数据开放平台，其中省级平台18个，城市平台156个。政府数据开放平台开放数据数量和体量均呈现逐年上升的趋势，但在数据质量上不容乐观，尤其是数据的可靠性、准确性和完整性都需要继续完善，同时，平台数据的分类方式和检索功能不够完善，检索仅提供时间、访问量等基本排序方法，提供高级检索功能的平台较少，或不便于普通公众进行检索。

（1）政府数据开放平台兼顾数据安全

政府数据开放平台的数据可能涉及国家秘密、商业机密和个人隐私，数据平台的筛选和准备过程中，政府工作人员和外部技术公司双方需要都明晰开放数据的界限，避免由于二者的不协同，不一致，对对方业务范围的不熟悉，导致开放不该开放的数据，给国家、社会和个人带来风险。这就要求政府数据开放平台的业务人员和技术人员均需进行数据安全规范培训，掌握数据开放的底线原则，即保证开放的单一数据集合不会造成风险的同时，其关联分析也不会引发不可控的风险。

（2）保证开放数据安全，发挥数据效能

政府开放数据是打通部门间数据资源交换壁垒的重要途径，避免数据重复和数据的不一致导致的矛盾，故保证开放数据安全的前提下，需要对公众需求数据加大开放力度和深度，同时不能以政府职能部门角度出发确定开放数据的范围，对重点领域和非重点领域数据应一视同仁，对不应开放的、无效的或有瑕疵的数据进行提出和整改，提高数据的含金量。数据开放要在保护国家安全、商业机密和个人隐私的前提下进行，从而方便公众生活，服务企业商业活动，帮助政府提高治理水平和质量。

（3）提高平台易用性，让开放数据为民所用

提高平台易用性，才能实现开放数据效益最大化的目标。首先，让公众参与到平台使用中，需要针对公众需求提供开放数据，切实让数据在公众生活、工作中发挥作用。其次，要为公众提供简单易用的使用说明教程，降低公众对数据的陌生感。再次，要提供数据的可读性和可用性，例如，提供多种方式的图形化显示手段，让公众对数据的检索结果一目了然，且能提供更充分的数据分析、统计报告，既能让公众了解开放数据，也能从侧面激励公众共享数据，使政府开放数据的发展形成良性循环，不断扩大开放数据源，激活开放数据的社会价值和经济价值。

（4）完善技术支撑机制，提升数据开放平台性能

鼓励外部技术公司提高技术水平，保证政府数据开放平台安全性。同时依托“城市数据大脑”等强大的技术基础设施，在技术层面将大数据开放给科研群体、社会组织和社会公众，并将分析技术、信息架构、数据安全技术（数据脱敏、去标识、加密、水印等）、友好的用户使用体验等进行无缝衔接，以支撑数据安全、平台性能提高、用户的良好互动反馈和数据供需对接。

本章小结

数据开放和数据安全之间的辩证统一关系决定了两者既相互依存又互相矛盾，只有通过政策主体与政策效力、政策目标、政策措施等方面协同发展，才能缓解矛盾、抵消内耗，进而提高数据政策系统的整体效能。本章运用间断平衡框架解释政府数据开放与安全的发展过程，以此探索政府数据开放与安全问题的发展趋势。并分析了政府数据开放与安全的二元性行为，从政策法律层面、管理层面、效率层面、平台建设层面提出数据开放与安全的协同策略，旨在提升开放数据质量及数据安全技术水平。

参考文献

[1] 国务院．促进大数据发展行动纲要［EB/OL］．[2022-4-10]. http://www.gov.cn/zhengce/content/2015-09/05/content_10137.htm.

[2] 刘华，周莹．我国技术转移政策体系及其协同运行机制研究［J］．科研管理，2012，(3)：105-112.

[3] 周至忍，蒋敏娟．整体政府下的政策协同：理论与发达国家的当代实践［J］．国家行政学院报，2010，(6)：28-33.

[4] 郑佳．中国基本公共服务均等化政策协同研究［D］．长春：吉林大学，2010.

[5] 彭纪生，仲为国，孙文祥．政策测量、政策协同演变与经济效应：基于创新政策的实证研究［J］．管理世界，2008，(9)：25-36.

[6] 汪涛，谢宁宁．基于内容分析法的科技创新政策协同研究［J］．技术经济，2013，(9)：22-28.

[7] 杨晨，王杰玉．系统视角下知识产权政策协同机理研究［J］．科技进步与对策，2016，（2）：114-118.

[8] Gersick C J G. Revolutionary Change Theories：A Multilevel Exploration of the Punctuated Equilibrium Paradigm［J］．Academy of Management Review，1991，16（1）：10-36.

[9] Eldredge N，GouldS J. Punctuatedequilibria：an alternative to phyletic gradualism［EB/OL］．[2022-3-15]．https://www.uv.mx/personal/tcarmona/files/2010/08/Eldredge-and-Gould-1972.pdf.

[10] KeckS L，Tushman M L. Environmental and Organizational Context and Executive Team Structure［J］．Academy of Management Journal，1993，36（6）：1314-1344.

[11] Dekkers R. Organizations and the Dynamics of the Environment［EB/OL］．[2022-3-15]．https://download-plaza.com/download/book/(R)Evolution:%20Organizations%20And%20The%20Dyna mics%20Of%20The%20Environment.html? aff.id=9325&aff.subid=5788.

[12] Hamilton A L. Organizational Identity Formation and Change［J］．Academy of Management Annals，2013，7（1）：123-193.

[13] 金琇．奥巴马“透明开放政府”的做法及启示［J］．特区实践与理论，2013，(1)：23-25.

[14] HM Treasury. Putting the Frontline First：smarter government [EB/OL]．[2022-3-15]．http://webarchive.nationalarchives.gov.uk/20100407162754/http://www.hmg.gov.uk/frontlinefirst.aspx.

[15] New Zealand Government. Open Government Information and Data Programme [EB/OL]．[2022-3-15]．https://www.linz.govt.nz/about-linz/what-were-doing/projects/open-government-information-and-data-programme.

[16] 杨涛．政策变迁的间断与平衡——一个模型的介绍与启示［J］．合肥学院学报（社会科学版），2011，28（3）：93-96.

[17] 王开广．政府数据开放须加强隐私保护[EB/OL]．[2022-3-15]．http://www.sohu.com/a/81119307_162904.

[18] 马海群，王茜茹．美国数据安全政策的演化路径、特征及启示［J］．现代情报，2016，36（1）：11-14.

[19] 蔡婧璇，黄如花．美国政府数据开放的政策法规保障及对我国的启示［J］．图书与情报，2017（1）：10-17.

[20] 黄如花，林焱．法国政府数据开放共享的政策法规保障及对我国的启示［J］．图书馆，2017（3）：1-6.

[21] 杨超，危怀安．组织演化间断平衡规律研究述评与展望［J］．外国经济与管理，2016，38（4）：36-48.

[22] 赵需要，侯晓丽，彭靖．政府数据开放中商业秘密的泄露风险与保护策略［J］．情报理论与实践，2017，40（7）：11-16.

[23] 胡小明．从政府信息公开到政府数据开放［J］．电子政务，2015，(1)：67-72.

[24] 张钢陈，佳乐．组织二元性的研究综述与展望［J］．世界科技研究与发展，2013，(4)：526-529.

[25] Duncan R B. The Ambidextrous Organization；Designing Dual Structures for Innovation. Management of Organization Design［J］．1976：167-188.

[26] 刘洋，魏江，应瑛．组织二元性：管理研究的一种新范式［J］．浙江大学学报（人文社会科学版），2011，10：62-72.

[27] Raisch S, Birkinshaw J. Organizational Ambidexterity: Antecedents, Outcomes, and Moderators [J] . Journal of Management, 2008, 34 (3): 375-409.

[28] Gibson C B, Birkinshaw J. The Antecedents, Consequences, and Mediating Role of Organizationl Ambidexterity [J] . Academy of Management Journal, 2004, 47 (2): 209-226.

[29] Cao Q, Gedajlovic E, Zhang H. Unpacking Organizational Ambidexterity: Dimensions, Contingencies, and Synergistic Effects [J] . Organization Science, 2009, 20 (4): 781-796.

[30] MomT J M, Bosch F A J, Volberda H W. Understanding Variation in Managers' Ambidexterity: Investigating Direct and Interaction Effects of Formal Structural and Personal Coordination Mechanisms [J] . Organization Science, 2009, 20 (4): 812-828.

[31] Raisch S, Birkinshaw J, Probst G, et al. Organizational Ambidexterity: Balancing Exploitation and Exploration for Sustained Performance [J] . Organization Science, 2009, 20 (4): 685-695.

[32] Darwin C R. On the Origin of Species: By Mean of Natural Selection [M] . Leipzig: Verlag Philipp Reclam, 1859.

[33] 吕可文，苗长虹，王静，等. 协同演化与集群成长——河南禹州钧瓷产业集群的案例分析 [J] . 地理研究, 2018, 37 (7): 1320-1333.

[34] 赵健宇，王铁男. 战略联盟协同演化机理与效应——基于生物进化隐喻的多理论诠释 [J] . 管理评论, 2018, 30 (8): 194-208.

[35] 谢蓉，凌鸿，张诚. 流程柔性研究：组织双元性理论的借鉴 [J] . 软科学, 2012, 26 (6): 121-124.

[36] 付伟，于长钺. 数据权属国内外研究述评与发展动态分析 [J] . 现代情报, 2017, 37 (7): 159-165.

[37] 张茂月. 大数据时代个人信息数据安全的新威胁及其保护 [J] . 中国科技论坛, 2015 (7): 117-122.

[38] 王世伟，曹磊，罗天雨. 再论信息安全、网络安全、网络空间安全 [J] . 中国图书馆学报, 2016, 42 (5): 4-28.

[39] 邹纯龙，马海群. 基于神经网络的政府开放数据网站评价研究——以美国 20 个政府开放数据网站为例 [J] . 现代情报, 2016, 36 (9): 16-21.

第4章　开放数据政策研究

数据创造价值的基石是数据开放，2015年，高德纳咨询公司（Gartner）提出的政府机构10大重要技术发展趋势，其中之一就是开放全部数据，随之而来的是各国政府相继推出一系列开放数据政策，以支持全球数据开放运动[1]。同时，受到近年来各类因素的影响和推动，“数据权”已经成为与“隐私权”“知情权”并立的信息权利的重要内容之一，所以开放数据本身具有政策法律属性[2]，研究开放数据政策具有深刻的理论意义和广泛的实践价值。

从开放数据政策所具有的公共政策特点来看，其符合以“管理职能”和“行为准则”为中心的政策界定，即开放数据政策可以理解为是政府为解决社会发展中关于数据资源开放共享与利用这一重大问题而实施的具体公共管理手段，这一手段是通过制定权威而具体的公共行为准则来规范社会行为和实现政策目标的。研究解决数据资源是否开放的问题、开放的程度与范围，以及如何保障数据安全等一系列开放数据所产生的相关社会问题。

4.1　开放数据政策概述

政策环境与政策主客体一同构成了公共政策系统，即公共政策是政策环境与政策主客体之间物质、信息、能量交换的产物。除了社会文化、技术、经济、自然地理、政治、法律、道德所提供的一般公共政策环境以外，前文简要介绍了大数据为开放数据所提供的特殊政策环境，以下主要阐述开放数据政策系统的政策的属性和目标、政策的主客体和政策影响因素。

4.1.1　开放数据政策的属性和目标

我们通过公共政策的类型来阐述开放数据政策的一般属性。从纵向上来看，开放数据政策位于具体政策层面，处于政策体系最底层。总体上服从于元政策和总政策，是实现基本政策目标的具体手段，具有直接解决数据开放相关问题的策略性与灵活性。从横向上来看，首先，开放数据政策的生成属于派生型，是信息资源管理政策在开放与共享层面的内涵与外延上的拓展和延伸。其次，从内容和作用领域来看，开放数据政策兼具政治、经济、社会与文化政策的功能。再次，从制定公共政策主体的性质和层次来看，目前我国北京、上海、贵州、广州等地已陆续出台区域性公共信息资源共享与数据开放的相关指导文件，倒逼机制的作用促使我国急需出台开放数据的国家政策，即在反映国家意志的同时，更多地服从和体现社会公共利益。最后，同时由于开放数据的内在要求，也使得开放数据政策具有引导与激励的性质，既要求和引导数据的开放，也鼓励和保障通过数据利用与再利用所实现的增值。

根据公共政策分配社会资源、规范社会行为、解决社会问题、促进社会发展的基本功能，以及开放数据政策所应具备的保障公民权利、推进国家民主、维护社会公平、规范数据行为、促进数据增值、鼓励大众创新、推动经济发展等具体功能，结合公共政策目标的问题针对性和未来预期性，我们认为，开放数据政策的目标是，在促进原始数据及时、无差别、无歧视地开放，保证公众平等、自由、免费获取的同时，保障安全（数据安全和人的安全），以推动信息资源的充分共享和优化配置，激发社会创新和大众创新，实现数据增值，促进社会监督，进而最终推动社会发展。

4.1.2 开放数据政策的主客体

公共政策主体是指在整个公共政策系统运行过程中，通过直接或间接的方式主动参与其中的权力主体。这里的主体通常包括组织、团体及个人，参与方式主要是发挥主体的决策职能、组织职能和控制职能。一般来说，构成公共政策主体系统的主体主要有国家公共法权主体、社会政治法权主体、社会非法权主体、自治组织和国际组织这五大类，包括国家的立法机关、行政机关、司法机关、执政党、参政党、利益集团、普通公民个体、大众传媒机构、思想库、相关自治组织和部分国际组织[3]。

公共政策客体是相对于政策主体而言的，指公共政策发挥作用时所指向的对象，包括公共政策问题、政策目标团体与标的物、社会利益关系三个层面，简单来说就是政策作用的物和人两个方面，即政策标的物和标的群体。

4.1.2.1 开放数据政策标的物

我们知道，开放数据的对象是数据，以数据集或数据库的形式存在[4]，那么相较于一般公共政策，开放数据政策的特殊标的物也应该是各类数据集。与维基百科中的“open data can come from any source”、MGI报告中对开放数据的分类原则相一致，我们认为政府数据、公共数据，以及部分科学数据、企业数据或商业数据、个人数据都应纳入开放数据政策标的物的范围。

政府数据是指由政府或政府所属机构产生或委托产生的数据与信息[5]。与其他数据收集单位相比，政府的绝对优势在于，它可以通过强制约束力促使人们为其提供信息，而不必加以说服或支付报酬。公共数据是指既不属于政府也不属于某个个体（组织或个人）的公有领域产生的数据[6]。理论上，公共数据是任何需要的公民个体都可以自由获取的，它包括政府数据库和一些公司数据、行业监管数据等。科学数据是指在论文中发表或文后附带的原始实验数据，包括对数据进行描述的元数据。科学数据的开放为科学研究创造了以数据驱动的科学研究新范式——第四科学范式[7]，有研究表明，在2015年SCI数据库收录的开源发表论文中，中国以20.8%的比例超过美国，成为世界上贡献最多开源论文的国家[8]。英国的“MyData”项目引领了商业领域的数据开放，但需要指出的是，并非所有商业数据都可纳入开放的范畴，比如公司对其消费者、商业战略或研发内部的分析数据就不可以也不应该成为开放数据政策的标的物。个人数据是指个人自愿提供的数据、个人原创内容、个人行为产生的数据，被政府、企业、医院和研究机构收集的与个人直接相关的数据的总和[9]。需要明确的是，我们所指的能够用于开放的个人数据一般不包括涉及隐私部分的私人数据。

4.1.2.2 开放数据政策标的群体

与政策标的物相对应，我们认为，开放数据政策标的群体是由政府数据、公共数据、科学数据、商业数据、个人数据的生产者、持有者和所有者（即数据权利人），以及与数据开放过程相关的其他人员共同构成的实体或非实体性群体，包括各级政府机构部门、社会公众、营利性与非营利性组织团体（公益组织、企业单位、公共资金资助的科研团体或个人等）以及公民个体。

4.1.3 开放数据政策的影响因素

影响开放数据政策的因素可分为公共政策的一般影响因素和开放数据政策的特殊影响因素。

（1）公共政策的一般影响因素

公共政策的一般影响因素主要包括政治因素的主导、统治阶级的意志、利益集团的博弈、科学的专家论证、公民参与的限度和有效性、大众传媒的政治参与、网络民意的表达这七个方面。这七个因素对开放数据政策的影响方式同一般公共政策相似，在此不展开赘述。

（2）开放数据政策的特殊影响因素

数据的开放与共享在创造价值的同时，也会引发一系列危机，即所谓的数据安全问题，在政策制定中需要予以特殊关注。

1）国家安全和公共安全。主要表现在公共数据开放对国家安全的潜在威胁，以及国家秘密和安全数据。除了国家内部的数据开放，跨境数据的存储、获取和交流是开放数据在国际领域的必然要求。“9·11”事件后的2002年，美国联邦政府禁止美国情报机构回应任何外国政府或国际组织基于《信息自由法》向美国提出的信息公开要求，这正是基于国家安全的考虑，强化信息控制的表现[10]。对于国家秘密和安全数据，在“默认公开推定”原则中，也是作为“例外”存在的，做出必要说明并通过相关认定的情况下，一般是非开放的。此外，数据的跨境流动也会导致不同司法管辖区的法律适用不一致，目前美国和欧洲正在建立法律意义上的数据安全港框架来解决这一问题[11]。

2）大数据时代的公民隐私。公民具有隐私权，这在开放数据时代到来以前就存在，但正如知情权意识在信息公开中被唤醒一样，隐私权意识也在大数据时代崛起。在美国，隐私权经历了19世纪以“住宅”为重心、20世纪以“人”为重心到21世纪以“数据”为重心的转变。阿伦·韦斯廷[12]最早将信息社会的隐私权定义为个人控制、编辑、管理和删除关于自己的信息，并决定何时何地、以何种方式公开这种信息的权利。赖明[13]在2014中国国际大数据大会上建议“加快制定隐私数据采集使用的基础性法律”。需要指出的是，“非法获取公民个人信息罪”在2009年开始实施的《中华人民共和国刑法修正案

（七）》中就进行了明确规定，陕西法院就曾判决了国内首例非法获取公民个人信息、利用支付宝进行盗窃的案件[14]。

在大数据的发展环境中，由于存在体量大（volume）、生成与处理速度快（velocity）、数据及数据源多样（variety）、真实性和准确性（veracity）、易变性（variability）、价值密度低（value）、复杂性（complexity）的“6V+1C”特性，精确的数据分析成为可能，这种精确对个人而言体现在对位置数据、金融数据、消费数据、医疗数据、教育数据等涉及个人隐私数据的获取与分析上。若对这类数据的收集和管理不当，像美国流产的“中央数据银行”方案就会变成“数据监控”的一种手段，美国 NSA 的“棱镜计划”就是极好的例证，其对个人隐私甚至国家安全的侵害是不言而喻的。现有的三大隐私保护策略——告知与许可、模糊化和匿名化，由于数据的二次用途和马赛克效应，在开放数据中都逐渐失去了效力[15]。根据舍恩伯格、乔尔·古林等[16]的研究，通过“设计隐私”（将隐私保护嵌入到数据管理的技术结构当中，在数据被处理的最开始就在其处理方式上设立隐私保护）、“差别隐私”（全新的数据模糊化，即故意将数据模糊处理，促使对大数据库的查询不能显示精确的结果，而只有相近的结果）、“责任转移”（从民众的个人许可转移到数据使用者承担责任）和明确“被遗忘权”（公民有权在其个人数据不再需要时提出删除要求）等方式的结合，可以作为开放数据政策对公民隐私保护的基本策略。

4.2 国外开放政府数据的政策进展与启示

从历史发展规律来看，各国政府的逐步开放是一个相对较长的历史进程，现今的各国政府相较于其过去的历史而言都算得上是开放政府，尽管各国政府的开放程度因各国的国情而有所不同。目前来看，政府开放运动主要有两次大的高潮，第一次是 20 世纪 60 年代开始兴起的政府信息公开运动；第二次是始于 2009 年的开放政府数据运动。这两次运动很大程度上都与美国有关，在第一次政府开放运动中，自从美国于 1966 年制定专门的《信息自由法》（*Freedom of Information Act*）以来，各国就加快了制定政府信息公开制度的步伐；在第二次开放政府运动中，自从美国总统奥巴马于 2009 年 1 月 21 日签署《透明与开放政府》（*Transparency and Open Government*）备忘录[17]以来，各国就掀起了开放政府数据运动的高潮。尽管第二次开放政府运动受到经济复苏缓慢的影响，各国还是在努力推行开放政府数据计划，制定一系列开放政府数据政策，引导开放政府数据实践。为了对正在进行的开放政府数据运动有一个宏观的认识并且从中总结一些好的经验和做法，有必要对发达国家的开放政府数据政策做深入的调查，概括其相关内容，把握整个开放政府运动的趋势，为我国的开放政府数据实践工作提供一些可供借鉴的启示。

据万维网基金会（World Wide Web Foundation）2018 年的《开放数据晴雨表》（*Open Data Barometer*）报告显示，在开放数据实践方面排名靠前的 10 位国家依次是加拿大、英国、澳大利亚、法国、韩国、墨西哥、日本、新西兰、美国、德国。俄罗斯排名第 13 位，中国排名第 24 位。虽然国内在开放政府数据实践中有一套自己方法，但是仍然有借鉴发达国家经验之必要。除开放政府伙伴关系外，本书主要选取美国、英国、欧盟、德国、澳大利亚和新西兰、新加坡等国家和地区的开放政府数据政策进行分析和讨论。

4.2.1 一个宣言、两个宪章

开放政府伙伴关系（open government partnership）于 2011 年 9 月 20 日在联合国大会会议期间启动，其 8 个创始成员分别是美国、英国、巴西、印度尼西亚、墨西哥、南非、挪威、菲律宾等，这些国家共同发表了《开放政府宣言》（*Open Government Declaration*）[18]。目前，参与开放政府伙伴关系倡议的国家有 71 个。第五届开放政府伙伴关系全球峰会（Open Government Partnership Global Summit）于 2018 年 7 月 17 日至 19 日在格鲁吉亚的第比利斯举行。这次峰会讨论的主要内容是公民参与、反腐败、公共服务供给。加拿大于 2019 年 5 月 29 日至 31 日举办第六届开放政府伙伴关系全球峰会。

《开放政府宣言》倡导透明、反腐败、向公民授权，以及利用新技术使政府更有效和更有责任，这些倡议内容的核心就是开放。该宣言由一系列承诺构成，在开放数据方面强调使人们容易获取关于政府活动的信息，及时以容易使用的格式发布有较高价值的数据，支持有助于互操作的开放标准；在公民参与方面强调政策制定过程应当是透明的，公民的参与是平等的，通过一定的机制促使政府与公民社会和企业合作；在反腐败方面强调通过一些政策、法律和公开机制威慑腐败行为；在新技术方面强调利用新技术发展安全的在线空间并公开更多的信息。所有这些内容归结到一点，就是推动形成一种开放政府的文化。

除《开放政府宣言》外，开放政府伙伴关系还提出《国际开放数据宪章》（*International Open Data Charter*）[19]。2015 年 10 月 27 日至 29 日，开放政府伙伴关系全球峰会在墨西哥的墨西哥城召开，在这次会议上，17 个各级政府组织（英国、菲律宾、墨西哥、法国、意大利、智利、危地马拉、韩国、乌拉圭、布宜诺斯艾利斯、米纳蒂特兰、普埃布拉、韦拉克鲁斯、蒙得维第亚、雷诺萨、莫雷诺斯州、哈拉帕）正式通过《国际开放数据宪章》。这个宪章主要涉及开放数据的定义、好处、原则和最佳实践。结合时代背景，该宪章指出，技术和数据正在推动全球实现一次重大转型，这种转型不仅有助于使政府更具有透明性、责任性、效率性、回应性和有效性，同时也有助于可持续性发展。开放数据是实现这种转型的助推剂。按照该宪章的说法，所谓的开放数据就是那些由技术和法律手段保障的，可以被任何人在任何时间任何地点自由使用、重用和传播的数据。该宪章认为，开放数据有一系列好处，其中包括为基于证据的政策制定提供支持。毫无疑问，政策决策有了足够的数据支持将会更加科学。该宪章的核心部分是六个原则及其相应的最佳实践。其中，六个原则分别是：以默认方式开放、及时与全面、可获取和可使用、可比较和可互操作、改善治理的公民参与、包容性发展与创新。

这六个原则是指导开放数据实践的核心指南。值得强调的是，该宪章有三个特色的地方。首先，该宪章在第二条原则下强调保存历史数据，对信息实施生命周期管理。在电子环境下，信息的更新速度非常快，如果一些历史数据没有保存，我们就无法通过历史数据发现事物发展和变化的趋势，因此数据的生命周期管理非常重要。其次，该宪章在第六条原则下强调形成一种有多种来源的开放数据生态系统。很明显，为充分实现大数据的价值，生态系统观应当是数据产业的一种发展观念。最后，该宪章强调把数据素养纳入教育课程之中，这是解决数据处理和分析人才短缺问题的重要举措。

《国际开放数据宪章》是开放数据领域的第二个宪章，第一个宪章是《G8 开放数据宪章》（G8 Open Data Charter）[20]。2013 年 6 月 18 日，八国集团领导人在英国北爱尔兰厄恩湖（Lough Erne）峰会上签署《G8 开放数据宪章》。该宪章不但确定了成员国采取行动的五项原则，而且确定了 14 个具有高价值数据的领域。其中五项原则分别是：默认开放数据、质量和数量、所用人可用、为改善治理状况而提供数据、为创新释放数据。具有高价值数据的 14 个领域分别是：公司、犯罪与司法、地球观测、教育、能源和环境、财务和合同、地理空间、全球发展、政府问责和民主、健康、科学与研究、统计数据、社会流动和福利、运输和基础设施。

上述宣言和宪章的发起者和参与者主要是西方国家，其核心内容体现西方国家的开放价值观。尽管这种开放价值观的根基仍然是公众的知情权，但其内涵已经变得越来越丰富。通过上述宣言和宪章可以看到，开放价值的衍生含义包括以下内容：一是公开政府信息，通过公开的政府信息对政府行为进行监督，由此打击腐败行为；二是利用政府开放的数据开发各种应用，提高包括政府在内的各种组织、机构和实体的管理效率；三是以高质量的开放政府数据为依据制定公共政策，提高公共政策的科学性；四是向公民授权，让公民积极参与国家事务，这种观念很大程度上来源于西方国家积极践行的治理理论；五是通过开放促进创新和经济发展。

4.2.2 美国的开放政府数据政策

开放政府伙伴关系很大程度上是在美国的倡议下成立的，因此可以说美国在开放数据方面起着示范性的作用。尽管美国掀起了全球性的开放政府运动，但是，在实践中，美国的表现并不是最出色的。总体上看，美国的开放政府数据政策主要包括：时任美国总统奥巴马于 2009 年 1 月 21 日签署的《透明和开放政府》（*Transparency and Open Government*）备忘录、管理和预算总统办公室 2009 年 12 月 8 日发布的《开放政府指令》（*Open Government Directive*）[21]以及作为《开放政府指令》附件的《开放政府计划》（*Open Government Plan*）、奥巴马于 2012 年 5 月 23 日签署的《建构一个 21 世纪的数字政府》（*Building a 21st Century Digital Government*）总统备忘录[22]、奥巴马于 2013 年 5 月 9 日签署的《以新的默认方式开放政府信息并使其可以被机器读取》（*Making Open and Machine Readable the New Default for Government Information*）行政命令[23]、2013 年 5 月 9 日发布的《开放数据政策：管理一种作为资产的信息》（*Open Data Policy*：*Managing Information as an Asset*）备忘录[24]、国务院信息资源管理局于 2013 年 11 月 12 日发布的《开放数据计划》（*Open Data Plan*）[25]、2013 年 12 月 5 日发布的《开放政府伙伴关系：美国第二次开放政府国家行动计划》（*The Open Government Partnership*：*Second Open Government National Action Plan for the United States of America*）[26]、2014 年 5 月 9 日发布的《美国开放数据行动计划》（*U. S. Open Data Action Plan*）[27]、预算和管理局于 2016 年 7 月 27 日发布的《管理作为一项战略资源的信息》（*Managing Information as a Strategic Resource*）通告[28]。

《透明和开放政府》备忘录是掀起第二次开放政府运动的标志性文件，它预示美国政府的开放程度将提升到一个新的高度上。该备忘录的核心思想就是确保公众对政府的信任，通过透明、公众参与和合作改善政府的效率和行政效果。该备忘录首次对外宣称联邦政府维护的信息是国家资产，强调利用新技术在线提供政府信息。

《开放政府指令》的主要目的是落实《透明和开放政府》备忘录中的透明、参与和合作三个原则。该指令认为这三个原则是开放政府的基石。为实现政府更加开放的目标，该指令要求各行政机构和部门做好以下几个方面的工作，即在线发布政府信息，提高政府信息的质量，用制度塑造开放政府文化，为开放政府创建一个支持性框架。该指令要求以开放格式在线发布信息，使其能够通过网络搜索引擎被检索和下载。另外，该指令要求对信息质量实施内部控制。

作为《开放政府指令》附件的《开放政府计划》是各机构制定相应计划的总纲，包含三个部分，即制定计划、公布计划、计划的组成要素。其中，制定计划部分要求说明该机构采取的具体行动和时间表。计划的组成要素要求包含透明、参与、协作、旗舰计划、公众和机构参与等五个部分。

《建构一个21世纪的数字政府》总统备忘录指出联邦政府首席信息官正在发布《数字政府：建构一个更好地服务美国人民的21世纪平台》（*Digital Government：Building a 21st Century Platform to Better Serve the America People*）战略（以下简称《数字政府》战略），各机构要在该备忘录发布后的12个月内执行该战略。《数字政府》战略不仅提出关于数字服务的三层概念模型（信息层、平台层、表示层）、还提出三个目标和四个战略原则。其中三个目标分别是：让人们在任何地方任何时间任何设备上都可以获取高质量的数字政府信息和服务；以智能、安全和负担得起的方式采购和管理设备、应用程序和数据；释放政府数据的力量，推动创新，改善服务。四个原则分别是：一个以信息为中心的方法；一种共享平台的方法；一种以客户为中心的方法；一种安全和隐私平台。

《以新的默认方式开放政府信息并使其可以被机器读取》行政命令要求管理和预算办公室与首席信息官、首席技术官、信息和监管事务局局长协商，发布《开放数据政策》，改善政府信息管理。该行政命令要求各机构执行《开放数据政策》，在规定时间内完成该政策分配的特定任务。首席绩效官将与各机构合作，确定应增加的业绩目标，掌握各机构执行《开放数据政策》的情况。同一天发布的《开放数据政策：管理一种作为资产的信息》备忘录指出，信息是一种有价值的国家资源和战略资产，行政部门必须对其生命周期实施管理。该政策为信息的生命周期管理提供了一个框架，要求各机构以支持下游信息处理和传播的方式收集和创建信息。具体来说，该政策要求在所有信息创建和收集工作中使用机器可读和开放的格式、数据标准、通用核心和可扩展元数据（common core and extensible metadata）。

《开放数据计划》主要落实《开放数据政策》的五个要求：即，创建和维持关于企业的数据目录，建立公共数据列表，促进客户反馈，将不能释放的数据存档，明确释放数据的角色和责任。美国国务院主要使用iMatrix系统管理机构信息资源目录。该计划界定了七个机构的责任，它们分别是系统所有者、数据管理者、iMatrix系统所有者（信息资源管理局）、电子政府项目委员会、信息技术变革控制委员会、应用与数据合作工作组、首席信息官。另外，该计划还对不同的公开要求（公开、有限公开、不公开）做了解释。

《开放政府伙伴关系：美国第二次开放政府国家行动计划》从三个方面强调开放政府的意义，即，增加公众对政府的信任、有效管理资源、改善公共服务。《美国开放数据行动计划》规定了不同领域的开放数据集以及相应的许可、格式、未来行动与改善，完成时间。

值得一提的是，管理和预算总统办公室2016年7月27日发布《管理作为一项战略资源的信息》（*Managing Information as a Strategic Resource*）通告。该通告是1985年12月发布的《联邦信息资源管理》通告的最新修订版。除了这次修订外，该通告还分别于1994年、1996年、2000年做过修订。最新版本的通告主要包括简介、目的、适用范围、基本考虑因素、政策、整个政府的责任、有效性、监督、权力、定义、咨询等11个方面。其中第五个方面，即政策，又包括9项内容，分别是规划和预算、治理、领导力和劳动力、IT投资管理、信息的管理和获取、隐私和信息安全、电子签名、记录管理、利用不断发展的互联网等。除主体内容之外，最新版本的通告还有两个附件：《保护和管理联邦信息资源的责任》和《管理个人身份信息的责任》。其中，后者规定了“公平信息实践原则”。该原则用于评估信息资源管理对个人隐私的影响，具体包括下述9项原则：访问和修正、问责、权威、最小化、质量和诚信、个人参与、目的规范和使用限制、安全、透明等。这些原则很大程度上规范了隐私数据管理活动。总体上说，《管理作为一项战略资源的信息》通告是美国联邦政府管理信息资源的总纲，因此，开放政府数据的相应行动和实践必然要以它为依据。

综上所述，可以发现美国联邦政府非常重视信息资源管理，单就开放政府数据来说，相关的政策文件非常丰富。同时，这些政策是相互关联的，尽管不能说是一个系统的整体，但是逐步推进了开放政府数据实践。具体体现在数据质量管理、数据生命周期管理、数据格式和标准、相关机构的角色和责任等方面的规定，以及相应的一些战略原则。在推动开放政府运动方面，尽管美国是发起者，但相对来说，英国比美国表现得更好。

4.2.3 英国的开放政府数据政策

与美国类似，英国也通过一系列政策推动开放政府进程。自2009年以来，英国制定的开放政府数据政策主要包括：2009年12月发布的《首先关注前线：敏捷政府》（*Putting the Frontline First: Smarter Government*）报告[29]、2011年12月发布的《英国第一次开放政府伙伴关系国家行动计划：公民社会视角》（*TheUK's First Open Government Partnership National Action Plan: Civil Society Perspectives*）[30]、英国国际发展部发布的《开放数据战略：2012年4月–2014年3月》（*Open Data Strategy: April 2012-March 2014*）[31]、2012年6月发布的《开放数据白皮书：释放潜力》(*Open Data White Paper: Unleashing the Potential*)[32]、2013年10月发布的《抓住数据机遇：一个关于英国数据能力的战略》（*Seizing the Data Opportunity: A Strategy for UK Data Capability*）[33]、2013年11月发布的《G8开放数据宪章：英国2013年行动计划》（*G8 Open Data Charter: UK action plan 2013*）[34]、2013年11月发布的《开放政府伙伴关系：英国2013–2015国家行动计划》(*Open Government Partnership UK National Action Plan 2013–2015*)[35]、2016年5月12日发布的《英国开放政

府国家行动计划 2016－18》（*UK Open Government National Action Plan 2016－18*）[36]、2018 年 4 月 5 日发布的第三版《开放标准原则》（*Open Standards Principles*）。

《首先关注前线：敏捷政府》不仅提出三个目标：强化公民和公民社会的作用，重塑中央与前线的关系，使中央政府流程化，还列出了实现这些目标的不同方式，其最终目的就是使中央政府能够更好地提供公共服务，尤其是强调通过数据比较改善绩效。

英国 2011 年 12 月发布《英国第一次开放政府伙伴关系国家行动计划：公民社会视角》。该计划指出，现有的关于开放数据、信息技术和公共服务的承诺应当拓展为一个开放治理的综合模式。该计划认为，必须改善公民社会的参与状况，解决自然资源收入和国际性企业的透明问题。在开放数据方面，该计划强调引入开放标准，增加互操作性，减少成本，减少对合约的依赖。另外，该计划还提出“数据权”（right to data）这一概念，认为公民和组织有权以可重用的格式获取数据。

《开放数据战略：2012 年 4 月—2014 年 3 月》详细列出不同领域数据的披露进度表，提出将通过《透明数据质量改善计划》（*Transparency Data Quality Improvement Plan*）提高数据质量。该战略认为，高质量数据的特点是：准确、有效、可靠、及时、相关、完整。另外，该战略在第三个附件中列出 7 项信息原则。

《开放数据白皮书：释放潜力》提出四个要实现的目标：即建构一个透明的社会，改善获取能力，建立信任，迅速使用数据。该白皮书列举了英国公共部门透明委员会（The United Kingdom Public Sector Transparency Board）于 2012 年 6 月提出的 14 项公共数据原则。

英国 2013 年 10 月发布《抓住数据机遇：一个关于英国数据能力的战略》。该战略指出，处理和分析数据的能力将构成英国的一种竞争优势。该战略主要关注数据能力的三个方面，一是人力资本，二是用来存储和分析数据的工具和基础设施，三是数据的分享与获取。该战略提出要推动数据科学成为一门学科。

英国 2013 年 11 月发布《G8 开放数据宪章：英国 2013 年行动计划》。该计划承诺按照《G8 开放数据宪章》开放 14 个领域的关键数据，提出将创建关于政府数据的国家信息基础设施。另外，该计划还列出了释放不同领域数据集的时间表。

《开放政府伙伴关系：英国 2013～2015 国家行动计划》也于 2013 年 11 月被发布。该计划指出开放政府面临五大挑战，认为需要从以下五个方面应对这些挑战：即，开放数据，政府廉洁，财政透明，向公民授权，自然资源透明。

《英国开放政府国家行动计划 2016－18》是与开放政府伙伴关系有关的第三次国家行动计划。该计划的主要行动内容是：将政府支出信息可视化，处理腐败问题，增加对信息基础设施的投资。具体来说，包括：建立企业注册系统，公开自然资源数据，提出反腐败战略，设立反腐败创新中心，执行开放合同数据标准。

英国于 2018 年 4 月 5 日发布最新版的《开放标准原则》（该原则首次发布于 2012 年，2015 年做过修订）。《开放标准原则》指出，开放标准是开放政府最有力工具之一。关于开放标准的原则可以确保未来的技术选择是可以负担的、安全的、有创新性的。该文件为政府选择关于软件互操作、数据和文档格式等方面的标准提供了指南。开放标准委员会（Open Standards Board）将用这些原则评估具体的标准。提出这些原则的主要目的是，使相关标准能够：通过开放协议实现软件之间的互操作，在软件和数据存储器之间实现数据交换。具体来说，政府选择开放标准的七项原则依次是：开放标准必须满足用户需求，开放标准必须使供应商能够平等地获得政府合同，开放标准必须具有灵活性和可修改性，开放标准必须支持可持续的成本，有根据地选择开放标准，通过公平和透明的程序选择开放标准，通过公平和透明的程序制定和实施开放标准。[37]

综上所述，英国不仅为开放标准的选择制定原则，还提出7项信息原则和14项公共数据原则；不仅通过制定计划提高数据质量，还强调把数据处理和分析能力作为该国的一种竞争优势，同时通过多种途径来培养这种竞争优势。前文所述的这些政策使我们不难想象英国在开放政府数据实践方面为何总是走在世界前头的原因。相对来说，其他国家在开放政府数据实践上落后的一个主要原因就在于政策制定和实施方面还有待发展。

4.2.4 欧盟的开放政府数据政策

欧盟2011年2月12日发布《开放数据：创新、增长与透明治理的引擎》（*Open Data*：*An Engine for Innovation*，*Growth and Transparent Governance*）报告[38]。该报告指出，开放数据之所以对欧洲很重要是因为它可以创造商业和经济机会，有助于解决一些社会挑战（比如制定环境政策），有助于促进科学发展。为此，欧盟委员会提出一揽子用于消除开放数据障碍的措施。其中包括修订法律，利用金融工具为开放数据实践提供支持。另外，2015年11月，欧盟委员会又发布《通过开放数据创造价值：关于公共数据资源重用之影响的研究》（*Creating Value through Open Data*：*Study on the Impact of Re-use of Public Data Resources*）报告[39]。该报告指出，欧盟2003年就通过一项促进开放政府数据重用的法律，即《公共部门信息指令》（*Public Sector Information Directive*，2003/98/EC，该指令于2013年被修订，即2013/37/EU指令）。该报告认为，开放数据带来的直接好处主要是收入增加、就业人数增加、成本节约，其间接好处包括公共服务效率提升、相关市场的成长、用户时间的节省。该报告估计，2016年至2020年，欧盟开放数据的直接市场规模将达到3250亿欧元，相关就业岗位将达到10万个，政府成本将节约17亿欧元。该报告认为，不同领域开放数据的商业价值是不同的，数据商业价值由高到低的领域依次是：地理信息、气象和环境信息、经济和商业信息、社会信息、交通和运输信息、旅游和休闲信息、农业农场林业和渔业信息、自然资源信息、法律制度信息、科学信息和研究数据、教育内容、政治内容、文化内容。很明显，该报告给我们的启示在于，开放数据实践需要确定重点开放的领域，主要开放那些很有社会使用价值同时又非保密的数据。

4.2.5 德国的开放政府数据政策

德国于2017年7月发布《德国参与开放政府伙伴关系：第一次国家行动计划2017-2019》（*Germany's Participation in the Open Government Partnership*：*First National Action Plan 2017-2019*）[40]。在关于相关背景的介绍中，该计划指出，德国2017年5月18日已通过

《开放数据法案》（即《电子政府法案》），“默认开放政府数据”已经作为一项原则被确定下来。该计划提出15项承诺，主要内容包括：在行政实践中开放数据、形成一种开放数据的环境、获取和使用空间数据、财政透明、政策制定过程透明、学术文献开放等。其中每项承诺下都包括描述、目的、现状、追求、新的还是正在进行的、执行机构、与执行有关的组织、组织单位及联系方式、要实现的开放政府价值、相关性、期限、可度量的大事件等内容。

4.2.6 澳大利亚的开放政府数据政策

澳大利亚2015年12月7日发布《澳大利亚政府公共数据政策声明》（*Australian Government Public Data Policy Statement*）[41]。该声明指出，澳大利亚维持竞争优势的能力取决于利用数据价值的能力。因此，承诺优化公共数据的使用和重用过程，具体包括10项任务。2016年，澳大利亚发布《澳大利亚第一次开放政府国家行动计划2016－18》（*Australia's First Open Government National Action Plan 2016-18*）[42]。这个计划提出5项承诺，即企业透明和责任、开放数据与数字变革、获取政府信息、公共部门的廉洁、公共参与和介入。为解决数据分析和处理人才短缺问题，澳大利亚发布《澳大利亚公共服务中的数据技能和能力》（*Data Skills and Capability in Australia Public Service*）报告[43]。该报告提出四种提升公共服务人员数据素养的途径：即数据奖学金计划、大学课程、澳大利亚公共服务数据素养项目、数据培训伙伴关系。

4.2.7 新西兰的开放政府数据政策

新西兰2016年8月发布《关于国际开放数据宪章与新西兰数据和信息管理原则的比较》（*Comparison of The International Open Data Charter and The New Zealand Data and Information Management Principles*）文件[44]。该文件详细对照《国际开放数据宪章》的每一条细则，给出是否采纳的意见。这些意见分三种，其中采纳用“√”表示，不采纳用“×”，部分采纳用“!”表示。2017年，新西兰发布《新西兰开放政府数据行动计划：2017年7月1日至2020年6月30日》（*New Zealand's Open Government Data Action Plan：1 July 2017-30 June 2020*）[45]。该计划强调 政府数据开放可以使基于证据的政策（Evidence-based Policy）得到改观，能够驱动创新并推动经济增长。该计划主要关注六个方面：采纳开放政府数据的核心原则，深化开放政府数据实践，正确地开放数据，协调开放数据、隐私和信息自由，确定用户需要什么数据，为缩小数据鸿沟提供培训资金。

4.2.8 新加坡的开放政府数据政策

新加坡于2011年发布的《新加坡电子政务总体规划（2011－2015）》（eGov2015）被视为新加坡政府开放数据的源头，在此规划中推出的Data. gov. sg网格，成为首个访问政府公开数据的一站式门户网站，鼓励公众将数据用于研究和创造新的价值[46]。截至2019

年 8 月，Data. gov. sg 提供了包括数据、主题、博客、开发人员门户等模块，开放数据范围涉及经济、教育、环境、健康、基础建设等 9 个领域，多达 1700 个数据集。新加坡政府开放数据从完善通信基础设施入手，其宽带基础设施被国际公认位居亚洲前列，为后续的开放数据奠定了扎实的硬件基础。新加坡政府素来重视公民的电子技术应用能力，通过多种多样的电子技术应用技能培训服务，新加坡公民能对政府开放数据进行主动、有效地利用。新加坡在开放数据规范制定、法律制度配套和开放政府数据组织设置等方面均进行规划和实施，以保证新加坡的政府开放数据的广度和深度不断延展。

4. 2. 9 国外开放政府数据政策的启示

综合欧盟、德国、澳大利亚、新西兰、新加坡的开放政府数据政策，可以看到，与英美两国相比，德国、澳大利亚、新西兰、新加坡发布开放政府数据政策较晚，其政策数量上也无法与英美两国相比，但是这些国家在开放政府数据实践上处于世界领先地位，值得一提的是，德国开放政府数据行动计划的内容非常详细、完备。

综上所述，越来越多的西方国家开始参与第二次开放政府运动。这些国家通过制定开放政府数据政策引导开放政府实践，目的就是要在数据能力方面抢占新的制高点，通过创新来获得国家竞争优势[47]。在很大程度上，我们可以说一个国家的数据能力是其竞争优势的重要来源，同时也是其经济发展的动力来源。因此，我们有必要将数据能力当作一种国家能力来培育。

就数据能力的培育来说，西方国家的开放政府数据政策带给我们如下启示：第一，尽快制定各行业的开放数据标准，制定与开放数据标准选择有关的原则；第二，在制定开放数据标准时，要从整个数据生态系统出发，增加数据的互操作性；第三，对开放数据的生命周期实施管理；第四，从数据生产的源头控制数据质量；第五，大力培养数据分析和处理人才，提升国家的数据处理和应用能力；第六，由于政府是最大的数据收集者，各机构有必要明确开放数据的责任，同时也要采取措施防止保密数据被泄露。

4. 3 国内开放数据的政策研究进展

2013 年开始，无论是在具体实践还是学术探讨上，我国已开始加快追赶全球开放数据浪潮的脚步，各类营利与非营利性组织也在致力于推动我国开放数据运动的开展以及开放数据政策的制定，包括图书情报学在内的相关学科研究者，更是对开放数据及开放数据政策给予了极大的关注和深入的探讨。

4. 3. 1 开放数据政策研究主题分析

现阶段，我国对于开放数据政策的研究尚处于起步发展阶段，偏重于对国外开放数据政策的政策框架、管理机构、运行模式、安全保障等内容进行借鉴学习。通过分析开放数据政策研究相关文献，可将我国在开放数据政策方面的研究分为以下四个主题。

4.3.1.1 开放数据政策框架相关问题的研究

郑磊等人翻译美国马里兰大学信息科学学院信息政策与获取中心的文献《大数据与开放数据的政策框架：问题、政策与建议》，该文指出当前美国信息政策框架在数据可获取和发布、隐私、安全、准确性和归档方面存在潜在差距，并给出了弥合这些差距的建议[48]。陈美指出，作为开放政府建设的一部分，英国政府较早开展了开放数据运动，并从政策执行的角度，从准备、实施和完善三个阶段详细分析了英国政府开放数据的政策进展[49]。魏凯指出，在美国的带动下，英国、澳大利亚、日本等国近两年密集出台大数据研发支持政策，主要从数据开放、技术研发和法律调整三个方面积极应对大数据带来的挑战；重点介绍了欧洲与美国建立数据安全港框架处理跨境数据的情况，该安全港实际上是一个法律框架，这意味着在法律框架下做数据跨境的处理。魏凯主张通过调整立法思路来寻求数据开放和隐私保护之间的平衡，一种思路就是通过技术和政策措施加强对数据使用的监管[50]。以上研究对开放数据政策框架做了初步探讨并为框架的构建提出了一些启示，即围绕数据开放运动的政策性倡导、开放数据技术研发、开放数据政策过程（包括政策制定、决策、执行、评估和调整等）、政策与法律的配合协作、开放数据与数据安全的平衡问题等方面展开。

4.3.1.2 开放科学数据政策的相关研究

刘细文指出，科学数据的开放获取日益成为科学交流的新趋势，美国、英国以及众多国际组织与研究机构都就科学数据开放获取问题，积极建立政策保障与管理机制[51]。万望辉等人在研究天文观测数据开放共享政策时，论及了国际组织、欧洲、美国的科学数据开放共享政策，剖析了国外科学数据“完全与公开”的共享原则，并介绍了我国科学数据共享的有关管理规定[52]。科学数据开放运动的兴起要早于政府数据开放运动，以上相关研究表明国内外均有值得借鉴的科学数据开放政策。同时，科学数据的“完全与公开”原则、公益优先原则、免费获取原则、尊重知识产权原则等也应该在其他开放数据政策中进行推广。

4.3.1.3 具体专业领域的开放数据政策研究

刘薇等人通过研究美国、俄罗斯、印度、加拿大、德国等国家的遥感数据开放及政策现状，分析了各国遥感数据开放政策的主要特点，总结出对我国的启示：亟待制定统一的、完整的遥感数据开放界限，开放界限应与遥感对地观测技术发展相适应，军民遥感数据共享运行保障机制急需完善[53]。万望辉等人基于天文观测数据获取后的特点，从数据资源、数据保护期界定、数据归档管理、公开数据的使用政策等方面论述了国外天文观测数据开放共享政策，并指出目前国内天文学领域还没有统一的数据开放共享政策，更多情况是依据国际惯例进行操作，缺乏规范的数据政策和管理规程[54]。专业领域的数据开放政策为国家层面的开放数据政策提供了依据和启示，在制定国家层面开放数据政策的时候，要以政府数据开放为表率和模范，呼吁社会组织和个人尽可能开放科学数据以及商业和个人数据，从而最大限度地挖掘和实现全社会开放数据的价值。

4.3.1.4 其他研究主题

周欣在2014年的硕士学位论文中对阳光基金会网站更新的《开放数据政策指南》一文进行了翻译，该指南的编写旨在阐述何种数据应该公之于众，如何使数据开放，以及如何执行开放政策等[55]。《电子政务》刊载了2014年11月1日在上海召开的中国信息化百人会第六次公共政策双周圆桌会议的资讯，会议围绕“如何推动中国公共数据开放的政策环境和安全保障建设”这一主题，就公共数据开放的基本方针和战略，如何完善我国公共数据开放的政策环境，公共数据开放的可行性与路径，以及如何加强公共数据开放的安全保障等议题展开讨论[56]。此外，检索过程中发现有些文献对大数据时代信息及数据安全政策进行了粗略的探讨，如吴世忠提出了大数据安全政策需关注五个重点，即数据治理问题、用户权利问题、责任分担问题、基础设施问题和冲突管理问题[57]。中国信息界期刊记者访问电子商务协会政策法律委员会副主任阿拉木斯的报道显示，目前我国对网络个人信息安全的规制散见于宪法、法律、法规及部门规章中，没有形成具有适用性、针对性和前瞻性的法律体系，基本立法原则和总体法律框架的搭建相对欠缺，建议制定网络信息安全基本法[58]。

我们认为，这部分研究在积极探讨开放数据政策及其需求的同时，提出了一个亟待解决且至关重要的问题——数据安全（包括数据本身的安全和相关利益主体的安全）。这既为如今的开放数据政策研究提出了一个难题——如何解决开放数据的开放性与数据安全的保障性之间的平衡问题，也为今后的开放数据政策研究开辟了一个新思路——公共政策的一大任务是平衡各种利益冲突与矛盾，对于开放数据这把双刃剑，切勿一味地强调开放，应该遵从“边开放边保护”的原则。

4.3.2 国内外开放数据政策研究现状比较

从国内外开放数据相关政策研究主题的对比来看，主要呈现以下特点：①总体来看，我国学者对开放数据政策相关主题的研究，目前基本处于介绍国外先进政策实例的阶段。②国内外对开放数据政策框架和体系的研究主要以美国和英国的政策实践为主，这与美英两国始终走在开放数据运动的前列是分不开的。从1789年的《管家法》（*Housekeeping Act*），到1935年的《联邦登记法》（*Federal Register Act*），1946年的《行政程序法》（*Administrative Procedure Act*），1967年的《信息自由法》（*Freedom of Information Act*），及之后的六次修正法案，1976年的《阳光政府法》（*Government in the Sunshine Act*），2002年的《数据质量法》（*Data Quality Act*），到《开放政府法2007》（*Open Government Act of* 2007），再到2009年的《透明与开放政府备忘录》（*Memorandum on Transparency and Open Government*）和《开放政府指令》（*US Open Government Directive*），2013年的《政府信息是开放和机械可读的》（*Making Open and Machine Readable the New Default for Government Information*）行政命令和《M-13-13开放数据政策：管理作为一种资产的信息》（*M-13-13Open Data Policy-Managing Information as an Asset*）备忘录，以及2009年奥巴马签发的《13489号总统令》（*13489 Presidential Proclamation*）和《13526号行政命令》（*13526 Executive*

Order)，美国联邦政府已经在开放数据政策法规体系建设方面做出了示范，提供了较为完善的参考模板。③相较于国家层面的开放数据政策研究，国内外对具体专业领域的开放数据政策研究相对较多。④国外的研究中对开放数据过程中涉及的公民基本权利的保障与维护等方面的探讨已经有了一定数量的积累，实质上是涉及到了开放数据与数据安全的政策协同问题。目前，我国对开放数据过程中涉及的各种侵权现象及潜在侵权危害的研究关注不多，部分文献在谈到推动开放数据政策制定时，也并没有过多地强调对公民的隐私权、知识产权、名誉权、数据权等相关权利的安全保护，而国外相关研究已经为开放数据过程中涉及的隐私和敏感数据相关的政策制定了新的原则和指导方针，这些研究成果对我国在这方面的探究有一定的启发与借鉴意义。由于我国信息公开制度发展还不健全，开放数据运动在我国并没有真正形成，对比国内外开放数据政策研究的现状可以看出，国内相关研究主要存在以下不足：①研究起步较晚，尚处于引进国外先进政策阶段，同时受限于我国相关政策法规体系的不健全，并未有国家层面的开放数据政策法规颁布实施，导致相关政策研究缺乏实证分析。②介绍国外先进政策实践及经验时，未对国内相关政策的环境和现状进行系统的调研与分析，因此也就缺乏适应性方面的探讨，本土化研究相对匮乏。③对开放科学数据政策和管理机制的研究远不及国外广泛而深入。科研数据的开放获取和共享运动要早于开放数据运动，检索过程中发现我国也有一些研究开放科学数据的文献，但对相关政策体系的研究相对欠缺。④对开放数据政策框架和体系的研究，国外的相关文献构建和分析了政策框架本身，并对框架进行了应用性检验，国内尚缺乏实质性的探讨。

4.4 基于证据的政府数据开放政策制定

证据在很多领域内都有研究，“基于证据”也被称为“循证”，最早来源于医学领域中的“循证医学”，所以在医学领域的研究是很充分的。如在卫生政策领域的研究提出，公共卫生证据的基础比较薄弱，在临床护理中缺乏所谓的严格确定的证据。D. J. Hunter 研究了公共卫生领域的证据，探讨证据与政策之间的关系，是以证据为基础的政策还是基于政策的证据。其认为“证据的干预往往需要一个社会变革的过程，其有效性是多种因素综合作用的结果：领导力、环境变化、组织历史、文化等[59]。”Hye-Chung Kum 将知识发现与数据挖掘的方法用于公共场合以支持基于证据的治理，利用大数据改善儿童福利制度的治理[60]。马库斯罗伯茨研究制定药物政策对证据参与的反思，它认为，使用各种形式的证据对于利益相关者、公众参与药物政策过程以及有效的政策设计和实施至关重要[61]。从现有研究来看，基于证据的政策研究涉及到的领域越来越多，有陈秋怡的基于证据的教育政策研究的新趋势[62]；陆璟研究了关于证据的教育政策[63]；张正严、李侠研究了基于证据的科技政策制定[64]，但是在开放政府数据政策领域还缺乏相关研究。然而在信息时代，公民对于数据的知情权有着强烈要求，正如对于卫生政策的制定，公民有不断强化的基础设施相关的需求、教育政策制定也有新的规则的完善，公众对于政府数据开放的广度、深度也会有源源不断的需求，基于证据的政府数据开放政策制定区别于传统的数据政策制定的关键点是更有事实依据、可信度，更能让公民认可，满足其相关利益。并且，基于证据的开放政府数据政策的制定是建立在现有政策存在的问题与不足的基础上建立的，更具科学性和可信度。

4.4.1 证据及基于证据的政策描述

随着政策科学的演进，“基于证据”的政策思想被广泛传播。“基于证据的政策制定”这个话题贯穿过去十几年的社会科学领域。政府正试图利用有效的证据来更好地制定公共政策，以促进政府的科学民主决策[65]。证据在一定程度上也可以证明政策制定者的想法和做法是正确的，并且合理有效的证据可以提高政策制定的质量。

4.4.1.1 证据的内涵

对于证据学界存在很多看法，其中有学者认为证据包含被用来决定和说明真理性的事物，它可以是推测的，也可以是真实的。也有观点认为证据不是一个事物而是一个过程：一个交易的过程，其与证据的生产者和消费者通过交易获得各自所需[66]。总之，证据是经验或观察到的支持结论的事实，尤其研究证据是最有说服力的证据，它在政策制定过程的每个阶段都发挥着重要作用——从制定议程到制定政策到实施和评估。“基于证据”最早来源于医学领域中的“循证医学”，是从临床实践中确定一种特定的问题，再寻找与特定的临床症状相关的有效证据，然后将证据运用于治疗[67]，后来将这种思维方法逐渐引入心理学、政策科学、经济学、法学等领域，强调利用现有的最佳证据来制定诊治方案或展开实践活动。基于证据的政策便在循证医学和循证实践的基础上而产生。因此，政策证据是按照循证的原则，以现阶段能够支撑政策的有效证据为基础，提高整个政策过程中的准确性、合理性以及高效性。

4.4.1.2 基于证据的政策制定

证据的作用应考虑不同的政策和具体的政策环境。现在的政策制定方式在逐渐改变，政治决策过程也在发生着变化，其中最明显的就是政府强调以证据为参考的政策和措施。基于证据意味着政策制定是建立在合理有效的证据基础之上。传统的政策制定是基于信息、观点和经验，而基于证据的政策制定是建立在客观、全面、相关和具体的证据上。与传统政策制定相比既克服由信息引导的被动性、主观性与符号化的不足，又使得政策制定更优化、更准确[68]。

基于证据制定政策中的证据是客观的经验证据，是经科学方法的检验与理性的分析得到的，而不是传统意义的决策中的信息。1999 年英国政府内阁办公室对公共政策中证据的描述中认为其包括国内外研究、利益相关者的咨询意见、统计数据、政策评价、咨询结果、网络资源等等，还包括由经济学和统计学模型推算的结果[69]。总的来说，证据就是从社会研究和评估中得到的经过科学加工的信息。

4.4.2 基于证据的开放政府数据政策制定过程框架

政策制定过程涉及到政策制定者、政策研究者、政策管理者和政策实施对象四个方面，在不同环境中政策制定重点在发生着变化，这四个方面所扮演的中心角色也随之发生变化，同时在不同条件下制定过程也有所不同。

4.4.2.1 政策制定的一般性过程

传统的政策制定的一般性过程包括政策选择、政策确定、政策执行和政策监督与评估四个过程。如图 4-1 所示。

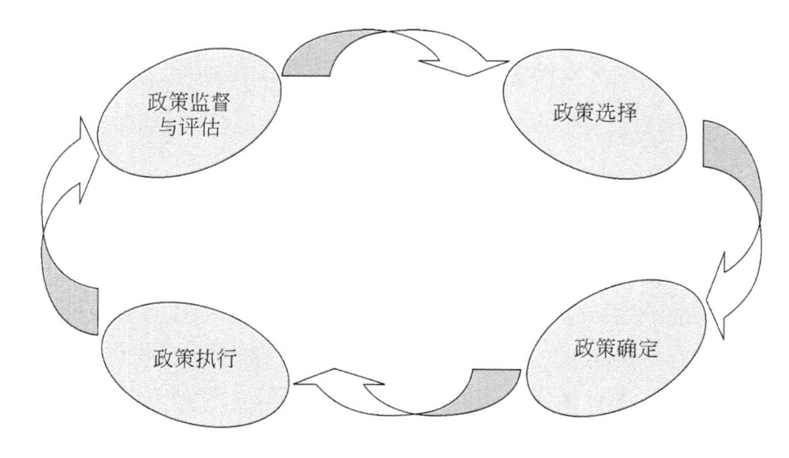

图 4-1 政策制定的一般过程

在传统的政策制定过程中，政策制定者占据主导地位，因此主观随意性比较大，没有实证的支撑，过程比较简单。

4.4.2.2 基于证据的政策制定过程

在以证据为基础的政策制定过程中，却是政策研究者扮演着中心角色，政策研究者寻找、研究证据并作为证据的提供者给制定者使用。基于证据的政策过程是包含了选择、评估、监测、评价在内的复杂的分析总结过程，不仅仅是政策方案的选择、评估、监测等，还有证据的选择与分析。李幼平教授研究了“如何运用现有的最佳研究证据，同时根据实际情况和公众需求来制定政策。”[70]基于证据的政策制定需要政府或专家学者咨询团体有效多方面地搜集和利用证据，再对证据数据资料进行定性定量的研究，作为更准确、具体的证据。

4.4.2.3 基于证据的开放政府数据政策制定过程

基于证据的开放政府数据政策制定首先是具体政策问题的提出，其同样具有选择性。根据问题可以从各种调查结果、分析报告、指南中寻求相关的证据，尤其是在大数据环境下，能更多、更方便快捷地收集到证据；然后运用证据衡量完善现有的数据政策，以此制定政策方案。之后采用小范围试验的方法实施新的政策方案，在此基础上再进行第二轮的证据收集、统计与加工，选用合适的证据来确定数据政策，最后分析政策的合法性，在实践中不断地反馈、评价与完善，确定最终的数据政策。其过程如图 4-2 所示。

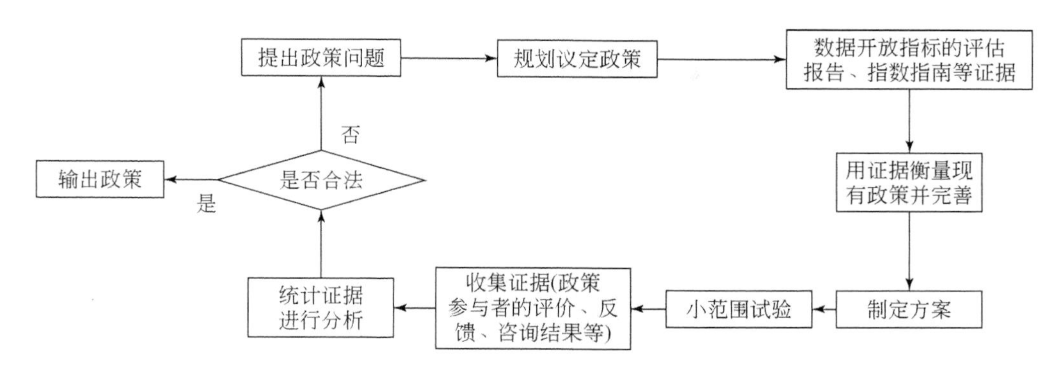

图 4-2　基于证据的政策制定过程

其中，证据的获取和分析过程尤为重要，其需要采用事实型数据和专业方法等的分析。如 2017 年、2018 年复旦大学与国家信息中心联合发布的《中国地方政府数据开放报告》，报告从开放授权协议、数据集数量与元数据覆盖率等方面对地方政府的数据开放平台进行评估，并发布了“开放数林指数”；有从整体上对时间、地区分布进行的分析，还有从数据层、平台层、准备度的评估，然后产生各地政府数据开放的指数数值与分析。此外赛迪智库发布的我国第一个大数据发展水平评估报告《中国大数据发展指数报告》，报告中显示全国数据的开放共享存在省市间差异比较大的现象，表现为省市、省际之间发展水平不均衡且没有明显的关联性。其中贵州、广东、山东和北京四个省市在开放政府数据方面目前处于全国领先地位。而这些都可以作为开放政府数据政策制定的证据进行参考。

4.4.3　开放政府数据政策制定的证据参与分析和系统构建

现在，每个人都想获得更多的信息，开放政府数据非常有必要，公众对政府数据的知情权要求越来越强烈。开放政府数据关系到相关者的利益，其关注政府的数据开放度、开放范围以及平台的建设等。

4.4.3.1　开放政府数据政策制定的证据参与分析

根据对我国开放政府数据政策文本的挖掘发现其缺乏证据，只有很少数的政策制定有证据的参与。如表 4-1 对基于证据的开放政府数据政策进行实证研究并提出在证据方面可加以完善的地方[71]。根据开放政府数据政策的实际情况，探讨证据的参与形式，包括证据类别和证据内容，以期为之后的开放政府数据政策制定提供借鉴。

表 4-1　关于开放政府数据政策制定的证据参与情况表

证据类别	证据内容
服务用户反馈	利用新媒体手段辅助政府数据的开放，如政务微博微信、App、广播、电视报纸、公示栏等平台和便民服务窗口等进行多渠道多场所的意见建议采集此外可以通过民意调查等的方式加强政府开放数据工作质量的效果评估，并开展在线服务活动以方便公众的查询、获取与反馈，从而提高用户满意度

续表

证据类别	证据内容
统计数据	运用“块数据”提升政府服务能力。针对社会民生提供生活相关服务，如政务、教育、健康、就业、扶贫、交通、社保等领域的数据应用，从而提高社会公众的满意度
数据平台	鼓励行政机关可按照技术规范在职责范围内收集政府数据，并经过处理后实时的在数据平台进行共享
利益相关者意见、专家学者	以公民参与的方式进行开放式决策，采用专家论证会、座谈会、听证会、协商会、社会公示来征集意见，在审议决策方案时可采用列席会议、视频连线发言等形式参与，也可在会议直播的论坛上发表相关建议意见
政策评价	评估国内外开放政府数据的情况，从开放数据准备度和一些相关的参数以及“开放政府数据调查”
调查报告	《开放数据晴雨表：2013 年开放数据全球报告》包含有 77 个国家和地区的 14 类数据的开放情况统计

关于证据和开放政府数据政策的观察，不同形式的证据与开放政府数据政策制定的不同阶段相关，并且涉及到不同信息。例如，在政策选择阶段，证据一般来源于各专家学者、利益相关者的咨询意见、行业协会、统计数据、调查报告等经验性证据。而在政策合法化阶段需要验证性、事实性的证据，一般来源于数据平台、用户反馈与政策评价等。

4.4.3.2 开放政府数据政策制定的证据系统构建

对于政府开放数据政策制定公众并不像以前那样完全相信政府和专家制定的政策，而是希望政策的制定者可以有个论证的过程，能有足够的证据证明所制定的政策是正确合理的，证据的支持很有必要，而针对于目前的政策制定缺乏证据。因此，对于进行基于证据的开放政府数据政策制定，证据系统的支持至关重要。

（1）加强证据的开放机制

证据是政策制定与实施的理论基础，需要利用严密的技术进行开发和维护；也可以为决策提供理想的、客观的指导，且不受私人利益和个人偏见等的影响[72]。那么要使得政策制定与决策的高效性，无论如何要保证证据作为一类数据也是开放的，操作过程是透明的，证据结果是可用的，这样才会产生合理有效的证据。因此，可以在开放政府数据的基础上同时建立一个公开透明的证据平台，公众既可以获取信息，又可以直接反馈意见、建议，还可以让彼此相互交流，让每个人可以有参与感，可以获取数据反之又提供证据给政府部门，参与共享与监督。其次需要加强评估、咨询机构，加强数据的统计，以达到多途径的获取证据。最后在具体建立证据系统时应以国家级数据政策证据研究机构为中心，同时与政府部门、研究机构、公共组织、媒体、公众等相联系结合，形成证据搜寻、发现、获得、加工、分析、评估、使用和保存、更新的一体化，再通过新的方法与技术不断为数据政策提供高质量的支持。

（2）严格获取与分析证据

在数据政策的制定过程中证据的选择很重要，但在信息化时代对于证据的获取与分析而言更加的难得，这就需要完备的数据处理机构。马奇曾总结证据的四大特质：一是证据并不是简单的数据和信息的堆砌，需要经过科学的加工；二是证据的选择不是全部依靠政府，还需要专家学者运用科学的研究方法和工具的参与；三是证据来源广泛，但必须有高的相关性；四是证据质量要可靠、有效。而在寻找证据时要从三方面考虑：首先考虑证据在政策环境中是否可行，其次是证据的相关性，是否与政策内容相关，最后要考量证据是否可靠，是否真实。再结合这些特质挖掘出有效的、可利用的、合理的证据[73]。基于证据的开放政府数据政策主张将严谨有效的证据纳入到政策制定、评估改进的过程中，从而提高政策的质量。而对于各地政府的数据政策都有可能不同，因为数据开放的情况不一定相同，所以在制定数据政策时需要先评估各省市的政府数据开放的现状，再借鉴其他省市的开放政府数据的政策或者一些统计数据、专家学者情况。那么前提就是要大量地搜集和筛选出对制定自己的数据政策对应的证据，以提高证据的客观性与有效性。

在开放数据政策制定的过程中，可采用小规模实验性研究来选择证据和试用新的方法，如在市级政府单位可以先试行所制定的开放数据政策，就是前面所提到的政策合法化阶段，在实行时期收集群众反馈以及调查评估相应的指标，不断进行完善，这相较于其他政策领域更具可行性[74]。

（3）高效提供与利用证据

奎因·马修强调：“循证决策是以合作为基础的，需要研究机构提供实践证据，政府需要加强与研究机构、企业的合作。”为了保证证据在数据政策制定过程中的有效运用，有必要提高政策制定参与者充分认识和有效提供证据的能力，以及政府部门有效利用证据的能力。在基于证据的开放数据政策制定中，受数据政策影响的每一个主体（政府、专家、公民等）都会根据其名称和定义进行合法化，形成自己对政策含义的理解。比如政府数据的获取方要根据自己的需要和对资源的理解来解释开放政府数据的政策，所以在这个过程中需要确定如何使用以及为什么要使用证据，以提高提供证据的意识与能力，从而可以评估数据开放的风险、缓解政策措施的实行并保证其有效性等。因此首先要普及证据让政府以及公众知道“证据”的相关内容，让数据提供方与获取方为不断完善政府数据的开放一起为提供证据而努力，无论在政策制定过程中扮演什么角色，都是可以作为证据的提供方[75]。如公众的反馈、政府部门的统计数据和调查报告、专家学者的评估与研究、研究机构的实践证据等等；其次要建立可行的、相关的、可靠的证据系统，将收集到的证据纳入其中，从而让以后政策制定可以进行有效的证据利用。

政策制定是一个复杂的过程，要提高政策的科学与民主，就需要采用新的方法到实际应用中，证据的支撑则是一种有效的方法。通过利用科学的证据制定出能够解决开放过程中不断出现的实际问题的政策，从而提高政府的有效性，提升政府的公信度。因此，对于目前我国的政府数据开放共享的发展来说，需要关注基于证据的开放数据政策制定，更好地对政府数据进行开放，让开放数据政策的运行都符合“实事求是”的真理。现在的大数据纷繁复杂，从中提取有用的数据是很有必要的，因此更需要证据的获取与分析，尤其是证据的有效利用，而且还要解决缺乏证据机制，如评估、反馈、监测的机制尚不充分等问题。

本章小结

本章对开放数据政策的属性、目标、主客体及影响因素进行简要概述，并在研究国外开放政府数据的政策进展基础上总结了对我国开放数据的启示，并详细介绍了基于证据的政府数据开放政策制定。描述了证据的内涵以及基于证据的政策制定，一方面有利于体现数据开放政策的特征，另一方面展现了对政府开放数据政策生命周期环节的研究。并构建了开放政府数据政策制定的证据系统，为政策制定提供行之有效的方法。

参考文献

[1] Gartener. Gartner 指出政府部门十大战略性技术发展趋势 [EB/OL]. [2022-3-15]. http://tech.idcquan.com/72755.shtml.
[2] 相丽玲，王晴. 论开放数据的法律属性、责任义务及其相关机制 [J]. 国家图书馆学刊，2013，22 (5)：38-44.
[3] 谭开翠. 现代公共政策导论 [M]. 北京：中国书籍出版社，2013：108-109.
[4] 李佳佳. 信息管理的新视角：开放数据 [J]. 情报理论与实践，2010，33 (7)：35-39.
[5] OECD. Open government data [EB/OL]. [2022-3-17]. http://opengovernmentdata.org/about/.
[6] 中国科学院文献情报中心. 中国科学院国家科学图书馆开放资源建设组. 开放数据调研报告 [R/OL]. [2022-3-19]. http://open-resources.las.ac.cn/drupal/? q=node/3064.
[7] 徐佳宁，王婉. 结构化、关联化的开放数据及其应用 [J]. 情报理论与实践，2014，37 (2)：53-56.
[8] 喻海良. 奇怪？2015 年中国贡献世界最多开源论文 [EB/OL]. [2022-3-23]. http://blog.sciencenet.cn/blog-117889-945361.html.
[9] 谢楚鹏，温孚江. 大数据背景下个人数据权与数据的商品化 [J]. 电子商务，2015 (10)：32-34，42. [10] 沈逸. 美国国家网络安全战略的演进及实践[EB/OL]. [2022-3-10]http://www.mgyj.com/american_studies/2013/third/third02.htm.
[11] 魏凯. 各国政府积极制定推进政策数据开放运动席卷全球 [J]. 世界电信，2014，(Z1)：49-54.
[12] 涂子沛. 大数据：正在到来的数据革命，以及它如何改变政府、商业与我们的生活 [M]. 桂林：广西师范大学出版社，2012：122-126.
[13] 刘洋. 赖明：数据是 21 世纪的“石油” [EB/OL]. [2022-3-22]. http://labs.chinamobile.com/news/108176.
[14] 李云峰，何超. 陕西法院判决非法获取公民个人信息案，属国内首例[EB/OL]. [2022-3-10]. http://www.bxhzs.cn/Yanhu/15308.html.
[15] 维克托·迈尔-舍恩伯格，库克耶. 大数据时代 [M]. 盛杨燕，周涛，译. 杭州：浙江人民出版社，2013：1-247.
[16] Joel G. 开放数据 [M]. 张尚轩，译. 北京：中信出版社，2015：1-257.
[17] Obama B. Transparency and Open Government[EB/OL]. [2022-3-25]. https://www.whitehouse.gov/the_press_office/TransparencyandOpenGovernment.
[18] OECD. Open Government Declaration [EB/OL]. [2022-3-25]. https://www.opengovpartnership.org/open-government-declaration.
[19] ODC. International Open Data Charter[EB/OL]. [2022-3-25]. https://opendatacharter.net/principles/.

[20] ODC. G8 Open Data Charter and Technical Annex [EB/OL]. [2022-3-25]. https://www.gov.uk/government/publications/open-data-charter/g8-open-data-charter-and-technical-anne x.

[21] Obama B. Open Government Directive[EB/OL]. [2022-3-25]. https://www.whitehouse.gov/open/documents/open-government-directive.

[22] Obama B. Building a 21st Century Digital Government[EB/OL]. [2022-3-25]. https://obamawhitehouse.archives.gov/the-press-office/2012/05/23/presidential-memorandum-building-2 1st-century-digital-government.

[23] Obama B. Making Open and Machine Readable the New Default for Government Information[EB/OL]. [2022-3-26]. https://www.whitehouse.gov/the-press-office/2013/05/09/executive-order-making-open-and-machine-rea dable-new-default-government.

[24] Departmen of Housing and Urban Development. Open Data Policy: Managing Information as an Asset[EB/OL]. [2022-3-26]. https://project-open-data.cio.gov/policy-memo/.

[25] US Government. Open Data Plan [EB/OL]. [2022-3-21]. https://www.state.gov/documents/organization/217997.pdf.

[26] Obama B. The Open Government Partnership: Second Open Government National Action Plan for the United States of America[EB/OL]. [2022-3-21]. https://obamawhitehouse.archives.gov/sites/default/files/docs/us_national_action_plan_6p.pdf.

[27] Obama B. U.S. Open Data Action Plan[EB/OL]. [2022-3-21]. https://obamawhitehouse.archives.gov/sites/default/files/microsites/ostp/us_open_data_action_plan.pdf.

[28] Obama B. Managing Information as a Strategic Resource [EB/OL]. [2022-3-10]. https://obamawhitehouse.archives.gov/sites/default/files/omb/assets/OMB/circulars/a130/a130revised.pdf.

[29] UK Government. Putting the Frontline First: Smarter Government[EB/OL]. [2022-3-25]. https://www.gov.uk/government/uploads/system/uploads/attachment_data/file/228889/7753.pdf.

[30] UK Government. TheUK'sFirstOpenGovernmentPartnershipNationalActionPlan: CivilSociety Perspectives [EB/OL]. [2022-3-25]. https://www.gov.uk/government/publications/uk-national-action-plan-for-open-government-2024-2025.

[31] UK Government. Open Data Strategy: April 2012-March 2014[EB/OL]. [2022-3-25]. https://data.gov.uk/sites/default/files/DFID%20Open%20Data%20Strategy.pdf.

[32] UK Government. Open Data White Paper: Unleashing the Potential[EB/OL]. [2022-3-25]. https://data.gov.uk/sites/default/files/Open_data_White_Paper.pdf.

[33] Department for Business, Innovation & Skills. Seizing the Data Opportunity: A Strategy for UK Data Capability[EB/OL]. [2022-3-22]. https://assets.publishing.service.gov.uk/government/uploads/system/uploads/ attachment_data/file/25413 6/bis-13-1250-strategy-for-uk-data-capability-v4.pdf.

[34] UK Government. G8 Open Data Charter: UK action plan 2013[EB/OL]. [2022-3-25][EB/OL]. https://www.gov.uk/government/uploads/system/uploads/attachment _ data/file/254518/G8 _ National _ Acti on_Plan.pdf.

[35] UK Government. Open Government Partnership UK National Action Plan 2013-2015[EB/OL]. [2022-2-22]. http://www.opengovpartnership.org/sites/default/files/20131031_ogp_uknationalactionplan.pdf.

[36] UK Government. UK Open Government National Action Plan 2016-18 [EB/OL]. [2022-3-22]. https://www.gov.uk/government/publications/uk-open-government-national-action-plan-2016-18/uk-ope n-government-national-action-plan-2016-18.

[37] UK Government. Open Standards Principles[EB/OL]. [2022-03-28]. https://www.gov.uk/government/

publications/open-standards-principles/open-standards-principles.
[38] European Union. Open Data: An Engine for Innovation, Growth and Transparent Governance[EB/OL]. [2022-3-22]. https://ehron.jrc.ec.europa.eu/sites/ehron/files/documents/public/2011.ec_communication_open_data_ engine_for_innovation_growth_and_transparent_governance.pdf.
[39] European Union. Creating Value through Open Data: Study on the Impact of Re-use of Public Data Resources[EB/OL]. [2022-3-10]. https://www.europeandataportal.eu/sites/default/files/edp_creating_value_through_open_data_0.pdf.
[40] Federal Ministry of the Interior. Germany's Participation in the Open Government Partnership: First National Action Plan 2017-2019[EB/OL]. [2022-3-12]. https://www.bmi.bund.de/SharedDocs/downloads/EN/publikationen/2017/ogp-aktionsplan-en.pdf? __blo b=publicationFile.
[41] Department of the Prime Minister and Cabinet. Australian Government Public Data Policy Statement[EB/OL]. [2022-3-10]. https://www.pmc.gov.au/sites/default/files/publications/aust_govt_public_data_policy_statement_1.pdf.
[42] Attorney-General´s Department. Australia's First Open Government National Action Plan 2016-18[EB/OL]. [2022-3-10]. https://ogpau.pmc.gov.au/sites/default/files/posts/2017/07/first-open-government-national-action-plan-fi nal.pdf.
[43] Department of the Prime Minister and Cabinet . Data Skills and Capability in Australia Public Service[EB/OL]. [2022-3-12]. https://pmc.gov.au/sites/default/files/publications/data-skills-capability.pdf.
[44] Open Government Information and Data Programme. Comparison of The International Open Data Charter and The New Zealand Data and Information Management Principles[EB/OL]. [2022-3-12]. https://www.data.govt.nz/assets/Uploads/open-data-charter-comparison-nzdimp2.pdf.
[45] Amazon S3. New Zealand's Open Government Data Action Plan: 1 July 2017-30 June 2020[EB/OL]. [2022-3-12]. https://delib.s3.amazonaws.com/StatisticsNZ/Draft%20Open%20Government%20Data%20Action%20P lan%202017-2020%20-%20final.pdf.
[46] 朱宁洁．新加坡政府开放数据政策研究［J］．管理观察，2019（5）：70-71，73.
[47] 王本刚，马海群．开放政府数据的政策比较［J］．情报资料工作，2017（6）：33-40
[48] Bertot J C. 大数据与开放数据的政策框架：问题、政策与建议［J］．郑磊，徐慧娜，包琳达，译．电子政务，2014（1）：6-14.
[49] 陈美．英国开放数据政策执行研究［J］．图书馆建设，2014（3）：22-27.
[50] 魏凯．各国政府积极制定推进政策 数据开放运动席卷全球［J］．世界电信，2014（Z1）：49-54.
[51] 刘细文，熊瑞．国外科学数据开放获取政策特点分析［J］．情报理论与实践，2009，32（9）：5-9，18.
[52] 万望辉，崔振州，乔翠兰，等．天文观测数据开放共享政策与策略分析研究［J］．天文研究与技术，2015（3）：364-373.
[53] 刘薇，王昱，尹明，等．国外高分辨率遥感数据开放政策［J］．卫星应用，2013（3）：31-35.
[54] 万望辉，崔辰州，乔翠兰，等．天文观测数据开放共享政策与策略分析研究［J］．天文研究与技术，2015，(3)：364-373.
[55] 周欣．《开放数据政策指南》翻译报告［R］．北京：北京邮电大学，2014.
[56] 电子政务编辑部．中国信息化百人会召开“如何推动中国公共数据开放的政策环境和安全保障建设”公共政策双 周圆桌会议［J］．电子政务，2014，(11)：15.
[57] 吴世忠．大数据时代的安全风险及政策选择［J］．中国信息安全，2013，(9)：60-63.
[58] 戈悦迎．大数据时代信息安全与公民个人隐私保护——访中国电子商务协会政策法律委员会副主

任阿拉木斯［J］．中国信息界，2014，(2)：51-55.
［59］Hunter D J. Relationship between evidence and policy：A case of evidence-based policy or policy-based evidence［J］．Public Health，2009，123（9）：583-586.
［60］Kum H C，Stewart C J，Rose R A，et al. Using big data for evidence based governance in child welfare［J］．Children and Youth Services Review，2015，58：127-136.
［61］Roberts M. Making drug policy together：Reflections on evidence，engagement and participation［J］．International Journal of Drug Policy，25（2014）：952-956.
［62］陈秋怡．基于证据——教育政策研究的新趋势［J］．现代教育管理，2017，(6)：53-58.
［63］陆璟．推动以证据为本的教育政策研究［J］．上海教育科研，2009，(12)：1.
［64］张正严，李侠．“基于证据”——科技政策制定的新趋势［J］．科学管理研究，2013，31（1）：9-12.
［65］DunnW N. Public Policy Analysis：an introduction（4th）［M］．Upper Saddle River：Prentice Hall，2007：10.
［66］Imani-Nasab M H，Seyedin H，Majdzadeh R，et al. Development of Evidence-Based Health Policy Documents in Developing Countries：A Case of Iran［J］．Global Journal of Health Science. 2014，6（3）：27-28.
［67］Ray P. Evidence-Based Policy：A Realist Perspective［M］．Thousand Oaks：Sage Publications，2006.
［68］张云昊．循证政策的发展历程、内在逻辑及其建构路径［J］．中国行政管理，2017，(11)：73-78.
［69］Huang T C. Evidence-based health policy decision making：a case study of health concern of lead contamination in Taipei drinking water and the blood examination service［C］．Hong Kong：2016 2nd International Conference on Humanity and Social Science（ICHSS 2016）．2016：5-6.
［70］李幼平，杨晓妍，陈耀龙，等．我国公共卫生领域的循证决策与管理—挑战与探索［J］．中国循证医学杂志，2008，8（11）：945-950.
［71］Marais L，Matebesi Z. Evidence-based policy development in South Africa：the case of provincial growth and development strategies［J］．Urban Forum，2013，24（3）：357 - 371.
［72］马小亮．基于证据的政策：思想起源、发展和启示［C］．长春：中国科学学与科技政策研究会．2014：14.
［73］孟浏今．教育治理背景下的本科教学质量信息公开：基于政策证据视角的分析［J］．教育发展研究，2015，35（3）：22-24.
［74］Roberts M. Making drug policy together：Reflections on evidence，engagement and participation［J］．International Journal of Drug Policy，2014，25（5）：952-956.
［75］王协舟，彭海艳．政府信息公共获取绩效评估主体多元化研究［J］．档案学研究，2011，(4)：57-60.

第 5 章　数据安全政策研究

当前，以政府数据为基础的“数据开放”几乎成为世界各国步调一致的战略举动。由于数据本身存在标准不统一、容易泄露以及较高的技术和管理风险，所以数据安全又成为人们关注的焦点，包括美国、英国、澳大利亚、欧盟和中国在内的很多国家和组织都制定了数据安全政策法规来推动数据利用和安全保护，在政府数据开放、数据跨境流通和个人信息保护等方向进行了探索与实践[1]。

5.1　数据安全政策概述

数据安全治理是信息安全治理在大数据环境下的延伸。数据安全政策法规和流程的制订是数据安全治理关注的重点。数据安全政策是安全治理工作流程制订和落实的核心依据。Gartner 在 2017 年“安全与风险管理峰会”报告中将数据安全治理定位为“风暴之眼”，并提出数据安全治理四步基本流程，还在其后提出的数据安全治理框架使用说明中强调指出要对数据安全政策法规进行合理选择和复查。政府数据安全政策是指针对政府数据安全这一领域制定的一类相关政策，这类政策的出台和实施能为政府数据的收集、分析和利用提供指导和准则，从而更好地保护政府数据及个人数据的安全。数据安全的挑战是在利用数据的同时保护个人隐私的喜好和他们的个人身份信息[2]。由于开放的数据越来越具有价值，能够给个人、企业和国家带来巨大的利益，少数人就会通过一些不正当的手段和不合法的途径去获取它，用来为自己的利益服务，所以我们要利用相关的政策举措去规制这种行为，我们把这类政策称为数据安全政策[3]。

5.1.1　数据安全研究现状

信息时代随着数据技术的广泛应用，开放数据已经不可逆转地融入了人们的生活。而挖掘数据、运用数据为我们实现经济利益，带来诸多方便的同时也产生了很多的问题。由于数据具有流动属性，使其在传播过程中的信息存取与权限边界非常模糊，导致个人隐私泄露，甚至被不法分子利用的案件层出不穷。因此我们提倡数据开放的同时也要遵守一定的秩序，把握一定的边界，确保数据的安全，这样才能有效地保障社会稳定和经济繁荣。

经检索发现，2010～2019 年来我国数据安全文献发表数量呈上升趋势，如图 5-1 所示。数据安全与网络和大数据环境是分不开的，国外的研究亦是如此，国内外有关开放数据安全的研究已经形成较为显著的体系，本部分从众多学者关注的三个角度阐述相关研究主题。

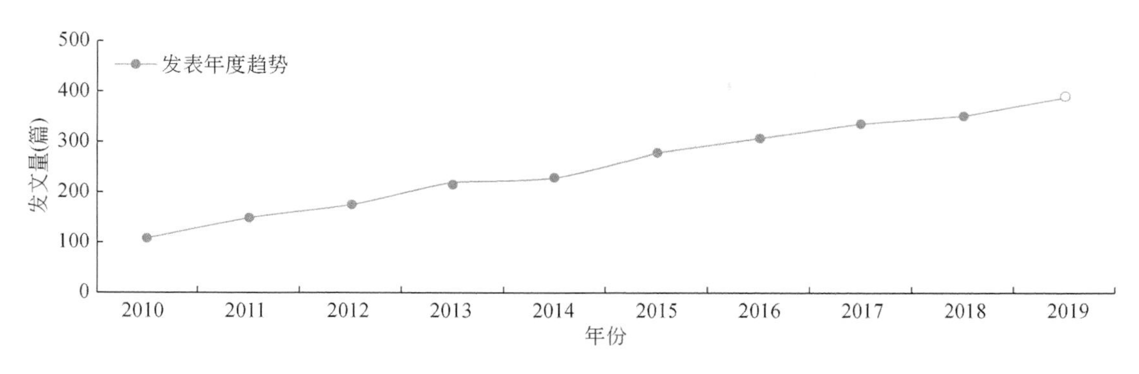

图5-1 2010~2019年我国数据安全发表文献统计

5.1.1.1 数据安全法律政策和策略的相关研究

法律、法规和政策体现了国家政权的阶级利益与意志，是以权威的形式规定被统治方的行为准则和工作方式，是具有一定强制性的。Nader Sohrabi Safa 等基于参与理论、社会纽带理论构建了影响组织信息安全政策遵守的测量模型，包括信息安全知识分享、合作、干预、附件和承诺，通过问卷调查和分析得到各要素相互之间的信息分析和干预对于政策的遵守影响最为显著[3]。Stephen V. Flowerday 等对已有期刊论文、会议论文中的二次资源进行内容分析，建立了信息安全策略有效运行的概念框架，并通过调研的方式获取数据进行因子分析，最终验证了框架的合理性[4]。惠志斌分析了美国和欧盟在大数据安全政策方面的法律法规和政策，并对比了两个主体在战略上的优劣，认为美欧都十分重视法律对私有权利的保护，且欧盟的法律更加具体，而美国在数据安全的技术创新和各组织、各国家之间的协同方面投入力度更大[5]。马海群等分析了互联网环境下美国数据安全政策的演化路径，认为美国的数据安全政策从时间序列上划分为三个时代，分别是克林顿时期被动防御的基础建设时代，强调发展数据安全的基础设施建设；小布什时期先发制人的安全为先时代，强调网络与信息安全的保护；奥巴马时期主动出击的网络威慑时代，强调不同主体在数据安全方面隐私权利[6]。门小军从个人权益的保护、RFID 芯片的产品的使用、建立信息安全港、标准国际化等方面介绍了欧盟关于开放数据安全政策的研究[7]。王泽群从政府职能入手，为实现数据主体的隐私保护，认为政府要针对开放数据平台、服务型政府的建立、外部监督制定法律、修订法律，采用事前预防与事后制裁相结合的法律手段[8]。齐爱民等认为我国应该构建由总则、私法机制、刑法机制、行政法机制和国际法机制等五大部分组成的法律保障机制，并且遵循数据主权原则、数据保护原则、数据自由原则和数据安全原则四项基本原则[9]。可以看到以上国内研究大都从国外数据安全政策法律、主体权益保护和法律政策机制化、体系化方面对数据安全政策法律进行了分析，并对我国的数据安全法律政策的建立提出了相应的意见；而国外的研究偏向于针对某一视角进行影响因素的分析。

数据安全策略是指为了防止发生数据泄露等不安全现象发生而提出的手段和方式，前提建立在对某一领域的数据保护问题有足够的危机意识，并且愿意发挥主观能动性解决问题。赵培云基于大数据环境下的数据共享过程中的安全隐患，反思大数据的应用存在的潜在安全风险，并寻求相应的安全策略[10]。宋理国立足于数据在医院信息管理中的应用，认为要增强数据安全意识，对医院数据进行综合性管理从而形成较为健全的体制化管理，在数据安全的基础上建设良好的医院数据环境[11]。高佳琴等研究了数据库系统在矿务业医院信息的应用，分析数据安全的重要性并提出从管理系统的软件和硬件方面进行升级从而提高综合安全的水平[12]。陈文捷等在梳理了目前有关大数据安全的研究现状后，从数据和计算两个量化的视角分析大数据的安全问题，并提出解决数据安全的几点办法，建立安全性的评估指标[13]。李瑞轩等分析了移动云服务，认为在互联便捷、终端灵活的同时也需要注意安全与隐私泄露问题，并围绕这一问题提出保护体系结构、安全协议认证、访问控制和完整性检验的保护措施[14]。综上来看，数据安全的研究热点遍及了经济、医疗、教育等多个领域，围绕近年来产生的数据泄露的危机问题，已经有学者开始关注并提出了相应的策略，希望能够引起公众对数据安全问题的足够重视。

5.1.1.2　数据安全技术研究现状

数据安全技术即是通过开发新技术或者升级原有技术，来解决原有数据储存和组织中的安全漏洞问题，从而实现数据系统的良性运行和维护。

李晖等以公共云存储服务数据安全和隐私保护为背景，综述了相关研究进展，认为公共云存储服务的安全和隐私保护需要结合公共云存储服务的数据加密机制、隐私保护的密文搜索、隐私保护的云存储数据完整性审计、云存储数据的确定性删除技术[15]。翟广辉等以海量数据在存储中的安全性为研究对象，提出一种采用 Reed-Solomon 编码的分布式验证协议确保大量数据在储存中的可靠性和安全性[16]。王彤通过分析大数据环境下的图书馆信息服务，认为数据的隐私保护、个人的知识产权问题、恶意攻击计算机盗取信息、数据存取等问题需要通过数据安全技术进行处理，并提出了相关对策[17]。张凌云同样以图书馆为研究对象，探讨了图书馆数据丢失问题，并详细地介绍了连续数据保护技术，以天津图书馆为例，论证了该技术对于数据安全保护的重要作用[18]。江林升等分析了数字化校园的数据安全，通过提出多种签名数字安全技术，解决现有用户只单纯依靠加密来确保身份认证而容易出现的侵权问题。通过这项技术可以确保个人信息的不可伪造性和不可抵赖性[19]。李明从政府视角入手，分析了数据技术对于公共安全管理的重要性，认为数据自身属性和管理壁垒对信息共享具有障碍，所以加强数据技术促进基础建设和管理对于公共数据安全有重要作用[20]。近几年的数据安全技术相关研究主要体现在云存储、图书馆信息服务、高校信息泄露和公共信息管理，包括个人隐私泄露、和集中信息泄露，基于此提出了多种计算机学科下的信息安全技术处理方法。

美国 gPress 咨询公司高级主管 Gil Press 总结了数据安全排名前十的技术，并基于欧盟最新《通用数据保护条例》（General Data Protection Regulation，GDPR）提醒各类组织将越来越多地对收集、分析和销售的消费者数据负责。著名的技术和市场调研公司 Forrester Research 也指出，基于边界的安全方法已经过时了。安全和隐私专家必须采取以数据为中心的方法来确保数据本身的安全性——这不仅是为了保护数据免受网络罪犯的攻击，也是为了确保隐私政策继续有效[21]（图 5-2）。

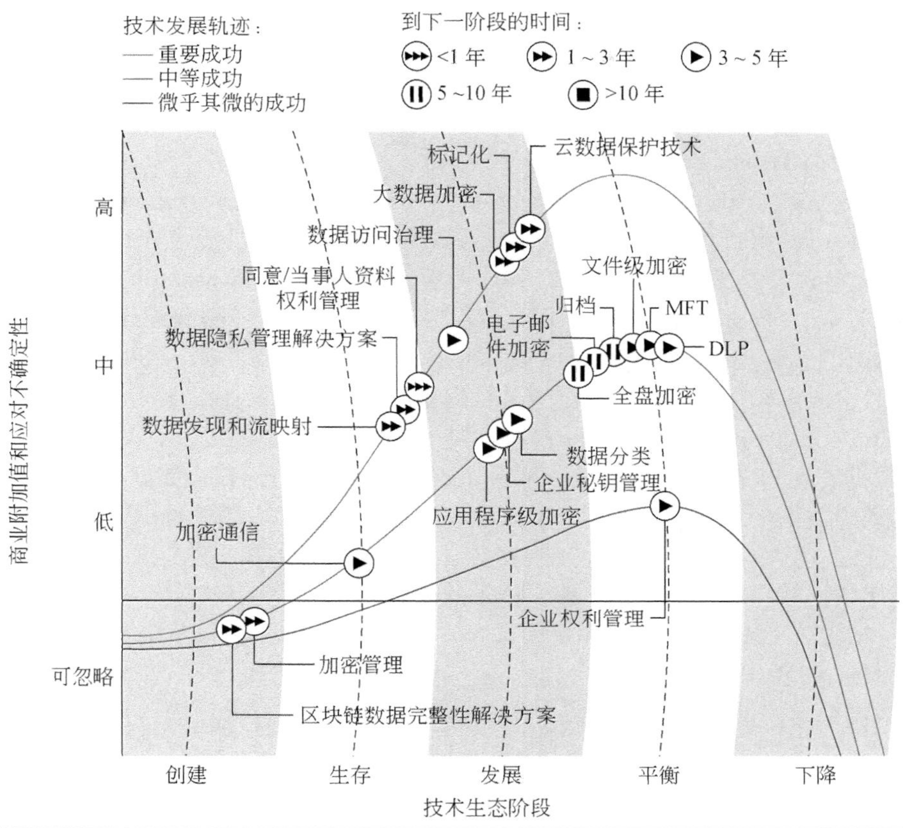

图 5-2 前 10 位数据安全与隐私技术

1）云数据保护技术（cloud data protection，CDP）。在敏感数据进入云之前对其进行加密，由 企业（而不是云提供商）维护密钥。避免不受欢迎的监视，并帮助消除云采纳的一些最大障碍——安全性、遵从性和隐私问题。这一技术的供应商有 Bitglass、CipherCloud、Cisco、Netskope、Skyhigh Networks、Symantec 和 vault。

2）标记化（tokenization）。将随机生成的值替换为敏感数据，如信用卡号、银行账号和社会保险号。标记化之后，这一特征标识到其原始数据的映射存储在经过增强的数据库中。与加密不同，标识与其原始数据之间没有数学关系；要逆转标记化，黑客必须访问映射数据库。这一技术的供应商有 CyberSource（Visa）、Gemalto、Liaison、Master Card、MerchantLink、Micro Focus（HPE）、Paymetric、ProPay、Protegrity、Shift4、Symantec（Perspecsys）、Thales e-Security、TokenEx、TrustCommerce and Verifone。

3）大数据加密（big data encryption）。使用加密和其他混淆技术来模糊关系数据库中的数据以及存储在大数据平台的分布式计算体系结构中的数据，以保护个人隐私，实现合规性并减少网络攻击和意外数据泄露的影响。这一技术的供应商有 Gemalto、IBM、Micro Focus（HPE）、Thales e-Security、Zettaset。

4）数据访问治理（data access governance）。提供对敏感数据存在的内容和位置的可见性，以及数据访问权限，允许组织管理数据访问权限并识别敏感的过期数据。随着数据量的激增，这些工具帮助自动处理数据保护（敏感的数据发现和清理数据访问权限以执行最小特权）这一容易实现的任务。这一技术的供应商有 Core Security、Netwrix、RSA、SailPoint、STEALTHbits and Varonis。

5）同意/资料当事人权利管理（consent/data subject rights management）。管理客户及雇员的同意，以及执行他们对所分享的个人资料的权利，使机构可在有需要时搜寻、识别、分割及修订个人资料。这一技术的供应商有 BigID、ConsentCheq、Evidon、IBM、Kudos、OneTrust、Proteus-Cyber（GDPReady Plus）、TrustArc，and trust-hub。

6）数据隐私管理解决方案（data privacy management solutions）。帮助实施隐私处理和实践的平台，通过设计支持隐私满足遵从性要求，并启动可审计工作流。这一技术的供应商有 Nymity、OneTrust、Proteus-Cyber，and TrustArc。

7）数据发现和流映射（data discovery and flow mapping）。扫描数据存储库和资源以识别现有的敏感数据，对其进行适当分类以识别遵从性问题，应用正确的安全控制，或对存储优化、删除、归档、合法持有和其他数据治理事项作出决策。数据流映射功能有助于理解如何使用数据并在业务中移动。这一技术的供应商有 Active Navigation、ALEX Solutions、AvePoint、BigID、Covertix、Dataguise、Global IDs、Ground Labs、Heureka Software、IBM、Nuix、OneTrust、Spirion、TITUS、trust-hub、Varonis。

8）数据分类（data classification）。解析结构化和非结构化数据，查找与预定义模式或自定义策略匹配的数据。许多工具同时支持用户驱动和自动分类功能。Forrester 认为，分类是数据安全的基础，可以更好地理解和优先考虑组织需要保护的内容。它还帮助公司更好地定义员工应该如何恰当地处理数据，以满足安全和隐私要求。示例供应商有 AvePoint、Boldon James、Concept search、dataglobal、GhangorCloud、Microsoft（Azure Information Protection）、NextLabs、Spirion、TITUS。

9）企业密钥管理（enterprise key management，EKM）。统一跨异构产品的不同加密密钥生命周期流程。密钥管理解决方案跨许多类型的加密产品，实现大规模地存储、分发、更新和停用密钥。这一技术的供应商有 Dyadic，Gemalto（Safenet），IBM，Micro Focus（HPE），Thales e-Security。

10）应用程序级加密（Application-level encryption）。在应用程序本身生成或处理数据以及提交和存储到数据库级之前对数据进行加密。它支持细粒度加密策略，并在计算和存储堆栈的每一层以及复制或传输数据的任何地方保护敏感数据。只有经过认证、授权的 App 用户才能访问数据，即使数据库管理员也不能访问加密的数据。

5.1.1.3 政府和企业及个人数据安全保护现状

数据的来源十分广泛，从数据产生主体看，主要来源于政府、企业和个人。政府拥有大量的公民数据，包括社会保险号、驾照信息、税务和财务信息等个人身份信息，因此国家数据库也已成为网络犯罪分子的诱人目标。

（1）政府数据安全保护现状

2015 财年，美国出台了《财务总监法》（CFO Act），政府机构报告了 7.5 万多起网络安全事件，高于2014 财年报告的6.7 万多起。白宫已将网络安全列为政府的首要任务[22]，其他国家政府数据安全面临同样的问题。

美国数据安全公司 Virtru 致力于提供加密技术，其研究人员提出了目前政府数据安全面临的五大挑战，分别是：①个人身份资料安全保障。政府机构处理大量的个人身份信息，所以保护这些信息不受侵害是政府部门面临的巨大挑战。②健康数据安全承诺。处理医疗信息的政府机构必须远远超出基本数据安全的范畴，因为每个人都不希望个人的健康数据为他人知晓。HIPAA（Health Insurance Portability and Accountability Act/1996，Public Law 104-191）是美国卫生部最早发起的电子医疗数据交换法案，要求任何处理受保护健康信息的人都是受保护的实体，这意味着向医院、文书承包商、IT 和云存储提供商提供服务的医疗专业人员都必须遵守 HIPAA 指南。③司法数据安全。政府执法机构面临着一系列独特的数据安全挑战。如果有关刑事调查的数据落入不法分子之手，就可以向犯罪分子和犯罪团伙提供线索；将证人、执法人员和受害者置于危险之中，削弱执法部门成功调查、预防和起诉犯罪的能力。The FBI's Criminal Justice Information Services Division（简称 CJIS）要求任何司法机构限制不成功的登录尝试、自动注销空闲会话、定期审计和审查访问以及使用数据安全最佳实践来防止未经授权的访问。④网络恐怖主义。虽然传播恐怖的渠道很多，但网络恐怖主义仍然对政府机构和数据安全构成了真实且日益严重的威胁。网络恐怖分子可以在任何地方破坏电子基础设施，只需要一台电脑、一个互联网连接和一点技术。⑤网络间谍。Virtru 认为网络间谍是有组织的，一般是国家行为，由训练有素的黑客组成，而且黑客组织不断改进程序，以领先于安全研究人员一步，这给政府数据安全带来了极大挑战[23]。

由上文可知，国家数据库也已成为网络犯罪分子的诱人目标。网络犯罪分子出售数据获取个人利益，或利用这些数据访问政府网络或服务，破坏关键的基础设施，或暴露保密数据或令政府和官员难堪。公民经常被要求向政府机构提供某些类型的数据，因此保护这些信息和维护公众的信任至关重要。表 5-1 列出了不同国家出台的数据隐私保护法令[24]，其中以欧盟国家为代表，其法制相对健全，有很多值得借鉴的地方。

表 5-1 不同国家数据保护法令

地区	国家和地区	Applicable Law	Data Protect Authority
欧洲	奥地利	Austrian Data Protection Act 2000	The Austrian Data Protection Authority
	比利时	Data Protection Law1992	The Privacy Commission
	捷克	Act No. 101/2000 Coll	The Office for Personal Data Protection
	法国	The Data Process Act 2004	The Commission Nationale de l'Informatique et des Libertés（CNIL）
	德国	the Data Protection Act	the Federal Commissioner for Data Protection and Freedom of Information.
	爱尔兰	In Ireland, data privacy is governed by the Data Protection Act 1988（the "Act"）, The Act was amended in 2003 by the Data Protection（A-mendment）Act 2003	Office of the Data Protection Commissioner.

续表

地区	国家和地区	Applicable Law	Data Protect Authority
欧洲	意大利	Legislative Decree of 30 June 2003 no. 196	The Italian Data Protection Authority
	西班牙	the Special Data Protection Act 1999	The Spanish Data Protection Commissioner's Office
	乌克兰	Ukraine's data privacy law2013	the Ombudsman
	英国	(1) the Data Protection Act of 1998 (2) the Privacy and Electronic Communications Regulations	The Data Protection Act is enforced by the Information Commissioner
北美洲	加拿大	the Personal Information Protection and Electronic Documents Act, 2000	the Officeof the Privacy Commission of Canada
	墨西哥	Federal Law on the Protection of Personal Data held by Private Parties2010	the Federal Institute for Access to Public Information and Data Protection
南美洲	阿根廷	Personal Data Protection Law (2000)	NationalCommission for the Protection of Personal Data
	智利	the Law for the Protection of Private Life1999	Chile has not yet established a government agency responsible for overseeing compliance with Chile's data protection law
	哥伦比亚	Ley 1581 del 17 de Octubre de 2012 porelcualse Dictan Disposiciones Generalesparala Protecciónde Datos Personales	La Superintendencia de Industria y Comercio
	秘鲁	Personal Data Protection Law2011	National Authority for Personal Data Protection
	乌拉圭	the Protection of Personal Data and "Habeas Data" Action 18. 331	Unidad Reguladora y de Control de DatosPersonales (Unit for the Regulation and Control of Personal Data
中美洲	巴哈马	The DataProtectionAct 2003	The Office of Data Protection Commissioner
	哥斯达黎加	Ley Protecciόndela Persona frente al Tratamiento de sus Datos Personales	Agencia de Protecciόn de Datos de los habitantes
	特立尼达和多巴哥	the Data Protection Act 2011	Office of the Information Commissioner
大洋洲	澳大利亚	(1) Privacy Act of 1988 (2) The Privacy Amendment (Enhancing Privacy Protection) Act 2012	The Office of the Privacy Commissioner

续表

地区	国家和地区	Applicable Law	Data Protect Authority
亚洲	中国香港	The Personal Data (Privacy) Ordinance 2012	Hong Kong's Office of the Privacy Commissioner for Personal Data
	印度	the Information Technology (Reasonable security practices and procedures and sensitive personal data or information) Rules, 2011	No specific data protection authority
	日本	The Act on the Protection of Personal Information	Japan has no central Data Protection Authority or registration requirements
	韩国	(1) Protection of Personal Data Act 2011 (2) the Act on Promotion of Information andCommunicationNetwork Utilization and Information Protection (3) the Act on Real Name Financial Transactions (4) Guarantee of Secrecy	(1) The Minister of Public Administration and Security (2) The Korean Communications Commissions
	中国台湾	the Computer-Processed Personal Data Protection Law 1995	The Ministry of Justice
	马来西亚	the Personal Data Protection Act2013	a Personal Data Protection Commissioner
	菲律宾	Data Privacy Act of 2012	the National Privacy Commission
	新加坡	Singapore's Personal Data Protection Act 2012	Data Protection Commission
中东地区	卡塔尔	TheQatarDataProtection Regulation2005	Qatar Financial Centre Authority

在我国，《个人信息保护法》和《数据安全法》已同时列入第十三届全国人民代表大会常务委员会立法规划，两法的价值着眼点理应不同，《数据安全法》的立法价值更宜侧重于保障网络整体安全、国家数据权益以及产业安全等方面，考虑规定或明确数据安全管理机制、数据安全监管主体、数据分级分类制度、数据全生命周期管理规范、数据安全风险评估制度等内容。另外，国家互联网信息办公室会同相关部门研究起草了《网络数据安全管理条例（征求意见稿）》(以下简称《征求意见稿》)，正在向社会公开征求意见。《征求意见稿》在《中华人民共和国网络安全法》《中华人民共和国数据安全法》《中华人民共和国个人信息保护法》的基础上，覆盖数据全生命周期，系统地规定了网络运营者数据收集、数据处理使用、数据安全监督管理等方面的要求，就大众关心的广告精准推送、App 过度索权、账户注销难、自动化洗稿、算法歧视等问题作出了明确规定，具有明显的进步意义。

(2) 企业数据安全保护现状

大数据环境下，网络资源、信息化管理方式和通信设备等各方面信息技术的发展与融合，促使来源于企业的数据呈现前所未有的爆发式增长，对这些数据如何进行管理直接影响企业的竞争水平。2017 年 6 月，顺丰以保护客户隐私为借口，突然关闭对阿里公司的菜鸟物流平台数据接口。换言之，在阿里旗下的网上购物平台购物，无法通过菜鸟物流平台查询关于订单的信息[25]。这场战役背后实则是阿里和顺丰围绕数据保管权展开的争夺。

阿里平台能够利用数据进行分析和决策优化，物流公司能够利用数据进行资源的优化分配，做物流高峰的预判。可见，数据的价值在信息化时代不断地凸显，而良好的数据管理能够有助于提升企业的竞争优势。并且企业之间合理利用相关开放的行业数据能够打破“信息孤岛”完成资源的高效整合与利用，从而实现行业内的协同发展创造更大的价值[26]。但是，不断海量增长的数据量和其日益凸显的商业价值，会促使企业数据更容易成为攻击者利益获取的目标，产生目前较为普遍存在的企业数据安全问题[27]。因此，在信息化的背景下，企业要获得持续的竞争优势，一方面，要注重企业管理过程中的数据开放，企业管理透明化能够增强用户对企业的信任，而企业信息共享可以促进行业的整体发展水平；另一方面，企业要加强对核心企业数据的安全保护，避免企业核心能力的丧失[28]。

全球网络安全协会（The Global Cybersecurity Community）发布的2018网络安全报告显示，2017年见证了整个世界网络安全史上一些最危险和最激烈的袭击事件：WannaCry勒索软件攻击是一个突如其来的问题，许多组织因缺乏合理的威胁响应控制而暴露出来。根据公开披露研究得出的估计，2017年大约有27亿条数据丢失或被盗（大约每秒88条），是2016年被盗记录总数的两倍多，DDoS在规模和频率方面都受到更复杂的攻击。不幸的是，组织使用的防御机制仍然无法适应不断增长的威胁形势。对下一波WannaCry类型攻击的预期仍然是一个真正的威胁[29]。所以，今天的大多数企业都很清楚，需要有一个全面的数据安全策略来保护自己、员工和客户免受各种安全威胁。

企业数据安全性通常用于保护组织免受数据丢失，并确保使用数据的所有设备上的安全性。它使用信息安全技术（如防火墙和杀毒软件），以及用于管理和治理整个流程的数据安全标准和策略来实现。所以企业级的数据保护应从微观层面和宏观层面开展。微观层面关注技术和管理，宏观层面则依靠法律法规。

从技术手段角度看，在不妨碍数据可用性的条件下，可以采取数据加密技术，访问控制技术和隐私保护技术来保障企业数据的机密性。跟踪数据收集、查看和操作的每个步骤和流程，并确保在每个点（最好是在源点）对其进行加密。任何必须存储的敏感数据都需要加密，密钥不能存储在与数据相同的位置。对数据的所有访问和操作都必须进行日志记录。这些日志必须定期审计，理想情况下，日志应该由异常检测系统自动监控，以防止不适当的使用和意外的发生。使用自动扫描技术持续监控网络和应用程序的漏洞和恶意软件，监控网络出口的异常流量。

从政策法规角度看，世界各国都出台了数据保护法，无论对政府、企业或个人数据，从法律上都给予最充分的保护。尤其是欧盟2018年出台的General Data Protection Regulation（简称GDPR）堪称史上最严数据保护法令，一方面对企业收集个人数据产生影响，另一方面也为企业自身数据安全提供保障。

（3）个人数据保护现状

据中国互联网络信息中心（China Internet Network Information Center，CNNIC）2021年8月27日发布的第48次《中国互联网络发展状况统计报告》显示，截至2021年6月，我国网民规模达10.11亿，较2020年12月增长2175万，互联网普及率达71.6%[30]。十亿用户接入互联网，形成了全球最为庞大、生机勃勃的数字社会。随着互联网基础设施建设不断优化升级，网络信息服务已融合交通、环保、金融、医疗、家电等行业，从而吸引更多公众加入互联网行列。但网络的繁荣也给个人数据保护带来极大挑战。本部分以篇名为检索途径，以“个人数据”为检索词检索中国知网，发现近 2010 ~ 2019 年来中国学者对个人数据的研究兴趣逐渐提升（图 5-3），期刊发文量基本呈上升趋势。

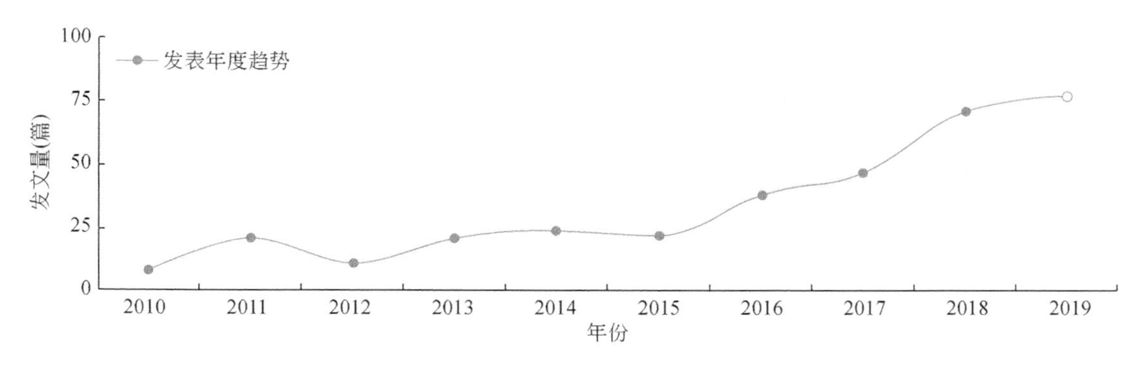

图 5-3 “个人数据”主题发文统计

这一统计结果不仅说明个人数据的研究价值越来越高，而且体现国家对个人数据的重视程度，即将个人数据安全纳入整体国家安全观下，作为一项重要政治任务来对待。由于智能手机、网络服务、数据挖掘及数据处理技术等新兴技术提供支持，从事商业活动的企业对个人数据进行大量收集，包括身份信息、财务记录、购买模式、健康记录等，从而对用户造成严重的隐私威胁，因为商业企业不仅利用这些数据努力向用户提供定制产品，而且还有可能在用户不知情的情况下货币化这些数据[31]。

在网络时代到来之前，人们似乎没有注意到个人数据的价值，其实数据从未缺少，只是还未被记录。而现在情况已发生了巨大变化，根据 Radware（https://www. radware. com/）在 2018 年 5 月对 3024 名美国网民的调查，大部分人认为他们的个人数据比钱包、汽车、手机或家里钥匙更有价值[32]。

1）个人数据的应用范围。互联网经济的发展使得数据的应用变得广泛，企业收集到足够多的数据并进行分析后，可以为提升业务、降低运营成本、进行精细化运营做出更多的贡献。具体来说，个人数据首先可以用于精准营销。企业通过注册信息或购买信息了解客户喜好，精准判断其需求，从而有针对性地投放广告和推荐商品。比如 Amazon，有过网购经历的人都会发现，你的邮箱里每天都会有亚马逊发来的邮件，向你推荐与你曾经购买过的相似商品。其次用于健康医疗参考。个人健康医疗数据对整个医疗行业和国民健康都具有极其重要的参考价值，不仅影响医药企业，甚至可以影响国家政策。第三用于个人信用评价。互联网公司通过数据评估消费者的信用，从后续的金融服务中赢利。

2）个人数据的价值测算。通过测量个人数据的货币价值可以非常清晰地展示个人数据的重要性。Wibson 是一个基于区块链的去中心化数据大卖场（https://wibson. org/），其根据 2017 年 8 月罗切斯特大学西蒙商学院（University of Rochester，Simon Business School）发布的报告 *Consumer Privacy Choice in Online Advertising: Who Opts Out and at What Cost to Industry?* 推算出 2016 年用户行为数据平均价值大约为 47 美金[33]。Huberman 等的研究表明体重信息的价值为 74.06 美元[34]，而 Grossklags 等的研究则表明体重信息的价值为 31.80

美元[35]。又如 Otsuki 等的研究显示人们愿意每月支付 1380 日元（约合 80 元人民币）来保护个人信息[36]，Kim 等的研究则显示此金额为 7900 韩元（约 44.5 元人民币）[37]。

既然个人数据拥有如此之大的价值，那么中国网络用户对个人数据控制的态度如何呢？笔者通过问卷星平台（https://www.wjx.cn/）对网络用户个人数据控制意愿进行了问卷调查，调查对象为高校本科生、研究生及部分教师，共回收有效问卷 365 份，其中 69.32% 为女性，年龄在 19～29 岁之间的占比 73.15%。根据中国互联网络信息中心的统计数据，中国网民以青少年、青年和中年群体为主，20～29 岁年龄段的网民占比最高，达 27.9%；其次是 30～39 岁群体占比 24.7%，所以本次选取调查对象具有较广泛代表性（表 5-2）。

表 5-2 调查对象自然信息

性别	人数	比例
男	112	30.68%
女	253	69.32%
年龄	人数	比例
18 岁以下	1	0.27%
19～29 岁	267	73.16%
30～39 岁	56	15.34%
40 岁以上	41	11.23%
学历	人数	比例
大专及以下	19	5.21%
本科	118	32.33%
硕士	202	55.34%
博士	26	7.12%

在获得的调查样本中，有 97% 以上的网络用户使用社交媒体并有网购经历，如表 5-3 所示。这一结果表明网络在日常生活中的重要性，更为以数据为生存基础的商业公司提供了广阔的发展空间。

表 5-3 社交媒体使用及网购经历

社交媒体（如 WeChat、QQ、Facebook、Twitter 等）的使用情况	人数	比例
使用	354	96.99%
不使用	11	3.01%
网购经历	人数	比例
有	358	98.08%
没有	7	1.92%

①网络用户个人数据控制意愿调查的理论依据。任何社会实践都有一定的理论基础，对个人数据控制的指导可以依赖于赋权理论和隐私收益权理论，本次调查问卷的设计也正是依据这两个理论。赋权（Empowerment）指赋予或充实个人或群体的权力，是个人在与他人及环境的积极互动过程中，获得更大的生活掌控能力和自信心，以及促进环境资源和机会的运用，以进一步帮助个人获得更多能力[38]。赋权理论（Empowerment Theory）及其实践的源流可以追溯到19世纪后期，但兴盛于20世纪80年代，并且随着网络媒体的出现，赋权行为不只是简单的由外向内输入权力和资源，也不仅仅是“增权赋能”，而是一种社会交往、参与、表达与行动实践，是社会民众通过获取信息，参与表达和采取行动等实践性过程，获得权力和能力，从而获得改变整个社会权力结构结果的社会实践状态[39]。社交媒体环境下，用户通过贡献个人数据而参与到交友和社区讨论中，以更大范围实现个人价值，这时的赋权已由政府主体转变为个人主体，网络用户通过提交个人信息而换取更多免费服务，体现了赋权理论在网络环境下的拓展和应用。

在介绍隐私收益（Privacy Payoff）理论之前首先有必要了解皮特若尼奥（Petronio）的沟通隐 私管理理论（Communication Privacy Management Theory），Trepte 和 Reinecke 将这一理论称为互联网交往中最有价值的隐私理论，在网络社交的相关研究中被大量应用。由于个人将隐私信息看成是自己的所有物，因此他们有权利管理该信息的扩散程度，个人可以依据信息对自己的重要程度来设定和使用隐私规则，依此来控制隐私信息的传播[40]。其次还需要了解隐私计算（Privacy Calculation）理论[41]，用户会在披露个人信息之前对成本和潜在的衍生利益进行权衡，并且会将是否立即免费获得服务作为重要的决策依据[42]。隐私收益（或称隐私回报）是指用户提供个人隐私数据应当获得回报。中国电子商务研究中心主任曹磊在2018年4月接受《新金融观察》记者采访时表示，“即使经过授权之后，隐私变现的收益也应当支付用户一定费用，因为隐私数据属于用户，用户享受其收益权。”[43]

②网络用户个人数据控制意愿调查结果的比较分析。理论是完美的，但实际情况并非如此。笔者在问卷调查中希望了解中国网络用户对个人数据控制的意愿，同时揭示补偿对自我披露的影响。

如表5-4所示，在面对获得免费服务、折扣、改善人际关系和提高沟通乐趣时，只有少数受访者愿意主动提供个人数据，这也正是2018年3月26日中国发展高层论坛上李彦宏的言论遭到质疑的有力证明。百度董事长兼CEO李彦宏在该论坛上表示：“中国人对隐私问题的态度更开放，也相对来说没那么敏感。如果他们可以用隐私换取便利、安全或者效率，在很多情况下，他们就愿意这么做。”[44]其实这一言论并非无中生有，国际航空运输协会（IATA）每年发布的全球旅客调查报告（Global Passenger Survey）显示，2016年被调查的7000位乘客中有80%的乘客表示，他们乐意向航空公司和机场提供更多有关自己的信息，以换取更好的“定制化旅游体验”[45]。而就在2018年欧盟出台史上最严格数据保护法令——《通用数据保护条例》（General Data Protection Regulation，简称GDPR）后，仍有65%的乘客愿意分享额外的个人信息（例如目的地地址，旅行目的，图片）以加快他们在机场的手续办理速度，这一比例在2017年为70%[46]。中国的实际情况也大致相同，只是相当部分的媒体认为当下中国消费者为了正常使用一些软件而不得不“被同意”“被授权”。ChristinePrince 将网络用户个人数据总结为 12 个方面，包括身份信息（姓名，地址，电话号码）、人口统计信息（性别，年龄，职业）、家庭信息、电子购物信息、一般浏览信息、详细浏览行为、GPS 位置信息、社交媒体信息、邮件信息、兴趣和爱好信息、关于朋友的信息和专业信息。同时将隐私回报总结为礼物、网络服务、定制服务、网络折扣、人道主义援助、较少不受欢迎的广告、数据收集和处理实践的透明度以及定制产品 8 个方面，当然网络用户希望得到对自己有利的回报，但获得有利回报的同时也不得不面对一些不受欢迎的广告或定制产品等。

表 5-4　中国网络用户个人数据控制意愿

为获得更多免费服务或折扣而主动提供个人数据	人数	比例
会	84	23.01%
不会	281	76.99%
为获得更多沟通乐趣而主动提供个人数据	人数	比例
会	115	31.51%
不会	250	68.49%
为拓展人际关系或获得更多社会认同而主动提供个人数据	人数	比例
会	152	41.64%
不会	213	58.36%

③网络用户个人数据保护手段。网络和信息技术快速发展的现实条件下，困难的不是个人数据保护本身，而是在正常利用的前提下保证个人数据安全，即免遭丢失、误用、未经授权的访问、披露、更改和破坏。调查数据反映了受访者对个人隐私数据的担忧。

如表 5-5 所示，80% 以上的受访者认为社交媒体存在个人隐私数据泄露风险，同时对网购过程中的个人资金账户安全存在担忧。一方面，中国目前对个人隐私的法律保护欠缺；另一方面，个人数据滥用现象比较普遍，也正是因为缺乏监管而导致网络服务商或商业经营者对个人数据的利用范围不加以限制，甚至存在向第三方出售个人数据的现象。那么这种情况应该如何规范呢？调查中提供了个人数据泄露及滥用的规避方式，调查结果如表 5-6 所示。

表 5-5　中国网络用户数据安全担忧

社交媒体上个人数据（如身份信息、聊天记录、个人动态等）的隐私泄露风险	人数	比例
存在	359	98.36%
不存在	6	1.64%

续表

社交媒体上位置信息泄露	人数	比例
会	356	97. 53%
不会	9	2. 47%
网购过程中使用移动支付的个人资金账户安全担忧	人数	比例
会	293	80. 27%
不会	72	19. 73%

表 5-6　个人数据泄露及滥用风险规避手段调查结果

个人数据泄露及滥用风险规避手段	人数	比例
技术手段	317	86. 85%
政策法规手段	324	88. 77%
行业自律手段	262	71. 78%
个人防范手段	293	80. 27%

从调查结果看，受访者对以上规避手段都比较认同，但对于网络空间来说，美国等西方国家已经形成了较为规范的行业自律，就中国目前的现状，企业层面还没有形成统一认可的行业自律规范，但多数受访者（60. 83%）对现有社交媒体或网站提供的隐私保护技术持肯定态度（表 5-7）；个人层面的数据保护意识在不断提升（表 5-8）。调查结果显示，有超过 80% 的受访者在社交媒体上发布动态信息时有进行隐私设置，即只有好友可以查看；政府层面正积极通过政策法规手段对个人数据加以保护。

表 5-7　中国网络用户对隐私保护技术可靠性的认同情况

现有社交媒体或网站的隐私保护技术可靠性	人数	比例
十分可靠	9	2. 47%
一般可靠	213	58. 36%
不太可靠	143	39. 17%

表 5-8　社交媒体上个人数据隐私设置情况

社交媒体上发布动态信息过程中的个人数据隐私设置	人数	比例
有	296	81. 1%
没有	69	18. 9%

④各国个人数据保护政策法规现状。BakerHostetler（A National Law Firm with a Global Reach https://www.bakerlaw.com/）于 2015 年发布《数据隐私法国际纲要》（2015 International Compendium of Data Privacy Laws），统计了欧洲、北美洲、南美洲、中美洲、澳洲、中亚、东南亚及中东八个地区的 41 个国家和地区个人隐私相关保护法律[47]，关注数据跨境转移问题和世界各地隐私法的差异。

被调查的 41 个国家和地区中只有巴西、中国、印度尼西亚、沙特阿拉伯、阿拉伯联合酋长国五个国家没有专门的个人数据保护法，但有相应的关于个人数据保护的条款分散在不同法律当中。有六个国家没有专门的个人数据保护机构，分别是巴西、智利、中国、印度、印度尼西亚和日本，其他国家或地区都有建立数据保护委员会（Data Protection Commission）或数据保护专员办公室（Office of the Data Protection Commissioner）。对于数据收集者的注册要求方面，各个国家都比较宽松，要求必须注册的国家只占少数，大多国家不要求注册，或者是在一定条件下才需要注册。

在各个国家的个人数据保护规范中，都有对个人数据（personal data）和敏感数据（sensitive data）的定义，做得比较好的是欧盟国家，其个人数据保护法规相对健全，且遵循 2008 年颁布的《欧洲数据保护法令》，规范比较统一。随着 2018 年 5 月 25 日欧盟《通用数据保护条例》出台，各国的个人数据保护法律也将随之修订和完善。

⑤中国网络用户个人数据保护法规现状。上述分析可见，之所以要建设个人数据保护法规，是因为一方面某些个人数据一经产生，就脱离了自己的母体，掌握个人数据的往往不是个体本身；另一方面一些敏感数据的所有权和使用权并没有明确界定，当信息泄露或被盗取时，责任主体很难确定。中国是被调查 41 个国家和地区中 5 个没有专门个人数据保护法律的国家之一，其对个人数据的保护散落于不同的法律条款中，但近年来其法治建设已有长足进步并且在不断完善。目前中国对个人数据规范的法律条款如表 5-9 所示。

表 5-9　中国关于个人数据保护的法律条款

法规名称	立法部门	颁布时间	法律条款
中华人民共和国个人信息保护法	全国人民代表大会	2021 年 8 月 20 日	全部条款
中华人民共和国民法总则	全国人民代表大会	2017-03-15	111 条：自然人的个人信息受法律保护。任何组织和个人需要获取他人个人信息的，应当依法取得并确保信息安全，不得非法收集、使用、加工、传输他人个人信息，不得非法买卖、提供或者公开他人个人信息。
中华人民共和国刑法	全国人民代表大会	1997-10-01（2017 年 11 月 4 日第 10 次修订）	253 条：国家机关或者金融、电信、交通、教育、医疗等单位的工作人员，违反国家规定，将本单位在履行职责或者提供服务过程中获得的公民个人信息，出售或者非法提供给他人，情节严重的，处三年以下有期徒刑或者拘役，并处或者单处罚金。

续表

法规名称	立法部门	颁布时间	法律条款
中华人民共和国网络安全法	全国人民代表大会	2016-11-07	40-45 条：网络运营者应当对其收集的用户信息严格保密，并建立健全用户信息保护制度，公开收集、使用规则，明示收集、使用信息的目的、方式和范围，并经被收集者同意。不得泄露、篡改、毁损其收集的个人信息；未经被收集者同意，不得向他人提供个人信息，但经过处理无法识别特定个人且不能复原的除外。
中华人民共和国国家情报法	全国人民代表大会	2017-06-27（2018 年 4 月 27 日第 1 次修订）	19 条：国家情报工作机构及其工作人员不得泄露国家秘密、商业秘密和个人信息。
中华人民共和国电信条例	中华人民共和国国务院	2000-09-20（2014 年 8 月 15 日第 1 次修订）	66 条：电信用户依法使用电信的自由和通信秘密受法律保护。
互联网信息服务管理办法	中华人民共和国国务院	2000-09-20	15 条：互联网信息服务提供者不得制作、复制、发布、传播侮辱或者诽谤他人，侵害他人合法权益的信息。
中华人民共和国计算机信息系统安全保护条例	中华人民共和国国务院	1994-02-18（2011 年 1 月 8 日第 1 次修订）	7 条：任何组织或者个人，不得利用计算机信息系统从事危害国家利益、集体利益和公民合法利益的活动，不得危害计算机信息系统的安全。
关于维护互联网安全的决定	全国人民代表大会常务委员会	2000-12-28	4 条 2 款：非法截获、篡改、删除他人电子邮件或者其他数据资料，侵犯公民通信自由和通信秘密构成犯罪的，依照刑法有关规定追究刑事责任。
关于办理侵犯公民个人信息刑事案件适用法律若干问题的解释	最高人民法院和最高人民检察院	2017-04-26	1-13 条：对《刑法》253 条关于非法获取、出售、侵犯个人信息的行为进行解释
互联网电子公告服务管理规定	中华人民共和国信息产业部	2000-10-08（2014 年 9 月 23 日废止）	9 条：任何人不得在电子公告服务系统中发布含有侮辱或者诽谤他人，侵害他人合法权益的信息。
计算机信息网络国际联网安全保护管理办法	中华人民共和国公安部	1997-12-16（2011 年 1 月 8 日第 1 次修订）	5 条：任何单位和个人不得利用国际联网制作、复制、查阅和传播公然侮辱他人或者捏造事实诽谤他人的信息。
中华人民共和国居民身份证法	全国人民代表大会常务委员会	2003-06-28（2011 年 10 月 29 日第 1 次修订）	19 条：国家机关或者金融、电信、交通、教育、医疗等单位的工作人员泄露在履行职责或者提供服务过程中获得的居民身份证记载的公民个人信息，构成犯罪的，依法追究刑事责任；尚不构成犯罪的，由公安机关处十日以上十五日以下拘留，并处五千元罚款，有违法所得的，没收违法所得。

续表

法规名称	立法部门	颁布时间	法律条款
中华人民共和国消费者权益保护法	全国人民代表大会常务委员会	1993-10-31（2013年10月25日第2次修订）	14条：消费者在购买、使用商品和接受服务时，享有人格尊严、民族风俗习惯得到尊重的权利，享有个人信息依法得到保护的权利。29条：经营者收集、使用消费者个人信息，应当遵循合法、正当、必要的原则，明示收集、使用信息的目的、方式和范围，并经消费者同意。经营者收集、使用消费者个人信息，应当公开其收集、使用规则，不得违反法律、法规的规定和双方的约定收集、使用信息。
中华人民共和国未成年人保护法	全国人民代表大会常务委员会	1991-09-04（2012年10月26日第2次修订）	39条：任何组织或者个人不得披露未成年人的个人隐私。
中华人民共和国商业银行法	全国人民代表大会常务委员会	1995-09-10（2015年8月29日第2次修订）	29条：商业银行办理个人储蓄存款业务，应当遵循存款自愿、取款自由、存款有息、为存款人保密的原则。

从表5-9可以看出，中国关于个人数据保护相关法规的立法层次主要集中在国家层面，包括全国人民代表大会及其常务委员会、国务院和国务院下属部门。中国政法大学李爱君教授在接受采访时说："从中国个人数据的法律保护现状可以看出，中国对个人数据保护尚未出台专门立法，对于泄露个人信息的处罚缺乏统一性和系统性，尚未形成统一的关于个人信息保护方面的基本法，而是散见于相关的法律法规中，且量刑偏轻。"北京师范大学法学院刘德良教授指出，从立法形式上看，中国有关信息安全的法律法规在数量上似乎形成了一定的规模，但没有构成一个完整、系统、条理清晰的体系。"[48]从法律条款内容上分析，许多条文规定的内容过于抽象，操作性差，难以有效执行，且存在重复、交叉，形成多头执法和多头管理的局面，导致执法成本和司法成本的浪费。

⑥中国网络用户个人数据保护法规建设模式选择。个人数据立法保护和治理有不同的模式，欧盟采用统一立法的模式，对个人数据采取匿名化（anonymisation）保护方式，在保护个人隐私的同时，也致力于发挥数据的最大效用。其出台的《通用数据保护条例》强调"匿名化"的结果，即不能通过"一切""可能""合理"的手段来识别数据主体，并新增了遗忘权和数据可携权；《第05/2014号意见：匿名化技术》则关注"匿名化"的过程，对个人数据匿名化的标准设定、风险评估、技术应用等具体问题进行了规定。这些举措共同形成了一个稳健的个人数据匿名化治理机制[49]。美国没有采用统一立法方式，而是通过部门立法来满足特定需求，尤其重视信息技术对经济发展的推动，因此行业自律是美国规制个人数据处理时采取的主要方式。

就中国目前状况来看，由于个人保护意识不强、企业追逐利润和安全监管缺失，使得信息泄露事件频发，而且举证艰难，这就需要中国尽快出台个人数据保护法。统一立法可以对个人隐私数据给予更充分的保障，对收集、利用、买卖个人数据的价值取向保持一致。我国个人数据保护法起草时应注意与已出台的信息安全相关法律法规有效衔接，量刑上加大力度，具体规定罚金数额，对公务机关和非公务机关予以区分，保留相应免责条款。

5.1.2 数据安全政策制定主体分析

数据安全政策主体是指在政策系统运行过程中，通过各种方式主动参与其中的权力主体。这里分别以欧盟、美国、部分亚洲国家和我国为例分析数据安全政策制定主体。

5.1.2.1 欧盟数据安全政策制定主体分析

由于欧盟是一个具有特殊地位的组织，所以在欧盟数据安全政策体系的制定过程中，由各个层次、多个部门等多主体参与共同努力积极参与，多元化主体共同监管，经过不断地修订与完善形成的。欧盟数据安全政策本身是综合性的政策类型，能够调动各个部门乃至各成员国实现共同目标，这与欧盟的特殊地位是密不可分的，它所制定的政策在各成员国内部也是完全适用的。这样多主体之间进行协调沟通有利于构建较统一的政策框架，从而避免了许多冲突以及不稳定的问题。这也是欧盟数据安全政策决策过程中的优势。但从另一个角度分析，欧盟在进行决策过程中需要各成员国整合利益诉求、推动各层次达成共识，在这些方面难度很大。正如有些学者提出过的，这些方面在一定程度上，反映出的是欧盟多层治理制度本身带有的“碎片化”和“复杂性”的特点[50]。

5.1.2.2 美国、亚洲国家数据安全政策制定主体分析

（1）美国数据安全政策制定主体分析

美国国会研究服务局（CRS）是专门为美国国会工作，向美国的参众两院提供政策和法律建议的机构。美国数据安全政策分成两大类，一类是美国国会审议通过的国家级的法律，如《国家网络安全保护法》《美国自由法案》《网络安全信息共享法案》等；另一类是在宪法和普通法上，有不同部门或不同州政府自行制定的数据安全相关政策，如国防部发布的国防数据战略、国家人工智能安全委员会发布的国家人工智能安全报告、加州颁布的 2018 消费者隐私法案（CCPA）等。由于美国州立法律互相独立，互不干涉，都遵从联邦法，造成州立法律和政策与联邦政策一致，但不同州立数据安全政策间可能存在不一致，这就需要联邦级的数据安全政策把握政策内涵和基本内容，避免不同政策主体制定政策时有歧义。

（2）亚洲国家的数据安全政策制定主体分析

亚洲国家的政体和立法结构不同决定不同国家的数据安全政策制定主体也不尽相同。这里以泰国、印度、日本、韩国和新加坡为例，以上国家的数据安全政策制定主体如表 5-10 所示。

表 5-10 部分亚洲国家的数据安全政策制定主体

国家	数据安全政策	制定主体	年份
泰国	《个人数据保护法案》	泰国政府	2019 年
泰国	《网络安全法案》	泰国政府	2019 年

续表

国家	数据安全政策	制定主体	年份
印度	《个人数据保护法案》	印度高级别委员会	2019 年
新加坡	《个人数据保护法案》	个人数据保护委员会（PDPC）	2012 年
新加坡	《个人数据保护法修正案》	个人数据保护委员会（PDPC）	2020 年
日本	《个人信息保护法》	日本政府	2003 年
日本	《个人信息保护修正法》	日本政府	2020 年
韩国	《个人信息保护法》	韩国国会	2011 年
韩国	《个人信息保护法》修订案	韩国国会	2020 年
韩国	《信息通信网使用促进和信息保护法》修订案	韩国国会	2020 年
韩国	《信用信息使用及保护法》修订案	韩国国会	2020 年

5.1.2.3 我国数据安全政策制定主体分析

从总体上看，我国数据安全政策涉及到的部门相对有限，图 5-4 揭示的是经初步统计得出的我国涉及数据安全政策制定的国家级政府部门。

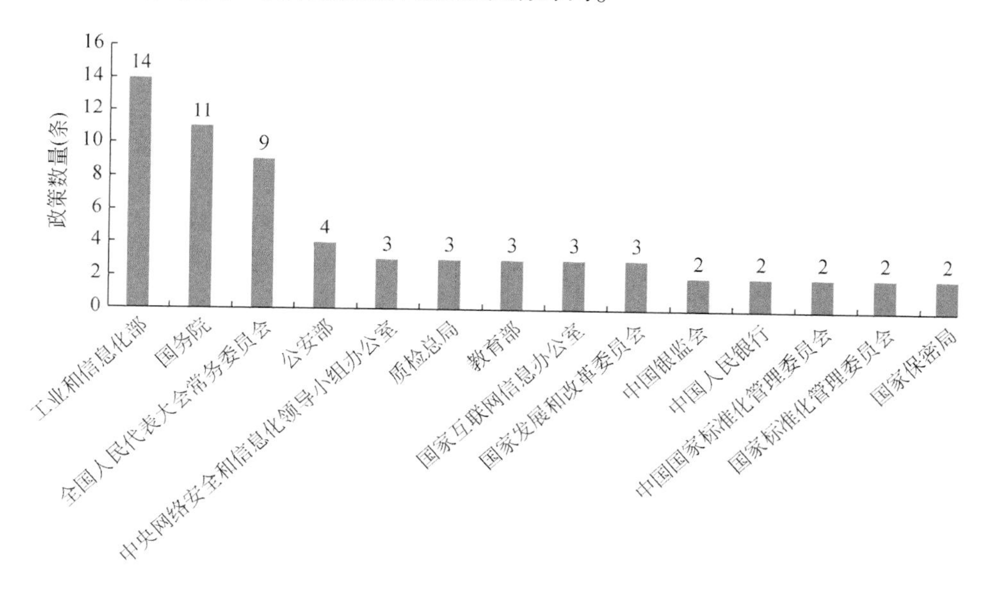

图 5-4　数据安全政策主体发布政策数量

1994 年至今，主导发布数据安全政策最多的两个政府部门是工业和信息化部、国务院、全国人民代表大会常务委员会，各自主导发布的政策分别为 14 条、11 条、9 条；其中，工业和信息化部主导发布的政策内容多为工业控制系统、信息安全产品等，而全国人大常委会出台的《档案法》《中华人民共和国保守国家秘密法（2010 修订）》《中华人民共和国个人信息保护法（草案）2017 版》等，在法律层面涉及了信息安全和数据安全的保护问题。《国务院关于大力推进信息化发展和切实保障信息安全的若干意见》（2012）

中提出要积极构建信息基础设施，推动信息化和工业化深度融合。除了工业和信息化部、全国人民代表大会常务委员会、国务院外，公安部、中央网络安全和信息化领导小组办公室、国家质量监督检验检疫总局、教育部、国家互联网信息办公室等也参与了数据安全政策的制定，主导发布政策数据分别为 4、3、3、3、3 条。

从政策发布主体协同配合来看，我国数据安全政策同我国政府数据开放政策类似，大部分由各部门发布，占比 85%，另外有 15% 的政策由多个部门联合发布（图 5-5）。

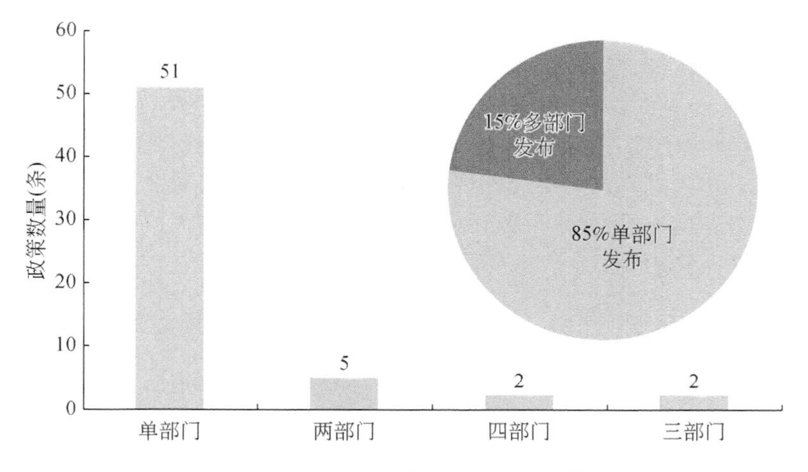

图 5-5　数据安全政策主体联合发布情况

为了进一步研究政策群中政策层级与政策发布部门数量之间的关系，我们分别统计了根、干、枝政策中单部门和多部门发布的政策数量及各自所占比例，如图 5-6。

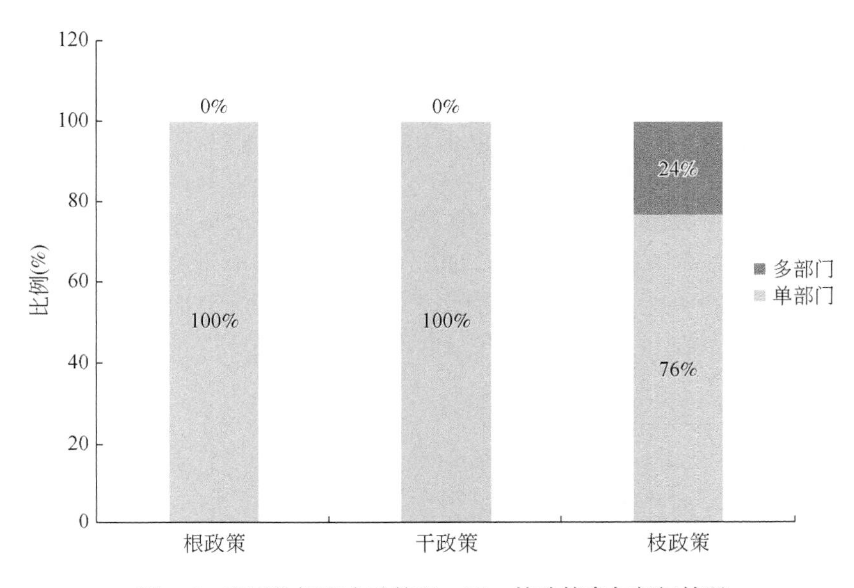

图 5-6　我国数据安全政策根、干、枝政策参与部门情况

如图 5-6 所示，在 51 条数据安全政策群中，4 条根政策和 10 条干政策均由相关部门

单独制定，在37条枝政策中有9条由多个部门联合发布，28条由单部门发布。从政策发布主体之间的协同配合关系看，我国数据安全政策除了《信息安全等级保护（修订）》《信息安全技术、公共及商用服务信息系统个人信息保护指南》《信息产业发展指南》为多个部门联合制定发布外，其余34条相关政策均为单部门发布。总体上来说，我国数据安全政策还未涉及到各部门之间政策工具的调配和部门协同配合，没有形成系统化、层次间的政策群落，故此无法使用政策工具来探索其协同情况。

5.1.3 数据安全政策制定主题内容及政策工具的特点

政策制定主题是政策文本主要内容的集中体现，能够展现数据安全政策的关注点及其之间的互动关系；而政策工具特点分析，则在某种程度上能够揭示先行政策、现行政策以及后续政策之间的继承、更新、升级、迭代等同层或不同层交叉互补关系，以及政策执行过程中的协同与相互作用。

5.1.3.1 数据安全政策制定主题内容的特点——以欧盟为例

本书利用Nvivo软件对欧盟数据安全政策文本进行词频分析，发现政策主题分布较广，更能体现出欧盟数据安全政策是综合类的政策。从总体上来看，欧盟数据安全政策主题非常丰富且比较均匀，基本不存在政策盲点。从主题内容上可以看出，政策类型也很丰富，欧盟数据安全政策不仅有宏观性、一般性规定同时兼顾针对个别特殊相关性规定。不仅发布了一些战略规划性的计划报告，还有很多针对性的政策，如专门解决电子通信隐私保护问题、消费者数据安全等。

从数据安全政策内容上看，欧盟很重视个人数据安全的保护，早在1995年，欧洲议会和理事会针对个人数据安全保护以及数据流向的平衡问题制定了《个人数据保护指令》，2018年的《一般数据保护条例》更加重视保护个人数据安全问题，增加了许多与消费者相关的敏感数据的保护，另外还提到要重视儿童个人数据安全，条例明确规定要处理13岁以下儿童的个人数据必须得到父母或其监护人的同意。个人数据的保护是基础性的数据安全保护，有利于国家数据安全的保护。欧盟数据安全保护政策体系走在世界前列的另一个很重要的原因，是在面对国内外新环境的时候对已经生效的政策进行修订以适应外部环境的发展新情况。欧盟通过这种因时而变修订法律可以不断解决出现的新问题，在尊重各成员国的具体国情的基础上，使欧盟数据安全政策体系不断丰富与完善。

5.1.3.2 数据安全政策工具的特点——以欧盟为例

从政策工具的角度分析发现，欧盟数据安全政策的各类政策工具之间有良好的互补性，没有出现严重不平衡现象，但是也可以看出涉及需求型政策工具的数据安全政策较少，环境类政策工具中管制类政策偏多，因为管制类政策数据是相对强制性的一类政策，使用频繁一定程度上会对相关部门的积极性以及宽松自由的政策环境造成一定的影响。供给型和环境型政策工具在欧盟数据安全政策体系构建中起着非常重要的作用，欧盟很重视增强技术研发以及相关专业人才的培育，例如2008年研发的针对儿童使用互联网和其他通信技术、2011 年欧盟十分重视开发的“禁止追踪技术”，以及 2014 年草案议程确定的五项研究与创新技术[51]。大数据时代数据安全问题已经上升到国家安全层面，对于数据资源的争夺已经展开，大数据技术显得尤为重要，积极的大数据技术研发是可以抢占数据情报的制高点，也是保护本国数据安全的关键。所以这些技术的出现可以优化数据安全保护，使得欧盟数据安全保护政策事半功倍。有效且多样化的政策工具有利于推动欧盟数据安全政策体系的完善，不仅有稳定的大环境作保障，充分利用供给型工具推动，还有需求作为拉动力。

5.1.4 数据政策制定主题内容演变分析

随着大数据、人工智能概念的兴起，世界各国对数据掌控尤为重视，数据不但在质和量上增长迅速，而且在人类生活和社会创新发展中更是占据着重要地位。以欧美为首的发达国家，都积极地把数据认定为重要战略资产，并围绕数据资源的开发、共享与利用制定了一系列的社会政策，可以说，数据资源已经逐渐成为各国新政策制定的焦点。英国早在 1998 年 7 月就颁布了《数据保护法案》(*Data Protection Act*)，规定了公民拥有获得与自身相关的全部信息、数据的合法权利[52]。2012 年 6 月英国政府发布《开放数据白皮书》(*Open Standards Principles*)，在白皮书中提出通过开放数据，建设透明政府，同时在提供商业创新资源及提升公共服务水平方面提出了一系列战略举措[53]。俄罗斯在 2006 年发布的《俄罗斯联邦个人数据法》中保障了公民个人数据处理中的权利和自由，并对个人数据的跨境转交提出了同等保护的要求[54]。2015 年 9 月俄罗斯出台的《个人数据保护法案》规定了俄罗斯公民的个人信息数据只能存于俄境内的服务器中，实现数据本地化存储以防数据泄露。欧盟在 2018 年 5 月出台了一项重要法案《通用数据保护条例》(*General Data Protection Regulation*)，该法案前身是欧盟在 1995 年制定的《计算机数据保护法》，它被认为是欧盟最为严格的网络数据管理法规，其最大的特点在于限制企业对个人用户数据的使用权[55]。美国政府在 2013 年发布了《开放数据政策》(*Open Data Policy*) 行政命令，要求公开教育、健康、财政、农业等七大关键领域数据，并对各政府机构数据开放时间作出了明确要求[56]。2019 年 1 月参议员 Marco Rubio 宣布了一项关于数据隐私的提案：《美国数据传播法案》(*American Data Dissemination Act*)，提案试图通过立法来规定企业如何使用用户数据[57]。由此可见，欧洲发达国家在数据政策制定层面相对超前，相比之下美国在数据开放、共享与利用层面较好[58]，但是在数据保护方面政策相比其他发达国家略有滞后。目前国际上对数据政策的范围和内容缺乏统一认识，本章提出数据政策在纵向上按照数据利用价值可划分为信息政策、知识政策、智慧政策等，在横向上按政策涵盖的领域可划分为政府数据政策、科学数据政策、医疗数据政策、地理数据政策、环境数据政策等。基于以上现状，本章利用文献计量法和知识图谱分析对 Web of Science 收录 (SCI，SSCI，A&HCI) 的国际数据政策文献进行可视化分析[59]，得出结论：数据安全、个人隐私问题是近些年研究热点话题。

5.1.4.1 年代分析

本小节对 1989 ~ 2018 年国际数据政策文献的出版年代分布进行分析，如图 5-7 所示，研究表明：数据政策文献研究经历了从平缓运行到迅速增加的变化阶段。根据文献增长速度的不同，将其划分为三个发展阶段：平稳期（1989～2005年），增长期（2006～2014年），爆发期（2015～2018年）。平稳期（1989～2005年）的文献数量在91～133篇波动，增速比较缓慢，基本处于平稳状态。增长期（2006～2014年）的文献数量从172～348篇，2014年文献数量比2006年增长了一倍。爆发期（2015～2018年）是在增长期发展的基础上增幅迅速加大，并于2018年达到峰值501篇文献研究成果，整个爆发期的数据政策文献研究数量为1887篇，四年的文献研究成果占总量的31.8%。2013年底，美国“棱镜”事件[60]的曝光是数据政策文献研究走向繁荣的一个重要节点，世界各国对数据安全尤为重视，在此事件之后数据政策研究受到了国际学者的充分关注。

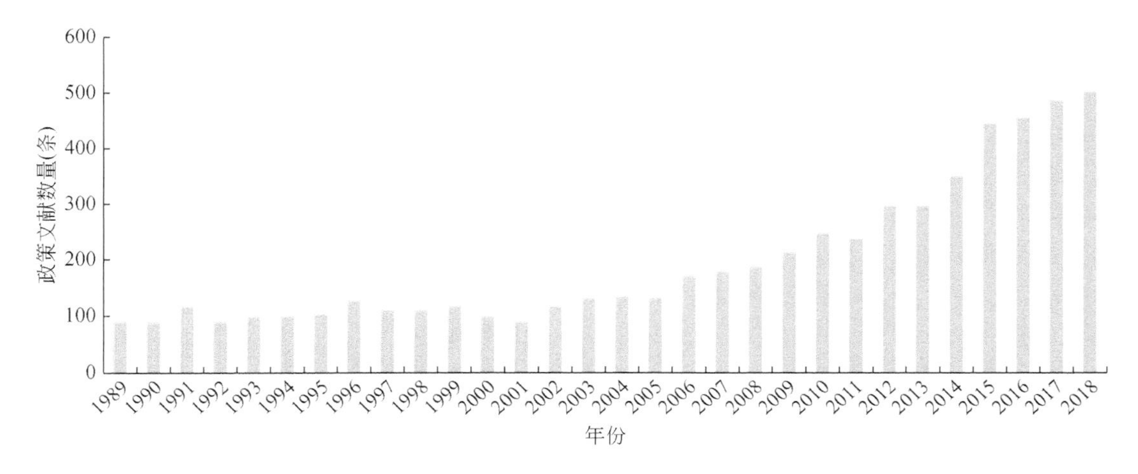

图5-7　1989～2018年国际数据政策文献研究年度分布情况

5.1.4.2　共被引分析

在CiteSpace中的网络节点选择（Reference），将1989～2018年分为30个时间分区，引文文献136 075篇，得到数据政策文献研究成果共被引网络知识图谱，图谱中圆圈直径及字号越大代表的该作者的文献共被引的次数越多，节点间的连线代表文献成果之间的共被引关系，该图谱有效地呈现了数据政策文献研究成果间的共被引关系，如图5-8所示。

选取前15个有代表性的成果，详见表5-11，从知识发现角度来看，高被引用文献说明了研究成果最有可能形成领域研究的前沿热点文献。通过数据分析发现高被引用的文献主要集中在2009～2014年间发表，其中有4篇研究成果发表在*MIS Quarterly*刊物上，有4篇成果发表在*European Journal Information Systems*刊物上，有2篇成果发表在*Information & Management*刊物上，*Information Systems Research*、*Decision Support Systems*、*Computers & Security*、*Communications of the ACM*刊物上分别刊载1篇研究成果，文章*Ciphertext-Policy Attribute-Based Encryption: An Expressive, Efficient, and Provably Secure Realization*在PUBLIC KEY CRYPTOGRAPH2011会议发表，并在*Lecture Notes in Computer Science*出版。对这15篇研究成果的主题内容进行分析[61]发现都是Information Security policy相关的，由此可知在该研究领域关于数据安全及信息安全问题是长期以来持续的热点研究问题之一，这些文

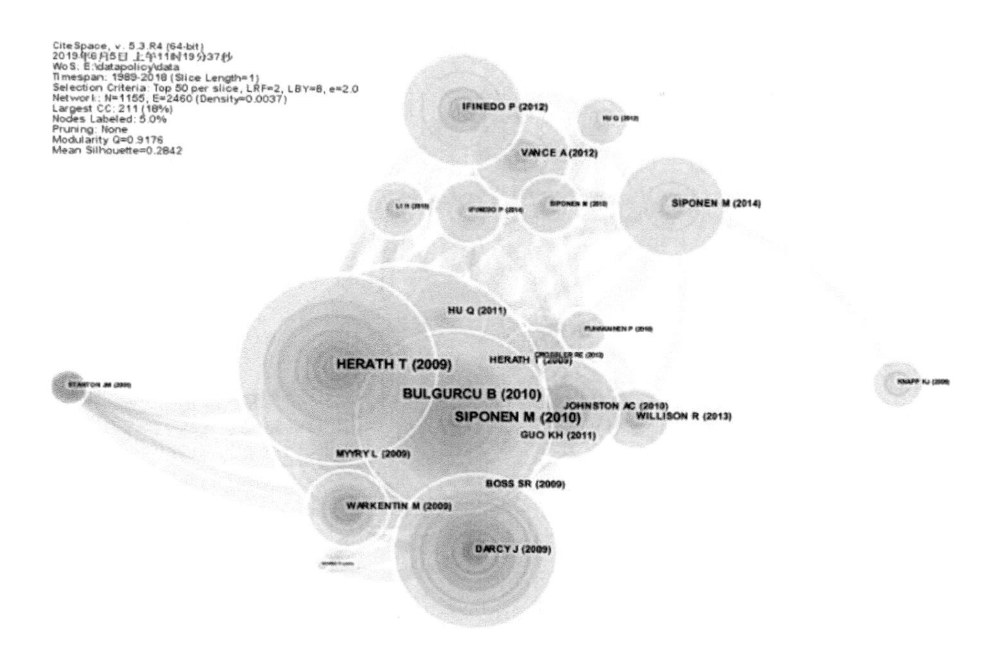

图 5-8　数据政策文献研究成果共被引知识图谱

献都是数据政策研究的重要成果，在推动全球数据政策研究方面将起到重要作用。

表 5-11　国际数据政策研究的 15 篇关键研究文献

被引频次	名称	发表年份	作者	刊物
53	Information security policy compliance: an empirical study of rationality-based beliefs and information security awareness	2010	Bulgurcu B	*MIS Quarterly*
38	Protection motivation and deterrence a framework for security policy compliance in organizations	2009	Herath T	*European Journal Information Systems*
36	Neutralization: New Insights into the problem of employee information systems security policy violations	2010	Siponen M	*Mis Quarterly*
33	User awareness of security countermeasures and its impact on information systems misuse: a deterrence approach	2009	Darcy J	*Information Systems Research*
23	Encouraging information security behaviors in organizations: Role of penalties, pressures and perceived effectiveness	2009	Herath T	*Decision Support Systems*
23	Understanding information systems security policy compliance: An integration of the theory of planned behavior and the protection motivation theory	2012	Ifinedo P	*Computers & Security*
22	Fear Appeals and Information Security Behaviors: An Empirical Study	2010	Johnston AC	*Mis Quarterly*
21	Employees' adherence to information security policies: An exploratory field study	2014	Siponen M	*Information & Management*

续表

被引频次	名称	发表年份	作者	刊物
18	Motivating IS security compliance: Insights from Habit and Protection Motivation Theory	2012	Vance A	*Information & Management*
17	Behavioral and policy issues in information systems security: the insider threat	2009	Warkentin M	*European Journal Information Systems*
16	If someone is watching, I'll do what I'm asked: mandatoriness, control, and information security	2009	Boss SR	*European Journal Information Systems*
16	Does Deterrence Work in Reducing Information Security Policy Abuse by Employees?	2011	Hu Q	*Communications of the ACM*
15	What levels of moral reasoning and values explain adherence to information security rules? An empirical study	2009	Waters B	*European Journal Information Systems*
15	Ciphertext- Policy Attribute- Based Encryption: An Expressive, Efficient, and Provably Secure Realization	2011	Myyry L	*PUBLIC KEY CRYPTOGR APHY-PKC Lecture Notes in Computer Science*
14	Beyond deterrence: an expanded view of employee computer abuse	2013	Willision R	*Mis Quarterly*

5.1.4.3　研究热点分析

通过对国际数据政策文献研究突现词的分析可获取研究热点，关键词突现度指的是该关键词在某段时间内出现次数的变化率[62]。通过探测突现词可以对该领域发展的脉络、未来发展前沿及研究热点进行预测分析[63]。本文利用 CiteSpace 软件对国际数据政策文献研究的突现关键词进行了探索和分析，设定节点类型为 keyword，词语类型为 Burst Terms，生成该热点关键词网络知识图谱。十字点及字号的大小与其出现的频数呈正相关关系，十字点和字号越大，则其所代表的该关键词出现的频次越多。节点间的连线代表关键词之间的关联关系，线条越粗，则代表关键词之间的关联关系越紧密，如图 5-9 所示。

为进一步对国际数据政策文献中关键词演变趋势进行研究，如表 5-12 所示，除去一些无实际意义关键词，得知近 30 年关键词频数变化率较高的有 model（模型）、system（系统）、management（管理）、science（科学）、impact（巨大影响）、innovation（创新）、governance（治理）、framework（框架工程）、public policy（公共政策）、network（网状系统）、big data（大数据）、risk（风险）、performance（性能）、privacy（隐私）、decision making（决策）、access control（访问控制）、health policy（卫生政策）、information security（信息安全）。其中除去 policy（政策）之外，model（模型）、system（系统）、management（管理）出现频次最高，说明“数据政策系统模型、管理框架”是该领域热点主题；排在其后的有 impact（巨大影响）、innovation（创新）、governance（治理）、framework（框架工程）、public policy（公共政策）、network（网状系统）、big data（大数据）、risk（风险），显示出数据治理、大数据及数据政策所带来的影响和风险也是重要关注的热点之一；此外 technology（技术）、privacy（隐私）、decision making（决策）、access control（访问控

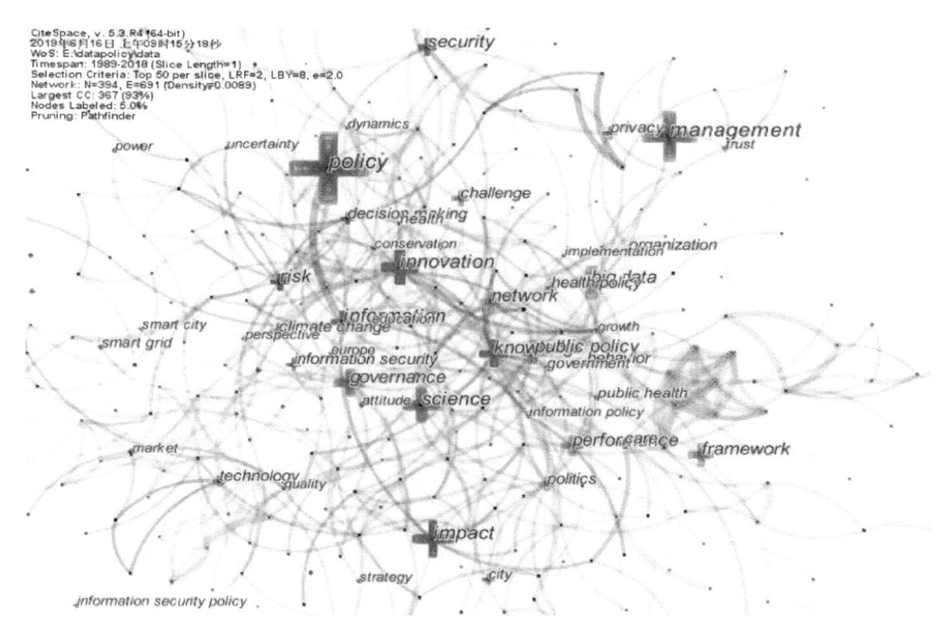

图 5-9　国际数据政策文献研究关键词热点领域分布图谱

制)、health policy（卫生政策)、climate change（气候变化)、challenge（挑战)、information security（信息安全）等也都是该领域研究的热点领域，图 5-9 结合表 5-12 关键研究文献可知数据隐私、信息安全带来的风险与挑战是数据政策研究过程中不可忽视的问题[64]。

表 5-12　国际数据政策文献研究关键词列表（出现频次>45）

序号	主题词	频次	序号	主题词	频次
1	policy	211	16	security	71
2	model	198	17	performance	66
3	system	167	18	behavior	64
4	management	147	19	technology	63
5	science	124	20	care	62
6	impact	117	21	privacy	59
7	information	103	22	politics	57
8	innovation	96	23	united states	55
9	knowledge	90	24	decision making	55
10	governance	89	25	organization	54
11	framework	78	26	access control	52
12	public policy	75	27	health policy	52
13	network	75	28	climate change	50
14	big data	73	29	challenge	48
15	risk	72	30	information security	47

5.1.4.4 演化趋势分析

为考察数据政策文献热点主题在不同时期的变化，本章利用 CiteSpace 软件对国际数据政策文献研究的突显关键词结合发展阶段进行了演化趋势分析，详见图 5-10 所示，平稳期（1989～2005 年）的知识图谱中关键词数量较少，且关联关系并不紧密，增长期（2006～2014 年）的知识图谱中要比平稳期阶段关键词关联复杂，且关键词数量较多，爆发期（2015～2018 年）的知识图谱和增长期类似，关键词数量较多且关系紧密，通过不同阶段的突现关键词知识图谱显示数据政策演化趋势。

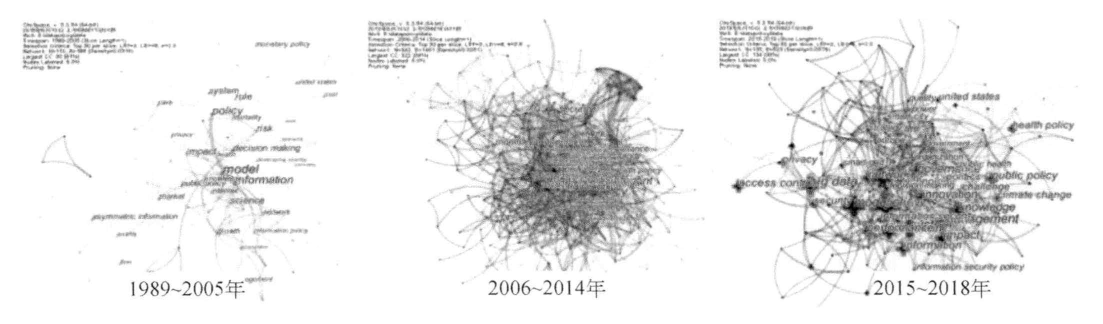

图 5-10 国际数据政策文献研究发展阶段关键词热点领域分布图谱

从关键词频次来说，详见表 5-13 所示，不同阶段间主题具有显著差异[65]。平稳期（1989～2005 年）阶段关键词频次范围［3，27］，在这一时期内，数据政策研究发展比较缓慢，信息政策作为数据政策的一部分，信息政策模型是该阶段研究的重点，信息政策给社会带来的冲击、风险在该阶段也得到了学者关注。增长期（2006～2014 年）阶段关键词频次范围［15，106］，这一阶段对比平稳期有了较明显的变化，虽然数据政策模型及框架仍是热点话题，但是创新发明、数据隐私、可持续性、访问控制等热词也逐渐被关注。爆发期（2015～2018 年）阶段频次范围［18，90］。在短短四年的时间关键词数量并不少于增长期 10 年的关键词数量，随着云计算、大数据的概念的出现，这一阶段中在数据政策框架、数据安全、信息安全的关注持续增加的同时，smart city（智慧城市）、smart grid（智能电网）等智能化的主题也逐步受到热议，这也说明大数据，人工智能的研究将逐步成为焦点和前沿领域。从关键词角度来说，在 30 年的发展历程中 policy（政策）、model（模型）均排在前三位，这表明关于政策模型构建是持之以恒的研究主题，而通过对爆发期的分析，在未来一段时期内，全球范围内将深化大数据、人工智能等研发应用，这些焦点领域必将受到学界的广泛关注。

通过数据政策的关键词演化阶段可知：①信息安全的关注度由增长期（2006～2014 年）19 次上升到爆发期（2015～2018 年）27 次，关注度提升幅度较大；②云计算、大数据、人工智能等热点在爆发期（2015～2018 年）关注度逐步上升，尤其是大数据已经排在该阶段热点关键词的第五位。③自增长期（2006～2014 年）起，知识、创新这两个便成为了热词，比较稳定的排名在前十位，尤其是大数据、人工智能进入各领域掀起涟漪的时代，知识已经被视为核心资产，究其根源是知识管理可以有效提升创新能力并实现智慧发展。

表 5-13 国际数据政策文献研究发展阶段关键词列表（40 个关键词）

平稳期（1989～2005 年）		增长期（2006～2014 年）		爆发期（2015～2018 年）	
关键词	频次	关键词	频次	关键词	频次
model	27	policy	106	policy	90
information	18	model	100	system	73
policy	15	system	85	model	71
impact	12	management	72	management	70
risk	12	impact	52	big data	66
science	11	science	50	science	63
rule	10	information	44	governance	56
system	9	innovation	44	impact	53
decision making	9	risk	36	innovation	50
public policy	8	security	36	knowledge	50
asymmetric information	8	knowledge	34	framework	50
market	8	organization	33	network	47
internet	7	governance	33	public policy	42
network	6	politics	30	information	41
care	6	care	29	performance	40
knowledge	6	framework	28	behavior	38
monetary policy	6	technology	26	access control	37
growth	6	decision making	26	technology	33
mortality	6	public policy	25	security	33
united states	5	united states	25	privacy	31
security policy	5	health policy	25	challenge	31
cost	5	climate change	25	information security	28
management	5	monetary policy	24	care	27
behavior	4	performance	24	city	27
privacy	4	privacy	24	health policy	27
quality	4	uncertainty	19	politics	25
competition	4	determinant	19	united states	25
firm	4	conservation	19	climate change	25
health	4	government	19	risk	24

续表

平稳期（1989～2005年）		增长期（2006～2014年）		爆发期（2015～2018年）	
关键词	频次	关键词	频次	关键词	频次
inflation	4	information security	19	smart city	23
telecommunication	4	health	18	smart grid	23
disease	4	challenge	17	public health	21
information policy	4	implementation	17	decision making	20
standard	4	perspective	16	organization	19
environmental policy	4	information policy	16	strategy	19
information technology	4	public health	16	power	19
technology	4	access control	15	information security policy	19
developing country	3	smart grid	15	cloud computing	18

利用Web of Science数据库检索出1989～2018年的5937篇“数据政策”相关研究文献，通过文献计量法和科学知识图谱分析揭示了成果的研究现状、前沿热点与主题领域，下面从两个方面概括国际数据政策文献研究的主要特点及其对我国的借鉴与启示。

第一，从研究热点来看：通过国际数据政策研究关键词的演变趋势，可以发现数据政策系统模型、管理框架的构建是该领域热点主题；而数据治理、大数据及数据政策所带来的影响和风险也是重要关注的热点之一；此外数据隐私、信息安全、技术挑战等热词结合高引用文献研究主题都是Information Security policy，这些可以说明数据政策框架模型、大数据风险防控、数据及信息安全的相关研究成果是目前国际数据政策研究领域的前沿热点。而近年随着来智慧城市、智能电网等词的涌现，在大数据与人工智能领域的结合也必将成为研究的趋势。

第二，从对我国数据政策研究的借鉴与启示来看：我国正朝向数据强国的方向不断努力，但是距离欧美发达国家来说还相对落后，因此我们要在国外研究热点的基础上来探寻自己的发展之路[66]。在2015年8月国务院印发《促进大数据发展行动纲要的通知》后，我国大数据产业发展已经逐渐走向正轨，如贵州、广东等省份已经在该领域应用不断地开拓与创新，逐渐开始把大数据和人工智能结合起来应用到更多场景中来，但与此同时要借鉴当前国际上存在的诸如数据隐私、信息安全等方面的挑战，要从构建数据政策框架模型和构筑数据安全防护体系层面来实现与其他领域的快速融合。

5.2 国外数据安全政策发展演变

在信息技术融合应用的新时代，发展大数据已成为不可逆转的历史潮流，与互联网的发明一样，这绝不仅仅是信息技术领域的变革，更是全球范围启动透明政府、加速企业创新、引领社会变革的利器[67]。对于国家而言，没有网络安全、数据安全的解决办法，就没有信息安全的基础保障，网络安全、数据安全是社会稳定、经济繁荣的重要保障[68]。因此，近年来各国政府、机构部门极为重视从网络安全到数据安全的发展、完善与管理。

5.2.1 美国数据安全政策的演变

美国数据安全政策的实践是丰富而复杂的，具有典型的自我中心主义和美国实用主义的特征。以围绕美国国家核心利益，对核心概念进行精准定位与调节，在国际上率先制订了一系列数据安全政策以适应不断变化的环境需求，保障其国际领军的地位。

（1）因时而变的法律导向

在数据安全领域，公众对政府所掌握的信息“监听”能力尤为担忧。在克林顿时代的重点是保护敏感信息与数据、关键系统、基础设施的安全；“9·11”事件以前民众表现出对政府强烈的不信任感，始终认为政府对国家的未来构成了重大的威胁，但“9·11”事件发生后，民众感受到了真实存在的巨大威胁，虽然对个人安全的忧虑犹存但愿意为获得必要的安全保障暂时忍受自由权的侵犯，促使决策权力由立法机关向行政机关转移。小布什时期，将重点转为攻防结合，并运用特定的信息系统监视特定范围内网络用户的信息活动，以国防部、国家安全局、中央情报局等为代表的国家信息安全决策机构占据优势地位[69]。奥巴马时期颁布了《开放和透明的政府》备忘录，政府推出Data. gov网站，各国纷纷加入到开放政府数据运动中。与此同时，伴随着个人信息的大量泄露、企业遭遇信任危机，美国政府开始重视开放政府数据中的个人隐私保护，为能更合理地反映用户对隐私的期待，美国推动对《电子通信隐私法案》的改革，目前已获众议院多数支持。2015年2月，白宫公布《消费者隐私权利法案（草案）》[70]，该草案一方面赋予了美国民众更大的隐私权，旨在数字化时代让消费者更好地控制他们留在互联网上数据足迹的使用、存储和销售；另一方面允许各行业在美国联邦贸易委员会的监督下自主制定有关数据隐私的行为守则，并试图在保障消费者隐私并给予企业一定灵活性间寻求平衡。

（2）多种战略结合

美国作为世界上第一个引入网络战的国家，也是第一个积极加强网络战建设的国家。在制定网络安全战略的同时，也制定并实施了全面的网络安全人才，尤其是精英的培养战略。

2000年《国家安全战略报告》的颁布，使信息安全正式成为国家安全战略框架的一部分，2003年《网络空间安全国家战略》的正式出台标志着国家信息安全独立地位的最终确认。从2004年开始，美国国土安全部就与美国国安局（NSA）的“信息保障司”（IAD）合作实施了“国家学术精英中心”计划。随着数字技术的快速发展，美国先后调整了国家信息安全政策，以巩固在国际的领先地位，促使数据安全在国家信息安全政策中的地位不断上升。在政策框架中，美国强调大数据科技创新及开放数据、数据安全的重要性。一方面积极推动政府开放数据与数据安全政策的制定，另一方面加强对人才培养及技术创新研发的投入。2012年6月，美国国土安全部与大学和私企合作启动一项培养新一代网络专业人才的计划。这项计划的任务是：制定人才培养战略，提升国土安全部对网络竞赛和大学计划的参与程度；加强公司合作伙伴关系；通过跨部门合作组建一支能在联邦政府所有机构工作的网络安全队伍。2012 年 9 月，美国发布了“NICE 战略计划”，旨在加强网络安全的人才队伍，通过对网络安全专业人员、在校学生、普通公众这三类群体进行教育和培训，以扩充网络安全人才储备、提高全民网络安全的风险意识、培养具有全球竞争力的网络安全专业队伍[71]。

（3）加强跨国保护合作

数据的跨国特性和高速发展的经济相互依存，决定了国家必须通过行为体之间的合作来保护特定国境内的数据安全，共同应对来自非国家行为体的挑战，实现共同的国家信息安全。在美国与其他国家的合作中其中最引人瞩目的为与欧盟的跨国保护合作。由于美国缺乏统一的数据保护法，未能达到欧盟指令的充分保护要求，这将妨碍个人数据在美欧之间跨境转移。为了解决这一问题，美国和欧盟于 2000 年达成了一个折中的安全港协议。这就是在美国和欧盟之间的实现数据跨境流动的“美国-欧盟安全港协议”（Safe Harbor）[72]，用于调整美国企业出口以及处理欧洲公民的个人数据，如姓名和住址等。简言之，这份协议主要是为了方便企业在欧盟和美国之间转移数据。协议达成后，欧委会通过“2000/520 号欧盟决定”，确认安全港隐私原则以及附属条款对个人数据的保护达到了欧盟指令的充分保护要求。然而，在美国曝光监听丑闻及棱镜事件后，欧洲议会议员表示，将寻求终止欧美金融数据共享协议，以作为对美国“棱镜”计划窃取部分欧洲国家情报的回应。2015 年 10 月 6 日，欧盟法院公布了一份无效判决，宣布“2000/520 号欧盟决定”（Safe Harbor Decision）无效。欧盟法院认为，该决定不仅危害了尊重私生活的基本权利，而且危害了有效司法保护的基本权利，因为其没有给个体提供获取、修改、清除其个人数据的救济。此外，这份无效判决对已经存在了 15 年之久的美欧安全港协议的效力带来了重大挑战。成员国数据监管机构可以因此禁止美国公司收集、存储其国民的个人数据[73]。尽管如此，该判决对美欧个人数据跨境流动的潜在影响，以及是否会使美国公司在美国收集、存储欧盟公民的个人数据变得更加困难，还有待进一步观察。

（4）经费向应用性研究倾斜

大数据作为一种重要的战略资源，将网络空间与现实空间、传统安全与非传统安全熔于一炉，将数据安全带入一个全新而又复杂的时代。从美国先后制定的战略与法规使我们不难看出，技术发展日新月异，自“9·11”后，美国信息安全技术研究经费主要来源于美国国防部高级计划研究署（DARPA）的研究重点倾向于机密项目、武器项目的研究。美国信息安全研究的经费更倾向于工程性、实用技术性研究，希望支持可以立即投入应用、能获得短期回报的项目。政府重视与公司合作，加大了与工业界巨头的合作，工业界已经站到了信息安全的前沿，成为实际信息技术的研究者和实施者。数据安全政策的实施以及新的数据安全技术的推广离不开政府与私营部门间的合作，因此美国在新的数据安全政策中，把公私合作作为发展的一个重点。美国政府投入大量资金推动公司不断创新其产品内容，更新政府数据安全产品与技术，以便更好地保护国家领域内的数据安全。

5.2.2 欧盟数据安全政策的演变

欧盟数据安全政策时间跨度较大，涉及到的政策主体有欧盟委员会、欧盟地区事务委员会、欧洲议会、欧盟理事会、欧洲经济和社会委员会，公文形式包含指令、建议、意见、决策、条例和规则等。

5.2.2.1 政策演变的时间分析

从图 5-11 可以看出欧盟数据安全政策始于 1995 年由欧盟理事会通过的《关于个人数据处理与数据自由流动的保护指令》，这是欧盟实现个人数据保护的主体政策。此后，欧盟数据安全政策数量无明显增长，经历了漫长的发展后，从 2002 年开始，数量增加较为迅速，尤其是 2015 ~ 2018 年间最为明显。

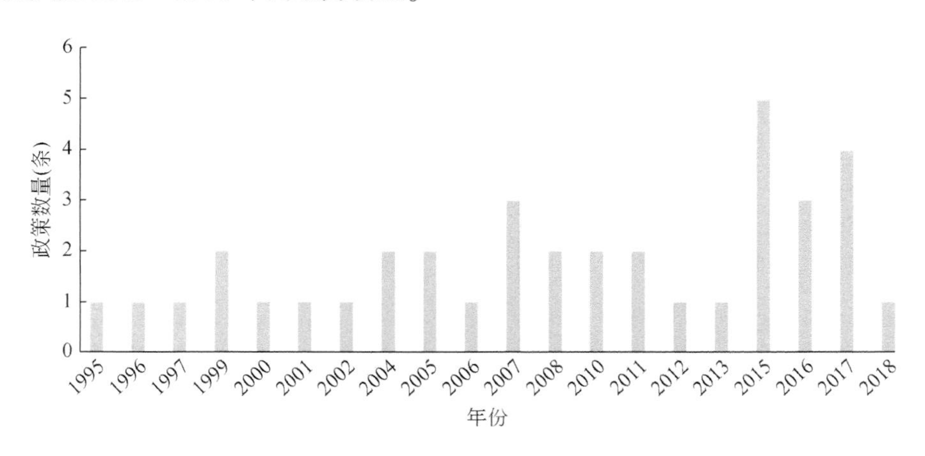

图 5-11 欧盟数据安全政策增长趋势

(1) 欧盟数据安全政策起步阶段

2002 年开始欧盟相继颁布了《授权与许可指令》《接入与许可指令》《接入与互联网指令》《普遍服务指令》四个指令，统称为“电信一揽子”指令，都属于 2002 年 7 月 12 日颁布的《隐私和电子通信指令》。2004 年由欧洲经济和社会委员会提议，同年十月由欧洲议会和欧盟理事会通过的《消费者保护合作条例》，保护消费者的个人信息安全。

(2) 欧盟数据安全政策发展阶段

2008 ~ 2009 年欧盟通过了很多相关政策，2008 年 7 月通过了一个有关于成员国之间签证信息系统维护以及数据安全的保护政策，同年还通过了有关于保护儿童使用互联网时的数据安全保护，代表着儿童个人数据也开始受到重视。2009 年 12 月 9 号，欧盟通过了《更好规划指令》是“电信一揽子方案”的修订版。2012 年欧盟正式提出《一般数据保护条例》，全新的立法取代了《个人数据保护指令》，欧盟从真正意义上保护了五亿欧盟公民的个人隐私。2013 年欧盟理事会通过了《关于保护欧盟机密信息的安全规则》，该规则的出台有效保障了国家信息安全。

(3) 欧盟数据安全政策深化阶段

2016 ~ 2018 年欧盟数据安全政策发展迅速，在大数据和新技术革命的影响下，欧盟更加注重数据安全的保护。2016 年《一般数据保护条例》也被提上日程；2017 年欧洲经济和社会委员会提出很多有关于个人电子通信方面的提案，希望私人生活中的电子通信数据得到保护和尊重。2018 年 5 月 25 日，新的欧盟范围的数据保护文书《一般数据保护条例》将在其通过和生效 4 年后直接适用。同年欧洲数据保护主管提出关于建立欧盟大规模信息系统之间互操作性框架的两项法规提案的意见，目的是保护大量移民的个人信息安全。

5.2.2.2　政策演变的主体分析

欧盟层面政策决策是具有一种趋向于“四方结构”的多元互动的特点，欧盟委员会、欧盟理事会、欧洲议会、欧洲理事会以及其他监督、咨询机构都会参与欧盟政策的制定[74]。但是他们的影响程度和权力是不一样的。如表 5-14 及表 5-15 所示，单独发文的部门较少，联合发文的数量较多。

表 5-14　单独发文欧盟数据安全政策主体　　（单位：条）

发文部门	1995～2001 年	2002～2008 年	2009～2014 年	2015 年以来	总计
欧盟委员会			1	1	2
欧洲议会	1				1
欧洲经济和社会委员会	2	1	1	2	6
欧盟地区事务委员会			1	1	2
欧洲数据保护监管部门		3	1	5	9

表 5-15　联合发文欧盟数据安全政策主体

发文部门	发文数（条）
欧洲议会和理事会	16

（1）政策倡议机构

欧盟委员会的立法提案是欧盟理事会制定数据安全政策的基础，也可以说是一切欧盟立法的前提。欧盟委员会一般会在欧洲理事会提出大的方向和目标后就某一具体的问题进行提案倡议，为了实现最优化的立法战略，欧盟委员会重点任务在准备工作和完善咨询工作。

在提出议案草案之前，欧盟委员会需要对草案可能带来的影响因素进行评估，如经济、社会、环境因素等。对一些可以通过的政策进行利弊分析，并将分析结果提交给欧洲议会和欧盟理事会。欧盟委员会一般采取以下三种方式推动政策的达成，一是通过一些没有约束力的措施，一般为提出相关建议或意见，提出具体的行动建议或者发表相关声明来表达欧盟委员会的意见；二是通过管理资金项目来推动对政策的达成，对相关政策进行资金的支持；三是提出具有约束力的立法，一般包含可以在欧盟成员国实施的规制、成员国转化为国内法的指令、针对成员国或企业决定。

对于欧盟数据安全政策的制定中欧盟委员会扮演的角色一般为发布一些战略规划的报告或是提出一些相关的倡议以及具体的政策行动。在 2011 年 12 月欧盟委员会发布了针对大数据的报告《开放数据：创新、经济增长以及透明治理的引擎》，为制定应对大数据时代挑战的具体举措。同年 3 月 1 日提出相关建议，体现消费者保护在合作中实施的数据保护系统。紧接着 2013 年欧盟委员会又发布了针对跨境数据流动挑战的报告《重塑欧美数据流动信任》。因为美国“窃听门事件”和“棱镜门”事件的曝光，欧盟委员会重新审视了数据安全的重要性尤其是个人数据安全，而且很多倡议报告都是剑指美国的。2018 年 11 月，欧盟委员会再一次提出对 2002 年出台的一系列电子通信隐私保护相关的法规进行修改[75]。

（2）政策立法行政机构

欧盟理事会又称为部长理事会，是由各国的具有资格的代表政府的部长组成的，代表了各成员国的利益诉求。欧盟理事会虽然是个成员国利益诉求共同体，但是对欧盟层面上的政策法律法规都是有权力制定的。欧盟理事会与欧洲议会在数据安全政策通过这一环节拥有共同行使立法权，欧盟理事会扮演了重要的角色，拥有实际的最终决策权，可以决定欧盟委员会的提案是否可以通过。欧洲议会和理事会实际上是一种共同决策的模式，他们在诸如能源、环境、交通等很多领域都享有着共同的同等权力。在欧盟数据安全政策领域，欧洲议会和欧盟理事会是立法的主要机构，主要的工作是在征询了其他欧盟机构的相关意见后，在欧盟委员会做出倡议提案的前提下进行数据安全政策的制定。欧盟理事会主要的职能有以下三点：一是保证欧盟经济、环境以及社会政策可以相互协调发展；二是制定数据安全政策和法律法规，进一步推动这些政策更好地贯彻落实；三是协调成员国之间数据安全政策的相关问题，缔结与数据安全问题相关联的国际合作协定。从上面的表 5-15 可以看出，欧洲议会和欧盟理事会联合发文数最多，大部分的数据安全政策都是这两个机构共同决策的，从 2000 年开始的《关于保护共同体机构及其个人数据自由流动》的政策就是由欧洲议会和理事会共同决定通过的[76]；以及 2002 年共同通过发布的“电信一揽子方案”；2004 年 10 月通过的《消费者保护合作条例》；还有最受关注的《一般数据安全保护条例》都是由这两个机构共同决策通过的。欧盟理事会享有立法决策权的同时还享有立法提案最后的否决权，有些欧盟委员会提出的倡议，欧盟理事会提出异议并有否决提案通过的权力。理事会不仅可以向欧盟委员会提出如何行使授权的要求、也可以向其提出建议。

上面谈到欧洲议会也是欧盟重要的立法机构，同时也是监督和咨询机构。欧洲议会实际上是一个代表欧盟全体公民的机构，是真正由各成员国的选民投票选举出来的。但是由于很多各成员国议员名额分配不均衡的问题导致欧盟立法决策中会有一定的复杂性，所以才会出现上述的欧洲议会与欧盟理事会“共同决定”的模式出现，欧洲议会同时成为了真正的合作立法机构，与欧盟理事会拥有着同等的立法权力。欧洲议会的主要职能是有以下几个方面：审查、修改欧盟委员会的提案；制衡欧盟理事会；在普通立法和特殊立法程序中扮演重要角色。具体到数据安全政策，欧洲议会是第一个从政治层面讨论数据安全问题的机构，1995 年通过的《个人数据保护指令》、1996 年通过的《数据库保护法规》都是由欧洲议会审核通过的，开启欧盟数据安全保护的新篇章。欧盟委员会不仅是一个重要的倡议机构，同时也拥有一定的行政决策权力，主要是通过利用欧盟决策过程当中的“共同体方法”来履行欧盟行政机构的职能。

（3）政策咨询机构

欧盟层面主要的政策咨询机构是欧洲经济和社会委员会和欧盟地区事务委员会。作为最主要的两个协商机构，在数据安全政策决策的过程中，两个委员会传达着欧盟内部全体公民的利益诉求，扮演着一个终结的角色，提供给公民和其他机构更多的表达意见的平台，主要目的在于加强巩固欧盟立法的合理性和民主性，《欧洲联盟条约》里面很明确地提到，欧盟委员会在提交提案的同时必须要向欧洲经济和社会委员会以及欧盟地区事务委员会进行咨询，寻求两个委员会的意见和建议。这样不仅联系了欧盟机构与欧盟全体公民，同时也推进了欧洲一体化这一基本价值观的传播与发展。欧洲经济和社会委员会在2001年1月提出有关于个人事务在电子通信领域的隐私的建议，在2002年7月欧洲议会和理事会就针对其建议通过了《隐私和电子通信指令》及“电信一揽子方案”，切实保护了在电子通信领域公民的个人隐私安全问题。2004年1月，欧洲经济和社会委员会提出了关于欧洲议会和理事会负责的国家主管部门之间合作的消费者保护法的意见，同年10月欧洲议会和理事会就颁布了《消费者保护合作条例》。由此可见欧洲经济和社会委员会提高了欧洲立法的有效性，切实促进了欧盟数据安全政策的发展。

除此之外，欧盟层面还存在一些分散管理的机构，这些机构主要的运作方式是通过负责相关领域的专业技术，为欧盟数据安全政策的发展过程进行建议和监管。欧洲环境署（EEA）就是这样一种专门提供相关信息、技术建议的机构。2007年4月欧洲议会通过的关于欧洲综合社会保护系统的条例以及2008年12月欧洲议会和理事会通过的关于建立一个社区计划，关注于保护儿童使用互联网和其他通信的技术。这些系统的设计和技术的应用都是EEA提出的建议和意见，还有很多类似欧洲环境署的机构，这些机构拥有专门性的知识和技术，拥有大量专家人才，提高了欧盟委员会提案的专业性和科学性，对欧盟决策、欧盟内部的一体化，都起到积极的推动作用。

（4）政策监督机构

欧盟政策监管机构是一个综合性的监管模式，不同层次的决策会有相对应的监管机构。欧盟委员会在欧盟政策决策过程中扮演了倡议机构，它同时也是重要的监督机构，负责监管各成员对欧盟法律法规的实施情况，并且可以对违反欧盟法律的行为进行责任追查，甚至可以向欧洲法院提起诉讼。为了加强和鼓励合作，有效预防和打击恐怖主义和严重的跨国犯罪，在充分尊重基本权利和自由，特别是隐私和保护个人数据的同时，欧洲联盟和澳大利亚缔结了一项关于加工和转让航空承运人向ACBPS提供的PNR数据。欧盟委员会作为重要的机构，在2014年向欧洲议会提交报告，联合理事会审查欧盟与澳大利亚之间关于航空承运人向澳大利亚海关和边境保护局处理和转移旅客姓名记录（PNR）数据的协议的执行情况。欧盟委员通过对相关部门发放调查问卷的形式进行调查，通过自己的调查或是通过相关利益诉求方的投诉，来对欧盟各个成员国政策实施情况和效果进行监管。

欧洲法院也是欧盟层面重要的监管机构，它与欧盟委员会的监督职能是一样的，也是保证欧盟的法律法规可以在各成员国得到有效的实施。与欧盟委员会不同的是，欧洲议会可以将某一政策直接确立为一项法律秩序。欧洲法院可能在政策制定的过程中参与较少，但是它可以通过其他政策机构对某一议题或是法律法规有异议并且提出上诉的时候，对相关欧盟层面的政策进行修改和提出建议。欧洲法院在对欧盟数据安全政策起到了相当大的监管作用。在2015年10月6日，欧洲法院初步参考欧洲联盟基本权利宪章对1995年10

月 24 日欧洲议会和理事会通过的保护个人处理个人数据和个人数据的自由流动的指令中许多不足之处进行修正。

5.2.3 亚洲国家数据安全政策的演变

亚洲国家制定出台的数据安全相关政策较偏重于个人信息保护，但总体看来呈现出总体防范力度有余、信息流通环节相关各方及运行流程考量补充等现象，这里分别以日本、新加坡和韩国为例分析亚洲国家数据安全政策的演变过程。

5.2.3.1 日本数据安全政策的演变

日本于 1987 年颁布了《关于金融机构等保护个人数据的指导方针》，标志着拉开了日本数据安全政策演变的序幕。日本最初的个人信息保护是与实行电子化政府的活动密切相关的。1998 年起分别由日本总务省和日本政府发布了《推进高度信息通信社会发展的基本方针》和《有关行政机关电子计算机自动化处理个人信息保护法》，2000 年，出台专门的个人信息保护法议案提上日程。

日本《个人信息保护法》（APPI）于 2003 年颁布，于 2015 年进行了大幅修订，并于 2020 年进行了实质性修订。日本国会于 2020 年 6 月 5 日通过并于 2020 年 6 月 12 日颁布了《个人信息保护修正法》[77]，这些修订将于 2022 年 4 月 1 日生效。数据保护可能是最活跃的法律领域，并且随着个人在日常交易中披露的个人信息范围的扩大和企业使用变得更加广泛而不断发展。修订后的法律对数据传输，特别是对离岸实体的数据传输以及数据泄露的处理施加了更广泛的义务。

个人信息保护委员会（PPC）是根据《个人信息保护法》设立的监管机构，负责监督对 APPI 的遵守情况。PPC 针对 APPI 发布了大量的指南性文件，如通用指南、向第三方传输数据指南、匿名指南、数据泄露指南，另外针对特定领域，如金融、健康医疗、电信服务、就业相关业务等都发布了相关指南。

除了《个人信息保护法》等个人信息保护专门性立法以外，《户籍法》《电信事业法》《邮政法》《残疾人福利法》也对个人信息保护有所规定。并且，在互联网消费者个人信息保护这一特殊领域，2000 年日本政府颁布的《IT 基本法》明确规定了保障信息网络的安全可靠这一目标，在《消费者基本法》《消费者合同法》《电子商务法》《消费者安全法》等消费者保护法律当中也都有涉及[78]。日本个人信息保护的立法模式是对美国“分治式”和欧盟“统合式”的平衡和折中，希望在个人信息保护与信息自由流动间找到平衡。日本个人信息保护制度由规定公私领域个人信息保护的顶层、民营企业应遵守的规范和专门针对政府机关、特殊行政法人、地方公共团体的个别法的中层和为行业主管部门制定的具体指导方针和行规的多重结构为底层的结构组成[79]。日本对于国家行政机关、地方公共团体、独立行政法人等分别制定了不同的个人信息保护法律，同时在信用、医疗、电信、教育等领域也分别制定专门法，通过分析各部门利用个人信息的形式和程度不同特点，制定了相对合理、灵活的多重制度体系。

日本立法到现在已经有十几年的实践经验，政府和民间都不同程度出现了对个人信息过度保护的现象。日本对金融、通信、医疗等领域制定的行业指南和部门规章中涉及个人信息保护的要求高于《个人信息保护法》，但在多数情况下并未明确规定具体的损害赔偿金额，也会导致个人信息保护防护网在落地实施中出现不严谨的情况出现。同时，个人信息保护制度对个人信息的保护防范力度有余，但对促进个人信息流通的考量则略显不足。

5.2.3.2 新加坡数据安全政策的演变

新加坡 2012 年《个人数据保护法案》（PDPA）是世界范围内较早保护个人数据的专门立法。PDPA 包含十“部”，并设九个附表，具体规定收集、使用及披露个人数据的条件等要求。PDPA 是新加坡主要的数据保护立法，管理组织对个人数据的收集、使用和披露。除 PDPA 外，新加坡政府还颁布了与之匹配的附属法例，如：2014 年《个人数据保护规例》是 PDPA 的主要附属立法，重点规制查阅、更正个人数据和转移个人数据等内容[80]。在 PDPA 颁布之前，新加坡没有管理个人数据保护的总体法律。相反，新加坡的个人数据处理在一定程度上受到一系列法律的监管，包括普通法、特定行业立法以及各种自我监管或共同监管法规。这些现有的特定行业数据保护框架将继续与 PDPA 一起运作。

2020 年 11 月 2 日新加坡通过并正式颁布《个人数据保护（修订）2020 年法案》（以下简称《修订案》)。《修正案》的大多数规定于 2021 年 2 月 1 日生效。修订后的新加坡《个人数据保护法》新增了个人数据携带权和数据传输义务相关内容，这让新加坡成为效仿欧盟进行数据可携带权立法的代表性国家。完善的数据保护法律与数据跨境流动规则，信息通信基础设施完备，各种持续稳定的电信市场开放和数据中心支持政策等多方面优势，使得新加坡成为全球数据港，成为数据跨境流动的标杆城市。

5.2.3.3 韩国数据安全政策的演变

韩国在 20 世纪 80 年代开始推行政府行政办公计算机联网化，随之而来的个人信息保护问题也进入了立法的视野。韩国于 1989 年和 1991 年分别制定了《个人信息保护法草案》和《电子处理个人信息管理方针》。1994 年韩国以《个人信息保护法草案》为基础，制定了《公共机关个人信息保护法》，并于 1995 年实施。2003 年《个人信息保护法》的制定就被提上议程，但其间或由于分歧过大、或国会未通过、或公众反对等诸多原因，均未能成为正式法案，直到 2011 年 3 月前后历经 8 年，才正式通过并公布了《个人信息保护法》。在《个人信息保护法》立法成功前，韩国的公共部门和民间部门各自对个人信息分别立法，如民营部门对个人信息保护分别散见于《信息通讯网法》《信用信息保护法》《电气通信事业法》《证券交易法》等法律中。这就导致个人信息保护实施过程中，公共部门与民营部门对个人信息的保护力度不一，营利和市场交易中的个人信息保护缺乏法律保护依据，大量侵害个人信息的案例发生。这也是 2011 年 3 月《个人信息保护法》出现的原因之一。

韩国政府的立法路径从最初的“分治式”转向“统合式”，即，对于公共部门和民营部门的个人信息保护统一由《个人信息保护法》来调整和规范。《个人信息保护法》共 9 章 75 个条文，其适用范围扩大到一切民间部门的个人信息处理活动，增设了个人信息影响评价制度、侵权行为的赔偿、团体诉讼等条款[81]。

2020 年 1 月，韩国国会通过《个人信息保护法》《信息通信网使用促进和信息保护法》《信用信息使用及保护法》三部法律修订案，并颁布相关施行令，构成新时代韩国个人信息保护的基本法律框架，最终建立起以总统直辖的个人信息保护委员会和个人信息纷争调停委员会为管理核心的、涵盖面广的、规定详细的个人信息保护法律体系[82]。韩国的《个人信息保护法》不区分公共部门和民间组织的根本差异，统一式的管理可以说是非常严厉。这也使得韩国企业在处理涉及个人信息的业务时，要极为慎重，无论是收集、使用还是管理个人信息均需要承担相应的责任。韩国企业普遍制定详细的个人信息处理相关制度，并公布于众；个人信息收集时，严格遵循业务需求和最小化原则，降低管理难度和管理成本；个人信息使用和管理时，均积极进行脱敏处理，同时强化数据共享管理，防止个人信息泄露。

因此，韩国的个人信息保护以立法和行政管理为基础，推动企业、科研机构和非营利团体等个人信息参与者严格遵守法律规章制度，参与到个人信息保护全过程中，从而形成良好的个人信息保护氛围和机制。但“统合式”立法结构也可能导致多部门介入或限制个人信息保护，利用和共享，使得部门冲突加剧；而不考虑个人信息性质和保护的程度差异，采用“一刀切”的方式进行法律规范，也可能造成企业负担过重。

5.3 我国数据安全政策评估实证

评估是按照一定的准则、程序和方法，通过多方面考量对目标对象进行客观评价的一种行为。政策评估的对象是各类政策。从广义上来看，政策评估被认为涵盖三种行为，即政策的事前评估、执行评估和事后评估；但也有部分国外学者持不同看法，他们认为事前评估应该属于政策分析这一范畴更为准确[83]。而狭义的政策评估被定义为只执行上述三个环节中的最后环节，即在政策执行后再对其进行评估。各学者对政策评估的定义众说纷纭，笔者认为政策评估是一个对政策的制定目标、制定环节和实施效果、意义与价值进行综合评价的过程，如果单一对以上的任意环节进行评估都是不全面的评估。由此可以推论，政府数据安全政策评估主要是对其制定和实施过程以及达到的效果给予一个多角度的评价，而其评估体系的构建可以为我国政府数据安全政策的优化提供重要依据。

5.3.1 构建政府数据安全政策评估指标体系

建立科学完善的政府数据安全政策评估指标体系是对该类政策实现合理评估的重要环节。找到关键的评估指标对我国政府数据安全政策的实施和制定都有着不可忽视的重要作用。我们确立了我国政府数据安全政策评估指标/测评点，共 3 层、29 个三级指标。其中，一级指标 3 个，包括政府数据安全政策的制定、实施及成效；二级指标 10 个，包括政策制定的依据、目的、科学性、内容、传达及执行、资源的投入、政策的监督、效果和效应以及满意度；三级指标即测评点 29 个（表 5-16）。

表 5-16　我国政府数据安全政策评估体系指标及其权重

A	一级指标（B）	二级指标（C）	三级指标（D）	单排序	总排序
我国政府数据安全政策评估体系	政府数据安全政策的制定 b1	政策制定的依据 c1	政策制定的必要性 d1	0.7500	0.0124
			政策制定的理论依据 d2	0.2500	0.0041
		政策制定的目标 c2	政府数据安全目标的明确性 d3	0.1424	0.0029
			政府数据安全目标的可行性 d4	0.3716	0.0076
			政府数据安全目标的具体性 d5	0.4860	0.0100
		政策方案的科学性 c3	调查研究的充分性 d6	0.0974	0.0065
			公众的参与方式与参与度 d7	0.1758	0.0117
			参与制定方案人员的权威性 d8	0.2614	0.0175
			政策方案的公平、公正 d9	0.4654	0.0311
		政策内容 c4	政策主客体的明确性 d10	0.3012	0.0091
			政策内容得易理解性 d11	0.5503	0.0167
			政策手段的合理性 d12	0.1485	0.0045
	政府数据安全政策的实施 b2	政策的传达 c5	政策的宣传力度 d13	0.2105	0.0326
			政策的认可度 d14	0.7895	0.1221
		政策的执行 c6	政策执行人员的态度能力 d15	0.1682	0.0045
			政策配套的措施效力 d16	0.2547	0.0069
			政策手段的可操作性 d17	0.1627	0.0044
			政策的持续性 d18	0.4143	0.0112
		资源的投入 c7	资金的投入 d19	0.1104	0.0129
			人力资源的投入 d20	0.2368	0.0277
			其他社会资源的投入 d21	0.6529	0.0763
		政府的监督 c8	多元监督机构的组成 d22	0.1324	0.0097
			监督机构的独立性 d23	0.5028	0.0369
			监督机构监督的方式方法 d24	0.3648	0.0268
	政府数据安全政策的成效 b3	政策的效果和效应 c9	政府数据安全的程度 d25	0.7273	0.2874
			政府数据的利用度 d26	0.2727	0.1077
		政策的满意度 c10	公众满意度 d27	0.1720	0.1070
			政策主体对政策实施效果满意度 d28	0.3730	0.0368
			政策客体对政策实施效果满意度 d29	0.4550	0.0449

注：各指标对应权重的确定在下文中计算给出

5.3.2　评估体系各指标权重的确定

通过层次分析法对表 5-16 中的各指标/测评点进行赋值，可以清晰地看出各指标/测评点在评估我国政府安全政策的过程中分别起着何种程度的作用。针对表 5-17 制作 AHP 社会调查表，由所选大学的行政管理专业及信息管理专业的多位相关学科专家分别进行填写并回收[84]。由于第三级指标（D 层）测评点较多，为简化计算过程，取所有调查表数值的平均值进行本次计算，以表 5-17 情况为例简述计算过程。通过成对比较法得到表 5-17 中数据，为保证数据的准确性，通过以下步骤对其进行一致性检验。

表 5-17　政策内容（c4）的比较

政策内容	政策主客体的明确性 d10	政策内容的易理解性 d11	政策手段的合理性 d12
政策主客体的明确性 d10	1	2/5	15/4
政策内容的易理解性 d11	5/2	1	20/7
政策手段的合理性 d12	4/15	7/20	1

1）将表 5-17 数据转化为判断矩阵 $\boldsymbol{A}$

$$\boldsymbol{A}=\begin{pmatrix}1 & 2/5 & 15/4\\ 5/2 & 1 & 20/7\\ 4/15 & 7/20 & 1\end{pmatrix}$$

2）用方根法确定 d10、d11　和 d12　的权重，计算结果见表 5-18。

表 5-18　利用方根法对 d10、d11 和 d12 数值的处理结果

项目	d10	d11	d12	行要素乘积 m_i	行要素几何平均 $\overline{w_i}$	归一化 w_i
d10	1	2/5	15/4	1. 5	1. 1447	0. 3290
d11	5/2	1	20/7	7. 1429	1. 9259	0. 5369
d12	4/15	7/20	1	0. 0933	0. 4536	0. 1341

3）计算对应判断矩阵 $\boldsymbol{A}$ 的最大特征根 $\boldsymbol{\lambda}_{\max}$

$$\begin{aligned}\boldsymbol{\lambda}_{\max} &= \frac{1}{3}\sum_{i=1}^{3}\frac{(\boldsymbol{A}w)_i}{w_i}\\ &= \frac{1}{3}\left(\frac{\sum\limits_{i=j=1}^{n} a_{1j}w_i}{w_1}+\frac{\sum\limits_{i=j=1}^{n} a_{2j}w_i}{w_2}+\frac{\sum\limits_{i=j=1}^{n} a_{3j}w_i}{w_3}\right)\\ &= 1/3(3.1811+3.2455+3.0558)\\ &= 3.1608\end{aligned}$$

4）计算层次总排序的随机一致性比例 C. R.

$$\begin{aligned}\text{C. R.} &= \text{C. I.}/\text{R. I}\\ &= \frac{\boldsymbol{\lambda}_{\max}-n}{n-1}/\text{R. I.}\\ &= (3.1608-3)/(3-1)/0.58\\ &= 0.1386\end{aligned}$$

因为 C. R. =0. 1386>0. 1，所以判断矩阵 $\boldsymbol{A}$ 不满足基本一致性，需要对判断矩阵 $\boldsymbol{A}$ 进

行基本一致性修正。修正过程可以采用有道矩阵修正法来实现。设首次修正后的矩阵为 $\boldsymbol{A}$。

1）计算判断矩阵 $\boldsymbol{A}$ 的每一列向量的归一化向量和排序向量

$$p_1=\begin{pmatrix}0.2655\\0.6637\\0.0708\end{pmatrix},\ p_2=\begin{pmatrix}0.2286\\0.5714\\0.2000\end{pmatrix},\ p_3=\begin{pmatrix}0.4930\\0.3756\\0.1315\end{pmatrix},\ w=\begin{pmatrix}0.3290\\0.5369\\0.1341\end{pmatrix}$$

2）求诱导矩阵

$$\boldsymbol{C}=\begin{pmatrix}0.8070 & 0.6948 & 1.4985\\1.2362 & 1.0643 & 0.6996\\0.5280 & 1.4914 & 0.9806\end{pmatrix}$$

3）矩阵 $\boldsymbol{C}$ 中偏离 1 最多的元素为 $C_{13}=1.4985>1$，$C_{13}=15/4>1$，所以 $C'_{13}=15/4-1=11/4$。

4）令 $a'31=4/11$，其他元素不变，得到矩阵 $\boldsymbol{A}'$

$$\boldsymbol{A}'=\begin{pmatrix}1 & 2/5 & 11/4\\5/2 & 1 & 20/7\\4/11 & 7/20 & 1\end{pmatrix}$$

5）C. R. （$\boldsymbol{A}'$）$=0.0749<0.1$，通过基本一致性检验，不需要对矩阵 $\boldsymbol{A}'$ 再次进行修正，否则重复上述步骤继续修正。矩阵 $\boldsymbol{A}$ 经过一次修正后，C. R. （$\boldsymbol{A}'$）$=0.0749<0.1$，具有满意的一致性。此时表 5-17 的数据发生改变（表 5-19）。

表 5-19　对表 5-17 数据的修正结果

政策内容	政策主客体的明确性 d10	政策内容的易理解性 d11	政策手段的合理性 d12
政策主客体的明确性 d10	1	2/5	11/4
政策内容的易理解性 d11	5/2	1	20/7
政策手段的合理性 d12	4/11	7/20	1

此时政策内容的比较完成。按此方法可依次确定表 5-16 中各指标的单排序，单排序逐级相乘得到各指标的总排序。

从构建的评估体系各个指标的总排序可见，在我国政府数据安全政策的评估过程中，“政府数据安全的程度（d25）”是最重要的一项评估指标。此外，“政策的认可度（d14）”和在确保数据安全的情况下“数据的被利用程度（d26）”这两项指标在评估过程中也较为重要。同理，在制定政府数据安全政策的过程中，如果对上述指标加以重视并做出合理的优化改进，那么制定的政策定会发挥出更大的效力。

本章小结

本章介绍了数据安全政策研究的现状、政策制定主体、制定主体内容、政策工具和制定主题内容的演变分析，并围绕美国、欧盟和部分亚洲国家为例分析数据安全政策的演变过程，最后对我国数据安全政策进行了评价。总的来说，数据安全政策的制定和发展体现了国际社会对数据价值的理解和对数据安全政策的重视，这也迫使我国尽快建立健全数据安全政策法规体系，以更好规范数据开放和利用。当然，不论是数据开放政策，还是数据安全政策，在涉及数据开放与数据安全两个看似对立实则统一的主题时，应当二者兼顾、相辅相成，即实现开放数据与数据安全的政策协同。而目前在国内外现有文献中，尚很少能够发现这种政策协同的研究成果。我们在后续几章试图从不同理论视角并一定程度地基于实践开发，开展开放数据与数据安全的相关政策协同研究，并尝试在这一领域有所建树。

参考文献

[1] 腾讯云．国际大数据安全相关政策与法规[EB/OL].[2022-3-15]. https://cloud.tencent.com/developer/article/1040722.

[2] 马海群，徐天雪．我国政府数据安全政策评估体系构建研究［J］．图书馆理论与实践，2018（01）：1-4.

[3] SohrabiSafa N，Von Solms R，Furnell S. Information security policy compliance model in organizations［J］. Computers & Security，2016，(56)：70-82.

[4] Flowerday S V，Tuyikeze T. Information security policy development and implementation：The what，how and who［J］. Computers & Security，2016，(61)：169-183.

[5] 惠志斌．美欧数据安全政策及对我国的启示［J］．信息安全与通信保密，2015，(6)：55-60.

[6] 马海群，王茜茹．美国数据安全政策的演化路径、特征及启示［J］．现代情报，2016，（1）：11-14.

[7] 门小军．大数据时代欧盟数据安全政策概述［J］．信息安全与通信保密，2015，(6)：36-39.

[8] 王泽群．大数据环境下隐私保护的行政立法研究［J］．行政论坛，2016，(4)：84-87.

[9] 齐爱民，盘佳．大数据安全法律保障机制研究［J］．重庆邮电大学学报，2015，(3)：24-38.

[10] 赵培．云大数据与图书馆数据安全共享［J］．图书馆学研究，2014，(9)：39-41.

[11] 宋理国．基于大数据视角对医院和网络数据安全建设的分析［J］．数据安全与云计算：2016，(6)：67-69.

[12] 高佳琴，赵金龙．数据安全策略在矿务局煤炭医院信息化建设的应用［J］．煤炭技术，2013，(1)：188-189.

[13] 陈文捷，蔡立志．大数据安全及其评估计算机应用与软件［J］．计算机应用与软件，2016，(4)：34-38.

[14] 李瑞轩，董新华，辜希武，等．移动云服务的数据安全与隐私保护综述［J］．通信学报，2013，(12)：159-166.

[15] 李晖，孙文海，李凤华，等．公共云存储服务数据安全及隐私保护技术综述［J］．计算机研究与发展，2014，51（7）：1397-1409.

[16] 翟广辉，张远．一种海量数据安全存储技术的研究［J］．科技通报，2013，(8)：25-29.

[17] 王彤．大数据时代下的图书馆跨界服务信息安全技术问题及对策［J］．图书馆理论与实践，2016，(6)：99-103.

[18] 张凌云．略论连续数据保护技术为图书馆数据安全护航——以天津图书馆为例［J］．数字网络，2013，(11)：44-47.

[19] 江林升，朱学芳．基于数字签名技术的数字化校园数据安全策略［J］．现代情报，2011，(1)：59-62.
[20] 李明．大数据技术与公共安全信息共享能力［J］．电子政务，2014，(6)：10-19.
[21] Press G. Top 10 Hot Data Security And Privacy Technologies [EB/OL]. [2022-3-29]. https://www.forbes.com/sites/gilpress/2017/10/17/top-10-hot-data-security-and-privacy-technologies/#35e040a46b3f.
[22] US Government Accountability Office. US Federalgovernment cyber security and data protection[EB/OL]. [2022-4-5]. https://www.forbes.com/sites/gilpress/2017/10/17/top-10-hot-data-security-and-privacy-technologies/#35e040a46b3f.
[23] US Government Accountability Office. Data Security Challenges Faced by Government Agencies, and What They Can Do About It[EB/OL]. [2022-4-9]. https://www.virtru.com/blog/data-security/.
[24] Hostetler B. 2015 international compendium of data privacy laws[EB/OL]. [2022-3-22]. https://towerwall.com/wp-content/uploads/2016/02/International-Com pendium-of-Data-Privacy-Laws.pdf.
[25] 刘斯会．顺丰对菜鸟关闭数据接口：因数据问题与阿里积怨已久[EB/OL]. [2022-3-18]. http://finance.sina.com.cn/roll/2017-06-02/doc-ifyfuzny2084327.shtml.
[26] Jetzek T. Innovation in the open data ecosystem: exploring the role of real options thinking and multisided platforms for sustainable value generation through open data [EB/OL]. [2022-3-10]. https://www.researchgate.net/publication/279923773_Innovation_in_the_Open_Data_Ecosystem_Exploring_the_role_of_real_options_thinking_and_multi-sided_platforms _for_sustainable_value_generation_through_open_data.
[27] 刘婵，谭章禄．大数据条件下企业数据共享实现方式及选择［J］．情报杂志，2016，(8)：169-174.
[28] 冯登国，张敏，李昊．大数据安全与隐私保护［J］．计算机学报，2014，(1)：246-258.
[29] ISACA. State of Cybersecurity Report 2018[EB/OL]. [2022-2-11]. https://www.wipro.com/content/dam/nexus/en/service-lines/applications/latest-thinking/state-of-cybersecurity-report-2018.pdf.
[30] 数字经济联合会．第48次《中国互联网络发展状况统计报告》[EB/OL]. [2022-1-22]. https://www.163.com/dy/article/GKLLHFEU05346KF7.html.
[31] Prince C. Do consumers want to control their personal data? Empirical evidence [J]. International Journal of Human-Computer Studies, 2018, (2): 21-32.
[32] 中文互联网数据资讯网．Radware：消费者越来越重视个人数据的价值[EB/OL]. [2022-1-20]. http://www.199it.com/archives/760367.html.
[33] Cyber Defence Magzine. How much is your data worth? At least $240 per year. Likely muchmore[EB/OL]. [2022-3-12]. https://medium.com/wibson/how-much-is-your-data-worth-at-least-24 0-per-year-likely-much-more-984e250c2ffa.
[34] Huberman B A, Adar E, Fine L R. Valuating privacy [J]. IEEE Security& Privacy, 2005, (5): 22-25.
[35] Grossklags J, Acquisti A. When 25 centsis too much: Anexperiment on willingness-to-sell and willingness-to-protect personal information [J]. Weis, 2007, (5): 206-214.
[36] Otsuki M, Sonehara N. Estimating the value of personal information with SNS utility [J]. IEEE, 2013, (11): 512-516.
[37] Kim J, Nam C, Kim S. The Economic value of personal information and policy implication. Madrid: 26th European Regional ITS Conference, 2015 [EB/OL]. [2022-3-25]. http://ideas.repec.org/p/26w/itse15/127155.html.
[38] 原创力文档知识共享平台．赋权理论指南[EB/OL]. [2022-2-3]. https://max.book118.com/html/2017/0626/118115001.shtm.

[39] 刘丹，黄基秉．网络化时代的技术赋权——富士康某厂区工人媒介使用状况的实证研究［J］．新闻界，2016，(4)：57-65.

[40] Trepte S, Reinecke L. The Pleasures of Success: Game-Related Efficacy Experiences as a Mediator Between Player Performance and Game Enjoyment［J］. Cyber Psychology, Behavior & Social Networking, 2011, (9): 555-557.

[41] Culnan M J, Armstrong P K. Information privacy concerns, procedural fairness, and impersonal trust: An empirical investigation［J］. Organization Science, 1999 (1): 104-115.

[42] Dinev T, Hart P. An extended privacy calculus model for e-commerce transactions［J］. Information Systems Research, 2006, (1): 61-80.

[43] 曹磊．隐私数据属于用户用户享受其收益权[EB/OL]. [2022-1-28]. http://www.100ec.cn/detail-6445257.html.

[44] 谁说“中国人愿意用隐私换便利”？[EB/OL]. [2022-3-12]. http://news.ifeng.com/a/20180327/57109942_0.shtml.

[45] 环球旅讯．超过 80% 的乘客愿以个人数据换更好的航空体验[EB/OL]. [2022-3-12]. https://www.traveldaily.cn/article/108535.

[46] AIA 航空情报局．国际航空运输协会（IATA）：2018 年全球旅客调查报告[EB/OL]. [2022-3-12]. https://www.useit.com.cn/thread-20773-1-1.html.

[47] Hostetler B. 2015. International Compendium of Data Privacy Laws[EB/OL]. [2022-1-20]. https://tower-wall.com/wp-content/uploads/2016/02/International-Com pendium-of-Data-Privacy-Laws.pdf.

[48] 朱琳．大数据时代出台个人信息保护法迫在眉睫[EB/OL]. [2022-2-11]. http://www.datayuan.cn/article/14760.htm.

[49] 张涛．欧盟个人数据匿名化治理：法律、技术与风险［J］．图书馆论坛，2019，12：90-101.

[50] 惠志斌．美欧数据安全政策及对我国的启示［J］．信息安全与通信保密，2015，(6)：55-60.

[51] 张郁安．流动的数据铁打的安全［N］．人民邮电报，2016-3-21，(6)．

[52] UK Legislation. Data Protection Act 1998[EB/OL]. [2022-3-10]. http://www.legislation.gov.uk/ukpga/1998/29/contents.

[53] UK Government. Open Standards Principles[EB/OL]. [2022-3-10]. https://www.gov.uk/government/publications/open-standards-principles/open-standards-principles.

[54] The Russian Union. Federal Law on Personal Data[EB/OL]. [2022-3-10]. http://www.rg.ru/2006/07/29/personaljnye-dannye-dok.html.

[55] European Union General Data Protection Regulation[EB/OL]. [2022-3-10]. https://www.investopedia.com/terms/g/general-data-protection-regulation-gdpr.asp.

[56] NARA. Open Data Policy[EB/OL]. [2022-3-10]. https://www.archives.gov/data.

[57] Rubio M. American Data Dissemination Act[EB/OL]. [2022-3-10]. https://appleinsider.com/articles/19/01/16/american-data-dissemination-act-seeks-to-legislate-how-the-tech-industry-uses-your-data.

[58] 蔡婧璇，黄如花．美国政府数据开放的政策法规保障及对我国的启示［J］．图书与情报．2017，(1)：10-17.

[59] 刘遥，张攀．中外政府创新研究 20 年——基于 CiteSpace 的知识图谱分析［J］．软科学，2019，33 (5)：45-50.

[60] National Security Administration. NSA Prism[EB/OL]. [2022-3-10]. https://nsa.gov1.info/dni/prism.html.

[61] 张涛，蔡庆平，马海群．一种基于政策文本计算的政策内容分析方法实证研究［J］．信息资源管

理学报. 2019, 9（1）: 66-76.
［62］郑乐丹. 基于突变检测的学科领域新兴研究趋势探测分析［J］. 情报杂志, 2012, 31（9）: 50-53.
［63］余厚强, 曹嘉君, 王曰芬. 情报学视角下的国际人工智能研究前沿分析［J］. 情报杂志, 2018, 37（9）: 21-26.
［64］孙健夫, 陈兰杰. 基于知识图谱的国际信息政策热点与前沿分析［J］. 情报科学, 2010, 28（3）: 390-394.
［65］裴雷, 李向举, 谢添轩, 等. 中国信息政策研究主题的历时演进特征（1986-2015）［J］. 数字图书馆论坛, 2016, 146（7）: 19-27.
［66］马海群, 洪伟达. 我国开放政府数据政策协同的先导性研究［J］. 图书馆建设, 2018（4）: 61-68.
［67］李杰, 陈超美. CiteSpace 科技文本挖掘及可视化［M］. 北京: 首都经济贸易大学出版社, 2019.
［68］马海群, 蒲攀. 国内外开放数据政策研究现状分析及我国研究动向研判［J］. 中国图书馆学报, 2015,（5）: 76-86.
［69］Swiss L. Security Sector Reform and Development Assistance: Explaining the Diffusion of Policy Priorities among Donor Agencies［J］. Qualitative Sociology, 2011, 34（2）: 371-393.
［70］网易科技. 白宫公布立法草案: 保护消费者网上隐私［EB/OL］.［2022-2-14］. http://tech. 163. com/15/0228/14/AJI0OH1I000915BF. html.
［71］中国保密协会. 美国的网络安全战略和人才战略简析［EB/OL］.［2022-2-14］. https://www. freebuf. com/articles/neopoints/77246. html.
［72］Graefe F H. Safe Harbor Regulations［EB/OL］.［2022-2-14］. http://oig. hhs. gov/compliance/safe-harbor-regulations/index. asp.
［73］CookJ, Price R. Europe's highest court just rejected the 'safe harbor' agreement used by Americantechcompanies［EB/OL］.［2022-2-14］. http://www. adobe. com/cn/privacy/safe-harbor. html.
［74］巩潇泫. 多层治理视角下欧盟气候政策决策研究［D］. 济南: 山东大学, 2017.
［75］王融. 大数据时代: 欧盟能否重建数据保护新秩序［J］. 中国信息安全, 2016,（1）: 125-127.
［76］吴沈括, 霍文新. 欧盟数据治理新指向:《非个人数据自由流动框架条例》（提案）研究［J］. 网络 空间安全, 2018, 97（3）: 35-40.
［77］DIDOMI. Japan- Data Protection Overview［EB/OL］.［2022-2-14］. https://www. dataguidance. com/notes/japan-data-protection-overview.
［78］秦珂. 日本个人信息保护法律制度研究［D］. 上海: 上海外国语大学, 2020: 15.
［79］池建新. 日韩个人信息保护制度的比较与分析［J］. 情报杂志, 2016, 35（12）: 63-68.
［80］屈文生. 新加坡公民个人数据权利保护的立法动向［N］. 人民法院报, 2020-7-31,（8）.
［81］林宗浩, 张倩. 韩国个人信息保护法制的经验与启示［J］. 山东大学法律评论, 2019,（1）: 315-327.
［82］牛建军, 汤志贤. 韩国个人信息保护机制实践［J］. 中国金融, 2021,（9）: 90-92.
［83］金太军, 等. 公共政策执行栓塞与消解［M］. 广州: 广东人民出版社, 2005.
［84］薛浩, 陈桂香. 大学生创业扶持政策评价体系构建研究［J］. 国家教育行政学院学报, 2016,（3）: 14-19.

第6章 开放数据与数据安全政策协同理论与方法研究

开放数据是实现数字经济价值的关键所在，但开放方式、政策指导等因素的不恰当或片面性会引发个人甚至国家层面的数据安全问题[1]；然而，过度的重视数据安全也会阻碍数据开放的发展进程。在此情境下，公共政策作为高效有力的战略性指导，对解决开放数据和数据安全之间的矛盾和两者的协调统一有着重要作用。因此，要科学理性地认识到开放数据政策与数据安全政策具有辩证关系，两种政策体系既相互依存，又有不同的价值导向，只有实现两者的协作统一，才能解决开放数据和数据安全之间矛盾冲突所带来的问题，使政策充分发挥效力，在确保数据安全的前提下科学合理地指导数据开放，充分发挥大数据作为新型战略资源的经济价值[2-3]。鉴于此，本章在总结前人研究的基础上，将重点探索开放数据与数据安全政策协同的主要路径并构建协同模型，从而为开放数据和数据安全的政策协同实现予以解释和分析，并提出参考建议。

6.1 开放数据与数据安全政策协同原理及框架构建

政策分析的核心是设计清晰、可靠且易于观察的模型，政策模型就是利用概念转化的方法间接反映政策制定过程中政策内部要素性质与关系的理论体系[4-5]。本节所要构建的开放数据与安全数据政策协同模型就是这样一个概念模型，既可以帮助理解两个政策之间的相互关系，又能体现不同角度对开放数据与数据安全的政策思考，为政策分析提供新途径。因此，本小节在梳理相关研究文献的基础上，厘清模型构建的理论基础，提出开放数据与数据安全政策协同模型。

6.1.1 文献研究现状

围绕已有研究，笔者将从开放数据政策、数据安全政策和开放数据与数据安全政策协同研究三个视角对已有经典文献进行梳理，以期对现有研究进行全面把握，从而摸清研究脉络和研究基础，并提出研究创新点。

6.1.1.1 开放数据政策相关研究

(1) 开放数据政策

马海群和陶易采用物理-事理-人理系统方法论，从功能角度探讨开放数据政策制定所需政策环境，探讨开放数据政策文本中所需包含的条款内容，以及开放数据政策的研究对象，并对美国和加拿大开放数据政策进行解析，为我国开放数据政策研究提供启示[6]。

Bertot 等以美国数据开放为切入点，分析其从“智能”政府到转型政府的过程中，大数据和开放数据如何能够促进合作，为农业、卫生、交通等领域的进展提供更大的可能性与开放性，从而提出美国大数据与开放数据的管理和治理，获取和发布，隐私、安全和准确性，利用、存储和保存等政策框架[7]。马海群和蒲攀基于 CNKI 中国学术文献总库以及 Web of Science、Emerald 和 Elsevier 三大外文数据库，对国内外现有开放数据政策的研究成果进行主题分析与比较研究。在此基础上探讨了国内外相关研究的特点，包括目前国内相关研究基本处于介绍国外先进政策实例的阶段，国外研究对开放数据过程中涉及的公民基本权利保障与维护的探讨从文献研究上来说已经有了一定数量的积累，国内外对开放数据政策框架和体系的研究主要以美国和英国的政策实践为主。结合相关领域的学术研究与实践进展，预判了我国在开放数据政策这一跨学科研究主题未来可能出现六大研究动向：专业领域开放数据政策研究，鼓励数据处理与分析工具开发的政策研究，针对不同种类开放数据政策的研究，相关利益主体基本权利保护的政策研究，国家层面开放数据政策的需求与规范化研究，开放数据政策与数据安全政策的协同研究[8]。Zuiderwijk 和 Janssen 为了更好地理解政策中的共同要素和差异要素，识别影响政策变化的因素，开发了一个比较开放数据政策的框架。该框架包括政策环境、政策内容、绩效指标和公共价值。在此框架下，比较了荷兰政府在不同政府层面的七项政策，并显示了开放数据政策之间的异同[9]。蒲攀和马海群参考国际上对开放政府数据的研究视角，从公共管理角度出发，通过内容分析、系统分析等方法，阐述开放数据政策系统及模型的基本理论，构建了大数据时代我国开放数据政策模型，认为大数据环境下我国开放数据政策的“S-R-P”理论模型及其需求层、决策层和运行层子模型，通过两种循环路径的运行来调节现有的政策需求。但它们认为该模型无法指导专门政策的出台，缺乏一定的实践意义，也是“S-R-P”理论模型与一般公共政策理论模型的本质区别[10]。Higman 等借鉴行动者网络理论（Actor Network Theory）并结合政策分析过程和案例研究方法，考察了在英国高等教育机构中建立科学数据管理（RDM）政策与实践的驱动因素，以及科学数据开放共享在科学数据管理过程中的关键作用[11]。

（2）开放政府数据政策

白献阳等探究了政府层面的开放数据政策，认为政府数据开放政策是推进政府数据开放的关键因素。通过借鉴公共政策理论，分析文献内容，提出由基本政策、具体政策、保障政策等构成的政府数据开放政策体系框架，他根据政府数据开放政策体系框架，梳理了我国政府开放数据相关政策，发现了我国存在政策体系不完善、具体政策缺少规范性和操作性、保障政策力度不够、政策执行缺乏组织保障等问题，提出了丰富政策内容和类型、加强具体政策规范性与操作性、完善保障政策、设置保障政策落实组织机构等建议[12]。范丽莉和唐珂使用基于 Rothwell 和 Zegveld 的政策工具理论，以 21 项国家层面的政府开放数据政策为样本，确定内容分析单元与类目，通过频次统计分析，将定性的政策以定量的方式客观呈现并分析。他们认为我国政府开放数据政策兼顾了供给面、环境面和需求面，但存在供给面政策工具过溢，环境面政策工具作用有限，需求面政策工具缺位的问题，需要我们平衡三类政策工具结构，实现政策工具多元化，以促进我国政府数据开放的广度和深度[13]。周文泓通过以文本分析法对我国地方政府开放数据政策予以梳理和总结，发现我国各地政府开放数据政策遵循国家发展框架、凸显数据资源的有序储备、各地进展不一、针对性的制度有限等特点，存在缺乏有效布局和应用性规范等问题。针对这些问题，政策体系的优化应当从数据共享导向数据开放，建立有效的布局与规划，加强与指导性制度的衔接，立足本地需求得到完善的政策[14]。刘紫薇和牛晓宏分析了英国的政府数据开放政策，指出英国政府的开放数据在执行力、影响力、完善程度上已经处于遥遥领先的地位，而推动开放数据运动的主要原因就是政府相关政策的制定。通过描述英国政府开放数据政策的内容、目的与意义，解读政策文本和其中有关机构的制定内容，总结了英国在短期内成功取得开放数据运动巨大成功的推动因素，从而为我国数据开放发展提供参考[15]。谭必勇和刘芮以我国15个副省级城市为调研对象，运用文献分析法和比较分析法，从政策类型、组织机构、政策目标三个视角对地方政府开放数据政策的现状进行了梳理，并从法律法规、数据开放共享与应用、开放数据平台建设、数据开放许可协议及标准规范、数据安全、人才培养等多层面对政策文本内容进行分析。揭示了当前我国地方政府数据开放政策的基本状况，并从政策集群理念、组织保障理念、法律法规理念、标准规范理念、数据共享与安全理念、人才培养机制6个角度提出了具体对策，目的在于提升我国政府数据开放政策的成熟度[16]。

（3）开放科学数据政策

胡明晖和孙粒研究分析了英国科学资助机构的科学研究数据，认为科学数据开放不仅能够推动科学本身发展，而且已经成为科技进步和经济社会发展的战略性资源。他运用多源流理论分析了英国开放数据政策，重点研究了英国开放数据的政策内容、政策特点以及对我国的政策启示，提出加强我国NSFC开放数据管理的政策建议[17]。Childs等探讨了作为实现开放科学数据的机制——科研数据管理（RDM）的作用以及它带给数据管理者和使用者的机遇，并指出开放科学数据议程的前提是尽可能公开可用的数据，在开放科学数据背景下关注仍然存在的方法、理论、政策和实践等层面的问题[18]。牛晓宏在分析开放数据内涵和开放数据政策分类的基础上，阐述了开放数据政策协同的具体措施，她基于政策协同理念与图书数据开放获取的实际情况，从管理政策协同、利益分配政策协同和技术政策协同三方面提出了图书数据开放获取政策构建中的政策协同措施，以期推动和保障图书馆体系数据资源的开放获取[19]。姜鑫梳理了国内外科学数据开放政策的相关研究成果，对国内外科学数据开放政策的研究现状进行了比较分析，在此基础上探讨了国内外相关研究的特点以及我国现有研究的不足，并对我国科学数据开放政策的未来研究动向进行了评判[20]。

6.1.1.2 数据安全政策相关研究

马海群和徐天雪针对我国政府数据安全政策评估体系，从相关概念界定，构建多元化政策评估主体，以及确立政策评估指标体系三个方面进行研究。着重从多元化政策评估主体以及政策评估指标体系两方面构建政府数据安全政策评估体系，并通过对评估指标进行赋值找到关键的评估指标，以期完善政策评估体系来优化我国政府数据安全政策的制定和实施[21]。宋筱璇等针对各科研机构对共享中数据安全问题的政策原则及处理方式展开情报调研，发现国外在科研数据共享中的安全意识较高，管理政策较完善；国内在数据识别、评估监管及数据处理等方面仍存在较大的政策空白。建议我国在科学交流管理中应尽快制定和完善数据安全政策与相关规定[22]。Stoddart 着眼于欧盟的数据保护研究，在研究中发现欧盟的数据保护是以特定地区法律或政策作为标准，对数据的透明度、质量、比例、安全、访问和修编等限制方面进行评估，他认为每个国家或地区的数据保护规定与欧盟的数据保护原则应该是一致或相似的，然而，近年来在数据保护决策方面，仅有 5 个国家或地区与欧盟相一致，这样的不一致产生的直接负面作用就是阻碍了欧盟成员之间的数据共享[23]。Dong 等为代表的学者从技术层面，针对不同领域数据的特点，为数据存储、访问等过程的安全问题提供保障。对大数据共享平台中涉及用户个人信息的敏感数据，提出了新的基于异构密文转换代理算法和基于虚拟机监视器的用户进程保护方法，为安全共享这些敏感数据提供支持和保障[24]。

6.1.1.3 开放数据与数据安全政策协同研究

王德庄和姜鑫从开放科学数据入手，分析了数据生命周期各阶段涉及的利益相关者及其利益诉求关系，从而探讨了科学数据开放政策群与个人数据保护政策群涉及的相关政策法规，基于数据生命周期各个阶段概括了两类政策群之间的政策协同观测要点，最后针对我国目前出台的两类政策群之间的政策协同情况进行了调查分析，认为我国可借鉴国外主要利益相关者制定的科学数据开放政策中个人数据保护相关政策内容[25]。闫倩和马海群认为大数据环境下数据开放共享成为新的趋势，他们引用政策协同的相关理论、具体途径方法，从文献和我国实际国情的角度分析开放数据和数据安全政策的现状及由开放数据政策引发的数据安全问题，提出开放数据与数据安全政策协同的必要性，并为两者的政策协同提出建议。孙瑞英和马海群阐释了太极图的哲理内涵，指出了开放数据与数据安全政策协同的要点和客观要求，从宇宙全息统一论视角、对立统一的和谐论视角、生生不息的运动观视角阐释了太极哲理对开放数据与数据安全政策协同的启示。在此基础上，提出开放数据与数据安全政策协同的太极超循环演化过程[26]。王本刚和马海群首先分析了引起开放数据安全问题的原因，然后从政策内容的角度分析大数据或开放数据给我国带来的安全问题，同时提出一些相关的政策建议。他们认为需要加快个人信息保护的立法进程，同时在国家安全政策方面充分考虑开放数据的影响，除此之外，在开放数据政策、个人信息保护政策、国家安全政策三者之间要做到全局性的统筹规划[27]。

6.1.2 研究方法及理论

本章将应用实地实验法，以政策协同理论、生命周期理论、风险社会理论、系统动力学理论为理论基础，探究开放数据和数据安全政策的协同可行性，从而更好地解决开放数据与数据安全协同构想。

6.1.2.1 研究方法

实地实验（field experiments）也称为田野实验或现场实验，是指在自然条件下或在真实生活的环境中所做的实验。通过此方法在情境允许的条件下能最大地控制和操纵变量，与实验室实验的差别在于变量可控制的程度上，适用于研究许多复杂的社会和心理影响的过程及变化，如研究旁观者人数与助人行为间的关系。自变量是由实验合作者充当的旁观者数目（由实验者操纵），因变量是被试者在不知道自己正参与某项实验的条件下，为他人做某事的可能性，如看到由实验合作者扮演的受伤者时是否给予帮助。它也适合检验理论的应用性或外在效度，如在课堂中检验一些教学方法的实际效果。但实地实验在应用时也存在困难，首先，实验操纵常常是不现实的，这在学校情境中尤为敏感，如有些家长会对自己的孩子未接受实验处理而感到不满，或对接受某种处理（如引起冲突的处理）而提出抗议。其次，有时难以随机化，如教师不愿拆散班级。再次，由于变量众多，自变量难免受到额外变量的干扰，如教师和学生可能会议论实验者的实验目的，做出猜测和期望，从而决定他们如何行事。实地实验作为经济学等学科的一种研究方法日趋成熟，被广泛应用到各个情境，验证理论的关键参数；赢利和非赢利企业的研究；实验室数据和非实验数据之间的交流和制定者评估政策等多个行业或领域。关于实地实验的设计、组织和应用，Harrison 和 List 提出，实地实验可以基于 6 个因素进行划分，包括：实验主体的性质、实验主体参与实验任务时所提供信息的性质、商品的性质、所提供的任务或交易规则的性质、奖金的性质，以及实验主体在操作时所处环境的性质。为了解决实验“真实性”问题，根据实地实验设计和组织过程的不同，使参与实验的主体和实验环境达成一致[28]，从而可以很好地解决实验方法中环境、体制、行为三者的真实性问题，使得实验结论能更好地应用于实践。

首先，应用实地实验能够为探究开放数据与数据安全政策协同提供一个与众不同的全新实证研究方法，它能将来自实验室和非实验方法获得各类错综复杂的数据进行比较、对比和调整。其次，实地实验为探究开放数据与数据安全协同提供了一个快速的研究方法，可以前瞻性地为该协同问题展开研究，而不需要等待真实事件发生之后才能着手研究。

6.1.2.2 基本理论

(1) 政策协同理论

政策协同（policy synergy）源于协同理论，协同理论亦称“协同学”或“协和学”，是 20 世纪 70 年代以来在多学科研究基础上逐渐形成和发展起来的一门新兴学科，是系统科学的重要分支理论。政策协同的概念可以从状态（status）、过程（progress）和能力（ability）三个角度进行思辨，状态论认为政策协同是政策实施所达到的一种理想状态，认为政策实施和政策计划最终达到最少冗余、最低不一致、最轻缺失的一种有序状态。换言之，政策协同取决于政策要素、政策子系统之间相互配合，形成不同于单独微观子系统简单加总的宏观系统功能。政策协同被视为综合政策协调、政策一致、政策组合等多个政策术语的宏观概念[29]，可以界定为“不同政策主体通过一定手段和方式，减少政策以及政策相关主体之间的重复、交叉和冲突，以增强政策之间的连贯性、兼容性、协调性和一致性，针对跨领域、跨部门的问题提升政策产出”[30]。政策协同的主要功能是利用政策组合的优势解决当今跨界性强、越来越复杂的公共问题，降低政策运行的交易成本，从而有效利用有限的政策资源[31]。

首先，依据开放数据及安全数据政策制定的不同主体，它们呈现出政策效力多层级的特点，并且不同层级、不同机构所颁布的开放数据及安全数据政策存在着交叉、重复现象。因此，开放数据及安全数据政策在横向和纵向两方面都体现出了政策协同。①数据政策之间的纵向协同，主要指不同层级的开放数据之间的协同，数据开放普及发展较好的国家或地区，全都已经形成了开放数据及数据安全政策体系。政策体系应是金字塔状的、分层的、多级的体系。形成了由国家宏观政策指引，下级政策服从并执行上级政策的纵向协同体系。根据“S-R-P”理论构建的开放数据政策模型体系，将开放及安全数据政策解读为需求层政策、决策层政策和运行层政策 3 个纵向层面，3 个层面的开放数据政策之间会通过反馈与调节机制不断地进行政策之间的协同整合。目前，对开放及安全数据政策的评价机制和评价体系正在建立和完善，开放及安全数据政策评价体系与开放及安全数据政策之间需要协同。开放及安全数据政策的纵向协同，还要兼顾同一开放数据政策整体与部分之间的协同。②数据政策之间的横向协同，主要体现在同一层级不同政策之间的协同。同级各部门都会从自身职能角度出发制定适合的开放数据政策，但如果不同部门在制定政策时没有协同合作，往往会出现多头政策、零散政策，会使政策的整体性和可执行性大大降低，因此各部门在制定开放数据政策时，一定要从协同整合的角度出发，协同相关元素构建切实有效的政策协同机制。并且政策横向协同还体现在开放数据政策与外部相关环境变化之间的协同，开放及安全数据政策会受到政治环境、经济环境、文化环境、技术环境、法律环境和道德环境等方面的影响，因此在外部环境发生变化时，需要及时协同调整相关开放及安全数据政策。与此同时，开放数据及安全数据政策横向协同体现在政策制定与政策执行之间协同上。开放数据及安全数据政策制定主体既要考虑所制定的开放数据及数据安全政策的权威性和全面性，又要协同考虑开放数据及安全数据政策执行过程中的问题、障碍和实施效果。

其次，依据政策协同的对象不同，可以划分如下两种类型：即同一政策内部的政策协同，如数据开放政策群内部的科研教育机构的数据管理政策应适应科研资助机构的科研资助政策的开放获取要求；不同政策之间的政策协同，如本研究所探讨的科学数据开放政策群与个人数据保护政策群之间的政策协同。不同政策之间的协同研究可以减少政策以及政策相关主体之间的重复、交叉和冲突的情况，增强政策之间的相互协调和兼容性，从而加强政策的整体性、一致性、连贯性和综合性，提升政策产出，实现政策“1+1>2”的效果。通过开放数据政策协同研究，将各类开放数据政策整合协同为一个有机整体，促进开放数据政策的制定与执行。

本研究主要考虑政策之间的横向协同，探究同一层级两种政策如何适应现存环境，在政策执行与制定过程中实现协同。结合本文的研究可以发现，开放数据政策和数据安全政策，两者之间是对立、统一的和谐关系。开放数据政策侧重对数据信息的“开放和共享”，数据安全政策侧重对数据信息的“安全和保护”，双方是对立的，存在相互排斥、相互竞争的关系。同时，两类政策也存在一致性，数据安全政策促进了开放数据政策的有效实施，制定开放数据政策和数据安全政策的最终目标一致，即推动数据资源合理有序地开放。开放数据与数据安全政策之间的辩证统一关系，使得两类政策之间在一定条件下可以相互渗透、相互转化。从协同的角度分析现有的开放数据与数据安全政策，不仅能够对政策的制定提供理论支撑，还能够挖掘数据资源的运行过程，将基于开放获取理念的开放政策与基于安全保护的数据安全政策并行研究，会对开放获取及保护数字资源产生影响。通过政策协同理论，能够制定开放数据及数据安全政策的协同机制和政策协同策略，平衡、协调与兼容两类政策系统，促进开放数据与数据安全政策领域新政策的产生。

（2）生命周期理论

生命周期最初是用于描绘生物体从诞生、成长、成熟直至衰亡过程的生物学概念，后经引申和发展逐渐成为一种重要的研究方法[32]。数据管理研究者将生命周期理论广泛应用于科学数据[33]、医疗健康和文物数据[34]、图书情报数据[35]等的开放（data open）、保护（data preservation）和管护（data curation）研究[36]。随着开放政府数据倡议在全球的推广，基于政府开放数据的生命周期相关研究逐渐进入人们视野。Loukis 在开放数据支持工作组（Open Data Support Working Group）提出的链接 OGD 生命周期（linked OGD life cycle）和数据管理生命周期（curation life cycle）的基础上，修正发展出了一个扩展的开放政府数据生命周期理论，由创建、预处理、策划、存储/获取、发布、检索/获取、处理、使用和与用户协作 9 个阶段组成[37]。黄如花和赖彤基于数据生命周期视角，从数据创建与采集、数据组织与处理、数据存储与发布、数据发现与获取、数据增值来评价开放政府数据各阶段存在的障碍[38]。在对各种不同类型数据生命周期划分阶段进行仔细比较的基础上，综合考虑过程的完整性和简洁性以及本研究的特点，笔者将采用 Attard 等人使用的开放政府数据生命周期理论[39]，认为生命周期理论涵盖政府开放数据生命周期中的所有过程，开放政府数据生命周期由三部分组成，即准备要发布共享的数据（预处理部分），使用已发布共享的数据（开采部分）和管护已发布共享的数据（维护部分）以保持可持续性[40]。依照该理论，我们认为开放数据发展的过程必将经历共享-利用-保护这一过程。因此在开放数据政策实践的同时如何制定数据安全政策具有前瞻性的意义。

（3）风险社会理论

风险社会是指在全球化发展背景下，由于人类实践所导致的全球性风险占据主导地位的社会发展阶段，在这样的社会里，各种全球性风险对人类的生存和发展存在着严重的威胁。危机的本质是风险，而危机是风险的极端表现形式，讨论危机问题一个不可脱离的大背景便是风险社会的日渐形成。1986 年 Ulrich Beck 在《风险社会：迈向一种新的现代性》一书中首次提出了“风险社会”这一概念，如今在中国初现其形，他认为风险社会的到来，对危机管理提出了升级的要求，当代危机管理的一个重要的趋向也从单纯的危机管理转向风险的管理，风险社会要想有效地预防、化解和消弭危机，不仅要更好地理解和管理危机，还要更好地理解和管理风险[41]。在风险社会中，风险具有了以下几个特点：①从根源上看，风险是内生的并伴随着人类的决策与行为，它是各种社会制度尤其是工业制度、法律制度、技术和应用科学等正常运行的共同结果，而自然“人化”程度的提高，使得风险的内生特点更加明显；②从影响和后果上看，风险是延展性的，其空间影响是全球性的，超越了地理边界和社会文化边界的限制，其时间影响是持续的，可以影响到后代；③从特征上看，大部分风险后果严重，但发生的可能性低。我们可以认为，尽管风险增加了，但并不意味着我们生活的世界安全了；④从应对方法上看，现有风险计算方法和经济补偿方法都难以从根本上解决问题。要通过提高现代性的反思能力来建构应对风险的新机制[42]。

因此，基于风险社会理论，政府在面对多种多样风险时，为防止其风险源被触发，引发多个且连续性的风险，政府需要开展管理职能。一般来说政府应对风险的直接方式是职能导向型管理模式，最直接的表现形式即是用职能去套力所能及的风险，并且固化下来，但这样易造成风险管理缺乏联动性，部门间的合作不通畅，影响风险联防的效率。因此如何实现不同因素的统筹规划协调管理是风险社会理论下的政府行为关键所在。

（4）系统动力学理论

系统动力学（以下简称SD）是一门分析研究信息反馈系统的学科，利用SD仿真语言在计算机上实现对真实系统的仿真，能够有效地揭示复杂系统在各种因果关系作用下所呈现出的动态变化规律[43]。目前我国有部分学者基于系统动力学对开放数据、数据共享等内容进行了探讨，邢海龙等[44]构建了以数据资源匹配程度、数据资源共享程度、数据资源收益程度为核心模块的大数据联盟稳定性系统动力学模型。是沁等[45]以科学数据为研究对象基于系统动力学模型探究科学数据开放共享保障机制。王晶等[46]基于 TOE 理论，从环境、技术和组织 3 方面分析了开放政府数据价值实现的影响因素，并构建了开放政府数据价值实现的系统动力学模型。马海群等[47]基于信息资源管理政策执行力影响因素的特点，运用系统动力学原理，通过建模和仿真对《关于加强信息资源开发利用工作的若干意见》的修订提出建议。

运用 SD 方法研究政府数据开放与安全问题，不仅能深入地分析系统的结构、功能与行为之间的动态关系，还能为政策制定提供科学化且具有实操性的建议[48]。SD 建模与仿真的实现将建立在系统关键变量识别、系统边界确定、联结变量反馈回路的基础上进行，因而首要步骤便是确定系统的关键变量[49]，系统中的变量主要基于“用户-目标”的二维分析框架来构建。政府数据开放主要是指政府数据在开放过程中用户维度的动力学变化情况，提升公众满意度、提升政府运行效率是政府数据开放的最终期望。在政府数据开放中，主要考虑到政府数据开放保障机制、企业用于疫情防控的数量、政府数据开放共享意愿等因素，同时还考虑应用数量、企业总值、民众参与等方面带来的数据安全问题。政府数据安全主要是指政府数据开放与共享过程中所面临的数据安全风险，降低数据安全风险是政府数据安全的最终期望。在政府数据安全中，主要考虑滥用数据量、泄露数据量、虚假数据量等因素，同时还考虑如何构筑数据安全防线，以提升政府数据在开放过程中的安全防护效率。

6.1.3 开放数据与数据安全政策协同模型构成及分析

为探究开放数据及数据安全政策如何协调，而引入数据安全政策制定这一变量，体现了政策制定者在面对数据开放产生的必要后果时所采取相关安全政策制定的程度。本书将从开放数据对数据安全政策制定的正向影响、风险感知在开放数据与数据安全的正向关系中产生中介作用、技术动荡性对数据开放和风险感知关系的正向影响等方面进行开放数据与数据安全政策协同模型主要构成的分析。

6.1.3.1 开放数据对数据安全政策制定的正向影响

开放数据政策是指政府为解决社会发展中关于数据资源开放共享与利用这一重大问题

而实施的具体公共管理手段，这一手段是通过制定权威而具体的公共行为准则来规范社会行为和实现政策目标的。它需要明确解决数据资源是否开放，开放的范围和程度等问题。从制定公共政策主体的性质和层次来看，开放数据政策反映统治阶级意志且更多地服从和体现社会公共利益。因此开放数据政策具有引导与激励的性质，要求和引导数据的开放，也鼓励和保障通过数据利用与再利用所实现的增值。本研究认为开放数据政策的强度反应数据开放的程度，引入数据开放这一变量反应开放数据政策的影响。数据安全政策是指针对开放数据中可能对国家、企业、机构和个人等造成的安全风险而采取的政策。政策工具是解决数据安全和开放数据之间矛盾的最有效工具之一。相关数据政策是依据现实存在问题而制定的，具有宏观指导性和前瞻性。

首先，数据的开放与共享在创造价值的同时，也会引发一系列影响与安全问题进而促进数据安全政策的制定，公共数据开放会造成对国家安全的潜在威胁，甚至泄露国家秘密和安全数据。除了国家内部的数据开放，跨境数据的存储、获取和交流也是开放数据在国际领域的必然要求。自“9·11”事件后，美国联邦政府禁止美国情报机构回应任何外国政府或国际组织基于《信息自由法》向美国提出的信息公开要求，这正是基于国家安全的考虑，强化信息控制的表现[50]。对于国家秘密和安全数据，即便存在“默认公开推定”原则，但也要做出必要说明并通过相关认定的情况下，才能进行开放。此外，数据的跨境流动也在促进不同司法管辖区的法律适用向着一致的方向发展，目前美国和欧洲正在建立法律意义上的数据安全港框架来解决这一问题[51]。并且，数据开放同样会威胁个体隐私数据，因为在大数据时代存在体量大（volume）、生成与处理速度快（velocity）、数据及数据源多样（variety）、真实性和准确性（veracity）、易变性（variability）、价值密度低（value）、复杂性（complexity）的“6V+1C”特性，精确的数据分析成为可能，这种精确对个人而言体现在对位置数据、金融数据、消费数据、医疗数据、教育数据等涉及个人隐私数据的获取与分析上。若对这类数据的收集和管理不当，其对个人隐私数据会产生重要威胁。在此情境下不断催生着针对个人数据隐私权保护问题的研究，致力于在数据保护法中对隐私安全进行精确的说明。

其次，数据安全政策的制定是调节数据开放政策实施过程中产生安全问题的必要方式，安全政策要考虑协同协调问题，以发挥两类政策的实际作用，减少因政策目标、措施等因素导致的政策效能抵消。开放数据政策在有利于国家经济社会发展的原则下，通过制定可操作的数据安全政策、法规及其他措施，对解决数据开放引发的问题给予导向和调控。从政策的角度来看，无论开放数据政策也好，数据安全政策也好，鉴于两者具有明显的时效性，其实施和实现涉及的主体、技术具有复杂性，这就要求政策法律的权威性与其相适应。从政策法规自身的角度看，在大数据环境下我国各个领域的开放数据政策想要全面实现，如何执行和保障其全局性和长远性是需要考虑的重要问题，其实现必须依靠国家的数据安全政策法规进行干预和指导。①数据安全政策能够对开放数据政策的结果产生补充作用。数据安全政策可以在确保数据开放的总体目标前提下遵守基本原则，保证实施方向的正确、确保数据开放与发展的环境相适应。②数据安全政策对开放数据政策的实现有协调作用。数据安全政策可以协调开放数据政策在具体实现过程中出现的各种利益冲突、由数据环境变化引发的各种矛盾等。③数据安全政策对数据开放具有管理作用，数据安全政策可以确定数据开放的主体身份、职责和权利，对开放数据政策的具体实践进行合理规划，在实施过程中能有助于及时改进、增补政策，保障数据开放发展方向、具体内容的正确性和时效性。鉴于此，数据安全政策的制定能够补充开放数据政策，开放数据政策直接影响数据安全政策制定。

H1：数据开放对数据安全政策制定的正向影响

6.1.3.2 风险感知在开放数据与数据安全的正向关系中产生中介作用

风险是指一种不确定性，感知是指作为主体的人对客观事物的主观反映。风险感知的概念最早由哈佛大学学者 Raymond Bauer 提出，将其从心理学领域延伸到营销学。他认为消费者没有办法对任何购物行为造成的结果进行正确的判断，但事实上个别结果有可能给消费者带来不好的购物体验和情绪上的不愉快。因此，消费者做出的决策存在着未知的结果，这也是风险的内涵。随着研究的深入，大多数学者认为风险感知就是人们依靠自身的直觉对各种消极实践进行的预估和判断。风险感知是个体对风险做出的判断，并对风险可能带来的消极后果采取相应的行动。靳取认为风险感知包含个体对风险的态度和做出的评价与反馈。从个人体验来看，风险感知是人们对某个特定风险的特征和严重性所做出的主观判断，是测量公众心理恐慌的重要指标。一个基本的认知过程可以抽象为感知知觉、认知加工、思维与应用三大部分，即个体根据直观判断和主观感受所获得的经验，根据环境刺激、信息进行记录、筛选、凝聚成知识与记忆，来做出主观风险的判定，并以此作为逃避、改变、接受风险的态度及行为决策的判断依据。在本研究中，风险感知体现了一种特定的介于安全与破坏之间的中间状态，它意味着感觉到“有威胁”，这一感受又影响着人们后续的观念与行为。结合风险社会治理理论，任何主体都是处于由公众、政府、市场以及社会团体共同组成的多元民主合作网络，其中，政府依然被认为在此管理协调系统中发挥着主导作用。因此，本研究认为当政府在开放数据政策的实施过程中感受到风险，从而会产生应对行为进行数据安全政策制定而寻求开放与安全的协同发展。

首先，在数据开放后，开放程度的提高会使人们感受到风险。一方面，数据开放会造成不合法的滥用，让不法分子有机可乘，访谈中曾有部门提到，“就像新浪微博一样，它一旦出来，就会有很多的那种大数据公司在半个小时内把数据扒下来，很快就会有一个山寨的工商局，拥有所有的相同数据”，在此情境下人们是否该相信网络数据，该怎么选择正确的网站获取数据，人们往往会因为已有的经验提前感知到风险，尽管这些风险的感知只来源于未亲历的媒介信息而非客观风险。另一方面，开放数据关联分析也容易带来潜在风险，导致国家秘密、商业秘密及个人隐私的泄露，这也是很多部门担忧的问题，有研究者指出，“数据交叉分析，会涉及国家安全，出了问题后政府需要承担责任。其中的关联，有时候是政府没有办法控制的”。但同时也有政府部门对技术处理存在疑虑，“做了技术处理依然能够看到单位和与之关联的具体信息，通过数据的元分析很容易挖掘背后的种种信息”。可见数据开放程度越高，人们感知到数据被滥用的风险越强，关联数据本身造成的泄露风险感知程度也增强，从而加剧了人们风险感知的程度。

其次，风险感知会促使政府制定数据安全政策。在高风险环境中人们通常采取降低、规避或转移风险的行为来缓解内心的压力，而政府在风险感知环境中，能否有效协调多元主体之间的信息和行为，消除信息阻隔，实现全方位、全时段的管理成为其职能的关键。当政府感受到上述潜在风险的影响，会选择通过周密的风险管理实现数据开放的预期成效。通过数据安全政策的制定，能够在实现数据开放的过程中，对数据开放的风险进行识别、评估并综合协调，运用政府内外资源，监控和防范各种风险隐患的出现。也就是通过政府有目的的政策手段，将现有可能发生的数据侵害、泄露等风险最小化，终极目标是兼顾数据的服务与安全，从而更好地履行政府职能，促进政府数据开放效益的实现，同时提高用户满意度。早在 2002 年美国国会报告就提出如何平衡信息共享、公众知情权和隐私安全保护的问题，建议在信息自由法案下豁免关键基础设施信息的披露，这也充分体现了政府在风险感知后制定数据安全政策的具体行为。

综上来看，在政府数据开放过程中，国家秘密泄露、商业秘密和个人隐私泄露，以及数据质量差、关联数据融合都可能带来巨大风险，数据的开放程度越高，风险的水平就越高[52]。而感知到风险的政府部门可通过积极建立风险规避与风险管控机制，提升人们对于政治系统的认同。为了协调数据开放与风险之间的矛盾，制定数据安全政策是最重要的手段。针对数据开放过程中的不同风险形式，数据安全政策能够有针对性地加强引导或限制。在确保数据安全的前提下科学合理地指导数据开放，充分发挥大数据作为新型战略资源的经济价值。

H2：风险感知在数据开放与数据安全的正向关系中产生中介作用

6.1.3.3 技术动荡性对数据开放和风险感知关系的正向影响

技术动荡性这一概念源于环境动荡性，主要应用于企业管理领域，表明企业实施创新的过程必须根植于一定的环境背景，可能有的企业的会受周围的环境产生的影响较大，但大多数企业对环境影响作用却很小，企业一般会根据自身周围环境的变化，适度地调整自己的动态能力[53]。企业所面对外部的环境不单纯的是一个整体，有部分学者通过研究将企业的外部环境划分成为多个维度，大多数的学者将企业面对的外部环境划分成两个维度，即复杂性和动荡性。复杂性维度是指企业家在对企业进行管理时需要对外部环境因素进行分析的数量，企业家需要分析的因素越多，企业的外部环境的复杂性程度越高；动荡性维度是指企业家在做决策时需要对外部环境因素的变化的幅度进行分析。外部环境变化的幅度越大，企业外部环境的动荡性程度越高[54]。Duncan 通过研究中还发现，企业外部环境的动荡性维度对企业决策时的重要程度比复杂性维度要高[55]。众多学者在对外部环境的动荡性维度进行研究时，将其划分为技术动荡性和市场动荡性。其中，技术动荡性主要是技术发生变化的频率，企业对相关技术变化的预知的程度。企业面对的技术环境动荡程度越高，企业就越难预测到相关技术的变化，此时其他企业的新技术会对企业的竞争力优势造成很大的威胁，企业原本积累有关先前技术知识可能会过时，企业根据这些知识和资源建立起来的核心能力也会由此变得阻碍企业的发展。随后有学者将这一概念延展到产业层面，认为技术动荡性是指在产业内部科学技术随时间更新的速度或指产业内技术变化影响产业的程度[56]。在大数据时代，互联网和物联网技术的快速发展使得信息、数据资源呈指数式增长，大数据、云计算和人工智能等技术进一步将各类数据进行了融合互联、交叉引用、深度创造，从而使大数据技术得到飞速的提高[57]。与此同时，在信息技术日益发达的今天，政府部门的工作逐步信息化、智能化，政府部门间的信息共享也日益频繁并且越来越依赖于现代信息技术。政府部门的技术应用不断提高政府工作效率并降低工作成本。本研究中的技术动荡性指在大数据时代，政府部门受到外部技术变化影响并与主导技术关联的水平。当技术动荡性越高，意味着政府预测大数据前景，应用大数据技术的能力越强，感受到大数据技术发展对环境影响的程度越高；反之技术动荡性越低，感受到大数据技术带来的变化较小，应用技术能力较低。在低技术动荡环境下，大数据技术知识变化趋于稳定，政府对现有数据开放状况的敏感度较低，从而对大数据可能造成的各类风险感知程度较低。而在高技术动荡环境下，大数据技术知识快速更新使政府有能力也更倾向于反思数据开放程度对环境造成的影响。因而当数据开放水平过高，政府能够及时搜索到威胁数据安全的信息，并对现有的数据开放状况提出质疑，从而推动数据安全政策的制定。在高技术动荡环境下，数据开放对风险感知的影响也提高了。

H3：技术动荡性对数据开放和风险感知的关系产生正向影响

本研究的理论模型如图 6-1 所示。

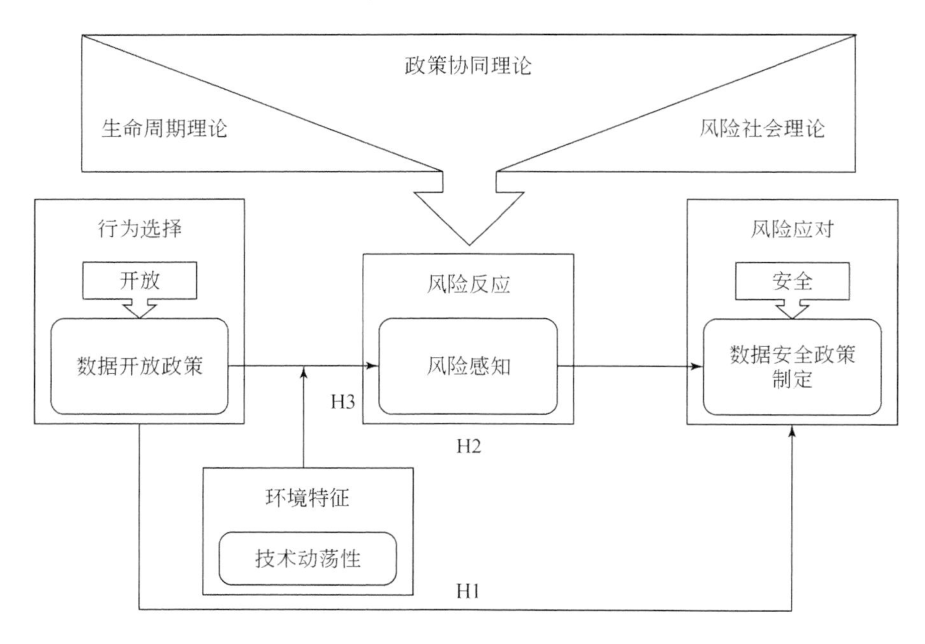

图 6-1 理论模型

6.2 开放数据与数据安全政策制定的实地实验

实地实验方法是近年来社会科学实验方法发展的一个新阶段。从具体操作来看，实地实验相比于传统的观察研究（observational studies），如社会科学研究方法中最常用的问卷调查与管理数据分析等，实验研究（experimental studies）对模型设定（specification）和变量控制的依赖程度较小，因此不必限定过多的假设条件和想方设法找出各种控制变量。同时，实验方法通过随机分配（random assignment）和进行干预（treatment，也称为处理)，能够有效克服内生性（endogeneity）、遗漏变量（omitted variable）、混淆变量（confounder）、样本选择性偏误（selection bias）等统计推断中的常见问题。作为目前社会科学因果推断（causal inference）的前沿方法，实验方法受到了越来越多的关注与应用。本文采用实地实验来证明开放数据与数据安全政策制定的因果关系。

6.2.1 实验一

该实验主要验证开放数据与数据安全政策之间存在的关系。

6.2.1.1 实验目的

该实验通过操纵被试对开放数据政策及其实施情境的感知，探究开放数据政策是否会影响被试对政府数据安全政策制定的意愿。

6.2.1.2 实验设计与被试

该实验采取单因素两水平实验设计（开放数据政策组和控制组）探究开放数据政策及其实施对数据安全政策的影响。该实验采用情境唤起法进行设计，情境唤起法指通过文字向被试描述一个场景或被试自己通过想象或回忆来操纵情境的实验方法，在国内外的实验研究中经常使用情景唤起法来进行实验操纵，如杜伟宇和许伟清以及 Wang 和 Griskevicius 等研究[58-61]。对开放数据政策及其实施这一概念的操纵，首先按数据权利主体划分开放数据政策，包括公共数据、科学数据、商业数据和个人数据四个方面的开放数据政策。其次借鉴政府数据治理过程，从政策制度、管理人员、技术方法以及流程标准四个方面进行开放数据政策实施的操作化。本实验选取 50 名信息管理领域和政府机构信息安全部门的工作人员及专家作为被试，这些群体掌握更多信息管理和大数据领域的知识，在实验中对预设情境的敏感性更强，有助于实验结果的科学性和准确性。

6.2.1.3 实验程序

正式实验以组为单位进行，告知被试即将进行一项有关数据安全政策制定的测试。为了控制性别、年龄等因素造成的干扰，将他们随机分为两个实验组，分别为 A 组（数据开放程度高）、B 组（控制组），不同实验组的被试呈现不同的开放数据政策及其实施情境。被试被分为两个组，实验组的被试到达实验室以后，首先被告知自己正在参与一次数据政策制定的会议，且自己是政策制定的主要决策者，此次政策的结果对于确保数据治理计划的成功至关重要，会直接影响着政府对大数据管理的效果。其次被试 A 组要观看一段有关“开放数据政策及其实施”的幻灯片，该幻灯片展示了近年来有关公共数据、商业数据、科学数据和个人数据的相关开放数据政策，同时幻灯片讲述了大数据技术的应用正在广泛影响政府统计等部门的工作面貌，使数据形成可机读、非专属性的电子格式，通过免费的软件获取从而可被任何人使用，它们置于公共服务器上供公众获取且不设密码和防火墙等。在此情境下，开放数据能够被无障碍、及时的、免授权的、非歧视的，且高质量地开放给社会各界进行利用等内容。被试 B 组，作为控制组，观看的幻灯片涉及“非数据开放”的内容，在被研究中即为信息公开方面的内容，强调政府为了保证公民的知情权公开一些文件、政策等信息内容，公开后的数据上传到平台只是允许查询，而无法利用进行下载和利用等。观看幻灯片之后，请被试者在一道 Likert 五星量表题目上填答对开放数据政策及实施情境的风险感知及数据安全政策制定意愿的问卷。最后请被试填答个人的基本信息，主试人员向被试 A 组解释实验目的并赠送小礼品作为答谢。

6.2.1.4 实验结果

检验开放数据政策对政府数据安全政策制定意愿的影响。对 A 组与 B 组的数据安全制定购买意愿进行独立样本 t 检验，数据结果显示，A 组的对数据安全的制定意愿显著高于 B 组的对数据安全的制定意愿。说明相较于非数据开放政策，开放数据政策可以促进对政府数据安全政策制定意愿，故假设 H1 得以支持。

检验风险感知在开放数据政策影响数据安全政策制定过程中的中介作用。运用 SPSS 软件对风险感知进行量表的信度分析，风险感知的 Cronbach's α 系数为 0.922，说明量表具有良好的信度。对 A 组与 B 组的风险感知进行独立样本 t 检验，数据结果显示，A 组的风险感知显著高于 B 组的风险感知。

目前中介检验方法有乘积分布法、Bootstrap 法、有先验信息的马尔科夫链蒙特卡罗（MCMC）法等。目前，Bootstrap 法得到了较多学者的认可，Bootstrap 法首先假设研究获得的样本能够代表总体，将获得的样本视为 Bootstrap 总体，从该总体中进行重复取样产生许多 Bootstrap 样本（如 5000 次），如果置信区间不包括 0，则认为中介效应显著。此外，Hayes 基于 SPSS 和 SAS 中的中介效应分析程序开发了 Process 插件，大大简化了中介效应的检验程序，已得到越来越多研究的应用[62-63]。进一步参照 Zhao 等[64]提出的分类变量的中介效应分析程序，将 A 组编码为 1，B 组编码为 0，采用 Hayes[65]提出的 Bootstrap 方法和编写的 Process 程序，选择模型 4，进行风险感知的中介效应分析。结果显示，风险感知的中介效应为 1.3，置信区间为（0.8，1.9），不包含 0，中介效应存在，说明相较于非开放数据政策，开放数据政策可以增强政策制定者对风险的感知，且风险感知在开放数据政策影响政策制定者在数据安全制定的过程中起中介作用，故假设 H2 得以支持。

6.2.2 实验二

该实验主要验证技术动荡性环境对开放数据政策与数据安全政策关系的影响。

6.2.2.1 实验目的

该实验考察技术动荡性对开放数据政策及对数据安全政策制定意愿影响的调节作用。

6.2.2.2 实验设计与被试

该实验采用了双因素两水平，即 2（开放数据政策：有、无）×2（技术动荡性：有、无）的实验设计。该实验将“技术动荡性情境”操作化定义为：技术变化速度很快、难以预测何种技术将成为主导技术、外部技术变化对未来发展影响很大。而“无技术动荡情境”在该研究中被操作化定义为：机构依赖于无法随意改变的制度化和标准化原有技术。在该研究中，当被试阅读文字后要求“有技术动荡性”组被试想象自己正处于大数据技术发展的情境，要求“无技术动荡性”被试想象自己处于技术依赖的情境，然后回答与实验一相同的有关数据安全政策制定意向的问卷。

6.2.2.3 实验程序

该实验依然遵循实验一的程序，在阅读“技术动荡性”的文字资料后，进行情景想象，然后填写问卷回答对数据安全政策制定的意愿，所有被试被随机分配到2×2的实验单元中。

6.2.2.4 实验结果

检验技术动荡性是否调节开放数据政策对数据安全政策制定意愿的影响。技术动荡性Cronbach's α 系数为0.88，说明量表具有良好的信度。分别对技术动荡性情境下和无技术动荡性情境下提供开放数据组和非开放数据组被试的数据安全政策进行简单主效应检验，结果发现在技术动荡性的情境下开放数据政策组被试对风险的感知显著高于非开放数据政策组；无技术动荡性的情境下开放数据组与非开放数据组对风险感知的差异并不显著，假设H3成立。并且技术动荡性起正调节效应。也就是说，技术动荡性在整体上提高了政策制定者在开放数据环境下对数据安全政策的制定意愿。

6.2.3 问卷调查

实验一验证了开放数据与数据安全政策存在因果关系，实验二验证技术动荡性的环境增强了开放数据政策与数据安全政策存在因果关系，为进一步检验该研究结果的稳定性并提高其外部效度，本节采用问卷调查法对相关假设进行了再次检验。

6.2.3.1 研究样本

样本来自沈阳、长春、哈尔滨和北京等城市，选取信息管理领域和政府机构信息安全部门的工作人员及专家，共发放800份问卷，共回收464份问卷，有效回收率为58%，其中男性占49.1%，女性占50.9%；20~30岁占51.9%，30~40岁占42.9%，40岁以上占5.2%；高中及以下、专科、大学本科、硕士及以上分别占1%、38.8%、46.1%和14.1%；工作1年以内占0.5%，工作1~2年占46.1%，工作2~5年占39.3%，工作5~10占7.2%，工作10以上占6.9%。

调查分两次进行，通过时间区隔的方式降低共同方法偏差的影响。第一次调查涉及的变量为开放数据政策、风险感知和控制变量；两周之后进行第二次调查，涉及的变量为技术动荡性和数据安全政策制定。

6.2.3.2 测量工具

该研究所采用的测量工具是参考相关学者已有研究的基础上，结合本文实际情况进行调整而成。所有量表均采用 Likert 五星量表设计，计分方式从“完全不符合”到“完全符合”依次计 1 ~5 分。

信度是指测量结果的一致性、稳定性及可靠性，一般多以内部一致性来加以表示该测验信度的高低。信度系数愈高即表示该测验的结果愈一致、稳定与可靠。系统误差对信度没什么影响，因为系统误差总是以相同的方式影响测量值的，因此不会造成不一致性。反之，随机误差可能导致不致性，从而降低信度。信度可以定义为随机误差 R 影响测量值的程度[66]。

1）开放数据政策。借鉴黄如花等的相关研究[67]，改编成 8 题项量表，具有较高的信度。该量表的 Cronbach's α 值为 0. 802。

2）技术动荡性。借鉴 Roger 等[68]开发的 3 题项量表，已得到国外学者认可。该量表的 Cronbach's α 值为 0. 879，说明信度较高。

3）风险感知。为准确地考察与分析风险感知，采用 Slovic 等[69-70]开发的风险感知量表，共 6 个题项。该量表经国外学者多次验证，本文风险感知 α 值为 0. 913，说明信度较高。

4）数据安全政策制定。借鉴马海群和徐天雪的相关研究，改编成 4 题项量表。本文数据安全政策制定的 α 值为 0. 813，说明信度良好。

5）控制变量。为了避免调查者的性别、年龄、学历、工作年限等人口变量对数据安全政策的制定产生额外的影响，所以研究将对这些变量加以控制。

6. 2. 3. 3 研究结果

（1）验证性因子分析和共同方法偏差检验

效度是测量的有效性程度，即测量工具确能测出其所要测量特质的程度，或简单地说是指一个测验的准确性、有用性。效度是科学的测量工具所必须具备的最重要的条件。在社会测量中，对作为测量工具的问卷或量表的效度要求较高。鉴别效度须明确测量的目的与范围，考虑所要测量的内容并分析其性质与特征，检查测量的内容是否与测量的目的相符，进而判断测量结果是否反映了所要测量特质的程度[71]，本章通过验证性因子分析进行测量。

对“开放数据政策”“技术动荡性”“风险感知”“数据安全政策制定”之间的区分效度进行验证性因素分析。由表 6-1 可知，四因素模型拟合度（$X^2=342.89$，df=200，$\chi^2/\mathrm{df}=1.71$，RMSEA = 0. 039，CFI = 0. 973，TLI = 0. 968）好于单因素模型，因此区分效度较好。

共同方法偏差指的是因为同样的数据来源或评分者、同样的测量环境、项目语境及项目本身特征所造成的预测变量与效标变量之间人为的共变。这种人为的共变对研究结果产生严重的混淆并对结论有潜在的误导，是一种系统误差。共同方法偏差在心理学、行为科学研究中特别是采用问卷法的研究中广泛存在[72]。为使共同方法偏差的影响降至最低，本章通过问卷基本编排法、受访信息隐匿法等来收集资料，同时通过 Harman 的单因素检测法进行检测，抽取出的单因子的方差贡献率为 26%，所以所使用的数据同源方差并不严重。

表 6-1　验证性因子分析结果

测量模型	X^2	df	χ^2/df	RMSEA	CFI	TLI
四因素模型	342.89	200	1.71	0.039	0.973	0.968
三因素模型	1656.02	206	8.04	0.123	0.722	0.688
二因素模型	2345.81	208	11.28	0.149	0.59	0.544
单素因模型	3271.15	209	15.65	0.178	0.412	0.35

（2）描述性统计与相关分析

由表 6-2 结果可知，开放数据政策与风险感知显著正相关（$r=0.175$，$p<0.01$），风险感知与数据安全政策制定显著正相关（$r=0.233$，$p<0.01$）。各变量的描述性统计及相关系数如表 6-2 所示。

表 6-2　各研究变量的均值、标准差和 Pearson 相关系数

变量	平均值	标准差	1	2	3	4
开放数据政策	3.84	0.90	–			
风险感知	3.45	0.91	0.175 **	–		
技术动荡性	3.68	1.07	0.575 **	0.04	–	
数据安全政策制定	3.82	1.07	0.407 **	0.233 **	0.366 **	–

* 表示 $p<0.05$，** 表示 $p<0.01$

（3）假设检验

开放数据政策与数据安全政策制定。通过层级回归对 H1 进行检验，在控制员工性别、年龄、学历、工作年限之后，从 M4 可以得到，开放数据政策对数据安全政策制定（$\beta=0.482$，$p<0.001$）具有正向作用，假设 H1 得到验证。

风险感知的中介作用检验。中介效应的本质是为理解和解释因果关系为何以及如何发生而构建的一个更复杂的因果模型，其目的是揭示自变量到因变量之间的中间过程，进行中介效应研究的前提是一对变量间已经被证明存在因果关系。Baron 和 Kenny 在关于中介效应分析的开山之作中提出的因果步骤法或称逐步法，是各类检验方法中最流行的方法，该方法需要依次对下列三个回归方程进行检验。

$$Y=cX+e_1 \tag{1}$$

$$M=aX+e_2 \tag{2}$$

$$Y=c'X+bM+e_3 \tag{3}$$

基于以上公式，逐步法的意图是借助回归方程依次检验变量 X 与 Y、X 与 M 两对变量之间的直接影响以及 X、M 与 Y 三者之间的间接关系。为此，第一步，需要检验公式（1）的系数 c；第二步，检验方程（2）的系数 a 和方程（3）的系数 b，如果系数 c 显著，系数 a 和 b 都显著，则中介效应显著；第三步，如果公式（3）的系数不显著，则为完全中介，否则为部分中介。得益于其清晰的思路和简洁的操作，逐步法得到了广泛使用。本章根据温忠麟等提出方法来检验风险感知的中介作用，由 M2 和 M4 的结果可以得知，开放数据政策对风险感知（$\beta=0.168$，$p<0.001$）和数据安全政策制定（$\beta=0.482$，$p<0.001$）均显著，由 M6 可以看到，开放数据政策和风险感知同时进入回归方程时，风险感知（$\beta=0.45$，$p<0.001$）影响系数变小，所以风险感知在开放数据政策与数据安全政策制定中起到部分中介作用，假设 H2 得到验证（表 6-3）。

表 6-3 回归分析结果

项目	风险感知	风险感知	数据安全政策制定	数据安全政策制定	风险感知	数据安全政策制定	数据安全政策制定	风险感知
	M1	M2	M3	M4	M5	M6	M7	M8
性别	-0.026	-0.011	-0.005	0.037	0.002	0.039	0.012	0.011
年龄	0.008	0.005	0.002	-0.005	0	-0.006	-0.017	-0.01
学历	0.073	0.053	0.129	0.071	0.11	0.06	0.075	0.073
工作年限	0.036	0.022	0.003	-0.039	-0.007	-0.043	-0.024	-0.025
开放数据政策		0.168***		0.482***	0.267***	0.45***		-0.079
风险感知						0.195***	0.254***	
技术动荡性							0.357***	0.031
开放数据政策×技术动荡性								0.105*
R^2	0.007	0.034	0.008	0.169	0.06	0.195	0.184	0.194
ΔR^2		0.027		0.161	0.052	0.026	0.124	0.01
F	0.8	3.2	0.95	18.59	5.82	18.49	17.23	15.71

* 表示 $p<0.05$，*** 表示 $p<0.001$

技术动荡性在开放数据政策和风险感知的调节作用。变量 Y 与变量 X 的关系受到第三个变量 M 的影响，就称 M 为调节变量，调节变量可以是定性的，也可以是定量的。Y 与 X 的关系由回归系数 $a+cM$ 来刻画，它是 M 的线性函数，c 衡量了调节效应（moderating effect）的大小。如果 c 显著，说明 M 的调节效应显著。

简要模型：$Y=aX+bM+cXM+e$

当自变量是类别变量，调节变量也是类别变量时，用两因素交互效应的方差分析，交互效应即调节效应；当调节变量是连续变量时，自变量使用伪变量时，做 $Y=aX+bM+cXM+e$ 的层次回归分析：

第一步做 Y 对 X 和 M 的回归，得测定系数 R_{12}。

第二步做 Y 对 X、M 和 XM 的回归得 R_{22}，若 R_{22} 显著高于 R_{12}，则调节效应显著，或作 XM 的回归系数检验，若显著，则调节效应显著；

当自变量是连续变量，调节变量是类别变量时，分组回归：按 M 的取值分组，做 Y 对 X 的回归，若回归系数的差异显著，则调节效应显著；

当自变量是连续变量，调节变量是连续变量时，同上做 $Y=aX+bM+cXM+e$ 的层次回归分析[73]。

从 M5 可知，开放数据政策对风险感知（$\beta=0.267$，$p<0.001$）具有显著的正向影响

作用，由 M8 可知，开放数据政策与技术动荡性的交互作用项引入回归模型，交互项（$\beta=0.105$，$p<0.05$）显著，说明技术动荡性具有显著的调节作用，假设 H3 得到验证。为了明确调节作用的方向，绘制了技术动荡性的调节效应图，如图 6-2 可知，技术动荡性在开放数据政策和风险感知起正向调节作用，技术动荡性越高，开放数据政策对风险感知正向关系就越强。

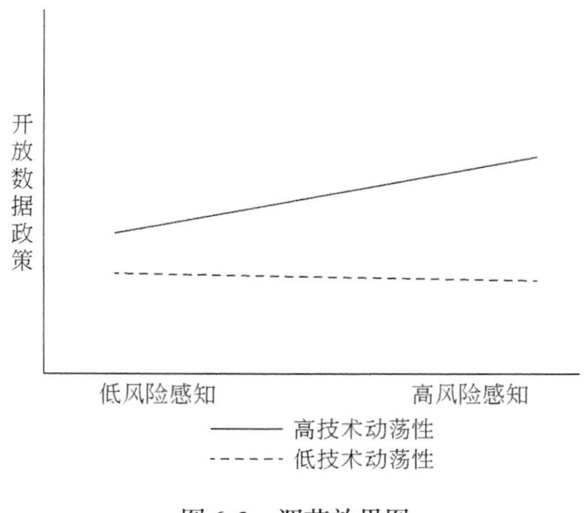

图 6-2　调节效果图

6.3　开放数据政策与数据安全政策协同环境及风险分析

基于上述协同模型可知，技术动荡性是开放数据对风险感知产生影响的重要驱动因素，而风险感知是开放数据政策和数据安全政策协调发展的内在动因。因此，在分析大数据技术环境后，全面厘清开放数据过程中可能存在的风险对于协同开放数据政策和数据安全政策具有十分重要的意义。为减少开放数据和数据安全政策之间的冲突、减少因效力抵消造成的内耗，提高数据政策系统的整体效能，需要寻找科学合理的理论和应用依据来实现开放数据政策与数据安全政策的协同。笔者将依照上述研究，分析技术动荡性的环境基础，并探索数据开放产生的具体风险，从而给出系统的协同建议。

6.3.1　大数据技术环境分析

本章选取技术动荡性作为调节变量，主要针对大数据技术环境对开放数据政策和风险感知的影响进行探索。当前在大数据数量不断增长的同时，大数据技术在迅速发展，并得到广泛的应用。大数据技术能够把蕴含在大数据中的信息充分有效地挖掘出来，增进人们对社会、经济、政治、文化等方面活动规律和特征的认识，利用对这些规律和特征的认识，可以极大提高社会生活各个领域的运行效率。将大数据技术运用到政府治理过程中，对于增强政府治理能力必然发挥极其重要的作用。

首先，大数据技术可以增强政府决策过程的现代化和科学化，提高政府的决策水平。大数据技术的发展为重塑政府决策系统提供了很好的技术支持[74]。完善的政府决策体系是由信息子系统、咨询子系统、决断子系统、执行子系统和监控子系统等所构成的系统。这些子系统的良好运行是保证政府决策体系良好运转的关键环节。当前可以利用大数据技术对政府决策系统进行全面改造和重塑，其中包括：数据信息提取与分析系统、专家咨询论证系统、虚拟决策实施效果的情景模拟系统、跟踪决策执行情况的动态评估系统，还可以辅之以社会意见收集系统和社会参与决策系统，进而收集、汇总及分析社会公众的集体意见，并引领社会公众依法有序参与政府决策，从而促进形成面向信息时代的完备的政府决策系统。这样，就能够有效提高政府的决策水平，并确保政府决策过程的现代化和科学化[75]。

其次，政府是一个国家公共领域最为核心的组织之一。确保经济有序运行，维护社会稳定，促进社会健康发展，保障国家安定，提供有效的公共服务，是政府应尽的责任。由于现代社会风险不断增强，社会领域中出现的各种新问题和新现象不断对政府公共服务的水平与能力提出了新挑战。许多西方学者认为，随着科技的发展，在传统社会向现代社会转型的过程中，不确定性大为加强，风险构成了现代性的基本要素，风险社会成为了现代社会的重要特征。德国社会学家乌尔里希·贝克认为，“现代性正从古典工业社会的轮廓中脱颖而出，正在形成一种崭新的形式——风险社会”，现代社会在风险因素剧增的情况下，社会的复杂性也不断增强，已经不断形成为复杂性的系统[76]。政府作为一种承担公共服务职能的组织要发挥其作用，就必须使政府组织能够适应现代社会的变化。大数据技术的发展无疑为提高政府公共服务能力提供了重要途径，大数据技术不仅需要硬件支持，同样也需要软件支持，涉及到信息通信技术、互联网技术、计算机技术及数学、统计学、系统论等诸多领域，大数据技术包括多方面和多领域的技术，主要包括：云计算、分布式处理技术、数据存储技术和数据可视化技术等[77]。为使政府公共服务供给适应社会公共需求，需要大力推进公共行政改革和公共服务改革，建立公共服务性政府的有效制度基础和组织基础，还要通过改革和技术升级提高政府公共服务的能力与水平，增强公共产品供给的数量与质量，这就要求政府在价值理念、职能配备、机构设置、管理方法和技术手段上有新的变化。在大数据时代，利用信息技术重塑政府组织结构与管理模式，已经成为政府再造的重要内容，同时利用大数据技术对政府治理流程与治理手段进行改造，也是政府治理变革的必然选择。

面对动荡的外部环境，我国政府应当对现有政策进行有效整合，有目的、有针对性地选择遗忘内容和遗忘顺序，做到有的放矢，同时要聚焦大数据环境能够产生的风险，针对现有风险进行数据开放与安全的政策协同分析。

6.3.2 风险分析

政府开放数据需要重点关注的风险隐患主要有国家安全风险、隐私风险、政府公信力风险和社会风险，并围绕这些风险对开放数据和数据安全政策进行政策协同分析。

6.3.2.1 国家安全风险

“数据”作为大数据时代的重要战略性资源被各个国家予以重视，在大数据技术飞速发展的今天，海量跨境数据的主权模糊，从而产生的数据归属、使用和管理权限问题，并造成危及国家安全的风险。首先，对国家公共数据的关联分析会造成国家安全风险。尽管单一的数据集披露往往不会产生安全问题，但来自不同数据集的“海量数据”经过采集和分析会产生巨大的情报信息价值，成为西方国家对我开展网络空间监视和控制的重要抓手[78]。西方发达国家利用技术优势获取发展中国家的数据，加之开放数据运动的推行更促进了其他国家对国外开放数据的获取和分析，对国家及社会层面造成直接或间接的影响和威胁。例如，美国学者通过跟踪政府公共开支网站，大量获取国防部军事设备采购等有关信息，区分活动开支模式，同时结合媒体对伊拉克局势等报道，借助数据汇集整合技术，发现国防部具体的军事采购时间、金额及采购单位等信息量的激增与伊拉克战争爆发时间高度吻合，据此可以推论战争的进程、规模等机密性军事信息[79]。由此可见，当混合不同数据集进行信息集成时，各种直接或间接的保密侵害就在所难免。因为数据被看作21世纪的石油，发达国家早已发起数据争夺战。它们通过其所谓的国家安全政策对其他国家及其领导人进行监视，搜集情报，这对我国政府来说是非常严峻的挑战。因为在发达国家政府的要求下，发达国家的IT企业不得不把收集来的信息交给其政府，这样，“数据在全世界范围产生，而大部分都被美国公司收集”，进而全世界的大部分数据和信息都被美国掌握和控制，这对其他国家而言都是一个不可忽视的安全风险。其次，对于发展中国家而言，由于信息基础设施建设相对薄弱，计算机网络和信息系统等主要软硬件多从欧美国家进口，“这些软硬件极易留下嵌入式病毒、隐性式通道、可恢复密钥的密码等，存在严重的安全隐患，数据遭损和泄漏的风险较大”[80]，一旦发生数据泄露，则意味着国家数字主权与国家公共安全出现危险。例如，美国利用其先进的IT产业可以通过本国诸如《对外情报监控法案》等法律规定合理合法地获取其他国家IT用户的数据，对美国而言，这种行为有利于情报的搜集分析和战略决策，但对于其他国家就造成了不同等级的数据安全威胁甚至是国家层面的危险。且发达国家在大数据处理技术上更具有优势，更广泛地说，在信息技术上的优势对诸如我国这样技术上处于劣势的国家来说更是一种安全风险。访谈表明，无论是计算机操作系统还是手机的操作系统几乎都被微软、苹果、谷歌这样的公司占据，由于我们没有自己的操作系统，数据被别人“偷走”就不足为奇。因此，由于信息基础设施薄弱造成的开放数据国家风险是值得关注的。

6.3.2.2 隐私风险

随着越来越多的数据集被披露公开，通过混合不同数据集，进行汇聚整合与关联分析可以间接地追踪到他人工作生活等隐私问题，不恰当使用个人数据的机会也随之攀升。卡内基–梅隆大学的计算机科学家亚历山德利用社交网站等各类开放数据，成功推测出1989 ~ 2003年8.5%的美国境内新出生人口的社保号（接近500万人），从技术手段上揭示了开放数据冲击隐私而产生风险的可能性。无独有偶，希腊学者运用爬虫技术，从开放的公共数据源中成功收集和抓取企业和个人税务登记号码，由此较为准确地推断出企业和个人的商务活动内容，进而得出结论，随着大量政府数据在互联网上公开，会出现具体和严重的隐私问题。不仅如此，公众对隐私泄露的担心又反过来影响到人们对数据的态度及有关数据的准确性、及时性和完整性，隐私权与信息权是人权的重要组成部分。任何再利用政府数据的机构在一定程度上都要面临与隐私风险有关的活动，比较常见的个人身份识别的隐私保护和地理位置隐私保护是开放政府数据活动亟待解决的重要问题。

目前，我国对大数据环境下隐私保护和网络安全建设的重视程度有所提高，在一些单行的法律法规里涉及网络隐私权的保护，如《计算机信息网络国际联网管理暂行规定实施办法》《全国人民代表大会常务委员会关于维护互联网安全的决定》《互联网电子公告服务管理规定》《关于加强网络信息保护的决定》《计算机信息系统安全保护条例》等。2016 年出台的《网络安全法》和《国家信息化发展战略纲要》等法律政策，尤其是国务院办公厅印发的《2018 年政务公开工作要点的通知》明确提出，“要依法保护好个人隐私，除惩戒公示、强制性信息披露外，对于其他涉及个人隐私的政府信息，公开时要去标识化处理，选择恰当的方式和范围”，为数据隐私保护问题提出了明确要求，进一步完善了有关个人信息保护的规定。但遗憾的是，在推动开放数据政策制定时，对开放数据过程中涉及隐私保护的政策较少。一方面，隐私保护尚未真正涉及到开放数据的共享、使用与管护过程；另一方面，涉及隐私保护的条款大多是行政法规或命令、通知等，立法层面的政策实践较少，尚未形成单独的隐私保护法律政策，而且在隐私保护方面，我国尚且缺乏专门的法律政策界定用户隐私，处理隐私问题仅限于一般采用其他相关法规条例来解释。如《政府信息公开条例》中现有关于个人隐私和商业秘密以外的规定过于笼统，造成实践中的适用困难，结果使得信息公开倾向于保密，这不仅阻碍了政府信息的最大化公开，也阻碍了政府数据开放的进程。

6.3.2.3 政府公信力风险

大数据时代，政府数据披露的背后常常隐藏着不易察觉的意识形态侵入，例如欧美国家各类数据库总会带有强烈的欧美价值观导向，会无声地进行意识形态渗透，冲击并消解我国主流意识形态话语权。对于开放数据隐含的政治风险，国外学者曾深刻指出：“实现了数据的获取而忽视了数据本身的政治，（忽视了）该数据揭示了什么，或者如何使用它们以及他们代表了谁的利益？”除却意识形态风险，未经审核、不加选择以及忽视配套条件保障的数据披露，在一定程度上会导致公众对政府数据的错误解读，激化社会矛盾，甚至危及政权稳定。对此，哈佛大学肯尼迪学院 Archon Fung 深刻指出，忽视背景条件，政府数据开放有可能导致“赤裸政府”的出现[81]。因为政府数据开放的主要用户之一就是新闻记者，他们利用开放数据，积极寻求和揭露公共资金浪费或政府失职行为，无意中系统地加强了公众对政府和政治选举等负面看法。也就是说，政治精英与公众之间的信任问题可能会受到开放数据的影响，即潜在的政府透明度可能会强化并导致政治空心化情形的出现[82]。有人担心“提高透明度的期望可能过高，开放数据至少在短期内，可能会对政府公信力流失等有负面影响”。一方面，政府数据开放本身具有一定的治理风险：一是跨部门的数据开放与流动使得数据的所有权与治理权变得更加模糊，强烈冲击着原有的政府信息监管体系，即如何从原有的数据把关人过渡到数据出版人和数据导读人。这也在数据开发与利用上，凸显了目前以及将来政府与公众关系的关键和薄弱问题，一旦解决不当，就会导致政府信息监管能力与数字治理能力被削弱。二是原始数据的大量披露可能导致碎片化行动的风险。“当数据从以往共享的社会经验中被移除，而以过于结构化的数值为主形式出现，会将人们的注意力转移到狭隘的和不相关的（但可量化的）关注上去”[83]。换句话讲，原始形式的数据共享并不仅仅揭示了公正客观的真理，还在一定程度上使数据偏见透明，并允许有更全面的所谓“真理”解释。其结果是难以统一认识，容易造成政策误导与政府执行力的弱化。三是政府责任风险的增加。政府机构不得不接受的事实是，面向公众开放数据就不可避免地要放弃一定程度的控制权。单方面开放海量政府数据而没有配套的数据解释与引导，必然会导致人们对数据内容解读的不确定性，为公共数据的人为操纵和误导留了空间。国外研究发现，政府数据的开放与透明会使人们“更加关注对政府错误的敏感性，而对政府执行情况的反馈则几乎是盲区”[84]，因而会加剧对政府的不信任，严重的还会引发舆情风险。四是数据利用中的社会分层加剧会损害公共利益。有学者通过对印度班加罗尔地区土地信息管理的调研发现，土地记录数字化的成果主要由中高收入人群和企业使用，进而从边缘化和贫穷的人们那里获得土地所有权，由此可见，简单的政府数据开放而没有公众可参与和理解的语境及条件保障，数据开放的初衷就会适得其反。对此有学者警告特殊利益群体，如政治精英、游说者以及利用开放政府数据谋取商业利益的群体，这种有能力支付服务的特权会损害那些由公共部门递送的服务。另一方面，政府数据开放还会对行政组织结构形成挑战。在开放数据背景下，数据提供者、加工者、所有者和维护者等角色的交叉重叠使得部门机构与人员的权责归属变得极为复杂，难以清晰界定。一旦各类行政数据公之于众，就将政府决策与执行过程置于公共视野，随着公众对行政流程、组织效率的期望与跟踪则加大了对政府机构合法性、职能履行公正性的质疑，并要求对科层式部门化组织体制、制度弹性和组织文化进行重大调整。

6.3.2.4 社会风险

开放意味着降低数据利用门槛，促进更多人的数据获取与共享。但在实际中，开放政府数据可能带来的潜在风险就是机会不平等或者社会分化。首先，因为数据获取所需要的知识与能力并不是每个公民都具有或负担得起的，商业性利用者及技术精英可以利用分析工具获益，普通公众特别是弱势群体则束手无策，“无法处理数据显现的复杂性和开放数据平台呈现的数据。提供的数据越多就越难以从数据分析中得出结论”[85]，进而形成新的数据分化。美国人口调查的开放数据案例表明，有些可视化数据工具对研究人员有用，但普通市民则几乎没有欲望去操控处理复杂的数据，开放政府数据的主要用户仍然是企业和技术精英。在一些发展中国家，特权和不公平已嵌入到数据活动，仅凭大规模的数据开放并不能完全纠正现象背后的阶层分化。同时，由于“公众不能理解数据，更多的数据发布只会导致更大的混乱和不信任”，数据开放可能会加剧社会冲突的爆发。其次，“数据孤岛”与碎片化陷阱。目前社会风险治理主体单一，或者属于不同体系及遵循不同的规则，部门之间缺乏有效的沟通与整合，使得风险数据库分散在不同部门，呈现出碎片化与原子化特点，导致“数据孤岛”的出现。风险大数据不仅需要单一部门掌握有价值的大数据，同时更需要不同部门和不同类别的数据。如果风险大数据缺乏整合，就无法充分挖掘数据的价值，不仅会造成巨大的浪费，也会明显影响风险治理的科学性与准确性。再次，大数据噪音与误信陷阱。由于大数据来源多样，体积庞大，其中也包含了大量的“噪音数据”（Noisy Data）。噪声数据是指数据中存在着错误或异常（偏离期望值）的数据，这些数据对数据的分析造成了干扰，对基于大数据分析的相关研究产生重要影响。

6.3.2.5 质量风险

“大数据”时代的核心要素是：数据资源，即数据开放获得和拥有的数据量。数据资源采集是数据开放流程的起点，但同时也是面临质量风险的第一关。数据质量属性多种多样，比如准确性、机密性、完整性、可用性、一致性、及时性、关联性、有效性等。同时，数据质量与数据的生产、收集、组织、存储、发布（或出版）都有紧密联系[86]，数据质量的优劣将决定数据开放流程中所有阶段的实施效果。质量风险是数据风险的重要来源，质量风险也是数据开放和保障数据安全过程中要解决的首要问题。

数据质量风险主要有三种来源[87]。一是数据冗余即数据资源的重复或多余。二是数据残缺。数据残缺可能由于主观或客观原因造成。主观原因主要是由于数据收集者对数据采集没有全面的认识，或是由于数据采集困难而自行选择放弃采集；客观原因可能是数据生产或数据采集中涉及到的技术或资源受限制而无法完成保证数据质量。三是数据造假。数据造假会导致数据准确性、真实性受到影响，同时造成数据完整性、一致性、关联性等属性一并受损。

大数据时代人工智能技术成为解决数据利用的利器，但人工智能技术的根基是算法和数据。如果说算法由于人工编写，而无法百分百保证其安全、可靠、可信的话，人工智能技术对数据质量的要求就变得更加严苛，只有尽可能保证数据的质量才能将问题症结归结到算法上，进而对算法进行控制。如果数据质量本身无法保证，算法即使正确、有效，也几乎不可能得到期望的结果。所以数据质量是保证人工智能技术在大数据问题解决中顺利使用的重中之重。

数据质量是指数据符合用户的使用目的，能满足业务场景具体需求的程度[88]。数据质量成为2018年《中国地方政府数据开放报告（2018）》年的新增指标，被推选为数据层评估的核心，重要性上排序第一[89]。该指标将数据容量大，社会需求高的数据集视为“优质数据”；将低容量数据和碎片化数据归类为“低质数据”；而“问题数据”则包括：重复创建的数据，格式有问题数据（非机读格式数据、形式结构化但内容非结构化数据、未覆盖的格式数据），以及无效数据三类。按照以上数据质量分类考核当前上线的数据开放平台，发现即使整体排名靠前的数据开放平台也或多或少存在质量问题，可能造成质量风险。

提高数据质量，才能降低数据的质量风险。首先，政府要将质量风险控制视为数据开放和数据安全二者的桥梁，积极细化相关的法规政策，从数据质量体系规划、建设到数据质量的监督给予全方位政策保障。其次，积极优化数据质量保障技术方法和手段，如引入强化数据清洗技术应用，确保数据在预处理过程中的质量；提升开放数据中高质量、高需求的优质数据集比例，以API接口形式开放的实时动态的、大容量的数据集[90]，采用人工智能技术定期消除无效数据、重复数据。再次，积极推动数据开放各方利益相关者参与数据质量监测与反馈。开发方全面提供数据质量监测途径，便于用户对数据质量进行反馈，有效扩大数据实际需求范围，不断完善优质数据集，鼓励用户进行数据内容纠错，发动用户发现无效数据、错误数据、重复数据，减少无效数据，从而达到提高数据质量的目的。

6.3.3 政策协同分析

依据上述技术动荡环境和感知风险的分析，笔者将依据政策目标、主体、开放标准与尺度、政策措施以及政策评估进行政策协同建议[91]。

第一，协同开放数据和数据安全政策的总体目标。①在构建政府开放数据和数据安全政策的目标时，相关部门应做好顶层设计，以目标协同为基础。将开放数据上升到战略资源的高度，同时将数据安全治理作为各级政府风险治理的重要手段。②要研究并制定符合我国国情的开放数据与数据安全的国家战略，加强对我国开放数据的顶层设计，以安全为基础设立相应的原则，协调和平衡各类政策、各部门的利益。③加快数据开放平台建设，借助于建立数据开放平台的契机，协同政府数据开放领域、统一数据被获取的格式标准，推进政府数据的采集与安全管理措施，升级数据安全技术，使政府数据开放与安全政策的总体目标更具一致性。

第二，确立数据开放的责任主体，明确职责所在。每项政策目标责任主体的确立，均关系到政策目标能否被有效落实，对此在制定与政府数据开放有关的政策文件过程中，各地政府应注重每项政策子目标的责任主体。例如湛江市人民政府印发的《关于湛江市全面推进政务公开实施方案》中的“重点任务分解表”，详细地列举出每项子目标所对应的工作任务、负责单位和完成时间，通过这样的方式明确责任主体及其职责范围。对政府数据相关法律法规进行研究，为政府数据开放提供良好的政策法律环境。

第三，统一数据开放标准与尺度。①当前与开放数据及数据安全相关的政策文件中，关于哪些数据能够开放，哪些数据不能够开放，数据该以什么样的读取格式呈现等问题上，都应依照数据安全标准进行全面地进行考量。②凡是涉及到国家安全风险、社会风险、隐私风险等敏感数据，应加紧出台相应的法律法规，使数据在采集、传输、存储、使用与开放的过程中有法可依并遵循统一标准，使数据能够合理、规范、安全地进行开放。如面对国家安全风险，可着力加强不同国家之间数据跨国流动问题的协商与合作，最好是能够达成国际共识，在各国平等互惠基础上制定相应的国际法，在促进开放的同时规范跨国性的数据获取行为保障安全。③对《政府信息公开条例》《保密法》《网络安全法》等法律法规中涉及开放数据的内容进行完善和修改，使已有政策中的安全因素与开放数据政策能够衔接，并加大关于数据安全以及私人数据保护方面的研究以及推动开放数据与安全政策的协调发展。

第四，协同推进政府开放数据政策措施。为了使我国政府数据开放得到快速发展，在制定政府开放数据政策时应着力推进供给导向型、环境导向型政策措施的协同并进，不能只侧重一方面，而另外一方面却少有涉及。各地方政府应着力推进多方面的政策措施，要求从人事支持、财政金融支持、考核与问责、法规制度等层面出发。

第五，对我国开放数据与数据安全政策协同的状况和协同度进行测量、评估和分析，为开放政府数据政策协同提供有力支撑与后续保障。通过科学的方法和工具对开放数据与数据安全政策协同度进行测量，找出开放收益最大、成本最小、效果最佳的政策协同度，为修改和完善现行的法律法规政策提供依据，以达到治理效果的“帕累托最优”状态，提升政府的公信力。

本章小结

本章在总结了开放数据政策、数据安全政策及开放数据与安全政策协同研究的基础上，结合政策协同理论、数据生命周期理论、风险社会理论和系统动力学理论，构建了以风险感知为中介变量，以技术动荡性为调节变量的开放数据与数据安全政策协同模型，同时通过实地实验的方法对上述模型进行检验，以风险感知和预测为切入，为大数据环境下开放数据与数据安全的政策协同现实予以解释和分析，并提出相关建议。

参考文献

[1] Janssen M, Charalabidis Y, Anneke Z. Benefits, adoption barriers and myths of open data and open government [J]. Information Systems Management, 2012, 29 (4): 258-268.

[2] 闫倩，马海群．我国开放数据政策与数据安全政策的协同探究［J］．图书馆理论与实践，2018，(5)：1-6.

[3] NatasaV, Sanja B D, Leonid V S. Benchmarking open government: an open data perspective [J]. Government Information Quarterly, 2014, 31 (2): 278-290.

[4] 朴贞子，李洪霞．政策制定模型及逻辑框架分析［J］．中国行政管理，2009，(6)：56-59.

[5] 谭开翠．现代公共政策导论［M］．北京：中国书籍出版社，2013：108-109.

[6] 马海群，陶易．基于 WSR 方法论的开放数据政策分析框架结构解析——以美国和加拿大为例［J］．图书馆理论与实践，2018，(2)：1-6.

[7] Bertot J, Gorham U, Jaeger P T, et al. Big data, open government and e-government: Issues, policies and recommendations [J]. Information Polity, 2013, 19 (1): 5-16.

[8] 马海群，蒲攀．国内外开放数据政策研究现状分析及我国研究动向研判［J］．中国图书馆学报，2015，41 (5)：76-86.

[9] Zuiderwijk A, Janssen M. Open Data Policies, Their Implementation and Impact: A Framework for Comparison [J]. Government Information Quarterly, 2013, 31 (1): 17-29.

[10] 蒲攀，马海群．大数据时代我国开放数据政策模型构建［J］．情报科学，2017，35 (2)：3-9.

[11] Higman R, Pinfield S. Research data management and openness: The role of data sharing in developing institutional policies and practices [J]. Electronic Library and Information Systems, 2015, 49 (4): 364-381.

[12] 白献阳，孙梦皎，安小米．大数据环境下我国政府数据开放政策体系研究［J］．图书馆学研究，2018，(24)：48-56，47.

[13] 范丽莉，唐珂．基于政策工具的我国政府数据开放政策内容分析［J］．情报杂志，2019，38 (1)：148-154，53.

[14] 周文泓．我国地方政府开放数据政策构建的进展与优化策略研究［J］．图书馆学研究，2018，

(15)：39-45.
[15] 刘紫薇，牛晓宏．英国政府开放数据政策分析［J］．高校图书馆工作，2018，38（4）：52-55.
[16] 谭必勇，刘芮．我国地方政府开放数据政策研究——以 15 个副省级城市为例［J］．情报理论与实践，2018，41（11）：51-56.
[17] 胡明晖，孙粒．英国科学资助机构开放数据政策及其对我国启示［J］．中国科学基金，2018，32（5）：539-544.
[18] Childs S，McLeod J，Lomas E，et al. Opening research data：issues and opportunities［J］. Records Management Journal，2014，24（2）：142-162.
[19] 牛晓宏．开放数据政策协同对图书开放获取政策的启示［J］．现代情报，2018，38（9）：24-27，56.
[20] 姜鑫．科学数据开放政策研究现状分析及未来研究动向评判［J］．现代情报，2016，36（2）：167-170，177.
[21] 马海群，徐天雪．我国政府数据安全政策评估体系构建研究［J］．图书馆理论与实践，2018，（1）：1-4.
[22] 宋筱璇，王延飞，钟灿涛．国内外科研数据安全管理政策比较研究［J］．情报理论与实践，2016，39（11）：10-16.
[23] Stoddart J，Chan B，JolyY. The European Union's adequacy approach to privacy and international data sharing in health research［J］. The Journal of Law Medicine & Ethics，2016，44（1）：143-155.
[24] Dong X，Li R，He H，et al. Secure sensitive data sharing on a big data platform［J］. Tsinghua Science & Technology，2015，20（1）：72-80.
[25] 王德庄，姜鑫．科学数据开放政策与个人数据保护政策的政策协同研究——基于利益相关者理论视角［J］．情报资料工作，2019，40（3）：39-45.
[26] 孙瑞英，马海群．太极哲理对开放数据与数据安全政策协同的启示［J］．现代情报，2018，38（5）：3-10，24.
[27] 王本刚，马海群．开放数据安全问题政策分析［J］．情报理论与实践，2016，39（9）：25-29.
[28] List J，Harrison G. Field Experiments［J］. Journal of Economic Literature，2004，42（4）：1009-1055.
[29] 周英男，柳晓露，宫宁．政策协同内涵、决策演进机理及应用现状分析［J］．管理现代化，2017（6）：122-125.
[30] 马海群，洪伟达．我国开放政府数据政策协同的先导性研究［J］．图书馆建设，2018，（4）：61-68.
[31] Challis L，et al. Joint Approaches to Social Policy：Rationality and Practice. Cambridge：Cambridge University Press，1988：3-15.
[32] 马费成，望俊成，张于涛．国内生命周期理论研究知识图谱绘制［J］．情报科学，2010，（3）：334-340.
[33] 魏悦，刘桂锋．基于数据生命周期的国外高校科学数据管理与共享政策分析［J］．情报杂志，2017，36（5）：153-158.
[34] 高劲松，刘洪秋．基于生命周期理论的文物元数据开放机制研究［J］．图书情报工作，2017，61（12）：129-135.
[35] 师荣华，刘细文．基于数据生命周期的图书馆科学数据服务研究［J］．图书情报工作，2011，55（1）：39-42.
[36] 虞晨琳．国际数据管护的科学知识图谱研究［J］．知识管理论坛，2017，2（3）：201-213.
[37] Loukis E. Ataxonomy of open government data research areas and topics［J］. Journal of Organizational

Computing & Electronic Commerce, 2016, 26 (1): 41-63.
[38] 黄如花，赖彤. 数据生命周期视角下我国政府数据开放的障碍研究 [J]. 情报理论与实践，2018，41 (2): 7-13.
[39] Attard J, Orlandi F, Scerri S, et al. A systematic review of open government data initiatives [J]. Government Information Quarterly, 2015, 32 (4): 399-418.
[40] 张聪丛，郜颖颖，赵畅，等. 开放政府数据共享与使用中的隐私保护问题研究——基于开放政府数据生命周期理论 [J]. 电子政务，2018，(9): 24-36.
[41] 王昀. 风险社会治理中的政府信任：一种风险感知的解释框架 [J]. 江西社会科学，2017，37 (2): 229-239.
[42] 张成福. 风险社会中的政府风险管理——评《政府风险管理——风险社会中的应急管理升级与社会治理转型》[J]. 中国行政管理，2015，(4): 157-158.
[43] 许光清，邹骥. 系统动力学方法：原理、特点与最新进展 [J]. 哈尔滨工业大学学报：社会科学版，2006，8 (4): 72-77.
[44] 邢海龙，高长元，张树臣. 基于系统动力学的大数据联盟稳定性模型构建与仿真研究 [J]. 情报杂志，2017，36 (10): 159-165.
[45] 是沁，储节旺. 基于系统动力学的科学数据开放共享保障机制研究 [J]. 情报杂志，2018，37 (11): 143-149.
[46] 王晶，王卫，张梦君. 开放政府数据价值实现保障机制研究——基于系统动力学方法 [J]. 图书馆学研究，2019，(16): 51-59.
[47] 马海群，冯畅. 信息资源管理政策执行力影响因素研究———以《关于加强信息资源开发利用工作的若干意见》为例 [J]. 中国图书馆学报，2020，(2): 56-74.
[48] 杨梦晴. 基于信息生态系统视角的移动图书馆社群化服务系统动力学仿真研究 [J]. 情报科学，2020，38 (1): 153-161.
[49] 邵桂华，满江虹，王晨曦. 我国竞技体育与社会体育协同演化的系统动力学仿真——基于复合系统协同度模型的测度 [J]. 体育学刊，2018，(5): 46-57.
[50] 沈逸. 美国国家网络安全战略的演进及实践 [J]. 美国研究，2013，27 (3): 30-50，5-6.
[51] 魏凯. 各国政府积极制定推进政策数据开放运动席卷全球 [J]. 世界电信，2014，(Z1): 49-54.
[52] 刘新萍，孙文平，郑磊. 政府数据开放的潜在风险与对策研究——以上海市为例 [J]. 电子政务，2017 (9): 22-29.
[53] Anderson P, Tushman M L. Organizational environments and industry exit: the effects of uncertainty, munificence and complexity [J]. Industrial and Corporate Change, 2011, 10 (3): 675-711.
[54] 王文华，张卓，汪锋，等. 技术多元化与企业绩效——环境动荡性和内部研发的调节作用 [J]. 预测，2015，34 (5): 1-7.
[55] FiliouD. Exploration and exploitation in Inter-organizational learning: motives for cooperation being self-destructive for some and vehicles for growth for others, some evidence from the biotechnology sector in the UK between 1991 and 2001 [J]. British Journal of Management, 2005, (2): 27-29.
[56] 李锐，陶秋燕. 三维智力资本、商业模式创新与绩效的关系研究——技术动荡性的调节效应 [J]. 技术经济与管理研究，2018，(12): 44-50.
[57] Neves P C, Schmerl B, Cúmara J, et al. Big data in cloud computing: features andissues [C]. Rome: Inte-rnational Conference on Internet of Things and Big Data, 2016: 307-314.
[58] 杜伟宇，许伟清. 中国情境下权力对炫耀性产品购买意愿的影响：面子意识的中介效应 [J]. 南开管理评论，2014，17 (5): 83-90.

[59] Wang Y, Griskevicius V. Conspicuous consumption, relationships, and rivals: women's luxury products as signals to other women [J]. Journal of Consumer Research, 2014, 40: 834-854.

[60] 王思琦. 公共管理与政策研究中的实地实验：因果推断与影响评估的视角 [J]. 公共行政评论, 2018, 11 (1): 87-107, 221.

[61] 张书维, 李纾. 行为公共管理学探新：内容、方法与趋势 [J]. 公共行政评论, 2018, 11 (1): 7-36, 219.

[62] Baron R M, Kenny D A. The moderator-mediator variable distinction in social psychological research: Conceptual, strategic, and statistical considerations [J]. Journal of Personality and Social Psychology, 1986, 51: 1173-1182.

[63] Hayes A F. Beyond Baron and Kenny: Statistical mediation analysis in the new millennium [J]. Communication Monographs, 2009, 76: 408-420.

[64] ZhaoX, Lynch J G, Chen Q. Reconsidering Baron and Kenny: Myths and truths about mediation analysis [J]. Journal of Consumer Research, 2010, 37: 197-206.

[65] Hayes A F, Scharkow M. The relative trustworthiness of inferential tests of the indirect effect in statistical mediation analysis: Does method really matter [J]. Psychological Science, 2013, 24: 1918-1927.

[66] Gu H, Wen Z, Fan X. Structural validity of the machiavellian personality scale: A bifactor exploratory structural equation modeling approach [J]. Personality and Individual Differences, 2017, 105: 116- 123.

[67] 黄如花, 温芳芳, 黄雯. 我国政府数据开放共享政策体系构建 [J]. 图书情报工作, 2018, 62 (9): 5-13.

[68] Roger J, Calantone, Rosanna G, et al. The effects of environmental turbulence on new product development strategy planning [J]. Journal of Product Innovation Management, 2003, 20 (2): 90-103.

[69] Slovic P. Perception of risk [J]. Science, 1987, 236: 280-285.

[70] 张卫东, 栾碧雅, 李松涛. 基于信息风险感知的网络虚假信息传播行为影响因素研究 [J]. 情报理论与实践, (9): 93-98, 110.

[71] 温忠麟, 黄彬彬, 汤丹丹. 问卷数据建模前传 [J]. 心理科学, 2018, 41 (1): 204-210.

[72] Podsakoff P M, Mackenzie S B, Lee J Y, et al. Common method biases in behavioral research: A critical of the literature and recommended remedies [J]. Journal of Applied Psychology, 2003, 88: 879-903.

[73] 方杰, 温忠麟, 吴艳. 基于结构方程模型的多层调节效应 [J]. 心理科学进展, 2018, 26 (5): 781-788.

[74] 熊光清. 大数据技术的运用与政府治理能力的提升 [J]. 当代世界与社会主义, 2019, (2): 173-179.

[75] 廖振民. 大数据治理：传统政府治理的变革之道 [J]. 桂海论丛, 2018, 34 (2): 114-119.

[76] 乌尔里希·贝克. 风险社会 [M]. 南京：译林出版社, 2004: 2.

[77] 胡键. 大数据技术与公共管理范式的转型 [J]. 行政论坛, 2018, 25 (4): 49-55.

[78] 江常青. 大数据对国家网络安全的风险评估 [J]. 中国信息安全, 2015, (5): 53-54.

[79] AndrewW. Using open government data to predict war A case study of data and systems challenges [J]. Government Information Quarterly, 2014, 31 (4): 622-630.

[80] 吴家庆. 大数据与意识形态安全. 光明日报, 2015-10-14, (13).

[81] Fung A. Infotopia: unleasing the democratic power of transparency [J]. Politics & Society, 2013, 41 (2): 183-212

[82] LucaP, Andrea B, Diego M. Politics of open government data: a neo- gramscian analysis of the United

Kingdom's open government data initiative [J] . Infant Mental Health Journal, 2013, 34 (6): 594.

[83] Meijer A. Understanding modern transparency [J] . International Review of Administrative Sciences, 2009, 75 (2): 255-269.

[84] Lathrop D, Ruma L. Open Government: Collaboration, Transparency, and Participation in Practice [M]. Sebastopol: O'Reilly Media, 2010: 126.

[85] Nugroho R, Zuiderwijk A, Janssen M, et al. A comparison of national open data policies: Lesso ns learned [J] . Transforming Government: People, Process and Policy, 2015, 9 (3): 286-308.

[86] 盛小平，郭道胜．科学数据开放共享中的数据安全治理研究［J］．图书情报工作，2020，64(22)：25-36.

[87] 曹惠民，邓婷婷．政府数据治理风险及其消解机制研究［J］．电子政务，2021，(1)：81-91.

[88] 蔡莉，朱扬勇．大数据质量．上海：上海科学技术出版社，2017：7-8.

[89] 夏姚璜，邢文明．开放政府数据评估框架下的数据质量调查与启示——基于《中国地方政府数据开放报告（2018）》［J］．情报理论与实践，2019，42（8）：44-49，66.

[90] 完颜邓邓，宋婷．我国地方政府数据开放平台的安全风险测评［J］．图书馆论坛，11：1-12.

[91] 毛子骏，郑方，黄膺旭．政策协同视域下的政府数据开放研究［J］．电子政务，2018，（9）：14-23.

第7章 基于政策扩散的开放数据与数据安全政策协同研究

开放数据政策和数据安全政策的相关研究已不在少数，也产生了一系列研究成果。但是针对二者的协同关系研究仍然比较匮乏，如开放政策的文本包含的主题之中有多少出现了数据安全政策的内容？数据安全政策的主题又有多少涉及开放数据政策？中央层级和地方层级在制定这两类政策的过程中彼此的协同关系究竟如何？还存在哪些协同性不足的现象？造成这些现象的原因是什么？这些内容尚不明朗，缺乏直观的展示。因此，本章从政策扩散视角，使用定量分析的方法，对国家层级和地方层级颁布的开放数据政策文本和数据安全政策文本进行研究。同时通过对上述问题进行回答，探究两类政策之间的协同关系是怎样的，协同程度有多深，进而使两类政策更好地一起发挥作用，让“开放的数据更加安全，同时让安全性更好地在开放数据之中体现出来”，产生“1+1>2”的结果，将二者之间因为不协同而导致政策效果“抵消”的影响降到最低，为以后相关政策的制定提供相关借鉴。

7.1 协同理论及政策扩散理论的内涵分析

政策扩散理论是研究政策演进、协同发展等方面的重要理论之一，从政策扩散视角来研究开放数据与数据安全政策之间的协同关系，有助于减少政策内耗，推进二者高效协同发展。

7.1.1 相关概念

协同（synergy）的概念在中国古已有之，只是表述方式和现在略有不同，但是蕴含的含义是一样的。《说文解字》[1]提到“协，众之同和也；同，合会也”；《汉书·律历志上》[2]将“协同”表述为“咸得其实，靡不协同”；《三国志·魏志·邓艾传》[3]提到“（邓）艾，性刚急，轻犯雅俗，不能协同朋类，故莫肯理之。”；范文澜等在《中国通史》[4]第四编第三章第一节曾经介绍“遇有战事，召集各部落长共同商议，调发兵众，协同作战。”；而太极图以两个相互环抱的阴阳鱼形及阴阳鱼形之间的相对颜色的两个圆圈将“阴阳协同”的理念生动形象地进行了表达与诠释，不仅说明开放系统内元素之间的协同作用，还说明了开放系统可以更好地平衡内部子系统之间运动的能量，让整个系统形成一种有序性前进的趋势[5]，而《现代汉语词典》将“协同”解释为“各方互相配合或者协助”的意思。联邦德国理论物理学家哈肯在1971年首次提出了协同的概念[6]，并且于1976年将协同概念系统的论述出来，认为不同属性的系统，都可以认为是上一层次系统的子系统，相互都存在着影响且合作的关系，概括来说，即子系统之间的竞争和协同从而推动外部系统从无序慢慢向有序的状态进行演化。而哈肯的专著《协同学导论》及《高等协同学》的发布，则标志着协同学的正式建立。从以上论述可以看到，不管是从中国古代到现代关于协同的解释，抑或是国外协同学的思想内涵都是一致的，有着异曲同工之妙。即“协同是两个或者多个元素之间，通过各种非线性作用相互影响，相互配合，共同维持着系统的稳定与前进，进而达到更高的层次”。

此处的系统通常指的是在开放的环境之中，处在非平衡的状态下，同外部有能量和信息交换的开放系统[6]。从整体协同的角度来看，各个子系统之间相互影响，互相制约，对子系统所属的外部大系统都会造成影响，同时大系统也在影响着内部各个子系统的运转；而系统所处环境的开放也是相对而言的，不仅是向外部环境开放，也可以出现系统向内部环境开放的情况，会让系统内部发生多层次、多水平、差异下的协同作用，让系统更好地运转。同时鉴于系统是开放的，在受到外界环境的影响之后势必会做出一定的反应，从而反作用于外界环境，之后改变了的外界环境又会反过来继续作用于系统，从而促使系统的组成元素之间通过相互作用来对新环境作出新的调整、选择等不同的反应来适应新环境的变化，进而保证系统的继续稳定发展，从而展现了一种在开放环境下系统的自我稳定的能力；同时系统在充分开放的前提下，以系统内部各个元素之间的非线性相互作用作为内在驱动力，保持着系统具有自组织的能力。

政策扩散（policy diffusion）一词源于美国，1969 年，当时在美国密歇根大学执教的杰克·沃克教授以一篇《美国各州之间创新的扩散》文章拉开了政策扩散研究的序幕[7]。几十年过去之后，其内涵和理念已经有了很大的丰富与发展，具体有以下三方面。

第一，研究内容方面。政策扩散的研究从开始关注政策扩散的客体到关注具体的政策要素，同时对政策工具扩散及政策结果扩散也开始关注，说明该理论在随着社会进步和发展的同时自身也在不断更新和进步[7]。

第二，理论解释丰富度方面。政策扩散理论早期主要集中在解释影响扩散的不同因素上，产生了“组织扩散模型”（或叫全国互动模型）、“区域因素模型”、“内部因素模型”等诸多研究成果[8]。而随着扩散理论慢慢地深入深化，诸多学者开始发现前期认识存在缺陷，于是转向了发现不同政府之间扩散行为的动机。杨宏山等[9]通过对中美之间政策扩散机制的比较研究，发现了在政策扩散上两国都存在相同的扩散机制，同时总结了中美之间扩散机制的异同。而到了 2000 年之后，许多学者开始尝试对政策扩散理论进行整合，产生了一系列的研究成果。

第三，研究方法进步方面。政策扩散理论早期采用的方法是因子分析法及时间序列分析法等“单因素分析方法”[8]；20 世纪 80 年代后期到 21 世纪初期，是定性分析与定量研究相并重的阶段，产生了诸如“基于小 N 数样本”的定性分析法，“EHA 方法”的定量分析法等[8]；而进入 21 世纪之后，大数据技术的迅猛发展和其他信息技术日新月异的进步也让之前的定性分析和定量分析有了长足的进步，如 EHA 方法更加完善，小 N 数样本方法的适用范围越来越广，同时也有学者开始尝试将心理学的方法和观点引入政策研究之中，开辟了研究的新途径。

但是究其本源，政策扩散的本质应该是从不同视角，对政策在不同政府之间的流转过程进行研究，观测同一个政策在不同政府之间的采纳过程[10]。从时间角度来说，政策扩散可以是同一部门先制定施行的政策对后来的若干政策产生影响；从空间角度来说，也可以是一个部门借鉴另一部门的政策，然后结合本部门实际制定出符合自身条件的政策，也可以是上下级之间政策的相互借鉴，抑或是两个地区之间的相互借鉴。从宏观层次来看，国家之间的政策扩散可以解释为一个国家借鉴另一个国家的经验，并结合自己国家所处的不同社会阶段及国情加以“本土化改造”并运用；从微观层次来看，同一系统的两个部门之间也可以类似的过程，一个部门的政策被另一个部门借鉴过来，结合本部门所处的实际情况和面对的问题加以运用。概念意义上的政策扩散可以通过图 7-1 来表示。

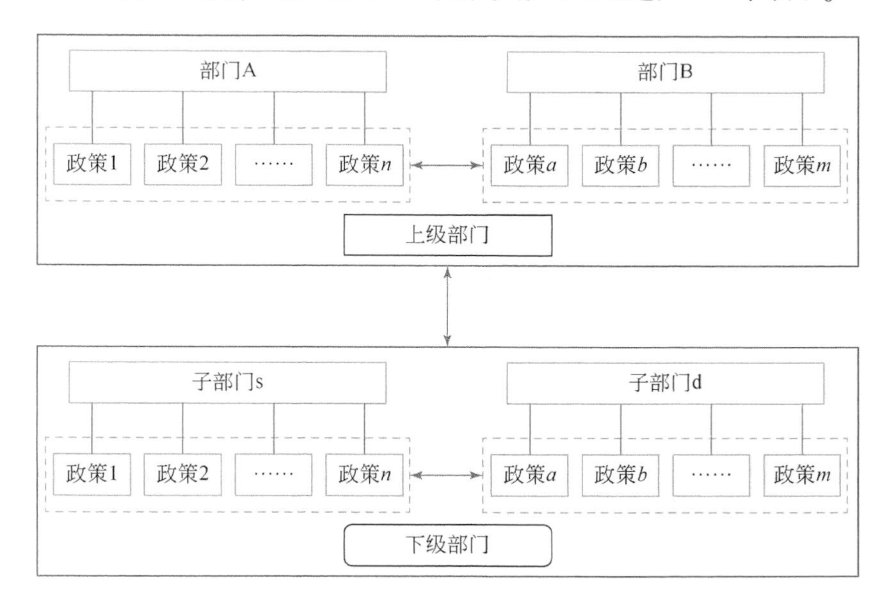

图 7-1　概念意义上的政策扩散

在图 7-1 所示的内容中，部门 A 制定了若干政策，政策 1，政策 2 一直到政策 n 的制定是遵循时间的先后关系；部门 B 制定了若干政策，政策 a，政策 b 一直到政策 m 的制定也是遵循时间的先后关系。如若部门 B 在制定政策的过程中参考了部门 A 在此之前制定的某些政策内容，然后针对部门 B 当时的处境和需要解决的问题进行了若干修改，产生出新的政策，那么认为是某项政策或者某项内容从 A 部门扩散到了 B 部门，反过来，A 部门在制定某项政策的过程中也可以参考 B 部门已经制定的政策，那么认为是某项政策内容从 B 部门扩散到了 A 部门。而且同样的过程也可以出现在子部门 s 和子部门 d 中，类似的过程表现出来的是政策内容的横向扩散。如果将部门 A 和部门 B 定义为“上级部门”，子部门 s 和子部门 d 定义为“下级部门”，此处的“上下级部门”只是层级意义的“上下级”，而非有一定的隶属关系。上级部门在将政策制定完成之后，下级部门需要结合具体情况，在将政策精神进行落实的基础上，根据下级部门所处的不同环境和需要解决处理的不同问题制定符合自身需要的政策，体现了政策从上级部门到下级部门之间的扩散；下级部门为了解决某一个新问题而进行尝试性探索，制定出适合本部门的政策规章等，在经过多个下级部门为解决这一新问题进行的探索之后，上级部门从中总结归纳出具有普适性和代表性的内容，然后加以推广，体现出了政策从下级部门到上级部门之间的扩散，也就是纵向之间的扩散。

7.1.2 协同理论及政策扩散理论的逻辑关联

如果以政策扩散的视角来梳理政策协同之间的关系，那么二者之间的逻辑关系就非常明显了。政策扩散被认为是一个系统和另一个系统之间的“学习”，“学习”的方向可以是单向的，也可以是双向的。这里所指的系统可以是同一部门的上下级，也可以是同一行政层次的不同部门，还可以是在空间上存在相邻或者不相邻关系的行政区域，抑或者是时间上先后出现的政策[7]。相当于协同思想中“系统各个元素之间有能量与信息的交换”，每个系统相对于其他系统都属于“外部”，在借鉴的过程中，系统与系统之间，系统的内部元素之间通过配合、吸收等“非线性相互作用”维持着整个外部系统向有序的方向发展，也就是系统元素之间的“内在驱动力”，同时各个系统还在和外界环境进行着物质、能量、信息等的交换，如上所述也会对系统的协同性产生一系列的影响。具体到开放数据和数据安全政策研究中来，将“开放数据政策”和“数据安全政策”作为一个系统的两个因素，从纵向角度来看，中央层级需要从宏观角度进行考虑，针对具体细节或是地方的具体情况不会做过多的考量，所以地方层级在延续贯彻落实中央精神的时候还需要结合本地区本部门的实际作出一定的调整，在同中央的精神保持一致的情况下结合地方具体实际采取相应措施，而对某些政策，中央会择优选取部分地方行政区域作为“试点”地区，地方层级的政策如果试点效果较好，则中央层级在提取其中政策的精华之后制定的政策具有更强的宏观性并向全国推而广之，两者之间的互动体现出的就是在“政策扩散”的过程中出现了中央层级和地方层级之间的“协同”；从横向角度来看，中央层级或者地方层级在制定政策的过程中，后制定的政策会借鉴吸收先制定的政策中好的内容，同一层级不同部门之间的政策制定过程中也会出现诸多借鉴和参考的地方，正如王浦劬、赖先进梳理的中国政策扩散的模式之一，这也可以看作是一种同级别之间的“政策扩散”而出现的“先后政策”或者“不同部门政策”之间的“协同效应”。所以说，在制定开放数据政策的时候，要兼顾数据安全的考量；在考虑数据安全的时候，也要参考开放数据的政策内容。正如一对相互交叉的齿轮，如图 7-2 所示，二者之间的关系应该是以“政策扩散”为驱动力，促进“开放数据”与“数据安全”协同前进，共同维持这一个系统的稳定，而非互相掣肘。

借用克劳修斯针对热力学第二定律的表述，开放系统本身的熵值会呈现出越来越大的趋势，进而会对整个开放系统本身的稳定性造成影响[11]。但同时他也指出，开放系统可以将本身增大的熵值通过与外界进行物质、信息及能量等的交换转移给外部环境，同时也可以采取注入“负熵”的形式将熵值越来越大的趋势减缓下来。而“开放数据”政策同“数据安全”政策在表面上来看是相向而行，会导致这二者所构成的开放系统熵值越来越大，最终对整体系统的稳定产生威胁，但是政策的制定过程中，政策扩散是一个避免不了的因素和现象，将“政策扩散”作为“负熵”注入到整个开放系统中，从整体表现来看有效地降低了熵值的增大，从具体构成元素来看，有效地促进了“开放数据”和“数据安全”政策之间非线性的协同作用，使二者之间的协同作用更加凸显出来，从而削减了因为二者的相向而行对开放系统产生的不利影响，共同保证了开放系统的稳定。

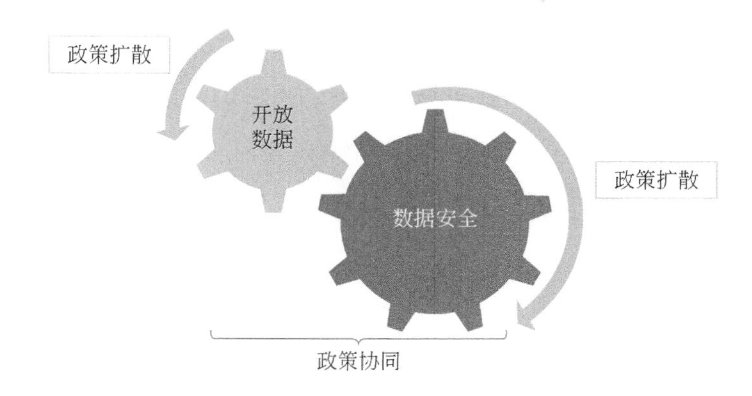

图 7-2　协同理论与政策扩散理论逻辑关系示意图

7.2　政策扩散视阈下的国内外相关研究

如前文所述，自 20 世纪 70 年代政策扩散理论诞生以来，其理论内容本身在逐步充实，研究工具随着社会的进步在与时俱进，研究内涵也在一步步丰富，诞生了一系列研究成果。

国内学界对于政策扩散的理论关注开始于 21 世纪初期，距今不过 20 年左右的时间，虽然时间比较短，但也取得了一系列进步。然而该类型的研究对象大都集中于某一类政策，系统说明政策扩散的理论知识的文献更是凤毛麟角。朱旭峰等[12]通过政策扩散的视角，对全国 200 多个城市在 1993 ~ 1999 年建立的“城市居民最低生活保障”进行研究，分析了政策创新在政府之间的扩散机制，从横向和纵向的角度对有关结论进行总结，发现城市政府在采纳新政策的同时，既要考虑当地社会现状及财政情况，同时还要兼顾上级行政命令的许可及上下级之间的财政情况；此外下级政府在政策方面的创新和学习为上级政府在政策制定上提供了绝佳的学习机会，即政策扩散之间的“由下往上”的扩散（图 7-1）；中央政府对政策扩散有着直接的推动作用，而省级政府则发挥相应的传导作用，并且中央政府和省级政府对城市政府在政策的采纳上存在着明显的滞后效应。邹东升等[13]采用政策扩散理论，对党的十八大后我国 31 个省级政府权力清单政策文本进行分析，力图探究省级政府在权力清单制度上的扩散规律，分析表明：从时间角度分析，权力清单制度扩散明显呈现出“S”形增长的趋势；从空间角度分析，在区域上相邻的两个省级政府在扩散效应上更加显著，而且在扩散路径上基本都是“试点–推广”为主要方式；在权力清单内容的分析上，主要体现制度模仿与内容创新双重特征；在扩散方式上则体现为“权责合并”与“权责分立”或者“职能部门”与“权利类型”两种分类标准。施茜等[14]以江浙信息化政策为研究对象，论证了政策扩散的时间滞后效应并进行了实证研究，通过采用频率二维分析模型，发现在信息化政策理论研究上，落后于该类型政策的实践，需要进一步加强政策理论的研究。裴雷等[15]通过获取我国国民经济和社会信息化规划文本作为研究对象，以地域扩散和时间扩散两个角度作为分析标准，实证分析了该类政策中主题的跃迁和衰退，主题的承继和创新等内容，并结合文章内部设置的有关标准得出了一系列结论。张剑等[16]在政策扩散理论及其相关研究的基础上，提出了如何进行公共政策文献量化的方法，并以中国科技成果转化的有关政策作为分析样本，通过分析政策文件的外部属性及政策文献内部工具的应用情况，将政策扩散的强度、广度、速度及方向作为分析标准，研究科技成果转化有关政策扩散的过程和特点，并得到了一系列的结论。王浦劬和赖先进[17]将公共政策扩散分析工具同中国公共政策制定和扩散主体的特点，政策的实际运行情况等相结合，总结提炼出了“自上而下的扩散”“自下而上的扩散”“区域和部门之间的扩散”“政策先进地区和政策跟进地区之间的扩散”等四种模式，同时进一步分析阐释了这四种模式背后的扩散机制，填补了中国公共政策扩散分析机制的空白。周英男等[18]通过对485篇有关文献进行归纳总结，对政策扩散的概念特征、存在的影响因素、造成的结果变量、涉及到的机制及模式等内容进行了系统的阐释，并指出了未来潜在的研究方向，为政策扩散研究的中国化作出了努力。

国外关于政策扩散的研究除了前文中叙述到的提高理论解释的丰富度以外，也对不同区域、不同单位之间的政策扩散情况，或者是同一行业、同一领域内的政策扩散情况进行研究。Stone[19]将政策扩散之中不完美、不完整及不一致性的扩散过程作为研究对象，并关注其中的“负面影响”及使政策转移复杂化的因素，最后为了弥补“政策扩散”理论在有关研究中不能恰当发挥作用，提出了“政策翻译”的概念。Einstein 等[20]区别于以往直接观察政策产出的结果来分析政策之间的扩散过程，而是采用“关键决策输入—他人政策信息输出”的过程来解决这个问题，然后通过对美国市长的调查来实证其提出的想法的正确性，实验证明该方法开辟了政策扩散研究的新路径。Mathieu[21]将政策扩散理论应用在中东和北非国家的电信监管类政策的研究之中，同王浦劬一样，她也总结了几种扩散机制来用于分析，改变了政策扩散以往只用于同类政策之间研究的现象，将其扩散到了国家与国家之间。Gautier 等[22]通过提出“扩散企业家”的概念，来对政策的扩散研究提出不同的新的观点，并通过实例分析撒哈拉地区以南的非洲地区基于健康绩效的融资来对“扩散企业家”的关键因素和行为进行深入的剖析，同时探讨了扩散过程和结果，对未来的研究起到了借鉴和参考的作用。Arbolino 等[23]研究了政策扩散在欧洲社会环境下各国的情况，指出各个国家在政策扩散的过程中必须向着共同的目标来迈进，并探讨提出政策扩散的主要因素，设计了环境绩效指数来表示各个国家在政策扩散层面上所取得的成就，发现经济变量在政策扩散之中起到了主要作用。

总体而言，国内外关于政策扩散的研究大体处于同一阶段，都是集中在将政策扩散理论用于一类政策，但是国外在政策扩散的模型、规律及方法上研究较之于国内深入。虽然理论解释的丰富度或者研究方法上有了进步，但是所研究的内容基本的都属于“同质性”比较强，联系比较密切的政策，而对于表面上表现出“对立性”的政策则缺乏深入研究，尚未从系统性、宏观性来考虑政策之间的关系，诸如本章的“开放数据”政策和“数据安全”政策之间的关系怎样，还缺乏从政策扩散的角度来进行考虑。

7.3 政策扩散视域下开放数据与数据安全政策的实证研究

本研究基于中央层级、地方层级的有关开放数据和数据安全的政策文本，自建数据类政策语料库，并对同层级、不同层级的开放数据、数据安全及其之间的协同情况进行分析，发现两类政策协同性不足的表现方面，探究问题产生的原因，进而为之后相关政策的制定提供决策支持。

7.3.1 研究目的及研究方法

本研究的目的在于分析中央层级和地方层级颁布的开放数据及数据安全政策之中的协同程度的高低，同时指出其中协同性不足的现象，并分析出现协同性不足现象的原因。从而促使两类政策在未来的研究、制定及实施等过程中尽量“规避”这些现象，更好地促进开放数据在更加安全的条件下完成，同时也让数据安全政策更好地为开放数据政策保驾护航。研究方法的选取和研究对象的特点及研究目的有很大关系。本次的研究对象是“开放数据政策”和“数据安全政策”，每一类政策之中按照发布机构的层级不同又可分为中央层级和地方层级（省级、地市级、县级和乡级），将有关文本内容进行特征提取及量化分析，可以直观清晰地得到有关结论，完成研究目的。所以通过定义“协同比例”及结合桑基图来展现两类政策之间的协同效果。

桑基图（Sankey diagram）[24]，也叫作桑基能量平衡图，中文也译作冲积图。桑基图是一种特定关系的流程图，通常用来描述能量、人口在系统内部的流动情况。该图最早提出于 1898 年，是由爱尔兰人 Sankey 在土木工程协会会报纪要的一篇文章上发表出来的。在桑基图的内部，不同的流量大小用线条的粗细不同加以表示，线条数目的多少代表不同流量分流情况的高低。

根据本次研究内容的情况，结合政策扩散的内涵及桑基图的特点，定义“协同比例”K：在两个层级所颁布的同一类政策之中，分别获得共同出现的关键词，共计 N 个，然后分别以关键词在各个层级颁布政策之中所占的权重为标准，对关键词进行降序排序。则同一个关键词可以出现两个不同的排名，M1 和 M2，选取关键词权重前 Q 名作为分析样本（$Q \leqslant N$），以 M1 作为分析标准，计算 M2 也在前 Q 名之内的个数 X，则 $K=X/Q$。协同比例的实际意义在于可以反映出同一批关键词在不同政策中重要趋势的变化，而且 K 的取值范围为：$0 \leqslant K \leqslant 1$。$K$ 值越大，说明选择的分析样本在两类政策中的重要性基本一样，协同程度越好；K 值越小，说明同样的分析样本在两类政策之中重要性差别很大，协同程度比较差。

7.3.2 数据获取与处理

本次研究在自建的数据类政策语料库中选择语料文本。按照内容分类分别从“信息公开类”和“数据安全类”下获取424条数据和358条数据，然后根据本次研究的要求进行数据清洗与处理。鉴于“信息公开”和“开放数据”存在差异，所以在获得的“信息公开”类条目文本中进行检索，将正文中出现“数据开放”或者是“开放数据”字样，或者虽未出现类似字样但是在文字表述中含有“开放数据”意思的，发布时间在2012年以后的都列为“开放数据”政策，发布两类政策的地方层级包括全国（除港澳台）省级行政单位、地市级行政单位和县区级行政单位。同时在上述两类政策文本中剔除发布机构不是中央层级单位和地方层级单位的，那么上述两类政策中符合要求的文本数目如下表7-1所示。

表7-1　符合要求的文本数目　　（单位：条）

政策	中央	地方
开放数据政策	67	179
数据安全政策	34	51
总计	101	230

将符合要求的文本处理为只包含文本而删除所有的空白区域、空格及换行符号，按照类目分别存储，同一类目下按照发布单位的层级分开存储。数据的处理工具选用中国科学院研发的“自然语言处理与信息检索共享平台”（以下简称NLPIR）共享版，将提取到的词性标注为“*n*”的作为关键词。

7.3.3　实证分析

（1）“开放数据”政策中央层级和地方层级之间的协同

将中央层级发布的“开放数据类”政策汇总和地方层级发布的“开放数据类”政策汇总分别导入NLPIR共享版中，得到中央层级的关键词和地方层级的关键词分别为608个和2006个，如表7-2和表7-3所示。

表7-2　“开放数据”中央层级关键词（部分）

编号	关键词	权重	编号	关键词	权重
1	信息	88.47	6	国家	30.84
2	部门	34.01	7	项目	30.66
3	企业	33.76	8	行政	27.9
4	社会	31.34	9	机构	27.19
5	政府	31.27	10	组织	24.85

表7-3　“开放数据”地方层级关键词（部分）

编号	关键词	权重	编号	关键词	权重
1	信息	253.72	2	政府	180.68

续表

编号	关键词	权重	编号	关键词	权重
3	数据	163.94	7	社会	119.51
4	部门	162.12	8	企业	114.48
5	项目	143.61	9	全省	106.93
6	平台	119.76	10	单位	98.59

在获得该类别两个层级关键词的基础上，在 Excel 表格中使用 VLOOKUP 函数统计出现的相同关键词的名称及数目，共计出现 506 个相同的主题词，依次编号 K1 至 K506。因为共同出现的主题词数目过多，全部生成桑基图反而无法显示两类政策之间的协同情况，所以按照权重降序排列的方法，选取关键词权重在前 20 名的关键词生成桑基图来反映“中央层级”和“地方层级”在“开放数据”政策中的协同情况，如表 7-4、图 7-3 所示。

表 7-4 “中央层级”和“地方层级”共现关键词表（部分）

编号	关键词	中央词表中权重	地方词表中权重	M1	M2
K1	信息	88.47	253.72	1	1
K2	部门	34.01	162.12	2	4
K3	企业	33.76	114.48	3	8
K4	社会	31.34	119.51	4	7
K5	政府	31.27	180.68	5	2
K6	国家	30.84	86.64	6	16
K7	项目	30.66	143.61	7	5
K8	行政	27.9	61.67	8	32
K9	机构	27.19	80.53	9	22
K10	内容	23.13	87.48	10	14
K11	情况	22.97	87.45	11	15
K12	单位	22.42	98.59	12	10
K13	业务	21.97	62.38	13	31
K14	政务	21.55	89.55	14	12
K15	数据	20.53	163.94	15	3
K16	方式	20.2	69.65	16	25
K17	政策	18.6	89.29	17	13
K18	公众	17.93	86.6	18	17
K19	系统	16.83	84.78	19	18
K20	机关	16.75	48.06	20	42

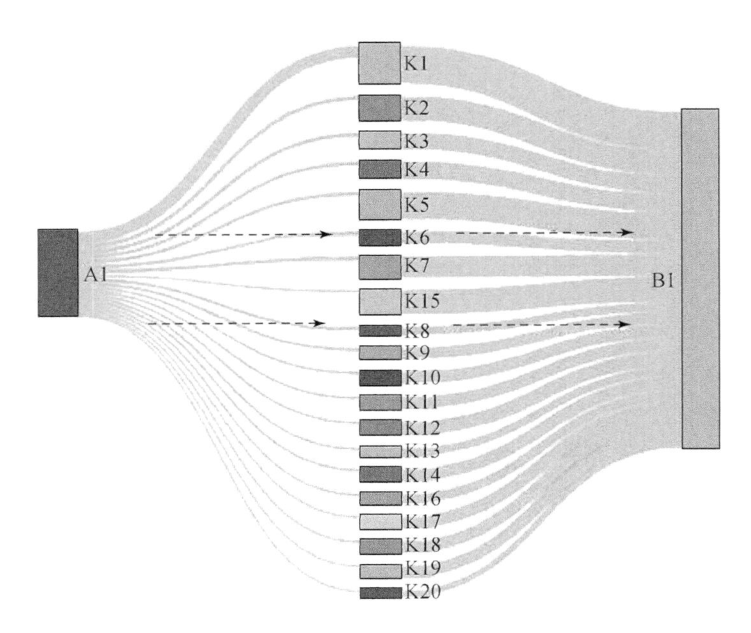

图 7-3 “开放数据”政策中央层级和地方层级协同关系桑基图（部分）

在表 7-4 中，M1 为关键词在中央层级发布的政策中所占的权重排名，M2 为同一关键词在地方层次发布政策之中所占的权重排名，根据前文中“协同比例”的定义，$X=15$，$Q=20$，此时的 $K=0.75$，说明在中央层级的权重前 20 位的关键词有 75% 也在地方层级的考虑之中，中央层级和地方层级在“开放数据”政策协同性比较好。类似关键词如“信息”“部门”“政府”“数据”“政策”“公众”“系统”等，说明中央和地方在“开放数据”政策上的基本态度保持较高的一致性，对政府部门所拥有的数据、信息等等内容以积极的姿态向公众开放。但是也有鉴于行政级别不同，所以考虑该类型政策的角度也有差别，如“机关”在中央层级关键词占第 20 位，但是在地方层级的政策之中占第 42 位，“方式”在中央层级的关键词排序中占 16 位，地方层级之中占 25 位。说明地方层级在对待“开放数据”政策上注意的是如何更加具体地实施，而非从整体的角度进行把握。如《辽宁省政府网站管理办法》第二十七条明确指出“及时准确发布本地区本部门概况信息、机构职能、负责人信息、文件资料、政务动态及公开指南、目录和年度年报，发布人口、自然资源、经济、金融、民生保障等社会关注度高的本地区本行业统计数据，集中规范向社会开放政府数据，转载上级政府门户网站重要信息，开通政府信息公开网上申请渠道”，将如何具体实施及涉及的内容进行了逐一列举，而且对当地部门或机构的具体职能等详细信息也进行了列举。而国务院在 2017 年同意并予以发布的《政务信息系统整合共享实施方案》中则主要从“指导思想”“行业标准”“开放目标”“数据标准规范”等方面进行了“开放数据”的规划和设想，而对具体方案及措施则鲜有涉及；国务院 2016 年底印发的《“十三五”国家信息化规划》则从开放数据的发展形势，信息化建设的主攻方向及从宏观的角度对信息化建设需要解决的重大任务和重点工程等角度进行介绍，对具体方案措施涉及的也比较少，2019 年 4 月《国务院办公厅关于印发 2019 年政务公开工作要点的通知》（国办发〔2019〕14 号）中要求“推进重点民生领域的信息公开”，并且要推进全国范围内的政务公开平台建设，但是对于如何推广则没有给出具体措施。

在图 7-3 中，A1 代表中央层级颁布的“开放数据”政策，B1 代表的是地方层级颁布的“开放数据”政策，中间的一列代表的是各个关键词，虚线方向指示的是政策的扩散方向。各关键词同 A1 和 B1 之间的连线代表政策之中出现该关键词，连线的粗细程度说明该关键词在 A1 和 B1 之间的权重的高低。同一关键词与 A1 的连线的粗细程度相较于与 B1 之间连线的粗细程度较细，而且根据表 7-4 中两列权重数值的比较也可以看出来这个趋势。除了中央层级颁布政策的数量少于地方层级颁布政策的数量，从而造成两者之间的权重数量相差悬殊之外，第二在于中央层级颁布的政策更加倾向于从宏观角度加以把握，而地方层级则负责制定具体的实施措施，也直观反映了级别的不同造成对同一问题有不同的考虑角度。同时说明地方层级对中央层级的精神积极响应，更好地落实了中央层级的精神，选择性、创造性将“开放数据”政策同地方具体实际相结合，而正是上图中两个子系统 A1 和 B1 之间的相互作用，而使得整体“开放数据”政策大系统可以更好地保持稳定性和连贯性。

（2）“数据安全”政策中央层级和地方层级之间的协同

如前所述，将中央层级和地方层级颁布的“数据安全”政策分别导入 NLPIR 共享版中提取关键词，得到中央层级的关键词 234 个，地方层级的关键词 887 个，如表 7-5 和表 7-6 所示。

表 7-5 “数据安全”中央层级关键词（部分）

关键词	权重	关键词	权重
信息	18.33	社会	11.49
数据	17.2	国家	10.72
网络	13.38	法律	10.51
规定	13.15	政府	10.44
技术	12.57	组织	9.52

表 7-6 “数据安全”地方层级关键词（部分）

关键词	权重	关键词	权重
信息	90.1	事件	60.66
数据	70.11	单位	54.66
系统	67.11	部门	51.33
网站	64.3	政府	43.91
网络	61.39	组织	41.31

将中央层级和地方层级颁布的“数据安全”政策关键词表对比，在 Excel 表格中用函数计算可以得到二者之中出现次数相同的关键词数目共计 183 个，编号 K1 至 K183，并分别提取如表 7-7 所示，同时以桑基图的形式展现出两个层级通过关键词共现在“数据安

全”政策的协同情况，如图 7-4 所示。

表 7-7 “中央层级”和“地方层级”共现关键词表（部分）

编号	关键词	中央层级中的权重	地方层级中的权重	M1	M2
K1	信息	18.33	90.1	1	1
K2	数据	17.2	70.11	2	2
K3	网络	13.38	61.39	3	5
K4	规定	13.15	26.92	4	19
K5	技术	12.57	38.91	5	9
K6	社会	11.49	31.71	6	14
K7	国家	10.72	29.39	7	15
K8	法律	10.51	6.37	8	102
K9	政府	10.44	43.91	9	7
K10	组织	9.52	41.31	10	8
K11	互联网	8.89	28.22	11	17
K12	行业	8.65	18.74	12	32
K13	标准	7.65	16.2	13	40
K14	网站	7.46	64.3	14	4
K15	法规	7.38	7.44	15	89
K16	个人	6.5	9.99	16	73
K17	政策	6.48	13.37	17	47
K18	部门	6.32	51.33	18	6
K19	要求	6.25	25.74	19	20
K20	系统	6.24	67.11	20	3

在表 7-7 之中，M1 指按照关键词在中央层级发布政策中所占权重进行的排序，M2 指的是按照关键词在地方层级发布政策所占权重进行的排序。根据上文中“协同比例”的定义，$X=14$，$Q=20$，则此时的 $K=0.70$，明显低于之前的“开放数据”政策中央和地方层级的协同程度。对于“数据安全”政策，从共现关键词的角度来看，中央和地方政策制定的相同之处在于都注意到了“信息”（编号 K1）和“数据”（编号 K2）的重要性，鲜明的指出了“数据安全”政策需要确保的目标是什么，同时“互联网”在中央层级颁布的法律法规之中占第 11 位，在地方层级之中占第 17 位，说明中央和地方都意识到了网络的发展对于数据安全所产生的影响，同时“技术”“社会”“国家”“网络”“网站”等关键词在中央和地方层级颁布的法规之中都出现在了前 20 位，说明不管是中央层级还是地方层级，对于信息网络技术在数据安全中的重要作用都给予了足够的重视。鉴于“数据安全”方面的政策对地方来说还是属于比较新的事物，而且在该类型的法律法规中由中央层级颁布的较少，使得地方层级可以借鉴或者参考的内容有限，致使地方层级所制定的政策同中央层级所制定的政策在协同程度上比较低也是可以理解的。

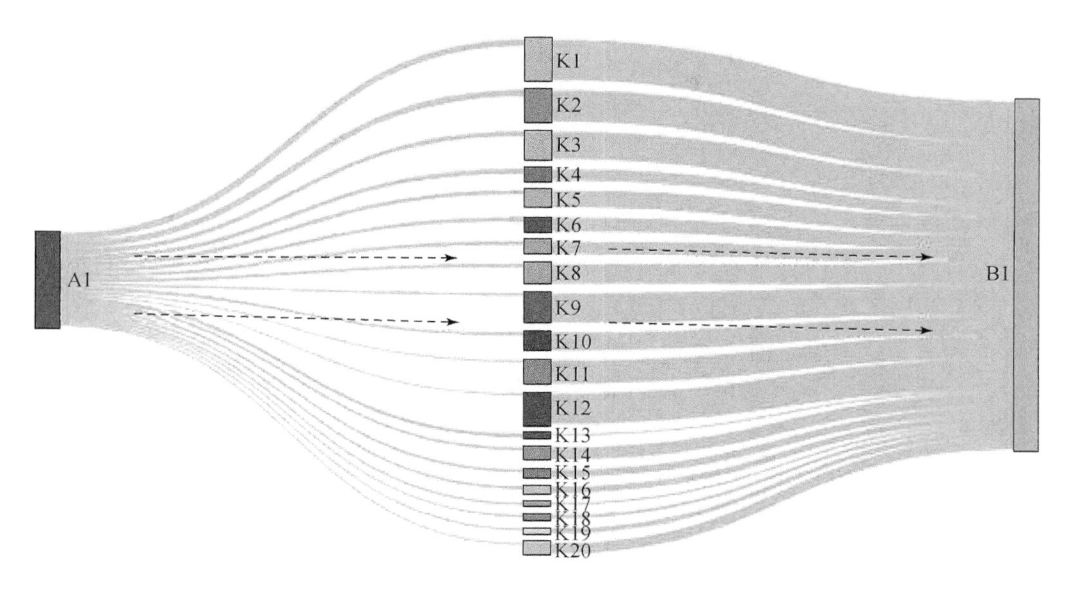

图 7-4 “数据安全”政策中央层级和地方层级桑基图

在图 7-4 中，A1 表示的是中央层级所颁布的“数据安全”政策，B1 表示的是地方层级的“数据安全”政策，中间一列代表权重在 A1 中属于前 20 位的关键词，A1 及 B1 同各个关键词之间的连线粗细代表各个关键词在 A1 和 B1 之中所占权重的大小。从图中可以直观地看出，就连线的粗细程度而言，B1 同各个关键词连线明显比 A1 同各个关键词之间连线粗，一个主要的原因在于中央层级颁布的政策数目明显小于地方层级颁布的政策数目，其次说明中央层级在制定“数据安全”政策过程中虽然考虑到了部分具体的措施内容，比如关键词“技术”（K5）、“网站”（K14）、“系统”（K20），但是并未深入展开，只是起到了引领与指引方向的作用，但是地方层级需要面对的问题更加复杂，需要把中央层级法律法规的精神和主要思想落实到地方具体工作之中去，所以权重显然超过中央层级的法律法规。

全国信息安全标准化技术委员会和大数据安全标准特别工作组于 2018 年 4 月发布的《大数据安全标准化白皮书》（2018 版）第 3 章对大数据的安全、技术及平台进行了详尽的介绍，从传统的安全措施对现在技术的发展难以适应，各种大数据平台存在机制上的严重不足，用户信息访问控制措施不严谨及基础密码技术亟须突破等几个方面指出了不足，但是没有深入展开及具体阐释；2016 年 11 月 7 日，经第十二届全国人大第二十四次会议通过的《中华人民共和国网络安全法》第十条明确指出要“采取技术措施和其他必要措施，保障网络安全、稳定运行，有效应对网络安全事件，防范网络违法犯罪活动，维护网络数据的完整性、保密性和可用性”，只是指出了应该从哪些方面来确保“数据安全”，但是具体如何确保，应该采取哪些措施，哪些部门可以具体负责，工作职责和流程是怎样的，该部法律之中并没有具体体现，而是需要地方部门结合本地实际进行具体落实；乌鲁木齐市政府 2013 年 12 月 25 日颁布的《乌鲁木齐市网络与信息安全应急预案》明确指出要确保“数据安全”，并对有关安全事件的标准进行了界定，根据不同的影响进行了分类与分级，同时规定了日常的工作原则，并结合实际情况和上级的有关法律法规文件要求，制定了相应的保障措施，并从技术保障、通信保障、装备保障、数据安全保障、治安保障和经费保障等七个方面来确保当地的数据安全；辽宁省通信管理局2017年6月17日发布的《辽宁省信息通信业网络安全事件应急管理工作指南》（以下简称《指南》），不仅是在文件精神和主要思想上是《中华人民共和国网络安全法》和工信部有关文件在辽宁省的贯彻，同时结合本地区、本部门的实际情况做出了一定创新，《指南》详细列举了目前所面临的各种新威胁、新问题与新挑战及各种威胁网络安全的技术层出不穷，从加强安全隐患风险监测，开展信息报送与通报，做好事后的应急安全处置及建立健全有关工作机制等多方面详细叙述了辽宁省通信管理局为确保数据安全需要采取的措施。

（3）中央层级“开放数据”政策和“数据安全”政策之间的协同

根据政策扩散理论，同一个层级之间后制定的政策和先制定的政策之间存在一定扩散关系，同时作为同一个层级政策从时间角度划分的两个子系统，二者之间还存在一定的协同性。使用NLPIR工具分别得到中央层级“开放数据”政策主题词608个，“数据安全”政策主题词234个，提取二者之间共同出现的主题词，共计158个，部分内容如表7-8所示，提取共现关键词权重在前20位的生成桑基图，如图7-5所示。

表7-8　中央层级“开放数据”和“数据安全”政策共现关键词（部分）

编号	关键词	中央开放数据政策关键词权重表	中央数据安全政策关键词权重表	M1	M2
K1	信息	88.47	18.33	1	1
K2	部门	34.01	17.2	2	2
K3	社会	31.34	13.38	3	3
K4	政府	31.27	13.15	4	4
K5	国家	30.84	12.57	5	5
K6	项目	30.66	11.49	6	6
K7	行政	27.9	10.72	7	7
K8	机构	27.19	10.51	8	8
K9	组织	24.85	10.44	9	9
K10	规定	24.54	9.52	10	10
K11	要求	24.5	8.89	11	11
K12	内容	23.13	8.65	12	12
K13	情况	22.97	7.65	13	13
K14	业务	21.97	7.46	14	14
K15	政务	21.55	7.38	15	15
K16	数据	20.53	6.5	16	16
K17	方式	20.2	6.48	17	17
K18	政策	18.6	6.32	18	18
K19	公众	17.93	6.25	19	19
K20	系统	16.83	6.24	20	20

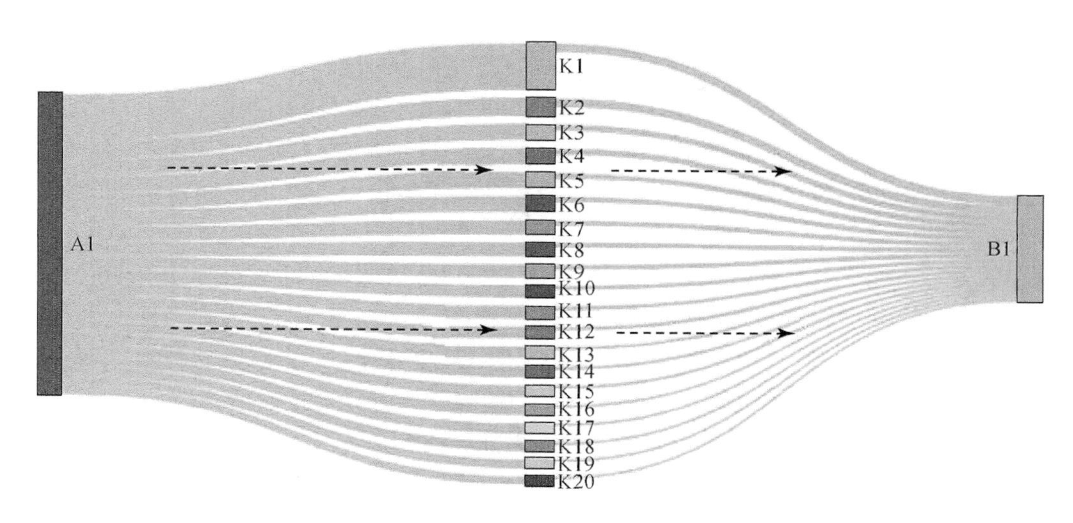

图 7-5　中央层级“开放数据”政策和“数据安全”政策协同关系图（部分）

在表 7-8 之中，M1 代表关键词在中央层级颁布的开放数据政策之中所占的权重，M2 代表关键词在中央层级颁布的数据安全政策之中所占的权重。根据“协同比例”的定义，$X=20$，$Q=20$，则 $K=1$，说明以权重前 20 位的关键词来看，中央层级在开放数据和数据安全政策之间的协同性较好。中央层级在制定两类政策的时候，都将“信息”（K1）作为首要考虑的内容，一方面说明前几年的“信息公开”运动的影响一直持续到现在，同时也说明“信息”作为“数据”经过加工的产品在“开放数据”的影响越来越广泛的今天仍然方兴未艾。而且“社会”（K2）、“政府”（K3）、“国家”（K4）及“项目”（K5）等关键词位列前几名也说明了“开放数据”和“数据安全”政策需要整个国家，社会及政府共同努力监督完成。

在图 7-5 之中，左边 A1 代表中央层级的“开放数据”政策，B1 代表中央层级的“数据安全”政策，中间的一列代表各个关键词（编号 K1 ~ K20），连线的粗细程度说明各个关键词同两类政策之间的权重大小，虚线指示的政策扩散的方向。关键词同左右两类政策之间的连线粗细程度，左边明显比右边更粗。说明中央层级制定“数据安全”政策更加谨慎，所要思考和顾虑的内容比较多，考虑的需要更加全面，尽管根据政策扩散理论吸收借鉴了一部分“开放数据”的内容，但是还需要结合安全领域的具体要求来具体制定，而制定“开放数据”政策则更加偏向于如何确保开放数据程度更高，开放过程更规范，开放方式手段更合理有效，开放目的更明确。

2016 年 12 月，国务院印发《“十三五”国家信息化规划》中提到“实施国家大数据战略，推进数据资源开放共享”，而《大数据安全标准化白皮书》（2018 版）在第 1 章导论中明确指出，在大数据的推广过程中，必须坚持安全与发展同时并重的方针，在充分发挥大数据的价值的同时，不可忽略数据对个人隐私等内容所造成的潜在性威胁，从中央层级的角度提出了要注意两类政策之间的协同；《中华人民共和国网络安全法》第十八条明确表示“国家鼓励开发网络数据安全保护和利用技术，促进公共数据资源开放，推动技术创新和经济社会发展。国家支持创新网络安全管理方式，运用网络新技术，提升网络安全保护水平。”从法律的角度指出在网络空间的利用过程中，必须在促进公众合理利用开放资源的基础上，结合新的技术发展趋势，让公众可以在更加安全的环境下进行开放数据资源的利用；国务院2016年9月19日发布的《国务院关于印发政务信息资源共享管理暂行办法的通知》（国发〔2016〕51号）第五条规定政务信息共享应遵循的四项原则之中，其中包括“建立机制，保障安全”，要求各政务平台和相关信息拥有方及共享平台的相关管理单位对有关信息的采集、使用及共享全程确保身份甄别、授权管理、安全保障及确保共享信息的安全；国家发展和改革委员会等七部门2013年4月12日发布的《关于进一步加强政务部门信息共享建设管理的指导意见》（发改高技〔2013〕733号）文件中提到的实现信息共享的基本原则中的第四点明确指出“按照保守秘密、维护权益的要求，政务部门间信息共享各方须承担共享信息的安全保密责任和相应法律责任，确保共享信息的安全。”通过上述各个部门在不同时间内颁布的法律法规政策可以看出，在“开放数据”的有关政策之中纳入了安全方面的考察，在“数据安全”的有关政策之中也提出了同时确保数据更好地开放的要求。

（4）地方层级“开放数据”政策和“数据安全”政策的协同

相对于中央从宏观的角度制定政策，地方在政策制定的过程中需要考虑具体的细节，对“开放数据”和“政策安全”两类政策的制定上更加倾向于具体的措施、方案、规则、规章、办法和制度等类型。将地方层级制定的两类政策的文本内容导入NLPIR软件之中，以关键词的权重作为提取依据，可以得到地方层级“开放数据”政策关键词1942个，“数据安全”政策关键词887个，二者之间相同的关键词共计668个，部分如表7-9所示，并且取关键词权重前20位的制作桑基图，如图7-6所示。

表7-9　地方层级“开放数据”政策和“数据安全”政策相同关键词（部分）

编号	相同关键词	地方开放数据关键词权重	地方数据安全关键词权重	M1	M2
K1	信息	253.72	90.1	1	1
K2	政府	180.68	70.11	2	2
K3	数据	163.94	67.11	3	3
K4	部门	162.12	64.3	4	4
K5	项目	143.61	61.39	5	5
K6	平台	119.76	60.66	6	6
K7	社会	119.51	54.66	7	7
K8	企业	114.48	51.33	8	8
K9	全省	106.93	43.91	9	9
K10	单位	98.59	38.91	10	10
K11	事项	90.25	37.63	11	11
K12	政务	89.55	37.23	12	12
K13	政策	89.29	34.79	13	13
K14	内容	87.48	33.86	14	14

续表

编号	相同关键词	地方开放数据关键词权重	地方数据安全关键词权重	M1	M2
K15	情况	87.45	31.71	15	15
K16	国家	86.64	29.75	16	16
K17	公众	86.6	29.39	17	17
K18	系统	84.78	28.56	18	18
K19	市政府	84.15	28.22	19	19
K20	群众	81.93	27.19	20	20

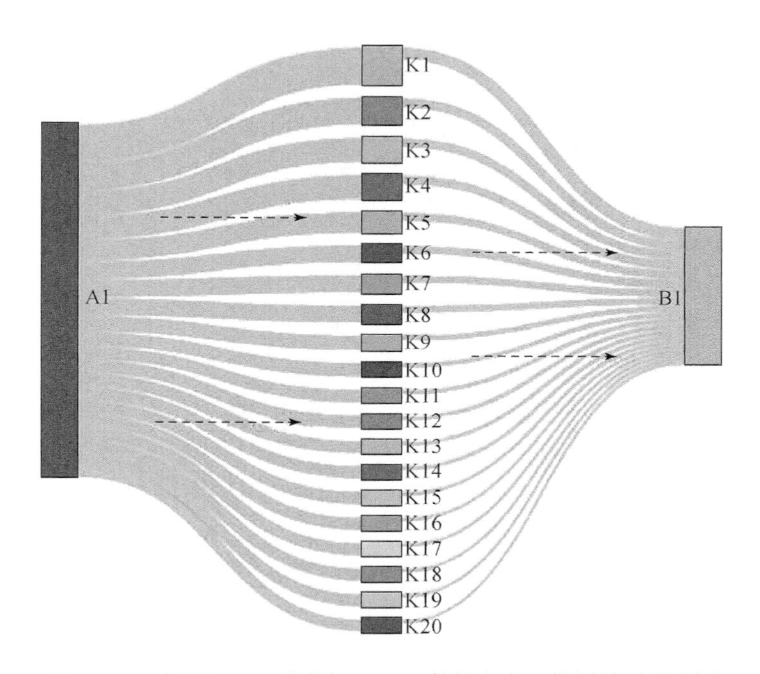

图 7-6　地方层级“开放数据”和“数据安全”协同关系桑基图

在表 7-9 中，M1 指的是该关键词在地方“开放数据”政策之中的权重排名，M2 指的是同一关键词在地方“数据安全”政策之中的权重排名，根据表 7-9 及之前有关定义可知，$X=20$，$Q=20$，则“协同比例”$K=1$，说明地方层级在两类政策的制定过程中协同性比较好，能够较好的兼顾二者之间的平衡。通过表 7-9 可以知道，关键词“信息”（K1）、“政府”（K2）、“数据”（K3）、“平台”（K6）、“政策”（K13）、“群众”（K20）等和“开放数据”及“数据安全”政策联系较为紧密的关键词位列前 10 位。说明地方层级的单位对于这两类政策的作用对象、这两类政策的主体单位、这两类政策的作用途径及这两类政策的目标受众非常清楚，同时关键词“政务”（K12）、“内容”（K14）、“系统”（K18）、“市政府”（K19）及“群众”（K20）涉及的方面较之于表 7-9 中的更加具体，体现了“中央层级总揽规划，地方层级负责实施”的思路。

山东省人民政府办公厅2017年10月22日发布《山东省政务信息系统整合共享实施方案》的通知，该方案不仅提出了政务信息和数据的开放共享内容，其中在“工作目标”上要求强化“四个支撑”、在构建全省统一的电子政务云方面要求做好“安全保障和监督管理”，并要求通过有关部门的“安全审查”，同时在“数据资源体系建设”之中要求加强大数据的“安全管理和数据管控”；山东省政府2015年公布的《山东省政务信息资源共享管理办法》第六章中，提出要确保数据的“共享安全”，具体而言，政务信息单位确保本身所获得的信息不得被其他单位组织或者个人获取，划分安全保密监督管理工作的职责，结合公安部等四部委的有关文件划分相关信息的安全保护等级，同时规定了有关开放共享平台承建单位在安全问题上的职责。新疆维吾尔自治区2017年通过的《新疆维吾尔自治区政府网站管理办法》，该办法是为了进一步优化和管理社会公共服务，同时确保政务网站安全运行的规范化及政策化的文件，作为“数据安全”类的一个政策，其在总则的第四条明确指出政务网站是实现电子政务数据开放获取的一个重要平台，第十二条要求“自治区政府门户网站要发挥政务服务总门户作用，构建开放的政府网站系统架构”。地方层级的有关单位和部门在“开放数据”之中渗透了“数据安全”的内容，在“数据安全”政策之中也提出要确保“开放数据”更加合理可靠地实现，体现出了地方政府在制定两类政策之中较好的协同。

在图7-6中，从左到右三列分别代表地方层级的“开放数据”政策（A1），权重前20名的关键词，地方层级的“数据安全”政策（B1），每两列之间的连线粗细程度表示关键词在A1和B1的权重高低。从权重值大小来看，关键词在“开放数据”政策中的权重值明显大于在“数据安全”政策中的权重值，这点和中央层级两类政策的权重值分布状况是一致的。除了发布两类政策的数目不同之外，“开放数据”可以为地方经济有关活动提供助力，更好帮助地方提高GDP的数值，从而让地方层级可以获得更大的政绩也是地方层级单位积极推动该类政策制定、实施的另一个重要原因。

（5）“开放数据”政策和“数据安全”政策之间的协同

由表7-1可知，“开放数据”政策和“数据安全”政策既可以由中央层级的相关部门进行制定，也可以由地方层级的相关部门进行制定。各个层级、各个部门从本层级、本部门的工作角度出发，在政策的制定、政策的执行、政策的评估、政策的终结及政策的监督等5个过程中各有不同的侧重点，也各有借鉴，而且最终落实在政策文本上则显示为有关关键词之间的扩散。所以将“开放数据”政策和“数据安全”政策文本导入NLPIR平台中，分别得到关键词数目为1963个和938个，部分关键词及其权重如表7-10、表7-11所示，然后将上述各个关键词导入Excel软件中获取共同出现的关键词数目696个，部分关键词及其权重如下表7-12所示。以权重为分析标准，取相同关键词的前20位作为样本，生成“开放数据”和“数据安全”政策协同桑基图，如图7-7所示。

表7-10　“开放数据”政策关键词及其权重（部分）

编号	关键词	权重	编号	关键词	权重
K1	信息	342.19	K3	部门	196.13
K2	政府	211.95	K4	数据	184.47

续表

编号	关键词	权重	编号	关键词	权重
K5	项目	174.27	K18	系统	101.61
K6	社会	150.85	K19	事项	100.52
K7	企业	148.24	K20	网站	95.37
K8	平台	133.91	K21	群众	93.34
K9	单位	121.01	K22	目录	91.19
K10	国家	117.48	K23	方式	89.85
K11	全省	112.72	K24	行政	89.57
K12	政务	111.1	K25	重点	88.6
K13	内容	110.61	K26	业务	84.35
K14	情况	110.42	K27	市政府	84.15
K15	政策	107.89	K28	省政府	81.01
K16	机构	107.72	K29	标准	80.38
K17	公众	104.53	K30	自治区	79.18

表 7-11 “数据安全”政策关键词及其权重（部分）

编号	关键词	权重	编号	关键词	权重
K1	信息	108.43	K16	网站	39.17
K2	数据	87.31	K17	法规	36.77
K3	网络	80.49	K18	个人	35.06
K4	规定	77.45	K19	政策	34.7
K5	技术	73.96	K20	部门	33.27
K6	社会	62.82	K21	要求	33.17
K7	事件	60.66	K22	系统	31.98
K8	单位	54.66	K23	问题	30.95
K9	国家	54.63	K24	战略	30.75
K10	法律	51.82	K25	设备	29.75
K11	政府	49.35	K26	记录	29.58
K12	组织	47.15	K27	意见	27.79
K13	互联网	46.12	K28	责任	27.67
K14	行业	43.44	K29	域名	27.19
K15	标准	41.51	K30	企业	27.16

表 7-12 “开放数据”和“数据安全”政策相同关键词及其权重（部分）

编号	关键词	该关键词在开放数据政策中的权重	该关键词在数据安全政策中的权重	M1	M2
K1	信息	342.19	108.43	1	1
K2	政府	211.95	49.35	2	10
K3	部门	196.13	33.27	3	18
K4	数据	184.47	87.31	4	2
K5	项目	174.27	7.68	5	172
K6	社会	150.85	62.82	6	5
K7	企业	148.24	27.16	7	27
K8	平台	133.91	11.82	8	101
K9	单位	121.01	54.66	9	7
K10	国家	117.48	54.63	10	8
K11	全省	112.72	14.41	11	76
K12	政务	111.1	16.13	12	64
K13	内容	110.61	26.84	13	28
K14	情况	110.42	15.78	14	66
K15	政策	107.89	34.7	15	17
K16	机构	107.72	18.26	16	50
K17	公众	104.53	12.67	17	96
K18	系统	101.61	31.98	18	20
K19	事项	100.52	3.2	19	387
K20	网站	95.37	39.17	20	14

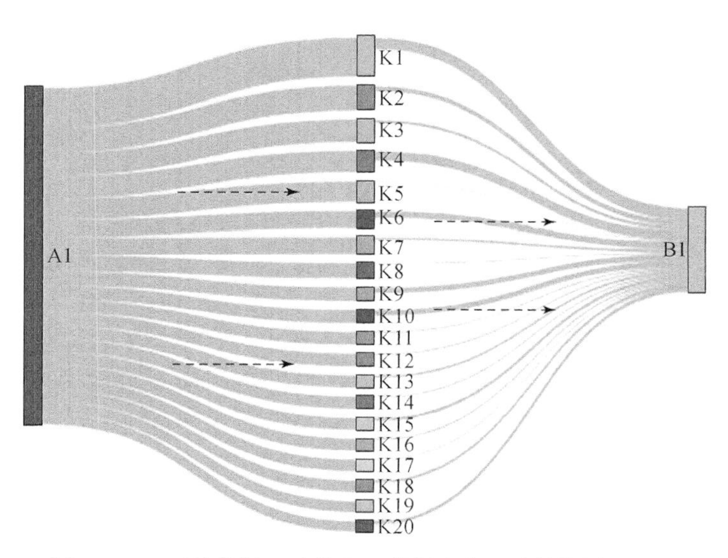

图 7-7 “开放数据”政策和“数据安全”政策协同桑基图

鉴于“开放数据”和“数据安全”政策之中均包含中央层级制定和地方层级制定的内容，两类政策中，同一个关键词在不同层级政策文本之中所占的权重有所不同。因此将同一个关键词在中央层级和地方层级的权重之和作为该关键词在这一类政策之中所占的权重。

在表 7-12 中，M1 代表该关键词依据其在“开放数据”政策中按照权重的降序排序的位次，M2 代表同样的关键词在“数据安全”政策中按照权重的降序排列的位次，根据上文所述有关“协同比例”的定义，$X=10$，$Q=20$，则 $K=0.5$，说明这两类政策在整体协同程度上表现一般。根据表 7-12 数据可知，两类政策都将“信息”（K1）作为首要考虑的对象，权重排名都在第 1 位，说明无论是中央层级的单位，抑或是地方层级的单位，在制定这两类政策的时候目标指向性非常明显，政策的制定主体对于这两类政策的作用对象都非常明确；同时“数据”（K4）在“开放数据”和“数据安全”政策之中分别排名第 4 位和第 2 位，说明中央层级和地方层级对于数据在目前环境下的重要性已经有了一个非常清晰明了的认识，对数据的重要性已经有了深刻的了解，不仅仅是确保数据安全，同时数据作为目前环境下同公众生活的方方面面有紧密联系的事物，确保数据的最大程度开放，让公众有权利去共享数据给他们带来的各种红利，也顺应“开放数据”的初衷；“社会”（K6）、“单位”（K9）、“国家”（K10）都出现在两类政策的前 20 位之中，说明这两类政策的协同合作需要多方共同努力实现，各方面发挥的作用各不相同，国家（政府）起到政策的制定主体的作用，社会一方面可以发挥开放数据政策监督的作用，同时还可以起到促进“开放数据”政策更好地被公众所接受的作用；“公众”（K17）在“开放数据”政策之中占 17 位，而在“数据安全”政策之中占 96 位，说明“数据安全”政策主要是通过提高“数据”在该类政策之中的“安全系数”来确保数据安全的，而非通过对“数据安全”政策的相关受众或者利益群体采取相关措施来保证数据安全。

中共辽宁省委、辽宁省政府 2016 年通过的《关于全面推进政务公开工作的实施方案》在“总体要求”中提出“推进行政决策公开、执行公开、管理公开、服务公开、结果公开和重点领域信息公开，以公开促落实，以公开促规范，以公开促服务。坚持改革创新，务求公开实效，扩大公众参与，促进政府有效施政”，将“社会”“单位”“国家”应该起到的相关作用都统一了进来，同时该文件着重强调了“数据”的作用，在“推进政府数据开放”“整合政府网站资源”要求“积极运用大数据”“制定数据开放计划”“政府数据向社会有序开放”“充分开发利用政府数据资源”，而且没有忽略数据安全的问题，在“加强政府网站建设”方面要求“以善政府网站功能、确保运行安全为重点”。淮南市人民政府 2017 年 12 月公布的《淮南市全面推进政务公开工作实施细则》在“着力推进平台建设”方面要求“要制定政府网站工作规程，完善技术标准规范；在确保安全的前提下，建好管好全市统一政府网站技术平台，推进政府网站集约化建设”，这表明地方层级注重开放数据的规范性和细节性，多从具体落地实施来考虑相关政策内容，正如表中已有的关键词所体现的，“网站”“事项”“政务”“系统”“平台”等关键词的权重较高也说明了这一点。国务院 2017 年发布的《政府网站发展指引》明确要求各级人民政府及相关事业单位等各部门加强数据的开放、交流、合作与共享，同时在“基本原则”中指出要“以集中共享的资源库为基础、安全可控的云平台为依托”，并且网站或平台的相关技术运维人员要通过各种评估与检测手段保证有关网站及平台的安全性，使其高效运行。结合不同行政机构发布的法规制度，可以清晰地看出“开放数据”政策同“数据安全”政策之间的协同关系，二者通过政策扩散的手段彼此联系，相互之间在内容上互有体现。

在图 7-7 中，A1 代表本研究中搜集到的所有“开放数据”政策，B1 代表本研究中搜集到的所有“数据安全”政策，中间一列为表 7-12 中所列出的关键词，各个关键词同 A1 和 B1 之间的连线粗细表明关键词在两类政策之中所占权重的大小。从权重的高低来看，各关键词在“开放数据”中所起到的作用明显高于在“数据安全”政策中所起到的作用，除了 K1（信息）、K4（数据）、K6（社会）、K9（单位）、K10（国家）在两类政策之中所占权重相差不是很大之外，其余各个关键词在两类政策之间的差异较为悬殊。原因在于上述列举的各个关键词涉及两类政策的制定主体、作用对象及涉及的其他属性单位等，所以权重相差不是很大。其他如 K19（事项）在“开放数据”类政策中占第 19 位，在“数据安全”政策之中占第 387 位，且权重数值相差较大。说明“数据安全”政策主要是通过规范、指引、指导有关内容来确保数据可以被安全地利用，而非对“事项”进行具体的规定，因为从安全角度来说，技术的发展使得安全领域所遇到的威胁层出不穷，所以规范哪些事项是不可以做的显然是不大现实的，但是可以通过指引、指导哪些措施和手段是可以用来提高数据安全性，同样的特点也可以在 K5（项目），在“开放数据”中占比第 5 位，在“数据安全”之中占 172 位。“项目”是一个笼统的词汇，在本研究中可以既包含网站，又包含平台等的建设，该关键词在“开放数据”政策之中占权重较高反映了此类政策更主要的是通过网站或者相关平台的建设来确保政府数据可以高效、透明、公开地被公众所熟知与掌握，而“数据安全”政策不可能针对每一个项目做出具体的安全方面的规定，只能在确保“数据安全”的大前提下，结合“数据”的具体特点来作出规定。纵使地方层级的单位对中央层级有关文件和法律法规的精神加以落实，但是做到针对每一个项目的面面俱到显然是不可能的，所以“项目”在“数据安全”政策之中权重值排名较低。

7.3.4 开放数据政策与数据安全政策协同性不足的表现及原因

从政策扩散的视角出发，不仅有利于本章分析开放数据政策与数据安全政策之间协同性的大小及具体衡量协同程度的高低，还有助于发现两类政策之间协同性不足主要表现在哪些方面。

根据本章前述内容，以“协同比例”作为分析标准，K 值小于 1 的过程认为是协同性不足的过程，主要存在于：中央层级“开放数据”政策同地方层级“开放数据”政策之间，K 值为 0.75，该过程记作“S1”；中央层级“数据安全”政策同地方层级“数据安全”政策之间，K 值为 0.7，该过程记作“S2”；中央层级和地方层级颁布的所有开放数据政策和所有数据安全政策之间，K 值为 0.5，该过程记作“S3”。

S1 过程中，同类政策两个层级之间的不协同主要表现在关键词“行政”（K8）、“结构”（K9）、“业务”（K13）、“形式”（K16）和“机关”（K20），而且结合表 7-2 情况来看，权重值大小说明该关键词在两类政策之中被重视程度的高低。上述各个关键词的 M1 值均小于 M2 值，说明各个关键词中，中央层级“开放数据”政策比地方层级“开放数据”政策更加重视上述关键词的内涵。上述各个关键词的宏观性比较明显，而且多数关键词大而笼统，如“业务”的程度比具体事件的范围要广，因为从开放数据整体信息的角度来讲，业务不仅指代该系统所具体需要处理的实务，还可以是每一部分之间的操作步骤。中央层级的政策多是从宏观性及方向性进行指导，所以对宏观性较强的政策重视程度较高，地方层级的“开放数据”政策更多的是从具体实施细节着手，将上级政策结合地方实际落地实施，即使有些内容同中央层级的相关内容保持一致，但是更多还是对“信息”（M2＝1）、“数据”（M2＝3）、“群众”（M2＝19）、“网站”（M2＝20）等和“开放数据”政策本身有着密切联系的关键词保持较高的关注度。

S2 过程中，同一类政策两个层级之间的不协同性主要表现在关键词“法律”（K8）、“行业”（K12）、“标准”（K13）、“法规”（K15）、“个人”（K16）、“政策”（K17）及“要求”（K19）上，关键词排名位次相差最大的是“法律”（K8），相差 94 名，相差最小的是关键词“要求”（K19），相差 1 名。从各个关键词所表示含义的具体程度来看，相异关键词的程度多是大而笼统，显示出中央层级和地方层级在制定政策的出发点上存在差异。虽然都是确保“数据安全”，但是中央层级针对的是“行业”，从“法律”“法规”“标准”等囊括范围较大的角度出发，争取制定出适用范围广，时间延续性长，涉及方面较全的政策法规，而关键词权重在 M2 中位居前 20 名，但是未在 M1 中位居前 20 名的主要有“人员”（K99）、“业务”（K100）、“情况”（K56）、“机构”（K46）、“内容”（K26）及“职责”（K51）。二者对比可以明显看出地方层级在确保数据安全方面主要除了同中央层级保持一致外，还通过对“人员”“机构”“业务”在“内容”和“职责”上进行具体明确，显示出地方层级更注意具体化的细节。

S3 过程中，两类政策间的不协同性主要表现在“开放数据”政策更加注重“项目”（K5）、“企业”（K7）、“平台”（K8）、“全省”（K11）、“政务”（K12）、“内容”（K13、“情况”（K15）、“机构”（K16）、“公众”（K17）和“事项”（K19），而“数据安全”政策则关注的是“网络”（K33）、“技术”（K46）、“事件”（K129）、“法律”（K158）、“互联网”（K85）、“行业”（K42）、“标准”（K28）、“法规”（K152）、“个人”（K191）和“要求”（K138）。“开放数据”政策偏向于政策之间的扩散和信息公开与发布，而“数据安全”政策则偏重于同技术类及技术的发展趋势等有关，根据上文分析，虽然两类政策之间存在部分协同，但是鉴于两类政策的根本出发点存在差异，自然会出现侧重点不同的现象。

经过对上述 S1、S2、S3 过程关键词差异的分析，可以得出我国“开放数据”与“数据安全”政策之间之所以存在不足，原因有如下几个方面。

第一，协同制度设计存在不足。我国的体制下，中央层级（中央政府）对地方层级（地方各级政府，包括省级、地市级、县区级等）有着直接的领导权力和影响力，中央层级通过多层委托的方式对国家进行治理。而中央层级和地方层级各个部门之间缺乏针对某一问题的看法沟通能和联系，从而造成了在有关政策的制定过程中“各自为主”现象的出现，突出表现在“开放数据”政策的制定单位缺乏相关和数据安全有关的部门，而“数据安全”政策的制定单位欠缺与开放数据和数据共享等有关的部门。各个有关单位在制定政策的过程之中，主要从本部门或本部门所主管的相关行业的利益出发，而对其他相关部门或者涉及到的相关行业考察不深，无法做到同时兼顾，缺乏相关部门之间的联系合作机制，从而给部门与部门之间造成协同的障碍，而且同一类别政策制定的上下级部门缺乏充分的沟通与酝酿，从而使同类政策上下级之间协同程度出现不足的现象。

第二，政策制定有关理念需更新与进步。在大数据时代，技术的发展一日千里，日新月异。不同国家、组织和个人所掌握技术力量的强弱与否，技术手段的高低往往会对这两类与数据有着紧密联系的政策产生重要的影响，有些影响甚至是决定性的，从而让技术慢慢开始变为一股不可忽视的力量。但是如何对技术手段做出限制？虽然“数据安全”相关政策已经开始有所尝试，如规范有关网站代码，指定某些情况或者某些条件下必须采用某种技术等，但是“开放数据”有关政策在类似方面鲜有涉及，仍然停留在“项目”（表7-8中K5，权重174.27，下同）、“平台”（K8，133.91）、“系统”（K18，101.61）、“网站”（K20，95.37）等从宏观技术层面，而对具体某一类的技术应用却鲜有涉及到。

同时相关部门在制定有关政策的时候观念并未跟上环境形势变化和发展，从而造成有关政策文本内容对当今的环境适应性较差，无法有效地解决在目前环境下遇到的问题。比如在“数据安全”政策之中，虽然有些内容或表述的含义已经包含了对数据进行安全保护的定义，但是字面表述还是以“信息”为主，没有及时意识到“数据”和“信息”之间仍然存在差别。所以需要在政策制定理念上进一步深化。

第三，缺乏有关协同的措施。顶层设计的缺乏及政策制定理念没有及时更新带来的是两类政策之间的协同措施匮乏，或者说是尚未意识到可以通过采取相协同的措施来确保两类政策之间更好地发挥作用。从博弈论的角度来看，政策协同措施是政策制定主体之间基于各自利益对公共事务进行管理的妥协与均衡的结果。政策制定主体是多元的、复杂的及非线性的，从而带来博弈的结果具有不确定性及妥协性，带来的后果就是政策的不稳定性及不可持续性，所以需要协同措施来“中和”这种不稳定性，“抵消”这种不可持续性。使博弈的双方可以通过共同应用某些具体措施来达到双方之间一个动态平衡的“稳定点”，从而确保有关政策可以长期持续下去。

7.3.5 研究结论

数据的重要性在当今的环境下越来越凸显出来，随之而来的开放数据政策则作为规范和准则的作用为开放数据提供规则上的保障，让数据的开放更加有法可依，有章可循。同时数据开放带来的安全问题也不可忽视，频发的安全问题成为数据开放过程中的障碍，但是也倒逼数据安全政策更加合理，与时俱进，更好地为开放数据保驾护航。

本章在对搜集到的符合要求的两类文本进行研究的基础上，从政策扩散的角度分析了两类政策文本之间的协同关系，得出以下结论。

第一，同一层级制定的政策之间协同程度较好。如本研究范围内中央层级制定的“开放数据”和“数据安全”政策之间的协同比例 $K=1$ 及地方层级制定的“开放数据”和“数据安全”政策之间的协同比例 $K=1$，高于其他几个过程。究其原因，一个完整的政策内容生命周期，由政策问题确认，到政策制定，接下来是政策执行、政策评估、政策终结、政策监督等这几个过程共同组成，前一个过程对后一个过程会产生影响。而政策制定在很大程度上取决于政策制定主体思考该类政策的出发点，如中央单位在行政层级上属于最高的一级，在制定任何政策的时候从宏观角度对全国整体情况进行考察，这样的方式也会渗透在其所指定的各个类型的政策之中，而非局限于某一类政策；同理，地方单位在制定相关政策法规的时候仅考虑本行政区域内的情况，再加上“开放数据”政策和“数据安全”政策二者之间存在扩散关系。所以，由同一单位制定出来的两类政策存在高度协同性也就不足为奇了。

第二，不同层级制定的同一类型政策协同程度有待提高。虽然是同一类型的政策，但是不同的政策制定主体（中央层级或者是地方层级）或是从宏观与微观的角度，或是从整体与部分的角度等，从而造成即使是同一类政策，在不同层级框架下也会造成文本上的不同侧重点，虽然有些地方层级在制定政策时在文本上会予以显示，表示该政策是根据上级有关政策的精神来进行制定的，但是上级制定的政策是面向全国的，不一定所有内容都适用于某一个具体的地方层级区域，所以还需要进行具体完善和修改，结合实际制定具体落地实施的政策，但是如何把握程度还需要地方层级多摸索、多实践。从上文的 K 值来看，“数据安全”政策的协同程度低于“开放数据”政策的协同程度，结合本地实际进行具体完善和进一步修改是一方面原因，政策制定的难易程度是另一方面原因。“数据安全”政策涉及到的内容广，内涵丰富，需要考虑的影响因素较多，容易产生较低的协同比例。

第三，两类政策之间总体协同程度有待加强。两类政策之间的总体协同程度（$K=0.5$）低于单独每一类政策不同层级之间的协同程度（K 值分别为 0.75 和 0.7），说明从两类政策的制定主体在确保政策协同过程之中发挥主要作用，而且政策主体之间协同发挥的作用是非线性的。不论是中央层级还是地方层级，在制定某一类政策时尽可能多在基于自身出发点考虑问题的同时，多考虑地方层级如何落实中央层级的政策及如何更好地制定出适应性较强的政策来确保中央层级可以从中提取更多的有益内容来进行推广。

本章小结

本章从政策扩散的角度出发，选取“开放数据”政策和“数据安全”政策文本之中共现的关键词作为分析样本，以它们在两类政策文本内的权重作为分析标准，主要探讨了中央层级颁布的“开放数据”政策和“数据安全”政策之间、地方层级颁布的“开放数据”政策和“数据安全”政策之间、中央层级颁布的“开放数据”政策和地方层级颁布的“开放数据”政策之间、中央层级颁布的“数据安全”政策和地方层级颁布的“数据安全”政策之间、两个层级颁布的“数据安全”政策和“开放数据”政策总体之间的协同关系，并通过“协同比例”进行测度，之后将结果以“桑基图”的形式进行直观的展示，同时指出了上述几种关系之间的不协同性主要表现在哪几个方面及分析了有关原因。不仅为政策扩散的有关研究提供了相关借鉴，同时还为表现出“对立性”较强的政策协同研究提供了参考方法。

参考文献

[1] 许慎．说文解字 [M]．长春：吉林美术出版社．2015.

[2] 班固. 汉书 [M]. 北京：中华书局. 1962.
[3] 陈寿. 三国志 [M]. 北京：中华书局. 1962.
[4] 范文澜. 中国通史 [M]. 北京：人民出版社. 2009.
[5] 孙瑞英，马海群. 太极哲理对开放数据与数据安全政策协同的启示 [J]. 现代情报，2018，38 (5)：3-10，24.
[6] 樊霞，陈娅，贾建林. 区域创新政策协同——基于长三角与珠三角的比较研究 [J]. 软科学，2019 (3)：70-74，105.
[7] Walker J L. The diffusion of innovations among the American states [J]. TheAmerican Political Science Review，1969，63 (3)：880-899.
[8] Berry FS. Sizing up State Policy Innovation Research [J]. Policy Stadies Journal，1994，22 (3)：56-442.
[9] 杨宏山，李娉. 中美公共政策扩散路径的比较分析 [J]. 学海，2018，(5)：82-88.
[10] 吴金鹏，韩啸. 制度环境、府际竞争与开放政府数据政策扩散研究 [J]. 现代情报，2019，(3)：77-85.
[11] 许立达，樊瑛，狄增如. 自组织理论的概念、方法和应用 [J]. 上海理工大学学报. 2011，(2)：130-137.
[12] 朱旭峰，赵慧. 政府间关系视角下的社会政策扩散——以城市低保制度为例（1993—1999）[J]. 中国社会科学，2016，(8)：95-116，206.
[13] 邹东升，陈思诗. 党的十八大后中国省级政府权力清单制度创新的扩散——基于政策扩散理论的解释 [J]. 西部论坛，2018，(2)：26-34.
[14] 施茜，裴雷，邱佳青. 政策扩散时间滞后效应及其实证评测——以江浙信息化政策实践为例 [J]. 图书与情报，2016，(6)：56-62.
[15] 裴雷，张奇萍，李向举，李波. 中国信息化政策扩散中的政策主题跟踪研究 [J]. 图书与情报，2016，(6)：63-71.
[16] 张剑，黄萃，叶选挺，等. 中国公共政策扩散的文献量化研究——以科技成果转化政策为例 [J]. 中国软科学，2016，(2)：145-155.
[17] 王浦劬，赖先进. 中国公共政策扩散的模式与机制分析 [J]. 北京大学学报（哲学社会科学版），2013，50 (6)：14-23.
[18] 周英男，黄赛，宋晓曼. 政策扩散研究综述与未来展望 [J]. 华东经济管理，2019， (5)：150-157.
[19] Stone D. Understanding the transfer of policy failure：bricolage，experimentalism and translation [J]. Policy and Politics，2017，45 (1)：55-70.
[20] Einstein K L，Glick D M，Palmer M. Citylearning：evidence of policy informationdiffusion from a survey of US mayors [J]. Political Research Quarterly，2019，72 (1)：243-258.
[21] Mathieu E. Policy diffusion and telecommunications regulation [J]. Swiss Political Science Review，2019，25 (1)：93-95.
[22] Gautier L，De Allegri M，Ridde V. How is the discourse of performance-based financing shaped at the global level? A poststructural analysis [J]. Globalization and Health. 2019，15 (1)：6.
[23] Arbolino R，Carlucci F，De Simone L，et al. The policy diffusion of environmental performance in the European countries [J]. Ecological Indicators，2018，(89)：130-138.
[24] 冉从敬，徐晓飞. 基于 NodeJS+ECharts 的专利权人引证关系可视化方法研究 [J]. 情报科学，2018，(8)：77-83.

第8章 基于语料库的开放数据与数据安全政策协同实证分析

政策协同研究的方法有很多，本章主要通过语料库结合内容分析法和聚类分析法对所收集的数据政策文本进行分析研究。研究团队从2018年4月起开始构建数据政策语料库，收录数据类政策语料2216条，分词后中文词语数56 529个，专用词语共904个，语句片断数23.916万条（按照句子划分），字符数共1350.9万个（含汉字、字母、数字、标点等），按照政策文件类型划分为综合政策、新兴产业、金融经济、法律法规、社会保障、信息公开、生态环境、科技创新、教育文化、交通旅游、农林资源、医疗健康、数据安全13个类目，按照政策文件发布方式分为实施意见、指导意见、规划纲要、通知等类型。在所构建的语料库中，按照一定标准及规则筛选最终确定446条政策作为本章的研究对象（其中根政策19条，干政策41条，枝政策386条），在分析过程中，首先提取数据类政策中开放数据主题和数据安全主题的关键词，接着本章尝试利用主题关系协同度模型及复合系统协同度模型对数据类政策中开放数据及数据安全主题进行协同度研究，随后基于语料库中实际政策数据计算出政策协同取值范围。根据政策地域数据分析表明：贵州省是我国大数据政策贯彻落实较好地区之一，利用所建立框架模型及取值范围，对贵州省的大数据政策进行了实证分析，最终给出政策对策及建议。

8.1 基于语料库的开放数据与数据安全政策协同研究方法

政策文本是政策内容分析的基本出发点和真实凭证，政策文件与政策相关文本是政策行为的具体反映，文本的语义则是记述政策意图和政策过程尤为有效的客观凭证[1]。本章主要收集我国各级政府所颁布的数据类政策，主要有三类政策文本：第一是全国人民代表大会及国务院发布的政策文件；第二是国家各部委发布的数据类政策文件；第三是各省市及区县发布的数据类政策文件。本章确立了以语句和词语为主的编码规则，在研究过程中基于自建数据类政策语料库，通过语料库研究方法结合内容分析法和聚类分析法对政策中不同主题的协同关系进行分析。

8.1.1 语料库

8.1.1.1 语料库概念

语料库是按照一定标准采集而来的能够代表某种语言或某一特定领域的电子文本集，

语料库是由若干电子文本构成[2]。语料库立足于大量真实的语言数据，对语料库做系统而穷尽地观察且概括所得到的结论对理论建设具有无可比拟的创新意义，它可以称为一种研究方法，又可以视作一种新的研究思维，其优势在于可以从大批量语料中快速且准确提取多种数据，运用语料库分析手段不但可以有效地把有关数据提取出来，还能使隐藏于大规模文本中的信息浮现出来，利用所获得的数据及信息结合定量研究和定性研究方法发现规律并形成知识。在语料库建设中要特别注意研究过程的设计，程序和步骤的规范化。

8.1.1.2 方法步骤

(1) 需求分析

需求分析作为语料库计划阶段的重要活动，也是语料库建设生存周期中初始环节，其重要性不言而喻。该阶段是分析语料库实现什么功能，要通过最终目标来确定语料库的实际需求，需求分析的目标是把要构建的语料库提出的“要求”或“需要”进行分析整理，确认后形成描述完整、清晰与规范的文档，确定构建方向及需要完成的工作[3]。

(2) 语料库设计

在语料库设计过程中，需采用 B/S 和 C/S 结构相结合的方式来实现，在展示及使用层面：采用 CoW 方式构建语料库。CoW 全称为 Corpus on the Web，它是指把语料库上传到网络上为用户提供相应服务，并把语料库信息存储到网络上。在数据分析及知识发现层面：利用云计算、大数据、物联网、机器学习等技术借助现有软件及工具完成设计。以下从语料库功能设计、技术路线设计、数据存储设计等方面进行详细描述。从语料库功能设计层面看：主要包括语料采集、语料管理、语料审核等模块。从技术路线设计层面看：采用 JSP、PHP、Asp. net 等网络编程语言来实现，在语料预处理、复杂分析等方面使用 C、Java、Python、R 等语言结合相关软件程序包来实现[4]；从数据存储设计层面看：元信息及语料内容信息主要采用 Oracle、Mysql、SQLServer 等数据库进行存储，由于语料信息需提供更多个性化分析，因此在本地同时要采用 txt 文本方式对语料内容进行存储。

(3) 语料采集

语料采集是语料库建设的重要环节，既包括内容信息，又包括标题、作者、数据来源等元数据信息。语料采集时需要甄别、筛选、明确采集范围，否则分析处理结果也会缺乏典型性及代表性，采集时主要分为手动采集和自动采集。政策报告的信息通过相关网站可以直接获取，则可以通过技术手段进行自动采集，但往往自动采集的语料会存在字段不完整、信息缺失等情况，因此还需对所采集的语料进一步加工校对。典型自动采集语料工具有：Editortools、ICTCLAS、SpiderFoot、八爪鱼采集器、GooSeeker、LocoySpider 等。

(4) 语料预处理

由于政策文本具有语言严谨、结构复杂、文本量大、形式多样等特点，政策文本预处理的质量会直接影响到语料库中分析、处理、使用等环节的精准度。而未经过处理的生语料并不具备分析的前提条件，不仅要对生语料进行分词，还要使用除停用词、标注等方法才能形成可用语料信息，如有需要还要对加工后的文本再次进行细致的整理，并进行必要的标注。为了确保语料预处理的精准度，系统引入专用词表的概念，专用词表的构建主要采用自然语言学习中的文本挖掘算法并结合人工筛选完成。预处理是语料库建设的关键环节，该环节中每一步操作都会直接影响政策分析的最终效果。此部分工作可结合成熟软件包完成，通过 Java，Python 等程序语言可将处理后的数据与语料库直接对接，实现处理后的语料信息与数据库元数据信息同步共享。目前典型的文本预处理工具有：ICTCLAS，jieba，SnowNLP，IKAnalyzer，OpenNLP，THULAC，BosonNLP，HanLP 等[5]（表 8-1）。

表 8-1　文本预处理工具列表

工具名称	开源/商业	官方支持语言	分词	词性标注	句法分析
ICTCLAS	开源	Java丨C++丨Python	有	有	有
jieba	开源	Java丨C++丨Python	有	无	无
SnowNLP	开源	Python	有	有	有
IKAnalyzer	开源	Java	有	有	无
OpenNLP	开源	Java	有	有	有
THULAC	开源	Java丨C++丨Python	有	有	无
BosonNLP	商业	Python	有	有	有
HanLP	开源	Java	有	有	有

（5）数据库设计

语料的存储要依托数据库，因此数据库结构设计合理与否直接影响通过语料库提供分析的质量。构造最优的数据库模式，能够有效地存储语料数据，满足各种用户信息要求和处理要求。在数据库设计中，关键表主要有四张：语料表、分词表、专用词表、语料片断表。语料表主要按照存储语料的元信息；分词表主要记载所收集语料的词语信息；专用词表是根据语料库使用性质而确定，课题中所收集的全部是政策相关信息，则此部分需要记录政策专用词语，这有利于对语料进行精准分析；语料片断表是记录语料按照语句切分后的信息，通过主题领域字段可以对语料片段所属主题类别进行标注，这便于在系统中做精准化的数据分析。

（6）语料库使用

语料库需要对所提取出的信息进行统计分析和解释，主要提供检索服务、数据服务和分析服务三种模式。检索服务：要针对使用者提供普通检索、分类检索及高级检索服务，高级检索中要有基于正则表达式的检索功能；数据服务：为第三方平台提供 API 接口数据信息，提供二次开发的通用部件，这样有利于语料库的推广与应用；分析服务：通过语料库平台结合第三方程序包对语料信息进行分析处理，当数据积累到一定规模时，就可通过机器学习的方法为社会提供智慧化服务[6]。在语料库的使用过程中分析是最重要的环节之一，可以结合一些典型的分析工具完成，主要有：SPSS，ICTCLAS，ImageQ，WordSmith，Gensim，Concordance 等。

（7）维护与更新

语料库的建设是一项系统性工程，也是一项长期性工程，要持续地完善数据、不断地学习、对数据进行长期维护，并要有专业团队负责系统功能更新工作，因此要保证此项工作可持续发展，维护与更新就变得尤为重要了。作为整个语料库建设的最终环节，也是起始环节，要通过持续不断的维护与更新使整个语料库建设的生命周期形成闭合的生态链路。

8.1.2 内容分析法

8.1.2.1 概念

内容的相关分析是对研究对象的内容进行深入研究，寻找其与特定主题之间的相关关系，从而揭示或发现相关内容所隐含的有用信息。随着信息技术、通信技术的快速发展，内容分析法已经广泛应用于社会学、新闻传播、心理学、信息科学、情报学等学科，成为重要的研究方法之一，并取得了显著的效果。在内容分析法的形成和发展历程中，国际上众多研究者从不同视角进入内容分析领域进行相关研究，本章主要引用政策研究及情报学界的观点：内容分析法是一种对文献内容做客观系统的定量分析的专门方法，其目的是研究政策文献中的本质性事实和趋势，解释政策文献所含有的隐性情报内容，在此基础上对事物发展趋势作政策研究层面的预测[7]。

8.1.2.2 过程步骤

内容分析法建立在掌握大量的语料信息的基础上，通过聚类分析、关键词分析、共现分析等方式来研究政策文本中本质性的事实和趋势，从而揭示政策文献所含有的知识信息。一般而言内容分析法遵循以下步骤。

(1) 确定研究主题

研究主题的确定是内容分析的首要目标，通过确定主题可以节省大量的时间和精力，减少无效搜集并精准查找与研究范围相关的数据，减少研究人员的困惑。在进行内容分析时，要避免为获得数据而获得数据的弊端，尽可能搜集与研究主题关联度较高的数据并通过清洗获得最佳数据[8]。内容分析可以根据已有理论、相关数据及对现状评估和未知预测来确定研究主题与研究方向。

(2) 确定样本属性

所谓研究样本属性就是指研究样本所属学科门类、所属领域或所属方向。首先，对研究样本予以明确定义，定义需要具有可操作性、可检索性和可分析性。如分析的是数据政策语料库，就需要对数据政策及语料库予以明确的定义。其次，赋予明确的研究主题领域，所选定研究领域应与研究问题相一致，保证其间的逻辑关系与对应关系，从而完成对研究目的的实现。最后要限定所研究的时间范围，政策信息及其他多种知识具有时效性，因此要进行起始时间的限定。

(3) 选择合适的样本

资源是无限的，但是可用于调查并选择的文献资源是有限的。在进行内容分析时，不可能将所有与之相关的资源全部提取并进行分析，因此需要从大量文献中进行抽样，而抽样的方法往往按照统计学的方法来进行[9]。样本的选择必须要与研究主题和研究目的相适应，并具有一定的内在逻辑关系，同时样本要具有连续性、信息量大和代表性等特点。因此在搜集时常会出现两种极端的情况，一是搜集的相关文献资源较少，则对其进行全文分析。二是搜索的文献资源过多，此时就需要利用抽样方法进行抽样，如随机抽样、系统抽样及分层抽样等。

在进行内容分析时多采取套抽样的方法，一般分为两个阶段，第一阶段称为一阶抽样单元，在这一阶段主要是进行范围的限定，即在选取政策语料时，选取什么级别的语料，是由国务院发布的还是卫生部、工信部等部委发布的，抑或者是由省市级政府所发布的政策信息。第二阶段也称二阶抽样单元，此阶段是选择范围更小的限定条件加以限制，如时间的界定即确定具体的样本。对于样本选取的具体数量以及内容需要具体分析，依据研究题目而定，一般来说，所选取的样本会与研究目的或规律呈现出一定的函数关系。

（4）选择和限定分析单元

分析单元即根据研究主题与研究目的的需要，将所选取的样本根据特征，分为各种因素，并可以根据这些因素分别进行提取与分析。在内容分析中，每个分析单元相互补充又相互独立，是内容分析中的最小单元。分析单元可以是一个词汇、一个符号或一条政策等[10]。

（5）确定分类

分类即构建所选定样本的类目，便于观察与后续的统计和分析，在确定分类时需要考虑研究目的即事前所做出的假设，与之相对应，进行类目的制定工作，构建的类目必须具有可操纵性、易用性和实用性等特性。

类目在划分的时候必须遵循一定的原则，主要有完整性原则、高信度原则和互斥性原则。完整性原则是指在分类的过程中必须涵盖所有需要研究的范围及方向，不能有所遗漏。即每一个分类单元都有相应的类目与之相对应，不应存在未能对应的分类单元。高信度原则是指在进行类目划分时尽可能按照最标准的划分方法，使其具有权威性与可信度。互斥性是指类目中每个类目不存在交集，并且每一个分类单元有且仅有唯一一个类目与之相对应，从而形成映射关系。在类目构建时通常有两种方法，一种是研究人员根据自身的研究经验进行类目的划分，这种方法的优点是在进行分类时效率较高，同时研究人员在进行统计时也较熟练地进行，缺点是有可能所建类目缺少要素，造成研究结果的偏差。另一种方法是研究人员根据已有的研究成果进行类目的划分，优点是划分得相对全面，误差较小，缺点是研究人员需要对分类方法进行深入学习及时间的消耗。

（6）建立量化系统

内容分析中的定量化转换，将所收集的样本从文字形式转化成数字化形式的转换过程，经常使用的为定类、定距和定比变量。定类变量相对简单，只需统计抽样中各个分析单元的频数即可。定距是指按照一定的层次方法，对抽样样本进行横向的分类并进行统计，通过这种分析方法可以清晰直观地发现规律，同时也能增加研究的深度[11]。但是同时加入了主观性的分析，加入个人的主观判断，在一定程度上影响了结果的信度。定比是一种对于时间与空间的计算。

（7）编码

内容分析的本质就是对内容进行编码，通过编码可以将分析单元更直接方便地插入到类目之中，这一操作过程由专业人员来完成，借助计算机技术，可以快速准确对各类内容进行编码[12]。还可以利用机器学习的方法进行自动编码，对文本进行计算，从而实现对语句片段进行编码。

（8）分析数据

在将分析单元放入类目之后，便进行分析工作，分析工作能否有效进行，很大程度上取决于编码的正确性与有效性。在分析数据时，常用百分比、平均值、加权和中位数等。根据数据的变化及比较分析，可以获得研究对象的相关结果结论及未来的预测，以及和其他研究方向的异同点比较等。同时也可以借助软件工具进行聚类、分类、情感分析（含简单和复杂）、共现分析、依存分析、语义网络、社会网络、共现矩阵等分析。

（9）解释结论

对于研究结论需要与研究目的相对应，通过相关数据分析及直观观察，会发现明确的结果解释。同时如果研究是阐述性的，那就需要研究人员根据自身经验及理解去对研究结果进行评判。

8.1.3 主题聚类分析法（LDA）

8.1.3.1 概念

LDA 主题模型是语义分析的利器，本章选取 LDA 主题模型对政策提取主题并聚类，LDA（Latent Dirichlet Allocation）模型引入了狄利克雷（Dirichlet）分布的概念，在满足狄利克雷先验分布的多项式分布基础上，所有主题对应相应文档，通过不停地迭代，可以估计出合理的参数[13]。LDA 主题模型是利用词语与主题，主题与文本之间的三层关系来解决文本聚类中语义挖掘的问题。它是一种文档主题生成模型，也称为一个三层贝叶斯概率模型，包含词、主题和文档三层结构。主要是研究文档中文字的产生过程，属于机器学习中的生成模型，一般认为当写一篇文档时，会先根据一定的概率选定主题，然后根据与选定主题相关的概率生成文字。在主题模型中，主题是一系列相关词语的集合，把主题比作一个大的容器，出现概率高的词语都被放到了这个容器里，这些词语是按照一定分布概率出现到主题上的，词语与主题的相关性较强。利用 LDA 模型可挖掘出文档中关键词与主题之间的关系，这样就可以通过把政策中开放数据和数据安全的相关主题词有效地提取出来。

8.1.3.2 过程步骤

（1）文本生成过程

模型涉及参数维度 α、$\theta_m \in R^K$，β、$\varphi_k \in R^V$，其中 K 是主题个数。V 是所有的词的个数，M 是文档个数，n_m是第 m 篇文档的单词总数。需要估计的参数是文档-主题分布$\vec{\theta}_m$ 和主题-词分布 $\vec{\varphi}_k$，下面是利用 Dirichlet 函数估计参数具体过程：

对一篇文档 m，θ_m 是文档 m 的 K 个主题分布，Z_m是文档 m 中词的主题分布，显然服从参数为的 θ_m 多项式分布，而 θ_m 又服从参数为 α 的 Dirichlet 分布，那么考虑文档数据之

后 Z_m 依然服从 Dirichlet 的分布[14]。具体公式如下：

$$P\langle \vec{Z}_m \mid \vec{\theta} \rangle = \prod_k \theta_{m,k}^{n_m^k} \tag{1}$$

$$P\langle \vec{\theta}_m \mid \vec{\alpha} \rangle = \frac{1}{\Delta(\vec{\alpha})} \prod_k \theta_{m,k}^{\alpha k-1} \tag{2}$$

$$\begin{aligned} P\langle \vec{Z}_m \mid \vec{\alpha} \rangle &= \int_{\vec{\theta}_m} P\langle \vec{Z}_m \mid \vec{\theta} \rangle \times P\langle \vec{\theta}_m \mid \vec{\alpha} \rangle d\vec{\theta}_m \\ &= \int_{\vec{\theta}_m} \frac{1}{\Delta(\vec{\alpha})} \prod_k \theta_{m,k}^{\alpha k + n_m^k - 1} d\vec{\theta}_m \\ &= \frac{\Delta(\vec{\alpha} + \vec{n}_m)}{\Delta(\vec{\alpha})} \end{aligned} \tag{3}$$

其中 $\vec{n}_m =$（n_m^1，n_m^2，…，n_m^κ），n_m^κ 表示第 m 篇文档中属于 k 主题的词的个数。那么对所有文档

$$P\langle \vec{Z}_m \mid \vec{\alpha} \rangle = \prod_m \frac{\Delta(\vec{\alpha} + \vec{n}_m)}{\Delta(\vec{\alpha})} \tag{4}$$

同理第二项 $\vec{n}_k =$（n_k^1，n_k^2，…，n_k^κ），n_k^t 表示 k 主题产生的词中词 t 的个数，W 表示关键词。最后联合概率为

$$P(W, Z \mid \vec{\alpha}, \vec{\beta}) = \prod_k \frac{\Delta(\vec{\beta} + \vec{n}_k)}{\Delta(\vec{\beta})} \prod_m \frac{\Delta(\vec{\alpha} + \vec{n}_m)}{\Delta(\vec{\alpha})} \tag{5}$$

（2）图模型表示方式

为了使该模型更容易理解，可以用三种颜色把 LDA 模型中三个层表示出来[15]，如图 8-1所示。

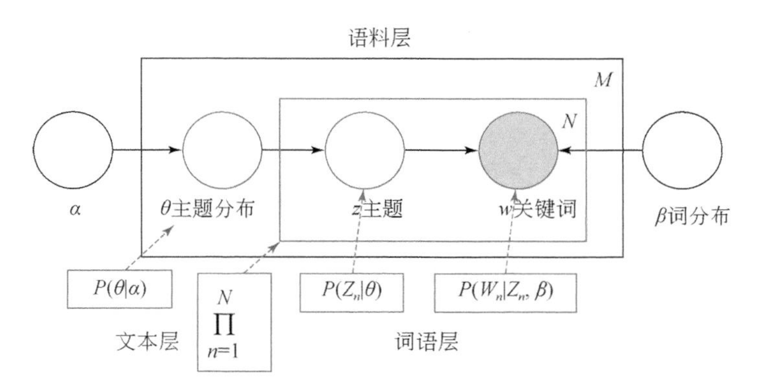

图 8-1　LDA 生成过程图模型

语料级：α 和 β 是政策文本语料级的超参数，训练出这两个参数就可以确定模型，α 是 $P(\theta)$ 分布的一个向量参数，即 Dirichlet 分布的参数，用于生成一个主题分布 θ；β 是

主题对应的词概率分布矩阵 $P(W|Z)$。

文本级：文本对应和主题分布 θ 是对应的，每个文本产生的主题 Z 的概率是不同的。

词语级：Z 是由主题分布 θ 生成的，W 是由 Z 和 β 共同生成，W 和 Z 是相对应的。如果 W 作为观察变量，θ 和 Z 作为隐藏变量，可以通过 EM（最大期望算法）学习出 α 和 β，但后验概率 $P(\theta, Z|W)$ 无法直接计算，要找一个似然函数下界来近似推理获取估计值。计算最大似然函数，得出 α 和 β，不断迭代直到收敛，最终确定 LDA 模型。

8.2 基于语料库的开放数据与数据安全政策协同研究框架

为实现分析结果的准确性，本章在研究过程中通过自建语料库的方式对我国现有数据政策文件进行分析，并通过主题关系协同度和复合系统协同度两种方法来对开放数据和数据安全政策协同进行数值计算。本章把研究框架分成了样本层、框架层、算法层、目标层四个部分，如图 8-2 所示。

8.2.1 样本层

在收集数据政策语料样本过程中，课题团队首先要通过明确数据的定义来确定数据收集的范围。目前国际上对数据政策的范围和内容缺乏统一认识，本章提出数据政策在纵向上按照数据利用价值可划分为信息政策、知识政策、智慧政策等，如图 8-3 所示，在横向上按政策涵盖的领域可划分为政府数据政策、科学数据政策、医疗数据政策、地理数据政策、环境数据政策等，因此所采集的样本范围可以扩大到数据、信息、知识、智慧相关的政策文本。本章总计收集数据类政策文本 2216 条，以语料库中的政策语料为原始文本，按照一定标准及规则筛选相关政策文本以确定要研究的对象[16]，最终确定根政策 19 条，干政策 41 条，枝政策 386 条。

8.2.2 框架层

框架层主要依托“政策工具-政策目标-政策力度”三位一体的数据政策分析模型[17]。通过人工筛选的方式来确定政策工具中供给型、需求型、环境型具体政策主题措施。确定政策主题首先要对选取的政策文本进行预初始化及编码，预初始化是对收集获取的政策文本进行分词、去停用词、导入政策词表等预处理操作，将文本数据转换为可分析处理的格式。由于政策文本是一类较为特殊的文本类型，在计算过程中导入政策词表可提升精准度，政策文本语料数据预处理是文本计算的最重要环节之一，文本聚类结果的精度及效率都与该过程密切相关，因此从政策文本语料的选择—分词—去停用词的每步操作都要保证结果最优，这样才能使实验结果更准确。通过 Python 程序提取词性为动词、名词、形容词等有效词性的关键词语，利用 LDA 主题分析法对政策文本进行聚类，提取主题词及关键词，形成政策文本主题-词语列表，通过关键词分析及人工筛选最终确定开放数据和数据

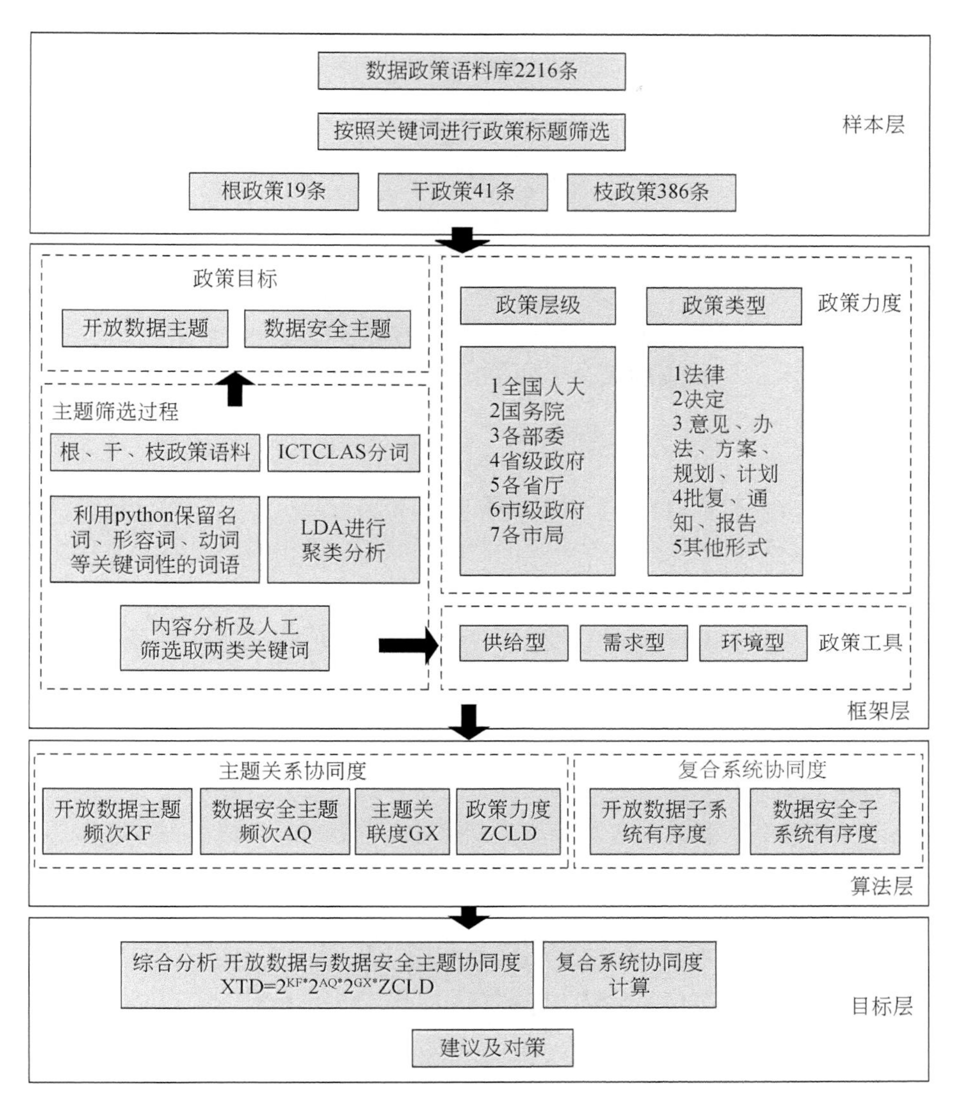

图 8-2 基于语料库的开放数据与数据安全主题协同度框架图

安全及主题相关词语。在编码过程中，横向上以文本、语句、词语方式进行编码划分，纵向上以按照政策文本类型、产生时间进行划分。开放数据和数据安全主题的提取是该层中的目标，政策层级和政策类型共同构成了政策力度，“政策工具-政策目标-政策力度”三者融合加权最终形成了框架层[18]。

8.2.3 算法层

此部分运用数学算法从主题关系协同度和复合系统协同度两个层面来对开放数据及数据安全主题的协同关系进行分析。主题关系协同度是政策层级、政策类型、政策主题关联

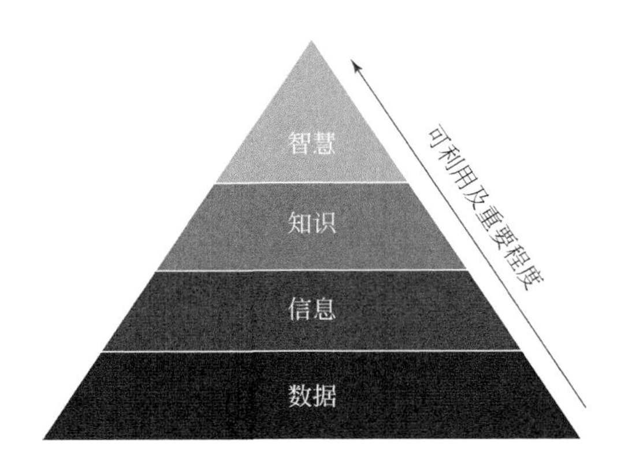

图 8-3 数据、信息、知识、智慧关系图

关系的加权计算所形成的数值。复合系统协同度则是通过政策工具中的开放数据子系统和数据安全子系统的有序度来计算两者之间的协同度数值。本章运用了数学理论中的两种计算方法详细地分析了开放数据和数据安全政策协同关系。

8.2.4 目标层

数据类政策中开放数据及数据安全协同关系是本章的研究目标也是研究重点，利用主题关系协同度模型和复合系统协同度模型进行数值计算，对现有全国人大及国务院、国家各部委、各省、市、区、县发布的数据类政策法规进行分析，并给出开放数据与数据安全政策协同的对策及建议。

8.3 基于语料库的开放数据与数据安全政策协同研究步骤

为保证对政策研究的准确性，本章从主题关系协同度模型和复合系统协同度模型两个角度来对现有数据类政策中开放数据及数据安全主题间协同关系进行分析研究。其中主题关系协同度是通过对两类主题词的计算分析，再与政策力度进行加权，最终针对每一条政策计算出数值，所计算的数值越高代表政策中主题间协同关系越紧密，反之则越疏松。而复合系统协同度是基于协同学原理，借鉴孟庆松和韩文秀[19]提出的复合系统协调度模型，构建开放数据与数据安全系统协同度模型，对两个子系统的有序度模型、复合系统协同度模型进行计算，所计算的数值按照政策制定年份生成曲线图，通过数值反应复合系统协同度关系。

8.3.1 政策工具提取

利用 NLPIR-Parser 对数据类政策文件进行关键词提取，通过分词、去停用词等操作，提取政策文件中名词、形容词、动词等核心词性的词语，再利用 LDA 进行词语聚类分析，人工筛选出表 8-2 中和开放数据与数据安全关键词语 46 个。

表 8-2 开放数据和数据安全所提取关键词表

政策目标	关键词
开放数据	信息共享、数据共享、信息公开、政务公开、数据开放、数据管理、共享交换、共享平台、开放平台、条件共享、共享使用、共享开放、共享评估、互联互通、制度对接、范围边界、共享共用等
数据安全	应急预案、突发事件、知识产权、资源配置、技术研发、隐私安全、隐私保护、国家秘密、商业秘密、人才培养、安全保护、安全保障、权益保护、监督管理、监督检查、数据保密、数据伪造、职责明确、等级保护、监测预警、应急处置、舆情监控、风险评估、数据立法等

8.3.2 政策框架构建

本章在已有数据政策分析模型与框架研究的基础上，借鉴政策工具在科技创新领域、环境领域的应用研究，增加政策力度维度，构建集“政策工具–政策目标–政策力度”为一体的数据政策三维分析框架[20]（图 8-4）。

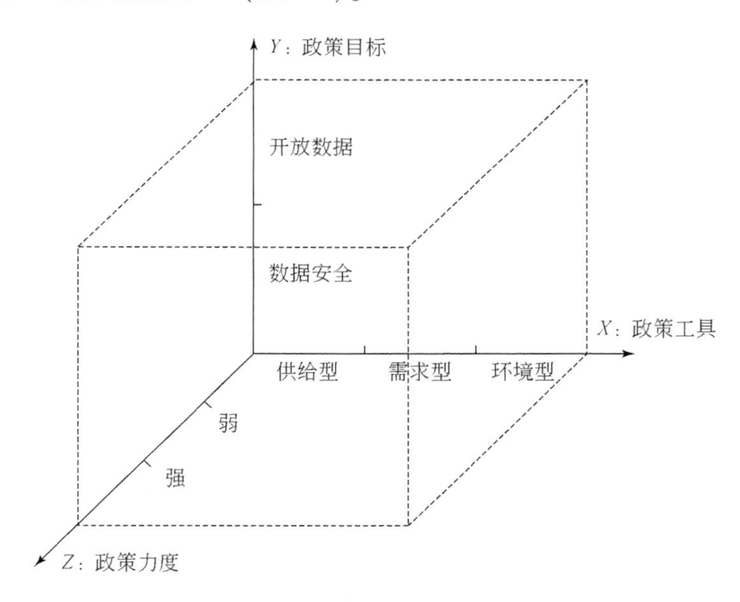

图 8-4 数据政策三维分析框架

1）*X* 维度：政策工具。利用 NLPIR-Parser 对政策文本章件进行预初始化，通过 LDA 主题聚类方法对于处理后的政策文本进行聚类并人工筛选出开放数据和数据安全相关的关键词，见表 8-3。借鉴 Rothwell 和 Zegvold 最具代表性的供给型、需求型和环境型三类政策工具划分，以赵筱媛和苏竣[21]、黄萃等[22]、张韵君[23]、李健和王博[24]研究成果为基础对数据政策的政策工具进行细分。

表 8-3　开放数据和数据安全按照政策措施提取关键词表

政策目标	政策工具		
	供给型	需求型	环境型
构建政府数据开放平台	共享交换、共享使用、共享开放、互联互通、范围边界、共享共用	信息共享、数据共享、信息公开、政务公开、数据开放、条件共享	数据管理、共享平台、开放平台、制度对接、共享评估
构建政府数据安全保障体系	应急处置、应急预案、突发事件、资源配置、人才培养、国家秘密、商业秘密、数据保密	技术研发、安全保护、职责明确、等级保护、安全保障、权益保护	知识产权、数据立法、舆情监控、风险评估、监督管理、监督检查、监测预警、隐私安全、隐私保护、数据伪造

供给型政策工具：主要体现为数据类政策对大数据事业发展的推动力，具体指的是政府为增加大数据的合理运用、推进大数据事业的有序发展，利用各种要素、采用各种手段给予帮助。基于政府使用的不同推动方法，对供给型政策工具进行细分，涵盖了共享交换、范围边界、人才培养、资源配置等具体措施。

需求型政策工具：主要体现为大数据政策对大数据事业发展的拉动力，具体指的是政府为了促进大数据市场的有序运作、实现大数据市场各方面的全面高水平发展，采用信息数据共享、技术研发、登记保护的设立等方式来予以支持。基于政府使用的不同拉动方式，对需求型政策工具进行细分，涵盖了信息公开、安全保护、明确职责等具体措施。

环境型政策工具：主要体现为大数据政策对大数据产业发展的影响力，具体指的是政府为了营造良好的数据政策发展环境、实现数据政策价值及其可持续发展，采用知识产权、数据立法等一系列方式予以保护。基于政府使用的不同影响方式，对环境型政策工具进行细分，涵盖监督管理、知识产权、隐私保护、共享评估等具体措施。

2）*Y* 维度：政策目标。在 2015 年 8 月国务院印发的《促进大数据发展行动纲要的通知》中 36 次提到了数据的开放共享，而且在专栏 10 中重点提到了网络和大数据安全保障工程，因此开放数据和数据安全作为数据类政策中两个重要的因素。通过文献分析发现与政府开放数据和数据安全相关的资料主要由构建政府开放数据平台和构建政府数据安全保障体系两个方面构成，本章中把政府开放数据和数据安全作为总体目标。

3）*Z* 维度：政策力度。政策力度作为描述政策法律效力的重要指标，对政策的实际效果具有一定的影响，也是政策构成的基本要素，因此本章将政策力度作为 *Z* 维度。宁甜甜和张再生[25]、李樵[26]等学者对政策力度的量化研究做了较为深入的探索，并形成了成熟的政策力度量化思想，本章在借鉴前人已有研究成果的基础上稍加调整与改进，形成数据类政策力度的测量标准。通常政策颁布单位的层级也决定了政策力度的大小，越高层级的政策颁布单位所颁布的政策在力度方面也较强，反之层级越低的政策颁布机构所颁布的政策在力度方面则较弱。

8.3.3 主题关系协同度模型

本章将开放数据与数据安全主题词视为研究其关联关系的重点部分，利用两类主题词在政策文本语句片段中的共现关系，再与政策力度进行加权，最终计算出开放数据与数据安全主题关系协同度数值，具体计算步骤如下。

（1）计算主题分布

通过政策工具选择（开放数据、数据安全），设置 n_1 为开放数据主题词的个数，n_2 为数据安全主题词的个数，m 为政策语料的数量。

第一步，根据开放数据和数据安全两个主题构建主题矩阵 X_1 和 X_2，具体如下：

$$X_1=\{x_{11},x_{12},\cdots,x_{1i}\}_{(i=1,2,3,\cdots,n_1)}$$

$$X_2=\{y_{21},y_{22},\cdots,y_{2j}\}_{(j=1,2,3,\cdots,n_2)}$$

第二步，分别计算主题 X_1 和 X_2 在 m 篇语料文档中出现的频次 P_{x1i} 和 P_{y2j}，与文本总容量进行比值计算，文本总容量为 Z。

$$Z=\{z_1,z_2,z_3,\cdots,z_m\}$$

则主题 X_1、X_2 在文本总容量中出现的频次分别设置为 C_1 和 C_2，计算公式如下：

$$C_1=\frac{P_{x1i}}{z_y}(i=1,2,\cdots,n_1;y=1,2,\cdots,m) \tag{6}$$

$$C_2=\frac{P_{y2j}}{z_y}(j=1,2,\cdots,n_2;y=1,2,\cdots,m) \tag{7}$$

第三步，生成以开放数据主题为 X 轴横坐标，数据安全主题为 Y 轴纵坐标的坐标轴，并形成主题关系分布图。

第四步，分别按照根政策、干政策、枝政策重复步骤一分别形成主题关系分布图。

第五步，进行主题关系分布数据分析。

（2）计算主题间共现关系

第一步，根据矩阵 X_1 和 X_2，通过主题词语间共现关系来交叉计算求和形成 T。

$$X_1=\{x_{11},x_{12},\cdots,x_{1i}\}(i=1,2,3,\cdots,n_1)$$

$$X_2=\{y_{21},y_{22},\cdots,y_{2j}\}(j=1,2,3,\cdots,n_2)$$

$$T=X_1^{\mathrm{T}}\cdot X_2=\begin{pmatrix} x_{11}y_{21} & \cdots & x_{11}y_{2j} \\ \vdots & \ddots & \vdots \\ x_{1i}y_{21} & \cdots & x_{1i}y_{2j} \end{pmatrix}=\begin{pmatrix} t_{11} & \cdots & t_{1j} \\ \vdots & \ddots & \vdots \\ t_{i1} & \cdots & t_{ij} \end{pmatrix} \tag{8}$$

那么就可以计算出矩阵 T 的行列式，记作 $|T|$。

第二步，形成矩阵 T_m，T_m 为政策语料的语句共现强度。共现强度如公式（9）所示，E_{ij} 代表词共现强度，S_i 和 S_j 分别表示词语在文本语句片段的数量，S_{ij} 表示为两个词语共现在文本语句片段的数量。

$$E_{ij}=\frac{S_{ij}^2}{S_iS_j} \tag{9}$$

第三步，A 为主题间共现关系数值。

(3) 政策力度

政策颁布单位的层级决定了政策力度的大小，越高层级的政策颁布单位所颁布的政策在力度方面也较强，层级越低的政策颁布机构所颁布的政策在力度方面则较弱[27]。按照根政策、干政策和枝政策在政策力度量化标准把颁布机构分为以下级别：第一级，全国人大颁布的文件；第二级，国务院颁布的文件；第三级，各部委颁布文件，如果文件发布联合的部门越多则，协同合作的关系越紧密，政策权重值相比单部门发布政策较高；第四级，各省级政府为落实上级政策所发布的文件；第五级，各厅局发布的文件，如果文件发布联合的部门越多则，协同合作的关系越紧密，政策权重值相比单部门发布政策较高；第六级，各市级政府为落实上级政策所发布的文件；第七级，各市局发布的文件，如果文件发布联合的部门越多则，协同合作的关系越紧密，政策权重值相比单部门发布政策较高；第八级，各县级政府为落实上级政策所发布的文件；第九级，各县局发布的文件，如果文件发布联合的部门越多则，协同合作的关系越紧密，政策权重值相比单部门发布政策较高；从全国人大到各区县政府单位政策权重值是依次减小的（表 8-4）。

表 8-4　政策层级计算表

政策力度	权重值
第一级，全国人大	1
第二级，国务院	0.9
第三级，各部委	$0.8n/(0.9n+0.1)$
第四级，省级政府	0.7
第五级，各厅局	$0.6n/(0.7n+0.1)$
第六级，市级政府	0.5
第七级，各市局	$0.4n/(0.5n+0.1)$
第八级，各区县	0.3
第九级，各区县局级单位	$0.2n/(0.3n+0.1)$

政策发布类型是决定政策力度强弱另一个重要指标之一，其关系法律法规、决定、意见、办法、通知、公告等依次由强到弱，如表 8-5 所示。

表 8-5　政策类型计算表

政策类型	权重值
法律法规	1
决定	0.9
意见、办法、方案、规划、计划	0.8
批复、通知、报告	0.7
其他	0.6

定义政策层级为 ZCCJ，政策类型为 ZCLX，政策力度 ZCLD，其计算公式如下：

$$ZCLD = ZCCJ \times ZCLX \tag{10}$$

（4）主题关系协同度

定义主题关系协同度为 XTD，把开放数据主题、数据安全主题、两者间共现关系和政策力度四者加权最终形成如下公式。

$$XTD = 2^{KF} \times 2^{AQ} \times 2^{GX} \times ZCLD \tag{11}$$

8.3.4 复合系统协同度模型

复合系统协同度是指在系统内部的自组织和来自外界的调节管理活动作用下，其各个组成子系统之间的和谐共存，以实现系统的整体效应。从协同学的角度来看[28]，研究分析复合系统协调的特征，有助于完善复合系统协调的理论基础。本章将开放数据和数据安全视为复合系统，它由不同属性的开放数据子系统和数据安全子系统复合而成，二者间存在着复杂的非线性相互作用。开放数据和数据安全协同度是指开放数据子系统和数据安全子系统之间在发展演化过程中彼此和谐一致的程度，它决定了开放数据和数据安全符合系统由无序走向有序的趋势和程度[29]。

通过开放数据和数据安全政策工具的选择，设置 n_1 为开放数据主题词的个数，n_2 为数据安全主题词的个数，m 为政策语料的数量。设为 S_1，S_2 分别表示开放数据子系统和数据安全子系统，子系统又由若干基本元素构成，元素之间的相互作用和相互影响构成子系统的复合机制[30]（表 8-6）。

表 8-6　开放数据子系统和数据安全子系统协同度测度指标体系

子系统	序参量	二级指标
S_1开放数据子系统	S_{11}供给型	x_{11}信息共享
	S_{12}需求型	…
		x_{13}共享共用
	S_{13}环境型	x_{14}共享平台…
		x_{1i}开放平台
S_2数据安全子系统	S_{21}供给型	y_{21}隐私安全…
		y_{22}国家秘密
	S_{22}需求型	y_{23}权益保护
		y_{24}安全保护
	S_{23}环境型	y_{25}知识产权
		y_{2j}数据立法

通过政策工具选择（开放数据、数据安全），设置 n_1 为开放数据主题词的个数，n_2 为数据安全主题词的个数，m 为政策语料的数量。具体步骤如下。

第一步，根据开放数据和数据安全两个主题构建矩阵 S_1 和 S_2，形成两个子系统统一由 S_K，$K \in [1,\ 2]$ 表示，设开放数据和数据安全的系统发展过程中的序参量具体如下：

$$S_1=\{x_{11},x_{12},\cdots,x_{1i}\},i=(1,2,\cdots,n_1),$$
$$n\geqslant 1,\beta_{1i}\leqslant x_{1i}\leqslant \alpha_{1i},i\in[1,n_1]$$
$$S_2=\{y_{21},y_{22},\cdots,y_{2j}\},j=(1,2,\cdots,n_2),$$
$$n\geqslant 1,\beta_{2j}\leqslant x_{2j}\leqslant \alpha_{2j},j\in[1,n_2]$$

第二步，为消除原始数据不同量纲的影响，对原始数据 S_1、S_2采取均值-标准差法进行标准化：

$$S'_i=\frac{x_{1i}-\bar{x}}{X_i} \tag{12}$$

式中：S'_i 为标准化数据；$\bar{x}$ 表示变量 x_{1i} 的均值；X_i 表示变量 x_{1i} 的标准差 $X_i=\sqrt{\frac{1}{n_1}\sum_{i=1}^{n_1}(x_{1i}-\bar{x})^2}$。（标准差里面的 $\sqrt{\sum_{i=1}^{n_1}(x_{1i}-\bar{x})^2}$ 是每一个指标减平均数的平方的加和开根号。）

第三步，运用标准化数据确定各指标权重。指标权重的确定有多种方法，本章采用相关矩阵赋权法确定指标权重。基本步骤表述如下：设指标体系中包含 n_1个指标，它们的相关矩阵 A 为

$$A=\begin{bmatrix} a_{11} & a_{12} & \cdots & a_{1n_1} \\ a_{21} & a_{22} & \cdots & a_{2n_1} \\ \vdots & \vdots & & \vdots \\ a_{n_11} & a_{n_12} & \cdots & a_{n_1n_1} \end{bmatrix} \tag{13}$$

其中，$a_{ii}=1$，$A_i=\sum_{j=1}^{n}|a_{ij}|-1$，$i=1,2,\cdots,n_1$。$A_i$ 表示第i个指标对其他（n_1-1）个指标的总影响。A_i越大，表明第 i 个指标在整个指标体系中的重要性就越大，故应当赋予其越大的权重。因此，将 A_i归一化处理即可得到相应各指标的权重：

$$\lambda_i=\frac{A_i}{\sum_{i=1}^{n_1}A_i} \tag{14}$$

按上述步骤计算协同度测度指标体系中各二级指标权重，由于协同度测度模型计算过程中不需要一级指标权重，故未计算。

第四步，计算子系统的有序度。假定 x_{11}，x_{12}，$\cdots$，x_{1k}是刻画开放系统的正向指标，即取值越大，开放数据子系统有序度越高。x_{1k+1}，x_{1k+2}，$\cdots$，x_{1n_1}为负向指标，即取值越小，开放数据子系统有序度越低。

$$u_1(x_{ki})=\begin{cases}\dfrac{x_{ki}-\beta_{ki}}{\alpha_{ki}-\beta_{ki}}, & i\in[1,k] \\ \dfrac{\alpha_{ki}-x_{ki}}{\alpha_{ki}-\beta_{ki}}, & i\in[k+1,n]\end{cases},k\in[1,2]$$

则有根据上面计算可以算出开放数据的序参量的有序度。

由上述定义知 $u_1(x_{1i})\in[0,1]$，$u_1(x_{1i})$，越大，x_{1i}对开放数据系统的有序度越大。

从总体上看，x_{1i}对开放数据系统的有序度的贡献可以通过 $u_1(x_{1i})$ 的集成来实现，即 $u_1(S_{1i})=\sum_{i=1}^{n_1}\lambda_i u_1(x_{1i})$，$\lambda_i\geqslant 0$，$\sum_{i=1}^{n_1}\lambda_i=1$，则称 u_1 为开放数据子系统的有序度。第五步，重复以上步骤可以利用 $u_2(S_{2j})=\sum_{i=1}^{n_2}\lambda_j u_2(y_{2j})$，$\lambda_j\geqslant 0$，$\sum_{j=1}^{n_2}\lambda_j=1$ 算出数据安全子系统的有序度。

最后，计算复合系统协同度模型：设在给定初始时刻为 t_0，开放数据子系统的有序度为 $u_1^0(S)$，数据安全子系统的有序度为 $u_2^0(S)$。

在复合系统发展演变过程中的另一时刻为 t_1，各子系统有序度分别为 $u_1^1(S)$，$u_2^1(S)$，设复合系统的协同度为 C，则有如下定义：

$$C=\mathrm{sig}(\cdot)\times\sqrt{(|u_1^1(S)-u_1^0(S)|\times|u_2^1(S)-u_2^0(S)|)} \tag{15}$$

其中，$\mathrm{sig}(\cdot)=\begin{cases}1, & u_1^1(S)-u_1^0(S)>0,\ u_2^1(S)-u_2^0(S)>0\\ -1, & \end{cases}$，

由上述公式可知，协同度 C 为正值必须满足一个条件，即两个子系统在 t_1 时刻的有序度均大于其在 t_0 时刻的有序度。当两个子系统中任何一个在 t_1 时刻的有序度小于其在 t_0 时刻的有序度时，复合系统协同度 C 都会呈现负值。若只是一个子系统数值较大，或有序度提升幅度较大，则复合系统协同度并不会出现同等程度的提升。因此，复合系统协同度测度模型是将两个子系统的发展状况作为测度依据，与两个子系统的有序度都有密切关联。由公式（15）可知，$C\in[-1, 1]$，协同度数值越高，表明复合系统的协同效应越好，具体等级划分参照夏业领和何刚[31]的研究，如表 8-7 所示，最后通过计算数值来判定二者间的协同关系。

表 8-7　复合系统协同度评价指标

协同度	协同度等级
$-1\leqslant C<0$	严重不协同
$0\leqslant C<0.4$	不协同
$0.4\leqslant C<0.6$	轻度不协同
$0.6\leqslant C<0.8$	基本协同
$0.8\leqslant C<0.9$	良好协同
$0.9\leqslant C<1$	优质协同

8.4　基于语料库的开放数据与数据安全政策协同数据分析

近年来随着云计算、大数据、人工智能的快速发展，国家对大数据的发展尤为重视，从 2015 年国务院颁布《国务院关于印发促进大数据发展行动纲要的通知》以来，一系列国家层面的政策不断推出，详见表 8-8 数据类根政策列表（主要为全国人大和国务院版本

的政策法规）。2017 年 12 月，中共中央政治局就实施国家大数据战略进行第二次集体学习时，习近平总书记在主持学习时强调，推动实施国家大数据战略，加快完善数字基础设施，推进数据资源整合和开放共享，保障数据安全，加快建设数字中国，更好服务我国经济社会发展和人民生活改善，明确了我国大数据发展的重要领域暨大数据政策目标。习近平总书记指出世界各国重视在前沿技术研发、数据开放共享、隐私安全保护、人才培养等方面进行前瞻性布局，明确了广受重视的关键大数据政策工具。

表 8-8　数据类根政策列表

政策名称	年份	发布机构
中华人民共和国政府信息公开条例	2008	国务院
国务院办公厅关于做好政府信息依申请公开工作的意见	2010	国务院
国务院关于大力推进信息化发展和切实保障信息安全的若干意见	2012	国务院
全国人民代表大会常务委员会关于加强网络信息保护的决定	2012	全国人大
国务院办公厅关于发展众创空间推进大众创新创业的指导意见	2015	国务院
国务院办公厅关于深化高等学校创新创业教育改革的实施意见	2015	国务院
国务院办公厅关于运用大数据加强对市场主体服务和监管的若干意见	2015	国务院
国务院关于印发促进大数据发展行动纲要的通知	2015	国务院
国务院关于加快构建大众创业万众创新支撑平台的指导意见	2015	国务院
中共中央 国务院印发《国家创新驱动发展战略纲要》	2016	国务院
国务院办公厅关于促进和规范健康医疗大数据应用发展的指导意见	2016	国务院
国务院关于印发“十三五”国家科技创新规划的通知	2016	国务院
国务院关于印发北京加强全国科技创新中心建设总体方案的通知	2016	国务院
中华人民共和国网络安全法	2016	全国人大
国务院办公厅关于建设第二批大众创业万众创新示范基地的实施意见	2017	国务院
国务院关于强化实施创新驱动发展战略进一步推进大众创业万众创新深入发展的意见	2017	国务院
国务院办公厅关于推进社会公益事业建设领域政府信息公开的意见	2018	国务院
国务院关于促进云计算创新发展培育信息产业新业态的意见	2018	国务院
国务院关于推动创新创业高质量发展打造“双创”升级版的意见	2018	国务院

8.4.1　文本语料的选取与采集

研究人员经过一年半时间的收集整理，通过在政府官方网站收集并整理的 2007～2018 年包含了全国人民代表大会、国务院、工信部、国家发展和改革委员会、国家能源局、环保局、科学技术部、知识产权局、商务部、住房和城乡建设部、财政部、国家标准局、国家质监局、国家认监委、海关总署、国家税务总局、工商局、银行保险监督管理委员会等 20 多个机构颁布的数据类政策 2216 条，在语料库中对所有政策的元信息进行了梳理，所收集的元信息主要包括政策名称、发布时间、发布机构、政策类型、政策地址、有效时间等字段，课题团队经过了政策收集、加工整理、类别划分、功能设计等阶段，最终实现了数据类语料库建设的基本功能，该语料库主要用于数据类政策相关研究。本章研究所选择的文本语料是在数据政策语料库 2216 条政策文本中筛选和大数据直接相关政策（在标题中包含数据，数据安全，数据保护，信息保护，信息安全）446 条，总计语句片段 53 302 条，其中覆盖了国家 22 个部委和 30 个省份。

根据同一政策群中所发挥作用划分，本章将 446 条数据类政策划分为根政策、干政策和枝政策三个层级（图 8-5）。根政策处于最高层级，是指与国家长远发展相关的、处于宏观战略层面的政策，具有前瞻性和指导意义，主要涉及国家发展的总体目标、理念和战略部署，在本章中主要包含全国人大和国务院发布的 19 条政策法规；干政策是根据根政策而提出的总体目标、理念和战略部署，指明了某一领域的发展方向、目标及部署等，是处于中观战术层面的政策，在本章中主要包含了国家各部委所发布的 41 条政策文件；枝政策是对干政策而提出的区域或领域目标的落实，涉及各种具体政策工具的协同运用，是处于微观执行层面的，在本章中主要包含了省、市、区县等地方政府所发布的 386 条政策文件。简单地说，全国人大及国务院发布的各类政策法规为根政策，国家各部委发布的政策为干政策，地方政府发布的政策为枝政策。中央政府大数据政策更具战略性和指引性，而地方性法规、规章和通知、意见则体现出对中央政府政策进行操作化和具体化的特征。

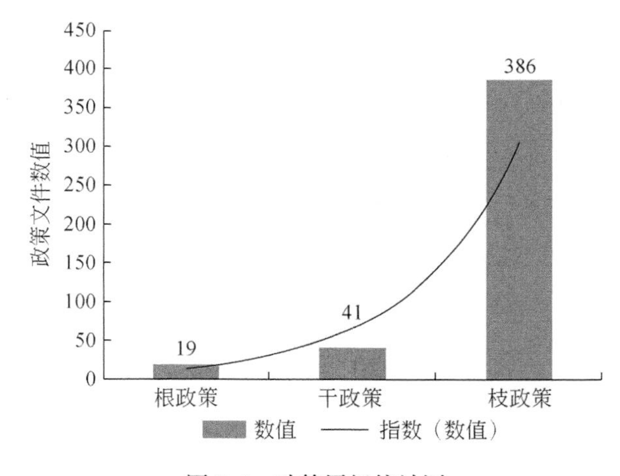

图 8-5　政策层级统计图

8.4.2　政策文件元数据的分析

基于课题团队自建的数据政策语料库，本节通过对根政策、干政策和枝政策三个层级政策的发布年代、地域划分以及发布类型等字段进行统计分析，进而了解开放数据与数据安全政策发展演进的基本情况。

8.4.2.1 按政策年代分析

根据图8-6，在2015年之前共收集4条重要的根政策文献，而在19条根政策中2015年和2016年发布的政策法规占到了50%以上，2017年和2018年政策发布有所减少。其中有2条是全国人民代表大会发布的法规，其余17条是国务院发布的政策。在政策效力上来说，以全国人民代表大会发布的法规最为权威，国务院发布的政策意见、办法、方案、规划、计划次之。2008年国务院颁布的《中华人民共和国政府信息公开条例》是所收集重要政策文件最早的一部，2015年是国家大数据发展与实施的重要年份，国务院颁布了《国务院关于印发促进大数据发展行动纲要的通知》，随后2016年全国人民代表大会通过了《中华人民共和国网络安全法》，这三条政策文件是开放数据与数据安全政策研究中极具代表性的政策法规。2013年底，美国的“棱镜”事件曝光后，世界各国对数据安全尤为重视，开放数据和数据安全成为了热点研究，自此之后我国政府各级政府机构开始不断调整政策法规，直到《国务院关于印发促进大数据发展行动纲要的通知》和《中华人民共和国网络安全法》的出台，国家层面上对开放数据应用及数据安全才有了明确的界定。

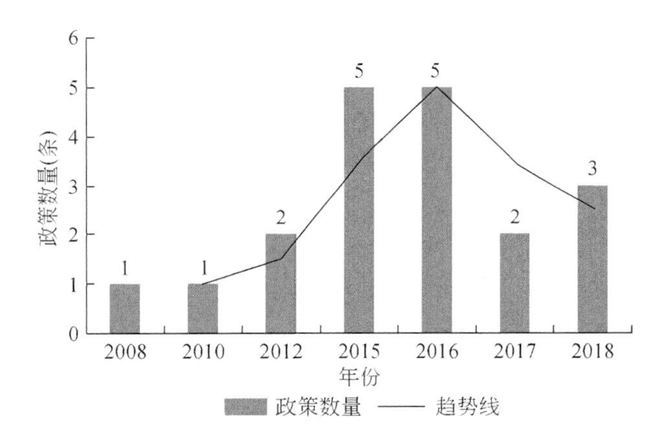

图8-6 根政策数量年代分析

根据图8-7，通过对41条干政策的分析发现，2016年和2017年发布的干政策最多，都是11条，2018年政策发布有所减少。由此可以看出在国家发布《国务院关于印发促进大数据发展行动纲要的通知》和《中华人民共和国网络安全法》后，随后的1–2年间，国家各部委都会在根政策的基础上结合本领域的实际发布大量的政策文件，通过图表所示根政策和干政策的分布曲线基本是一致的，由此说明干政策的制定与发布在时间上与根政策有着紧密的联系，国家各部委在落实全国人大及国务院的政策法规有较强的执行力度。

随着根政策及干政策的发布，通过图8-8所示分析发现在各省、市、区县的386条地方枝政策中，从2008年起政策发布数量上来看，呈逐年指数上涨趋势，尤其在2016～2018年间的政策占总数接近75%，由此可见在数据政策在地方政府层面扩散速度较快。

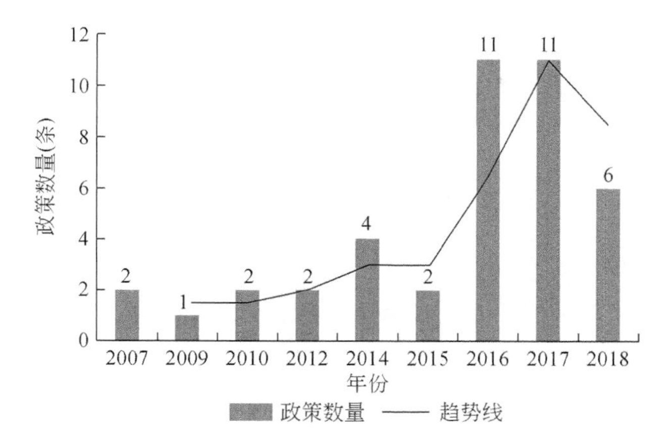

图 8-7 干政策数量年代分析

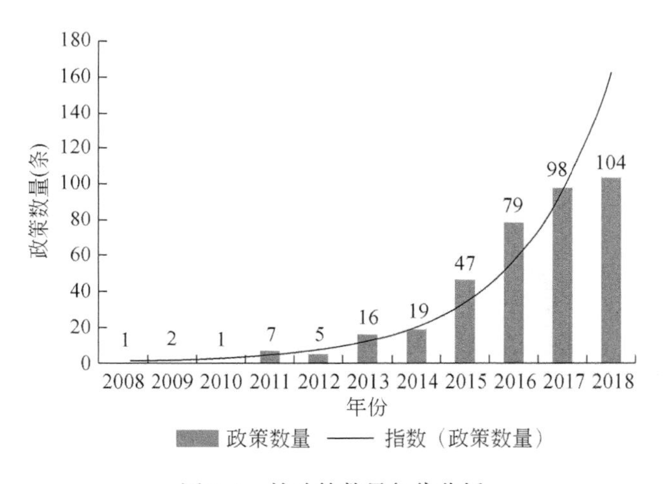

图 8-8 枝政策数量年代分析

8.4.2.2 按政策地域划分

从数据类枝政策的地域划分可以看出，如图 8-9 所示，贵州省（70 条）和广东省（43 条）政策分布数量要远超过其他省份，两个省份发布的政策占比 30%，由此可说明在枝政策的制定过程中，贵州省和广东省有着较好的代表性。贵州省作为我国云计算及大数据发展战略布局中的重要省份，由于其地缘与环境上得天独厚的优势，数据政策在贵州省的各级政府中贯彻落实较好，从省级政府到市级政府再到区县政府都有较强的执行力及执行效果，目前国家大数据中心已经落户贵州，而国内阿里、腾讯、百度三大巨头的数据中心也相继落户贵州，因此贵州完善的政策体系也促使了数据政策应用的落地。

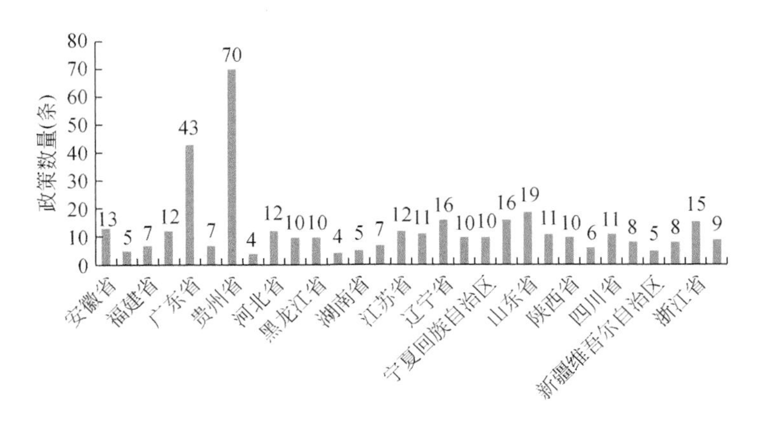

图 8-9　枝政策按地区分类

8.4.2.3　按政策文件的类型划分

从数据类政策的发布类型划分可以看出，如图 8-10 所示，实施意见（134 条）、实施方案（114 条）和通知（112 条）的数量要远超过其他类型，因此可以说明在数据类政策的制定过程中，多以通知及实施层面的政策文件为主。

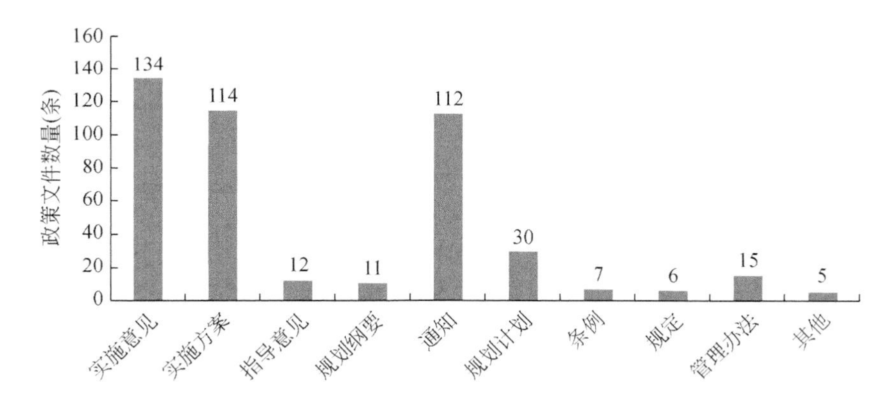

图 8-10　按政策文件发布类型划分

8.4.3　数据实证分析

在所收集的 446 条数据类政策中，把开放数据与数据安全政策协同关系作为本章的研究重点，为了提升政策协同研究的准确性，本节主要从主题关系协同度及复合系统协同度两个角度来计算分析开放数据和数据安全协同度的数值。

8.4.3.1 主题关系协同度

(1) 计算主题分布

主题分布散点图是通过 8.3.3 节中的公式在根政策、干政策、枝政策中分别计算开放数据和数据安全主题在政策文件中的分布情况。

根据图 8-11 所示，在根政策中开放数据和数据安全主题比较分散，在《中华人民共和国政府信息公开条例》中提及开放数据主题最多，其数值为 0.00833。在《中华人民共和国网络安全法》中提及数据安全主题最多，其数值为 0.00626，但在该政策中提及开放数据主题较少，因此单针对于该政策而言，两者间并不存在协同关系。《国务院关于印发促进大数据发展行动纲要的通知》和《国务院办公厅关于运用大数据加强对市场主体服务和监管的若干意见》中开放数据主题和数据安全主题数值分别是（0.00418，0.00240）和（0.00369，0.00240），从数据呈现上两个主题相对较均衡。

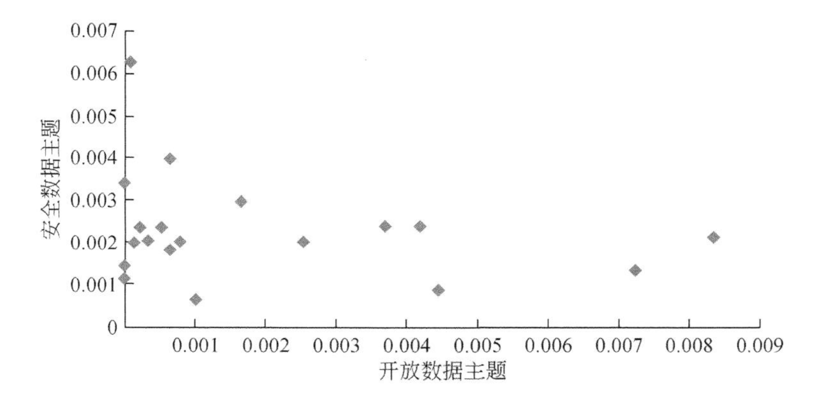

图 8-11 根政策主题间分布散点示意图

根据图 8-12 所示，在干政策中开放数据和数据安全主题底部比较集中，在干政策中所提及数据安全主题的比重较小，只有《关于知识产权服务民营企业创新发展若干措施的通知》和《知识产权服务民营企业创新发展若干措施》中提及数据安全主题最多，其数

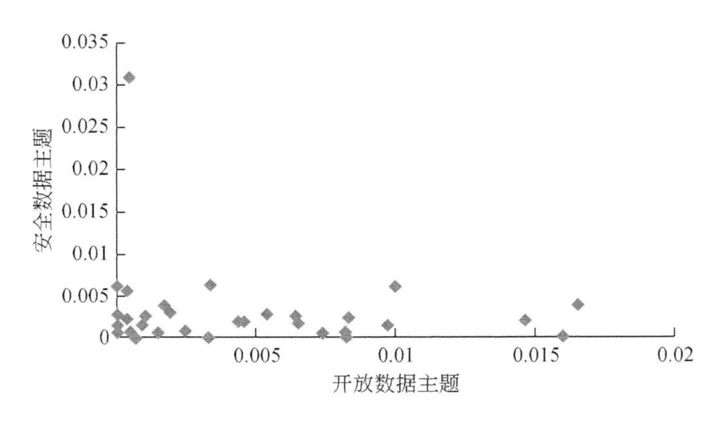

图 8-12 干政策主题间散点示意图

值为0.03108和0.03092，由于此两项政策中对知识产权保护内容提及较多，而知识产权保护属于数据安全主题范畴，因此两项政策通过文本计算后的数值较高。在《关于推进中央企业信息公开的指导意见》中提及开放数据主题最多的政策文件，其数值为0.0165。

根据图8-13所示，在枝政策中开放数据和数据安全主题相对密集，数值也较小，在《贵阳市政府数据共享开放条例》中开放数据主题提及最多，数值为0.02314。在《广东省人民政府关于印发广东省深入实施知识产权战略推动创新驱动发展行动计划的通知》中提及数据安全主题最多，其数值为0.02777。其中《锦州市人民政府办公室关于印发锦州市推进公共资源配置领域政府信息公开实施方案的通知》和《辽宁省人民政府办公厅关于印发辽宁省推进公共资源配置领域政府信息公开实施方案的通知》政策中开放数据主题和数据安全主题数值分别为（0.0100，0.0117）和（0.0100，0.0126），数值相比其他政策两个主题提及比较均衡。

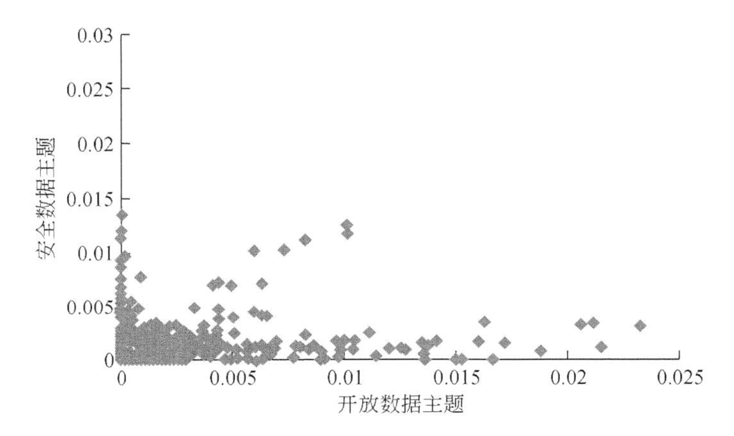

图8-13　枝政策主题间散点示意图

通过以上主题分布散点图分析表明：在根政策、干政策、枝政策中开放数据主题和数据安全主题数值整体较低、分布较分散、部分政策存在单一主题的数值较高的情况；只有较少的政策中同时提及开放数据和数据安全主题，在根政策中开放数据和数据安全主题分布数值要低于干政策数值，而干政策数值要低于枝政策的数值，这也可以从侧面说明，根政策和干政策作为国家层面的政策所提及的相对宏观，枝政策作为实施层面的更加具体。

（2）主题间共现关系

通过8.3.3节中的公式在根政策、干政策、枝政策中分别计算开放数据和安全数据主题在政策文件中语句片段的交叉共现关系。

如图8-14所示，在根政策中，《国务院关于印发促进大数据发展行动纲要的通知》、《国务院关于促进云计算创新发展培育信息产业新业态的意见》和《国务院办公厅关于促进和规范健康医疗大数据应用发展的指导意见》中开放数据和数据安全主题的共现关系较大，共现强度数值分别是0.45，0.44，0.56。其中《国务院关于印发“十三五”国家科技创新规划的通知》中安全相关主题要远高于开放数据主题，共现强度数值为0.004。

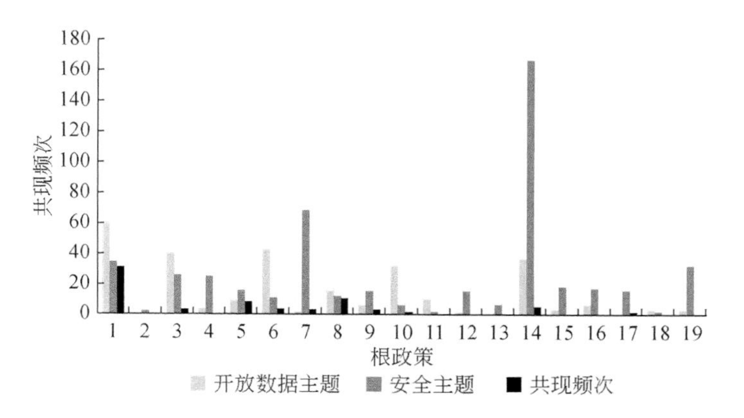

图 8-14　根政策中开放与安全共现频次示意图

如图 8-15 所示，在干政策中，《工业和信息化部关于印发大数据产业发展规划（2016—2020 年）的通知》《大数据安全标准化白皮书》《大数据安全白皮书（2018 年）》和《国家卫生健康委员会关于印发国家健康医疗大数据标准、安全和服务管理办法（试行）的通知》中开放数据和数据安全主题的共现关系较大，共现强度数值分别是 0.67，0.22，

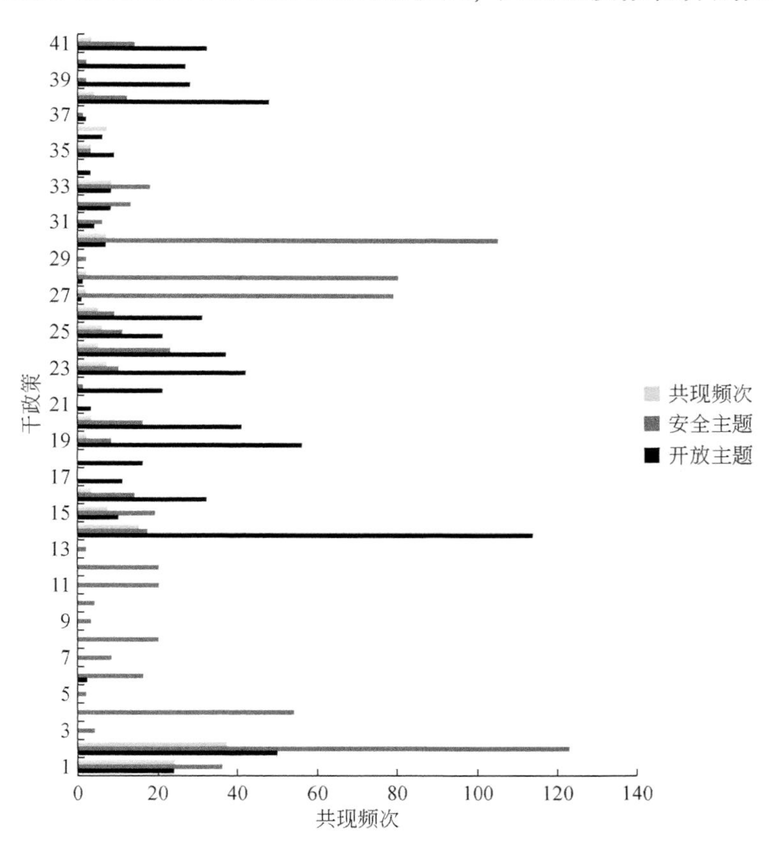

图 8-15　干政策中开放与安全共现频次示意图

0.31，0.44。其中《大数据安全标准化白皮书》和《大数据安全白皮书（2018年）》数据安全相关语句片段明显较高。而《国土资源部关于印发促进国土资源大数据应用发展实施意见》在开放数据主题语句片段提及较多。

如图8-16所示，在枝政策中，《南宁市人民政府办公厅关于印发南宁市大数据建设发展规划（2016-2020）的通知》和《银川市城市数据共享开放管理办法》中开放数据和数据安全主题值较大且共现关系较强，共现强度数值分别是1.24，1.17。其中《深圳市网络与信息安全突发事件应急预案》和《广东省人民政府关于印发广东省深入实施知识产权战略推动创新驱动发展行动计划的通知》安全相关语句片段明显较高。而《贵阳市政府数据共享开放条例》、《银川市人民政府办公厅关于印发<银川市城市数据共享开放管理办法>的通知》和《苏州市大数据产业发展规划》在开放数据主题提及较多。

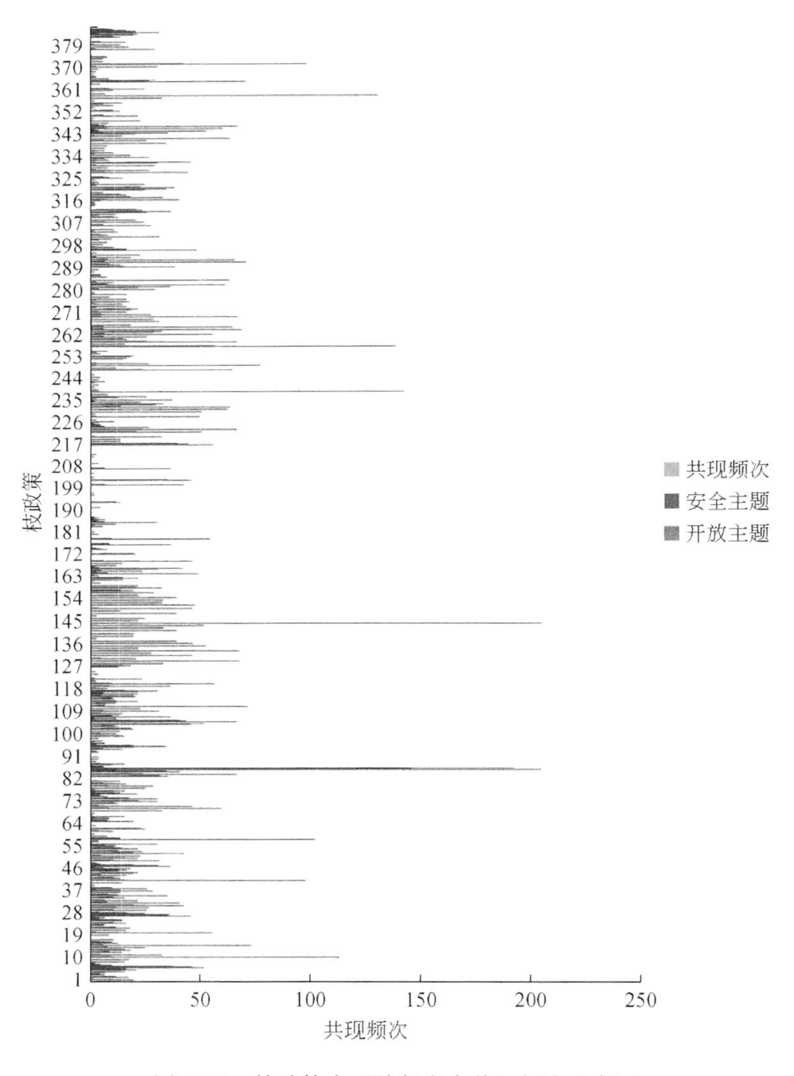

图8-16　枝政策中开放与安全共现频次示意图

通过以上开放数据与数据安全主题共现频次示意图分析表明：在根政策、干政策、枝政策中开放数据主题和数据安全主题间共现数值整体较低，但是在部分政策中存在中开放数据和数据安全主题的共现关系较大、共现强度数值较高的情况，因此可以适当参考以上所提及政策文件为未来新政策制定提供决策依据。

(3) 政策力度测算

政策力度是由政策层级和政策类型构成的，如图 8-17 和图 8-18 所示。通常政策颁布单位的层级决定了政策力度的大小，越高层级的政策颁布单位所颁布的政策在力度方面也较强，反之层级越低的政策颁布机构所颁布的政策在力度方面则较弱。按照政策发布层级对现有政策进行分析，层级范围在 0.1 ~1，根据表 8-4 和表 8-5 中的数值对比，最小的数值是区县政策，最高的政策为国家的法律法规，其中《中华人民共和国网络安全法》和《全国人民代表大会常务委员会关于加强网络信息保护的决定》政策层级值为 1，政策力度值分别是 1 和 0.9。

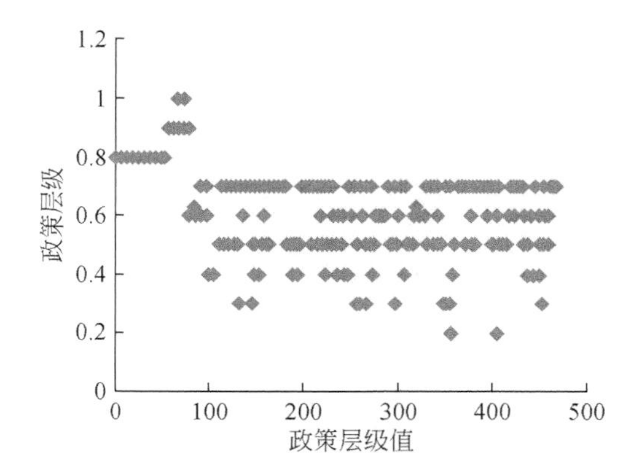

图 8-17　政策层级数值分布图

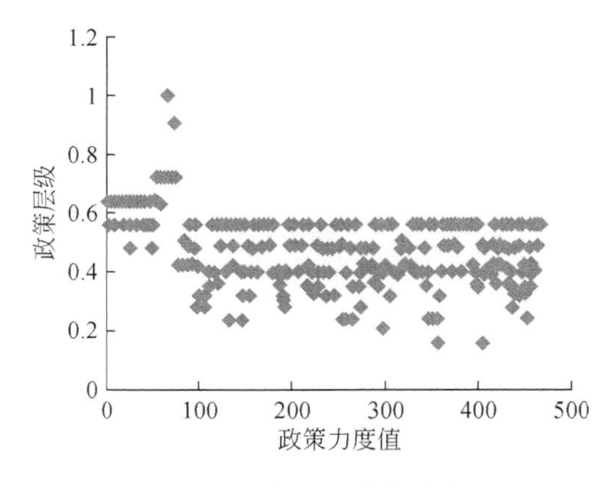

图 8-18　政策力度数值分布图

(4) 主题关系协同度

根据 8. 3. 3 节中公式计算根政策主题关系协同度数值如图 8-19 所示，协同度值超过

0.8 的政策有 5 条。分别是《国务院关于印发促进大数据发展行动纲要的通知》《全国人民代表大会常务委员会关于加强网络信息保护的决定》《国务院关于促进云计算创新发展培育信息产业新业态的意见》《中华人民共和国网络安全法》《国务院办公厅关于促进和规范健康医疗大数据应用发展的指导意见》，由此可以在以上政策中开放数据和数据安全主题是密切联系的。其他政策的协同度值都集中在 0.72 ~0.75。

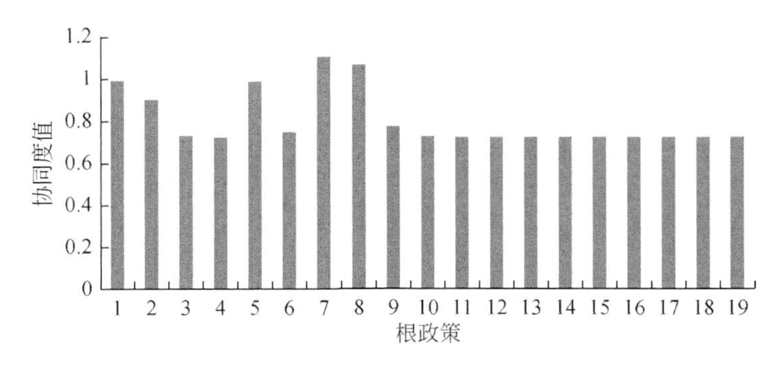

图 8-19　根政策协同度数值图

根据 8.3.3 节中公式计算干政策主题关系协同度数值如图 8-20 所示，协同度值超过

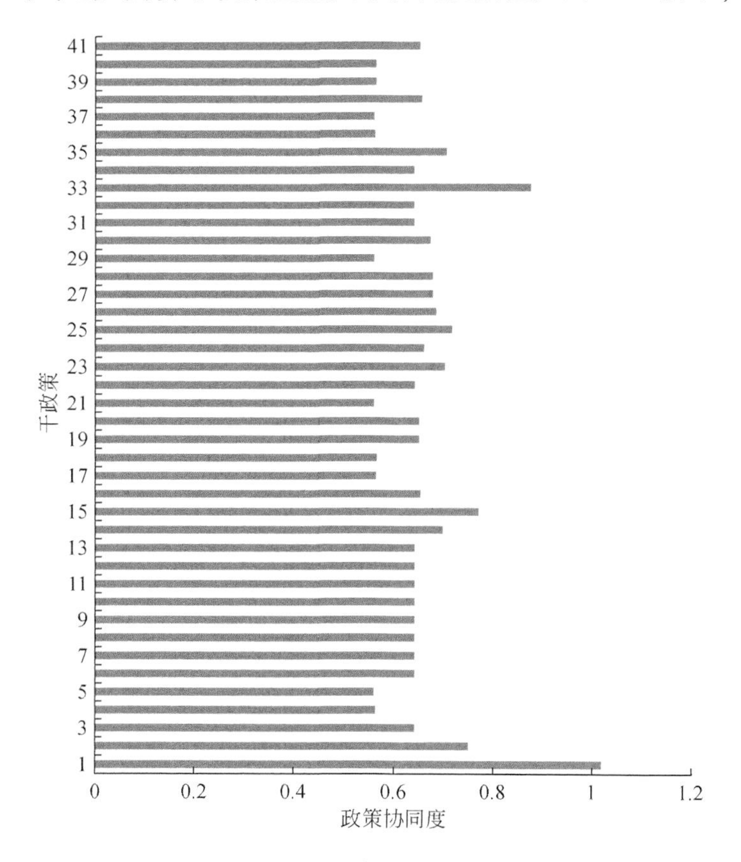

图 8-20　干政策协同度数值图

0.8 的政策仅 2 条。分别是《工业和信息化部关于印发大数据产业发展规划（2016—2020 年）的通知》、《国家卫生健康委员会关于印发国家健康医疗大数据标准、安全和服务管理办法（试行）的通知》，由此可以在以上政策中开放数据和数据安全主题是密切联系的。其他政策的协同度值都集中在 0.56 ~0.66。

根据 8.3.3 节中公式计算枚政策协同度数值如图 8-21 所示，协同度值超过 0.9 的政策为 7 条。分别是《北京市人民政府关于印发北京市大数据和云计算发展行动计划（2016—2020 年）的通知》《关于印发江苏省大数据发展行动计划的通知》《南宁市人民政府办公厅关于印发南宁市大数据建设发展规划（2016—2020）的通知》《贵州省大数据产业发展领导小组办公室关于加快大数据产业发展的实施意见》《青海省人民政府办公厅关于促进和规范健康医疗大数据应用发展的实施意见》《省政府关于印发江苏省大数据发展行动计划的通知》《江西省人民政府办公厅关于印发江西省大数据发展行动计划的通知》，从内

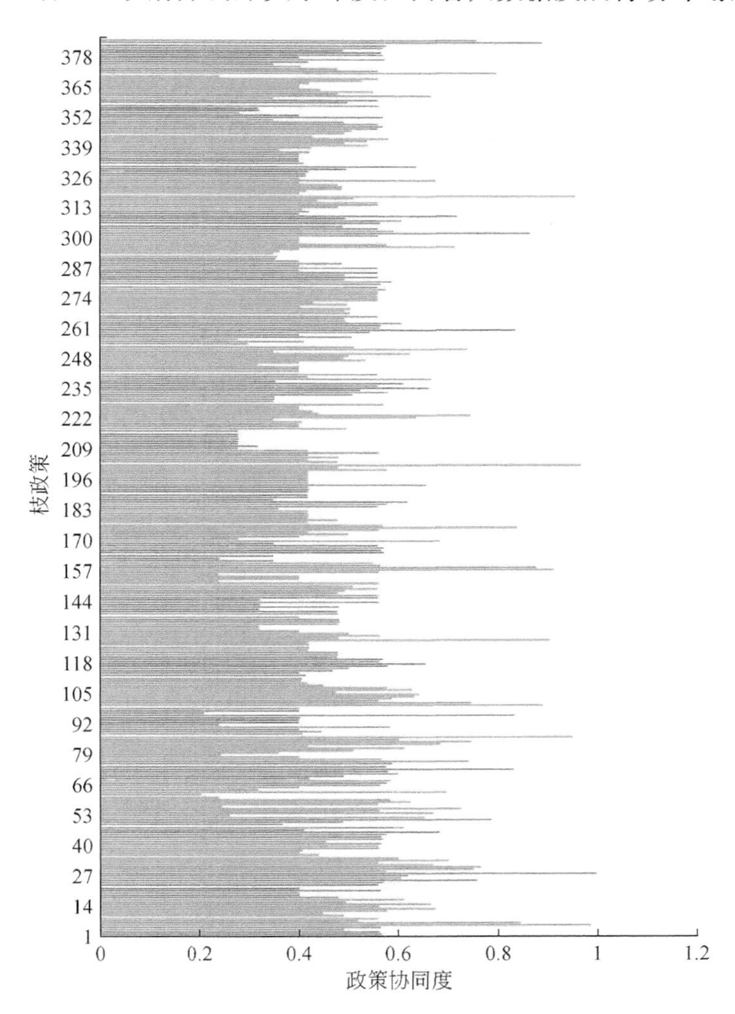

图 8-21　枚政策协同度数值图

容分析法中的词频及共现强度角度来说，开放数据和数据安全都是数据政策中重要的两个主题之一，由此可以在以上政策中开放数据和数据安全主题是有着紧密联系的，以上政策协同度数据超过部分根政策和干政策，由此可见此类政策在枝政策中具有一定参考价值。在枝政策中《郑州市惠济区人民政府办公室关于印发惠济区运用云计算大数据开展综合治税工作实施办法的通知》《垫江县人民政府办公室关于运用大数据加强对市场主体服务和监管的实施意见》《惠水县人民政府关于印发惠水县大数据与实体经济深度融合实施方案的通知》的数值较低，都在 0.3 以下，主要是因为在政策力度层面所发布的政策为区县级，政策所覆盖的范围较小，因此取值较低。如图 8-22 所示，可知枝政策的协同度值在 0.4 ~0.6 占比近 70%。

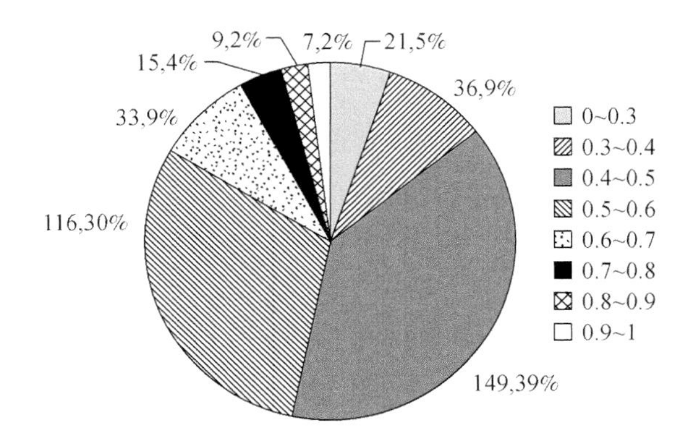

图 8-22　枝政策取值范围饼状图

根据主题关系协同度数值分析：根政策中政策协同度主要范围在 0.72 ~0.75。在干政策中政策协同度主要范围在 0.56 ~0.66。在枝政策中政策协同度范围在 0.4 ~0.6 占比近 70%。数据表明：当前所收集的 446 条数据类政策主题关系协同度数值处于以上范围内。如主题关系协同度数值超过 0.8 就说明政策中开放数据主题或者数据安全主题之间存在密切联系，小于 0.4 的政策可能存在两方面问题，第一说明关系疏松，第二说明政策力度层面的数值较低，政策所覆盖的范围较小。

8.4.3.2　复合系统协同度

本小节主要从协同学视角分析数据类政策内部开放数据与数据安全主题协同发展关系，构建基于序参量的复合系统协同发展模型[32]，通过 2008 ~2018 年数据对语料库中所收集的根政策、干政策、枝政策的协同发展进行了实证研究。

(1) 根政策

根据筛选根政策总共 19 条，将指标数据代入 8.3.4 节中复合系统协同度模型测算公式，计算根政策的有序度及复合系统协同度发展趋势，如图 8-23 所示。

通过对 2008 ~2018 年全国人大及国务院发布的 19 条数据类政策进行实证研究，并分别计算开放数据和数据安全子系统的有序度和复合系统协同度结果（表 8-9）分析发现：如图 8-24 所示，开放数据子系统和数据安全子系统的有序度在［0.2，0.5］区间震荡，开放数据子系统有序度波动较大，由于国家在 2008 年和 2010 年分别发布《中华人民共和

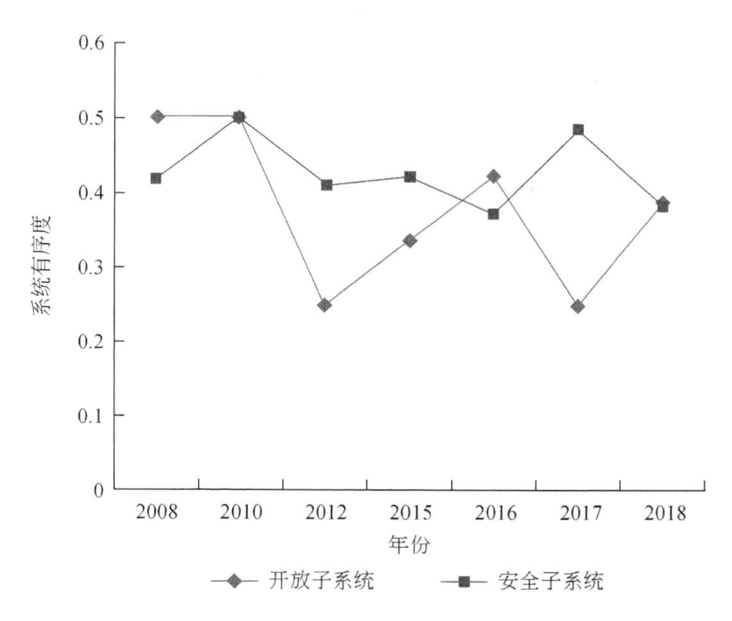

图 8-23　根政策中开放数据子系统与数据安全子系统有序度（按年度）

国政府信息公开条例》《国务院办公厅关于做好政府信息依申请公开工作的意见》等政策文件，这也是我国关于开放数据问题较权威的政策文件，因此在 2008 年和 2010 年开放数据子系统有序度为最高的 0.5，数据安全子系统波动较小，且上升趋势不是很显著。在根政策中开放数据子系统与数据安全子系统的协同度数值在［-0.15，0.05］区间震荡，整体数值较低，但在 2015 年出现峰值，由于当年国务院接连印发《国务院关于印发促进大数据发展行动纲要的通知》《国务院办公厅关于运用大数据加强对市场主体服务和监管的若干意见》《国务院关于加快构建大众创业万众创新支撑平台的指导意见》等重要的政策文件，在这些政策文件中对开放数据和数据安全问题都有比较明确的阐述，因此该年复合系统协同度数值最高为 0.0295，但随后三年出现了大幅度下降趋势，这表明在根政策中开放数据与数据安全间良性协同发展机制尚未形成。

表 8-9　根政策中开放数据与数据安全复合系统协同度结果

年份	2010	2012	2015	2016	2017	2018
协同度	0	-0.1486	0.0295	-0.0662	-0.1397	-0.1200

（2）干政策

根据筛选干政策总共 41 条，将指标数据代入 8.3.4 节中复合系统协同度模型测算公式，计算干政策的有序度及复合系统协同度发展趋势，如图 8-25 所示。

通过对 2007～2018 年国家各部委发布的 41 条数据类干政策进行实证研究，并分别计算开放数据和数据安全子系统的有序度和复合系统协同度结果（表 8-10）分析发现：如图 8-26 所示，开放数据子系统和数据安全子系统的有序度在［0，0.5］区间震荡，开放数据子系统有序度波动较大，其中 2007 年安全子系统的有序度为 0，在 2007 年由商务部

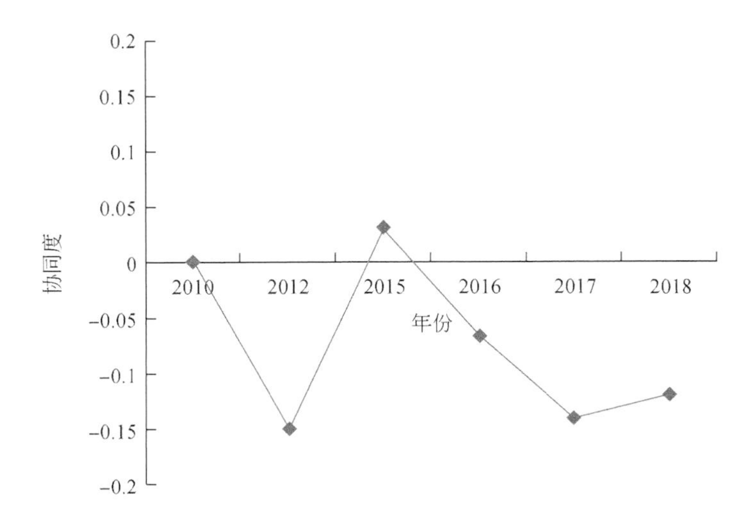

图 8-24　根政策中开放数据子系统与数据安全子系统协同度发展趋势

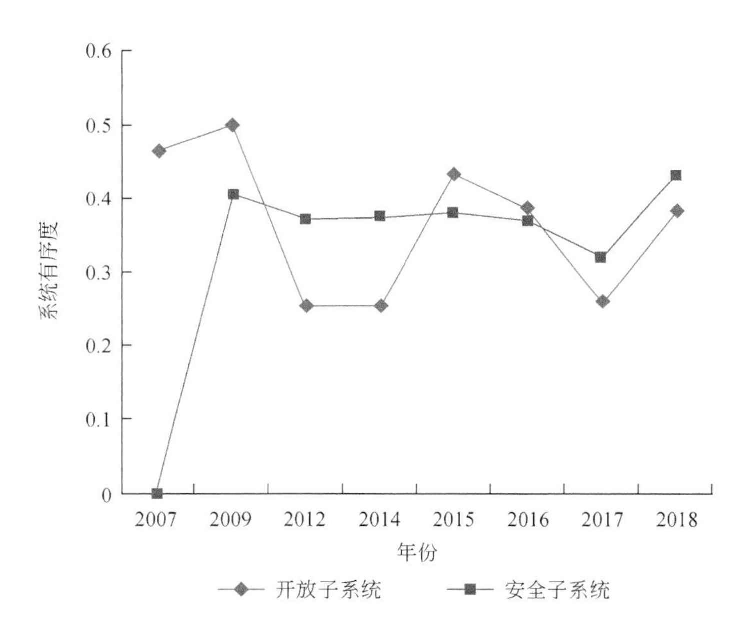

图 8-25　干政策中开放数据子系统与数据安全子系统有序度（按年度）

发布关于落实《政府信息公开条例》有关事项的通知中只提及了信息公开，信息开放相关内容，并未对安全问题做明确规范，因此数据偏差较大，2009～2018 年安全子系统有序度波动较小，相对较为稳定，且上升趋势不是很显著。在干政策中开放数据子系统与数据安全子系统的协同度数值在［-0.15，0.05］区间震荡，整体数值较低，震荡幅度较大，在 2018 年 7 月 12 日，在 2018 中国互联网大会上，中国信息通信研究院发布了《大数据安全白皮书（2018 年）》，白皮书从大数据开放使用出发，分别从平台安全、数据安全和个人隐私安全三个方面梳理了大数据环境下面临的安全威胁以及相应的安全保障技术的发展情况，该文件为大数据产业和安全技术发展提供依据和参考。因此复合系统协同度数值从2017 年的低谷上升到 2018 年最高的 0. 1305，数据表明在干政策中开放数据与数据安全间良性协同发展机制也尚未形成。

表 8-10　干政策中开放数据与数据安全复合系统协同度结果

年度	2009	2012	2014	2015	2016	2017	2018
协同度	0. 1219	-0. 0945	0. 0878	0. 0506	-0. 0223	-0. 0795	0. 1193

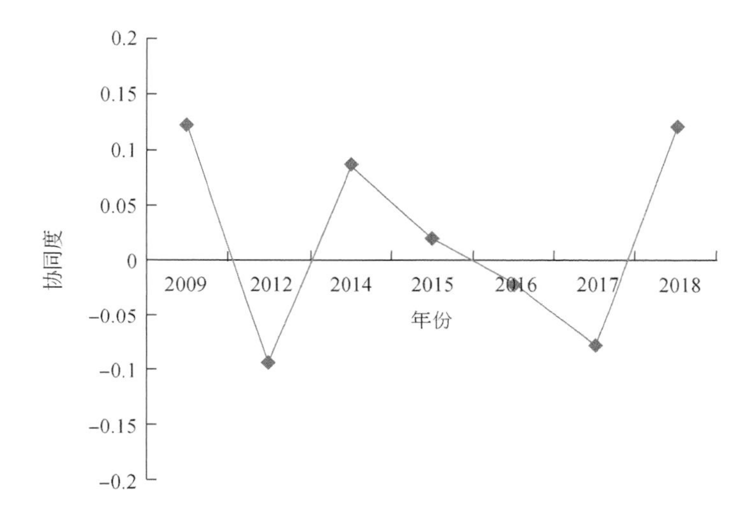

图 8-26　干政策中开放数据子系统与数据安全子系统协同度发展趋势

(3) 枝政策

根据筛选枝政策总共 386 条，将指标数据代入 8. 3. 4 节中复合系统协同度模型测算公式，计算枝政策的有序度及复合系统协同度发展趋势，如图 8-27 所示。

通过对 2008 ~ 2018 年各级政府发布的 386 条数据类枝政策进行实证研究，并分别计算开放数据和数据安全子系统的有序度和复合系统协同度结果（表 8-11）分析发现：如图 8-28 所示，开放数据子系统和数据安全子系统的有序度在［0，0. 5］区间震荡，在2008 ~ 2010 年开放数据子系统和数据安全子系统的有序度波动较大，由于这三年数据类政策发布总计为 4 条，参考意义不大。从 2011 年起到 2018 年枝政策数量处于上升趋势，通过有序度线性图表发现 2011 年到 2018 年开放数据子系统和数据安全子系统的有序度比较稳定，并且曲线类似，数值在［0. 2，0. 4］这个区间范围波动，只有 2015 年开放子系统有序度略高于 0. 4，但是政策有序趋势相对较为平稳。在枝政策中开放数据子系统与数据安全子系统的协同度数值在［-0. 3，0. 1］区间震荡，整体数值较低，但是从 2012 年起协同度数值就呈现上升趋势，并在 2018 年达到最高的 0. 0430，数据表明：在枝政策中各省、市、区县政府落实国家层面政策时，步调较为一致，虽然开放数据与数据安全协同度数值较低，但是从 2012 年起开放数据子系统和数据安全子系统的有序度关联性较好，并且从2011 年起复合系统协同度也处于稳步上升的阶段，但该发展趋势能否持续，还需要继续关注后续的相关发展数据。

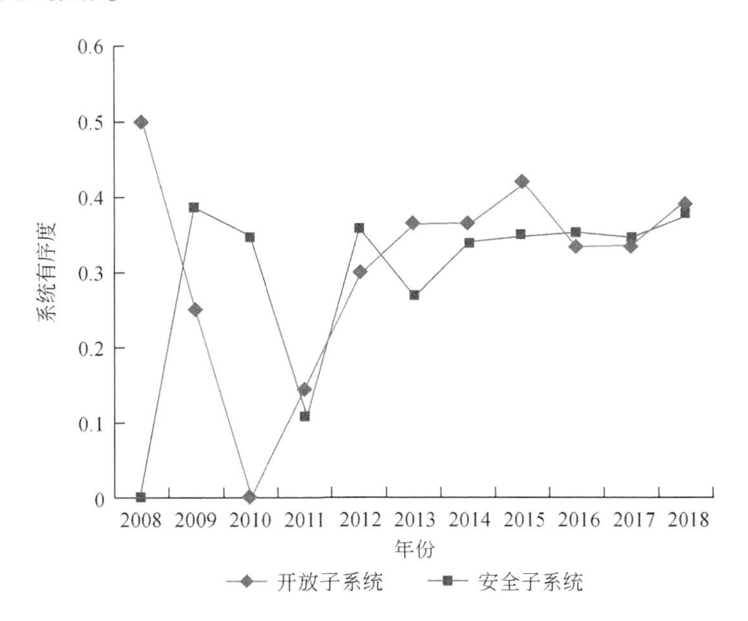

图 8-27 枝政策中开放数据子系统与数据安全子系统有序度（按年度）

表 8-11 枝政策中开放数据与数据安全复合系统协同度结果

年度	2009	2010	2011	2012	2013	2014	2015	2016	2017	2018
协同度	-0. 3112	-0. 0998	-0. 1851	-0. 1976	-0. 0772	-0. 0162	-0. 0222	-0. 0128	-0. 0025	0. 0430

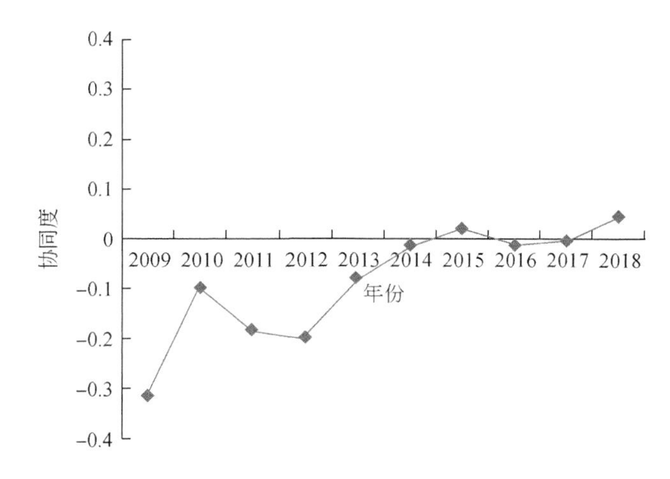

图 8-28 枝政策中开放数据子系统与数据安全子系统协同度发展趋势

通过对 2008～2018 年 446 条数据类政策复合系统协同度的分析研究表明：在根政策和干政策中开放数据和数据安全子系统的有序度上升趋势不明显，复合系统协同度波动较大，说明子系统间良性协同发展机制尚未形成，但干政策中有序度关联性较好，说明在干政策中两个子系统步调较为一致，未来能否持续需关注后续政策。在枝政策中开放数据和数据安全子系统的有序度关联性较好，也说明各省、市、区县政府落实国家层面政策时，两个子系统步调较为一致，在枝政策中开放数据与数据安全协同度数值虽然较低，但从 2011 年起复合系统协同度处于稳步上升的趋势。总体来说，虽然开放数据和数据安全子系统间良性协同发展机制尚未形成，但是干政策、枝政策中主题间有序度和协同度发展趋势较好，也说明了在未来通过政策的进一步调整可能会使开放数据和数据安全有较好的协同关系。

8.4.4 以贵州省为例实证分析

在以上数据分析中以贵州省和广东省数据类政策较多，本小节基于贵州省的 70 条数据类政策为例，从元数据、政策中的开放数据与数据安全间的主题关系协同度和复合系统协同度角度进行分析，最后采用定量定性相结合的方法对贵州省数据政策进行综合分析。

8.4.4.1 元数据分析

（1）按政策年代分析

通过图 8-29 所示分析：自国务院 2015 年 8 月印发《促进大数据发展行动纲要的通知》后，贵州省数据政策发布的数量处于上涨趋势，尤其是在 2016 ~ 2018 年，从贵州省政府到贵阳市、六盘水市、铜仁市再到开阳县、惠水县各级政府总计共发布 54 条政策，足以看出贵州省把大数据产业作为后发赶超其他省份的态度和决心。其中贵阳市作为贵州省落位大数据政策的重要城市，在 2016–2018 年间总计发布 16 条政策，其中包括《大数据贵阳行动纲要》《贵阳市大数据标准建设实施方案》《贵阳市政府数据共享开放条例》《贵阳市政府数据共享开放实施办法》《贵阳市健康医疗大数据应用发展条例》《贵阳市大数据安全管理条例》等重要政策文件。

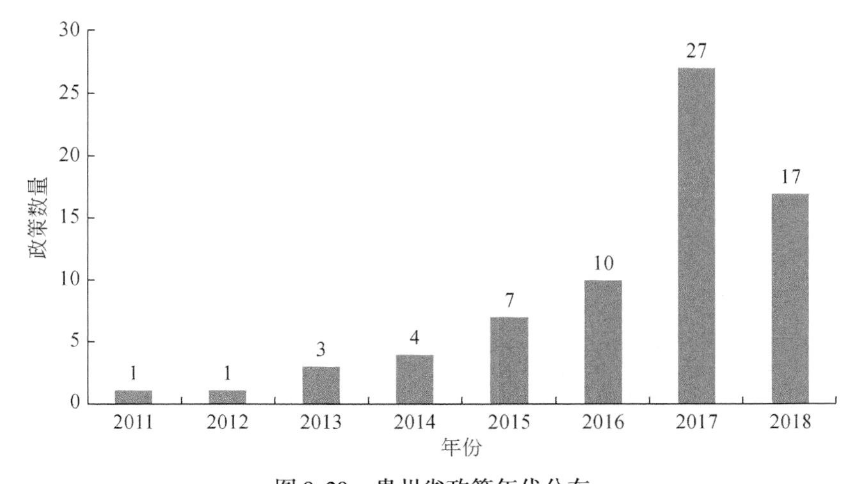

图 8-29 贵州省政策年代分布

（2）按政策类型分析

从贵州省数据类政策群的发布类型划分可以看出，如图 8-30 所示，实施意见（13

条)、实施方案（14 条）和通知（22 条）的数量要远超过其他类型，该分布和国家整体政策文件分布基本一致，因此可以说明在贵州省数据类政策制定的过程中，多以通知及实施层面的政策文件为主。

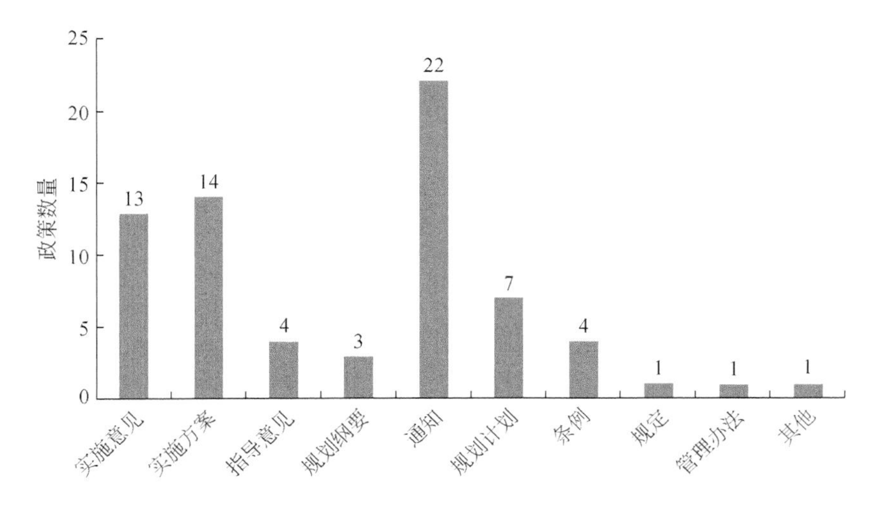

图 8-30　贵州省政策类型分布

8.4.4.2　主题关系协同度

根据图 8-31 所示，在贵州省政策群中开放数据和数据安全主题相对密集，数值也较小，在《贵阳市政府数据共享开放条例》和《贵阳市政府数据共享开放实施办法》中提及开放数据主题最多，数值分别为 0.0231，0.0214。在《贵阳市大数据安全管理条例》中数据安全主题提及最多，数值为 0.01。其中《贵州省人民政府办公厅关于推进公共资

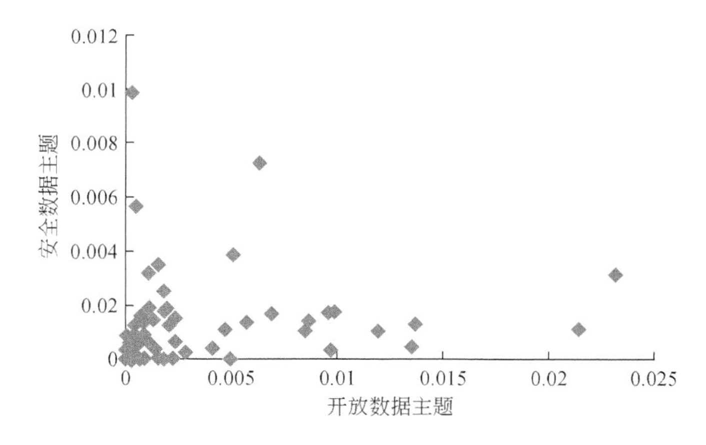

图 8-31　贵州省主题间散点示意图

源配置领域政府信息公开的实施意见》和《贵州省六盘水市大数据发展应用促进条例》政策中开放数据主题和数据安全主题数值分别为（0.0063，0.0072）和（0.0050，

0.0038)，数值相比其他政策两个主题提及比较均衡。与枝政策图表对比可知，贵州省从省级政府到市级政府的关于大数据政策落实情况较好。

如图 8-32 所示，在贵州省政策群中共现强度值超过 1 的政策有四项，分别是《贵州省六盘水市大数据发展应用促进条例》《贵阳市大数据产业发展“十三五”规划》和《贵阳市健康医疗大数据应用发展条例》，该政策中开放数据和数据安全主题值较大且共现关系较强，数值分别是（1.114，1.004，1.1163）。其中《贵阳市政府数据共享开放条例》和《贵阳市政府数据共享开放实施办法》在开放数据方面主题提及较多，而《贵阳市大数据产业发展“十三五”规划》《大数据贵阳行动纲要》和《贵阳市大数据安全管理条例》数据安全相关语句片段明显较高。

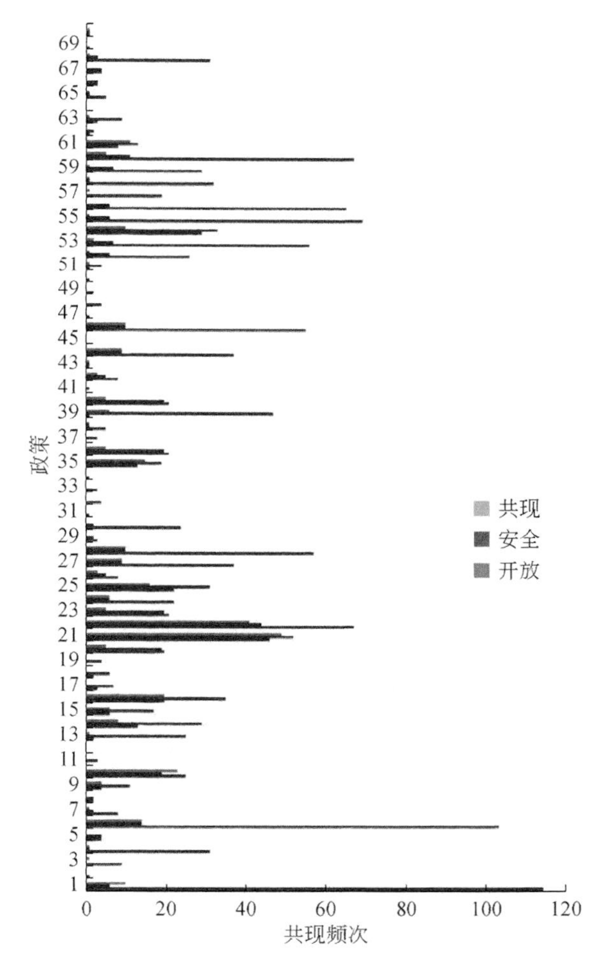

图 8-32　贵州省开放与安全共现频次示意图

根据 8.3.3 节中公式计算贵州省政策群协同度数值如图 8-33 所示，协同度值超过 0.8 的政策为 2 条。分别是《贵州省大数据产业发展领导小组办公室关于加快大数据产业发展的实施意见》、《省人民政府印发<关于加快大数据产业发展应用若干政策的意见>和<贵州

省大数据产业发展应用规划纲要（2014—2020年）>的通知》，从内容分析法中的词频及共现强度角度来说，开放数据和数据安全都是数据政策中重要的两个主题之一，由此可见在以上政策中开放数据和数据安全主题是有着紧密联系的。由于贵州省政策落实较好，因此存在多条由区政府或县政府发布的政策力度较低数据类政策，整个政策力度大于0.6和小于0.4的政策都有12条（占比17.14%）。因为在政策力度层面所发布的政策为区县级，政策所覆盖的范围较小，因此取值较低。

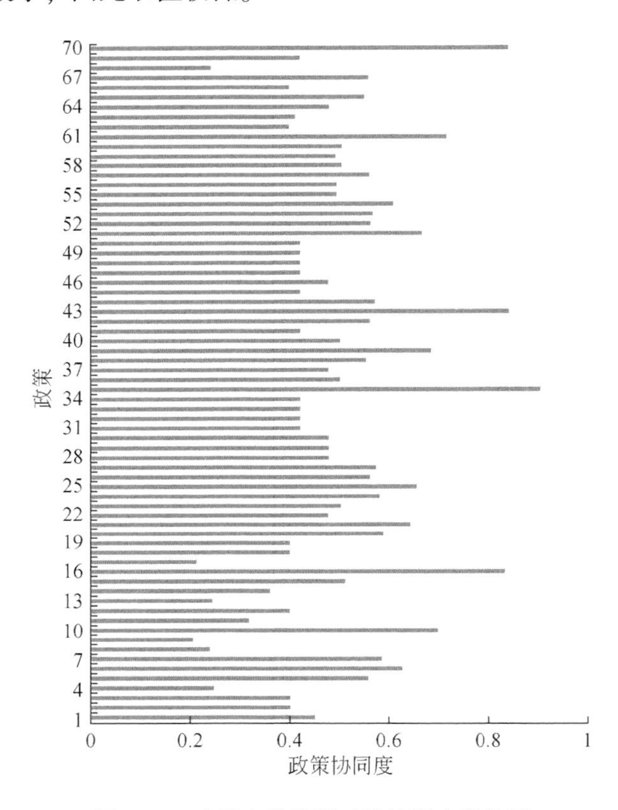

图8-33　贵州省数据类政策协同度数值图

通过主题关系协同度来分析政策中开放数据主题和数据安全主题协同关系是一项需要持续探讨的研究，通过贵州省政策群可知该省份数据政策落实较好，在70条数据中政策的横向和纵向面较广，通过数据对比：贵州省政策群的主题共现强度均值（0.1494）要高于枝政策中的主题共现强度均值（0.1136），说明贵州省在数据类政策群中要注重开放数据和数据安全主题的关联关系。但从贵州省政策群中的开放数据和数据安全主题分布上来说，开放数据主题分布值要高于枝政策的平均数值，而数据安全主题分布数值要低于枝政策平均数值。因此在下一步政策制定中贵州省应着重考虑如何确保数据安全问题。

8.4.4.3　复合系统协同度

根据筛选贵州省政策群总共70条，将指标数据代入8.3.4节中复合系统协同度模型测算公式，计算贵州省政策群的有序度及复合系统协同度发展趋势，如图8-34所示。

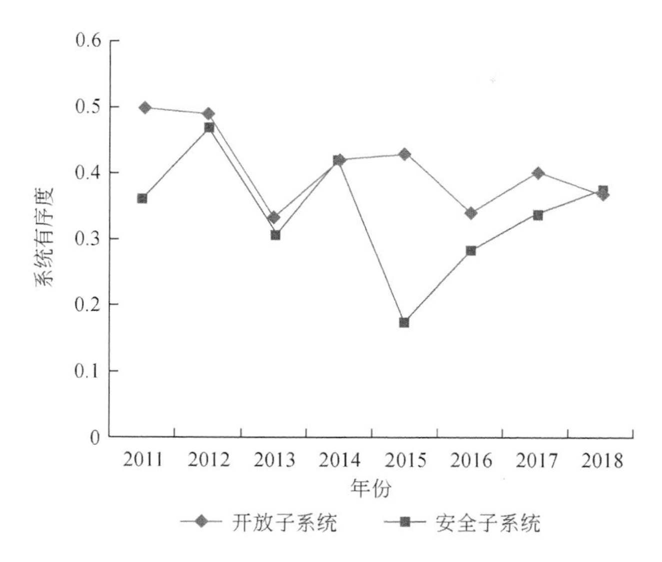

图 8-34 贵州省政策中开放数据子系统与数据安全子系统有序度

通过对 2011 ~ 2018 年贵州省各市、区县发布的 70 条数据类枝政策进行实证研究，并分别计算开放数据和数据安全子系统的有序度和复合系统协同度结果（表 8-12）分析发现：如图 8-35 所示，开放数据子系统和数据安全子系统的有序度在［0.3，0.5］区间震荡，只有 2015 年数据安全子系统的有序度波动较大，数值小于 0.2，由于 2015 年所出台的政策文件都是和政府数据集聚共享开放相关的，该类政策中并未提及数据安全，因此该年度数据安全子系统有序度数值较低。通过有序度线性图表发现 2011 ~ 2018 年开放数据子系统和数据安全子系统的有序度比较平稳，并且曲线类似。在贵州省政策群中开放数据子系统与数据安全子系统的协同度数值在［-0.15，0.1］区间震荡，振幅较大整体数值较低，但是从 2014 年和 2017 年的协同度数值较高，分别是 0.1024 和 0.0582，数据表明：在贵州省中各市、区县政府落实国家层面政策时，步调较为一致，虽然开放数据与数据安全协同度震荡幅度较大，但是开放数据子系统和数据安全子系统的有序度关联性较好，并且相比枝政策的协同度数值也较高，贵州省在未来的发展建设中注重数据开放的同时应该着重考虑数据安全问题。

表 8-12 贵州省政策中开放数据与数据安全复合系统协同度结果

年度	2012	2013	2014	2015	2016	2017	2018
协同度	-0.0302	-0.1602	0.1024	-0.0381	-0.0989	0.0582	-0.0350

8.4.4.4 综合分析

从 2013 年起贵州省通过云计算信息园建设项目，使像贵州省这样欠发达地区可以通过拥抱大数据奋力赶超其他省份。贵州省在政府环境、经商环境、社会环境和自然环境等方面具备了大数据快速发展得天独厚的条件，现今，贵州省把大数据作为后发赶超的路径

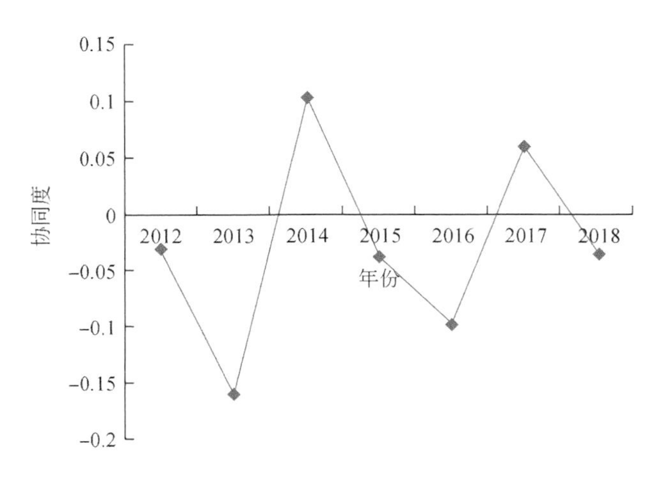

图 8-35　贵州省政策中开放数据子系统与数据安全子复合系统协同度

选择，政策颁布过程中，在横向层面，大数据在政务服务、工业融合、经济融合、社会治理等领域掀起一场技术换代、理念更新的深刻变革；在纵向层面，从省政府、各地市政府到各区县政府步调统一，注重大数据建设向纵深推进，大数据与实体经济加快融合，政府数据共享开放加快推进，大数据新业态、新模式加速构建，贵州省大数据建设发展已经进入新阶段。虽然贵州省数据政策落实较好，但是从数据分析层面提出如下建议：

（1）加强数据安全监管

通过贵州省政策群中开放数据和数据安全主题间分布关系图可知，数据安全数值要略低于枝政策的平均值，因此在未来贵州省大数据政策落地的同时，要通过构筑数据安全防护体系来加强数据安全层面的监管。安全是发展的前提，发展是安全的保障，数据开放能够使大数据产业快速发展，但要在确保安全的前提下发展大数据产业，这才是大数据政策可持续发展之本。

（2）增强开放数据与数据安全协同关系

通过开放数据与数据安全子系统间有序度和协同度数值可知，个别年度间开放数据与数据安全子系统有序度间差别较大，尤其在 2015 年数据安全子系统有序度数值低于 0.2，而协同度振幅较大，虽开放数据和数据安全子系统间良性协同发展机制尚未形成，但 2014 年和 2017 年数值协同度较高，证实部分年度政策间存在一定协同关系。由于贵州省数据政策基础较好，且政府重视程度较高，因此希望在未来通过政策调整使该省份开放数据和数据安全政策更加有序且协同度更好。

本章小结

本章利用语料库研究方法结合内容分析法和聚类分析法，通过自建语料库采集并筛选数据类政策文本 446 条，其中包括根政策 19 条，干政策 41 条，枝政策 386 条。为提升政策分析的精准度，选用主题关系协同度和复合系统协同度两个视角对现有数据类政策中开放数据和数据安全两类主题进行协同关系分析，最终通过计算结果算出政策协同关系的取值范围，结合数据给出数据类政策对策及建议。在政策收集过程中，团队遵循最大努力原则[33]，但数据采集过程难免会出现遗漏，本章提出的基于语料库的政策协同研究方法和思路希望有更多的研究者在此基础上继续研究和探讨，研究数据希望能对未来政府制定数据类政策时起到指导作用。

参考文献

[1] 裴雷，孙建军，周兆韬．政策文本计算——一种新的政策文本解读方式［J］．图书与情报，2016，(6)：47-55.

[2] 刘日升，杨振力．语料库资源共享平台建设构想［J］．大学图书情报学刊，2012，30（2）：46-49.

[3] 马海群，张涛．文献信息视阈下面向智慧服务的语料库构建研究［J］．情报理论与实践．2019，42（6）：124-130.

[4] 李纲，陈璟浩，毛进．突发公共卫生事件网络语料库系统构建［J］．情报学报，2013，32（9）：936-944.

[5] 王雁苓，吕学实．基于网络检索的语料库软件系统评述［J］．情报科学，2014，32（11）：147-151.

[6] 周红英，李德俊．语料库语言学与文献计量学的交汇和互补［J］．语料库语言学，2016，（3）1：31-40.

[7] 王伟军，蔡国沛．信息分析方法与应用［M］．北京：清华大学出版社，2010.

[8] 李刚，蓝石．公共政策内容分析方法：理论与应用［M］．重庆大学出版社，2007.

[9] 张涛，蔡庆平，马海群．一种基于政策文本计算的政策内容分析方法实证研究［J］．信息资源管理学报．2019，9（1）：66-76.

[10] 汪涛，谢宁宁．基于内容分析法的科技创新政策协同研究［J］．技术经济，2013，(9)：22-28.

[11] 孙瑞英．从定性、定量到内容分析法-图书、情报领域研究方法探讨［J］．现代情报，2005，(1)：2-6.

[12] 王念祖．扎根理论三阶段编码对主题词提取的应用研究［J］．图书馆杂志，2018，(5)：74-81.

[13] 曲靖野，陈震，胡轶楠．共词分析与 LDA 模型分析在文本主题挖掘中的比较研究［J］．情报科学，2018，36（2）：18-23.

[14] 马秀峰，郭顺利，宋凯．基于 LDA 主题模型的“内容-方法”共现分析研究［J］．情报科学，2018，36（4）：69-74.

[15] 张涛，马海群．一种基于 LDA 主题模型的政策文本聚类方法研究［J］．数据分析与知识发现，2018，21（9）：59-65.

[16] 杨艳，郭俊华，余晓燕．政策工具视角下的上海市人才政策协同研究［J］．中国科技论坛，2018，(4)：148-156.

[17] 马续补，吕肖娟，秦春秀，等．政策工具视角下我国公共信息资源开放政策量化分析［J］．情报理论与实践，2019，42（5）：46-50.

[18] 孙建军，裴雷，周兆韬．中国智慧城市建设政策工具的采纳结构分析［J］．图书与情报，2016，(6)：33-40.

[19] 孟庆松，韩文秀．复合系统协调度模型研究［J］．天津大学学报，2000，33（4）：444-446.

[20] 闫倩，马海群．我国开放数据政策与数据安全政策的协同探究［J］．图书馆理论与实践，2018，(5)：1-6.

[21] 赵筱媛，苏竣．基于政策工具的公共科技政策分析框架研究［J］．科学学研究，2007，25（1）：

52-56.
[22] 黄萃，苏竣，施丽萍．政策工具视角的中国风能政策文本量化研究［J］．科学学研究，2011，29(6)：876-889.
[23] 张韵君．政策工具视角的中小企业技术创新政策分析［J］．中国行政管理，2012（4）：43-47.
[24] 李健，王博．基于政策工具的中国节水政策框架分析研究［J］．科技管理研究，2015，（4）：218-223.
[25] 宁甜甜，张再生．基于政策工具视角的我国人才政策分析［J］．中国行政管理，2014，（4）：82-86.
[26] 李樵．我国促进大数据发展政策工具选择体系结构及其优化策略研究［J］．图书情报工作，2018，(11)：5-15.
[27] 毛子骏，郑方，黄膺旭．政策协同视阈下的政府数据开放研究［J］．电子政务，2018（9）：14-23.
[28] 黄润荣，任光耀．耗散结构与协同学［M］．贵阳：贵州人民出版社，1988.
[29] 孟庆松，韩文秀．复合系统整体协调度模型研究［J］．河北师范大学学报，1999，（2）：38-40，48.
[30] 王宏起，徐玉莲．科技创新与科技金融协同度模型及其应用研究［J］．中国软科学，2012，(6)：129-138.
[31] 夏业领，何刚．中国科技创新—产业升级协同度综合测度［J］．科技管理研究，2018（8）：27-33.
[32] 樊华，陶学禹．复合系统协调度模型及其应用［J］．中国矿业大学学报，2006，(4)：515-520.
[33] 李江，刘源浩，黄萃，等．用文献计量研究重塑政策文本数据分析—政策文献计量的起源、迁移与方法创新［J］．公共管理学报，2015，12（2)：138-144.

第9章　基于知识图谱的开放数据与数据安全政策协同研究

大数据时代，在社会科学研究的领域具有大量信息化的文本数据，这将促进“大部分人文社会科学走向具有自然科学的特征”[1]，势必推进社会科学研究的“科学性”“计量性”的发展，显然，时代的变革为社会科学研究中的“小数据辅助”到“大数据发展”研究范式的转变提供了一种全新的研究方法，即大数据的出现加速了科学研究范式的转变。吉姆．格雷（Jim Gray）阐述目前科学研究已经进入了“数据密集型科学发现”的研究模式[2]。在社会科学研究中完成的基于社会科学的大数据驱动的研究，即实现个体化、全样本的发现和预测研究。本研究采用大数据时代下全文本数据内容分析[3]，以人工智能下的智能知识图谱为桥梁，选择数据挖掘算法关联规则构建智能知识推理模型，进行同一政策文本中不同主题的协同度智能分析模式研究，如图9-1所示，运用新技术、新模式解决新形势下的问题具有可行性，可以实现人工智能的知识图谱技术支持下的政策文本分析模式探究。

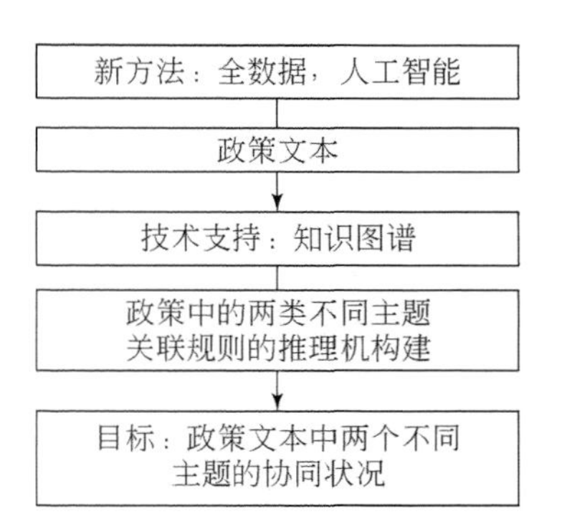

图9-1　政策协同文本分析总体研究思路

本章从“政策协同度”内涵界定为出发点，如图9-2所示的研究路径，首先，按照大数据驱动的社会科学研究的新模式背景，研究政策协同文本分析的需求分析：根据确定的“政策协同场景分析”，分析“知识图谱构建技术”和“基于关联规则的知识推理模型”核心技术支持要点；接着，完成政策文本协同分析模式概要设计过程，包括本体层、数据层与服务层；最后，创新地构建基于知识图谱技术支持下的智能政策协同服务模式详细设计，解读同一政策文本中两类不同主题的协同性智能计算、分析，最后，以国务院关于印发促进大数据发展行动纲要的通知的《促进大数据发展行动纲要》（国发〔2015〕50号）的政策文本为研究案例，完成数据开放与数据安全两个不同主题的协同情况分析。

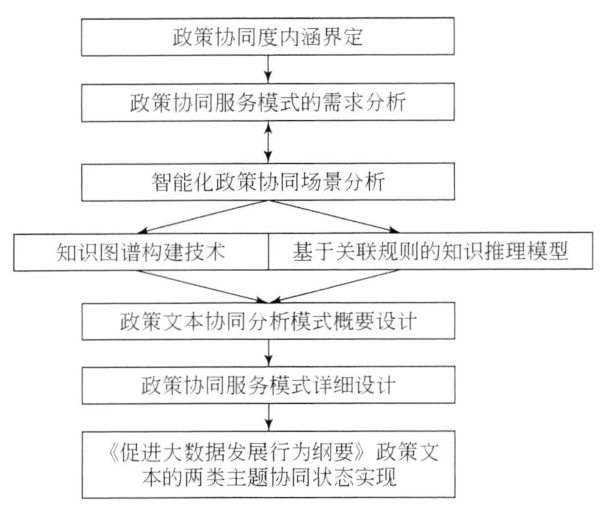

图 9-2　政策协同文本分析研究路径

9.1　政策协同需求分析

政策文件以文本类型为主，研究数据开放与数据安全政策协同时，如何从全文本的政策中挖掘协同要素，并确定政策协同的最终目标是政策协同的需求分析需要解决的问题。

9.1.1　政策协同的内涵、目标与程度

探究开放数据与数据安全政策的政策协同首先要明确政策协同的内涵，以政策的连续性、综合性以及一致性为目标，根据政策协同程度判定开放数据与数据安全政策的协同度。

9.1.1.1　政策协同内涵

“政策协同”在政策理论与实践中术语的表达具有同质的不同表达，例如“政策一致”[4]、“一致性的政策决策”[5]、“跨界政策决策”[6]、“联合政策”[7]等，这些概念本质上是根据目的、过程两方面区分不同的概念，一方面从目的的角度出发，政策协同是一种治理手段，即从政策制定过程中超越既有政策边界的问题的跨界问题的治理；另一方面，从政策过程性角度来说，政府不同角度“互相对话”来设计政策，通过不同程度的最终达到在政府不同部门种类政策内冲突之间的最大的配合度与最小的冲突度的协同。所以，可以看出从两个不同的角度可见政策协同的概念可以定义为：通过政策机制的沟通方式实现政府不同部门或者不同视角的配合，实现将公共政策之间的相互支持、协同以及互相之间的兼顾，最终实现统一目标或者解决复杂程度高的问题的一种方式。因此，政策协同这一概念“使政策制定不再是单边行动，而是双向调整，这种调整使政府谋求与其本来所选政策不同的政策”，是“政府结构和活动的整合，以减少交叉和重复，以及确保共同目标不

被一个或多个单位的行动所妨碍”。

本章节中完成的是政策协同在单个政策中两个不同角度相互兼容、协调与支持，即在“大数据开放”政策中关于开放数据与数据安全是双向调整，非单边的行动。

9.1.1.2 政策协同的目标

政策协同终极的目标可以确定为以下标准的：保证政策的连续性、综合性以及一致性，这一目标可以分解为以下几个方面：

第一，政策协同分解为单一政策目标和政策各个要素之间的一致性、连续性问题；

第二，政策内部中相互作用的部分的连续性和一致性；

第三，制定政策的不同部门或者组织内部转换成的一套连续一致的行动；

本研究中体现的政策协同目标为：单一政策中相互作用两个方面的目标和要素的连续性和一致性，例如，在“大数据开放”政策中关于开放数据与数据安全两方面的目标和要素的连续性和一致性。

9.1.1.3 政策协同程度

关于“政策协同程度”的界定，按照政策的整合、协调与合作不同的协同程序界定政策协同度，一般来讲三者的协同程度是依次减弱，如图9-3所示。即政策合作更高效地达成各自的目标；其中，政策整合主要从不同部门进行问题跨界的一致性与连续性的目标定义；而政策协调则更侧重于相似部门政策的一致性与连续性；而从政策产出方面来看，政策协调的产出是不同部门之间的协调政策；而整合的产出目标是更为高效的部门政策，政策整合的产出体现跨部门的新政策的一体化。可以看出在政策三种不同的层面的协同程度中，从强到弱为政策整合、政策协调与政策合作，而其中前者是终极的目标，后两者是基础的整合过程。

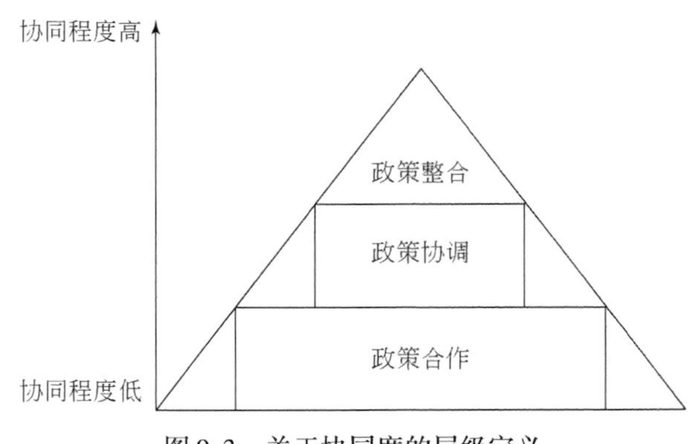

图9-3 关于协同度的层级定义

9.1.2 研究方法

本研究中针对社会科学研究问题，采用针对大数据思想的全数据分析与人工智能方法完成。大数据在社会科学研究领域的应用使社会科学研究正在经历从定性研究、定量研究、仿真研究向大数据研究的第四研究范式转型。从科学哲学的层面来讲，大数据的出现正在促进科学研究范式的转变，即通过第四研究范式这类基于数据科学的大数据研究模式，研究者们不仅直接以真实世界为研究对象，更加依赖工具获取或模拟产生的科学数据，运用数据挖掘工具进行统计和计算，进而对内容进行分析。

吉姆．格雷总结认为，人类科学研究经历了实验、理论和仿真三种范式，目前正进入“数据密集型科学发现”的第四研究范式。第四研究范式的主要特征是：信息设备收集或者模拟产生数据，再通过软件进行处理，并且使用机器进行存储，最后使用统计分析软件进行数据管理。由于大数据重建了社会科学预测的可能性，推动了宏观理论研究发展，促进了内外部学科之间的融合，对定性和定量研究方法进行了综合集成，提升了数据质量，并且提供了社会科学计算实验平台，促进了社会科学知识体系的多元化，能够发现传统研究所不能分析的数据集合之间的相关关系。大数据在社会科学研究领域的应用使社会科学研究正在经历从定性研究、定量研究、仿真研究向大数据研究的第四研究范式转型。大数据驱动的社会科学研究具有以下特点：第一，在研究对象上，大数据方法面向海量数据；第二，大推理逻辑上，大数据依据数据归纳得出数学模型；第三，在自动化程度上，大数据从数据获取、建模到分析预测，都是计算机自动进行的。大数据成为社会科学研究与真实世界之间的模拟环境，而大数据驱动的第四范式基于科学的数据挖掘的研究方法，将会在预先占有大量数据的基础上，通过计算得出之前未知的理论。从科学哲学的层面来讲，大数据的出现正在促进科学研究范式的转变，第四研究范式这类基于数据科学的大数据研究，研究者们不仅直接以真实世界为研究对象，更加依赖工具获取或模拟产生的科学数据，运用数据挖掘工具进行统计和计算，进而对内容进行分析。

第四研究范式面向海量的大数据分析过程，以分析目标的数据为中心，贯穿关联分析的思维，发现和产生新的知识。在第四范式的推动和影响下，哲学社会科学也开始向知识化、计算机、自动化和可视化的研究方向发展起来。研究的路径由小数据分析过程变为面向海量的大数据分析过程；研究的基点由对分析目标的观察为中心变成了以分析目标的数据为中心；研究的主体由人的主导变为以智能计算机为主导；研究的方式由数据计算变为知识发现；研究的思维由因果推导变为关联分析。

第四研究范式主要包括数据采集、数据管理和数据分析三个基本活动。在数据采集中，主要来源是 Web 数据，以及各种政策文献和历史记录数据，大数据可以使语料信息更加充足，这样可以明显提升深度学习的效果；在数据管理中，主要包括数据结构化处理，通过对多种来源的、碎片化的信息进行自主的知识计算，再将这些信息组成完整的数据，最终构建成知识库；在分析过程中，主要采用知识推理模型进行数据分析、数据可视化和数据发现，并采用可视化技术进行展示。

9.1.3 政策协同服务场景需求分析

本研究的政策协同研究界定场景分析：为同一政策文本内的不同主题的政策的协同状态研究，场景设计思路从前提条件、场景服务设计、场景数据说明、场景推广范围等。

(1) 前提条件

1) 输入数据要求：政策文本的切分、词性标注；文本结构要素的划分；

2) 本体模型要求：按照文本结构要素完成实体、关系、属性与值语义网络；

3) 数据基础操作要求：基于图存储结构的数据存储、增、改、查等基本要求；

4) 数据可视化提取要求：Echart 实现知识图谱可视化、词频等可视化；

5) 逻辑推理模型要求：实现基于图存储结构的关联推理知识发现智能服务；

6) 算法计算机技术实现要求：python 技术栈、Echart 框架、Neo4j 图数据库。

(2) 场景服务设计

1) 应用数据可视化前提输入要求，完成关于政策文本全文数据的显性知识——文本核心意图、政策热点展示与主旨；

2) 应用推理机理论与模型、文本清洗后数据完成政策文本全文数据范围的隐性知识发现——两类不同主题在政策文本中的协同情况分析。

(3) 场景数据选择说明

本研究为验证模式可行性，选择单篇文本——《促进大数据发展纲要》，并确定该政策文本的两个不同主题协同状态——开放数据、数据安全进行智能推理模式研究。

(4) 场景推广适用范围

模式可以进一步扩展为同类多篇政策文本的不同主题的协同以及多篇文本的不同政策之间的主题分析。

9.1.4 政策协同分析核心技术——知识图谱

知识图谱是谷歌公司用来支持从语义角度组织网络数据，从而提供智能搜索服务的知识库。知识图谱用节点和关系所组成的图谱为真实世界中的场景进行建模，运用图结构来展示世界中的各种关系，同时这种呈现方式是直观、直接和高效的。知识图谱展示关系是将中间过程的复杂问题简单化，同时保留有价值的信息。凡是有关系的地方都可以用到知识图谱，事实上，知识图谱已经成功吸引了大量客户，且客户数量和应用领域还在不断增长中，包括领英、阿迪达斯、惠普、金融时报等知名企业和机构。目前知识图谱产品的客户行业分类主要集中在：社交网络、人力资源与招聘、金融、保险、零售、广告、物流、通信、IT、制造业、传媒、医疗、电子商务和物流等领域。政策协同研究考虑的是政策内部的关系或政策间的关系，可以将分析专注于政策中涉及到的每个个体，进而得到个体间的关系亲疏远近，并最终得到政策协同性的判断规则和结果。

本研究结合政策领域本体数据模型、知识网络结构关系——知识图谱、基于元数据信息和文本信息分析挖掘政策数据的知识图谱，实现各种数据的深度语义网络融合，并应用关联规则推理机，为实现政策文本两个不同主题（即开放数据和数据安全）协同性的智能分析提供了可行性。本小节主要阐述知识获取、知识融合、知识存储、知识推理等环节，从而应用知识图谱这一通用性较强的语义知识形式化描述框架来实现政策文本系统性分析研究。

9.1.4.1 知识获取

知识是人类通过观察、学习和思考有关客观世界的各种现象而获得和总结出的所有事实、概念、规则或原则的集合。根据文献中获知，知识一般情况下都是存在于结构化的、半结构化的和非结构化的数据中。结构化的数据主要由同一规则生成，并包含描述数据结构的元数据，比如数据库中的数据、XML 文档或者表格数据。半结构化数据是指不能通过固定的模板直接获得的结构化数据，比如网页；非结构化数据是指纯文本，即自然语言文本数据，虽然满足自然语法规则，但是缺乏包含内容的结构化描述，比如新闻、电子文档等。当前互联网上的信息多数是以非结构化文本的形式存在，这些非结构化文本的信息抽取能够为知识图谱提供大量较高质量的三元组事实。因此，如何从非结构数据中进行知识获取是构建知识图谱的核心技术。

知识获取也被称为文本信息抽取。知识获取的目标就是从海量的文本数据中通过信息抽取的方式获取知识。目前的知识表示大多以实体关系三元组为主，三元组通常描述了一个特定领域中的事实，由头实体、尾实体和描述这两个实体之间的关系组成。因此当对非结构化的数据在进行知识获取的时候，首先应该要对用户存储的非结构化的数据进行正文提取，然后使用自然语言处理技术识别文章中的实体，当用户获得实体以后，再进行实体和实体间关系的抽取。

（1）实体识别

实体是客观世界的事物，是文本中承载信息的重要语言单位，也是构成知识图谱的基本单元。实体识别的目标是从文本中识别实体信息。早期的实体识别主要是针对命名实体的识别。但是，在知识图谱领域中识别的实体不仅仅局限于命名实体，还包括汽车品牌、歌曲名、电影名等领域实体。实体识别通常有两种方法，一种是当用户没有知识库则需要使用命名实体识别技术识别文章的实体；另一种是用户本身有一个知识库则可以使用实体链接将文章中可能的候选实体链接到用户的知识库上。

1）命名实体识别首要任务就是对文本进行理解。通常情况下，命名实体就是指在文本中具有特定含义的实体，一般情况下包括时间类、数字类和实体类等，以及人名、地名、机构名称、时间、日期、货币和百分比等。在对命名实体进行识别时，主要任务通常包括实体边界的识别和实体的分类两个部分。实体边界的识别一般是指判定字符串是否能够组成完整的实体，而实体分类则是指将已经识别出的实体分类到预先已经给定的不同类别中。命名实体识别过程如下：由于自然语言中词是最小的有意义的语言单元，因此，分词是命名实体识别的第一步；同时，依据切分后的分词情况进行词性标注，即标注出词表中已经存在的命名实体；然后，利用实体本身的信息和上下文信息构建识别模型；最后通过调用已经构建完成的识别模型，用来对文本中还没有标记出来的命名实体进行识别。通常情况下，命名实体识别一般有以下方法：基于规则方法和基于机器学习方法，也可以将两种方法结合起来使用。

2）实体链接歧义性是自然语言的固有属性。通过实体识别获得的实体可能具有歧义性，因此实体识别的结果很难直接存放到知识图谱中。因此，必须对实体识别的结果进行消歧处理才能得到无歧义的实体的信息。通过文献调研发现，实体的链接主要是来解决以下问题：第一实体名的歧义性问题，第二实体名的多样性问题。实体链接也称为实体消歧，一般指对于文本中实体名称指向它代表的真实世界的实体任务。

实体链接首先识别文档中的目标提及。所谓提及，就是想要链接的对象。针对每一个目标的提及，识别这个提及在知识图谱构建中可能指向的用于候选的目标实体。然后再根据提及的上下文等信息再对目标的实体进行排序工作。虑到知识的规模和更新速度，知识库往往不能覆盖所有真实世界实体，因此，需要识别出知识库尚未包含其目标实体的提及，并将这些提及按其指向的真实世界实体进行聚类。目前已经有许多方法被提出用于实体链接。总体上可以归为两类，一类是基于传统统计模型方法，另一类是基于深度学习方法。

（2）关系抽取

实体之间的关系是知识图谱中不可或缺的部分，不同的关系将独立的实体连接在一起编织成知识图谱。当通过之前步骤获得实体后，就开始需要关注实体之间关系的识别，通常被称为关系抽取。关系抽取的输出通常是一个三元组（实体 1–关系–实体 2）。

关系抽取已有很多方法和技术，可以从不同维度进行划分。根据所抽取领域划分，可以分为限制域关系抽取和开放域关系抽取；根据模型特点划分，可以分为基于规则的关系抽取和基于机器学习的关系抽取；根据监督知识的依赖程度划分，可以分为有监督关系抽取、弱监督关系抽取和无监督关系抽取。

9.1.4.2 知识融合

知识融合是指对不同来源、不同语言或不同结构的知识进行融合，从而对已有知识图谱进行补充、更新和去重。知识融合的核心是计算两个知识图谱中两个节点或边之间的语义映射关系。从融合的对象看，知识融合可以分为框架匹配和实体匹配。框架匹配也称为本体对齐，是指对概念、属性、关系等知识描述体系进行匹配和融合；实体匹配也称为实体对齐，是指通过对齐合并相同的实体完成知识融合。通过框架匹配和实体匹配可以对多个相关知识图谱进行对齐、关联和合并，使其成为一个有机整体。

（1）框架匹配

知识框架主要包括概念、属性、关系以及它们之间的约束。由于异构性，同样的知识在不同知识图谱中的描述可以差异很大，框架匹配可以解决知识体系之间的异构性。按照匹配技术的不同，框架匹配可以分为元素级匹配和结构级匹配。元素级匹配独立判断两个知识图谱中的元素是否应该匹配，不考虑其他元素的匹配情况。结构级匹配不把各个元素作为孤立的资源，而利用知识图谱的结构，在元素匹配过程中考虑其他相关元素匹配情况的影响。

（2）实体匹配

实体匹配是判断相同或不同知识库中的两个实体是否表示同一物理对象的过程。实体匹配可以分为成对实体匹配和协同实体匹配两类。成对实体匹配表示独立地判断两实体是否对应同一物理对象，通过匹配实体属性等特征判断它们的匹配程度。协同实体匹配认为不同实体间的匹配是相互影响的，通过协调不同对象间的匹配情况得以达到一个全局最优的对齐结果。

综上所述，知识表示的异构性导致不同的知识图谱难以被联合使用，因此使用框架匹配和实体匹配来融合不同知识图谱，为知识集成和知识共享奠定基础。

9.1.4.3 知识存储

知识存储是研究采用何种方式将已有知识图谱进行存储。目前知识图谱是基于图的数据结构进行存储的，其具体形式为：RDF 格式存储与图数据库。

（1）RDF 格式存储

RDF（resource description framework）是 W3C（World Wide Web Consortium）提出的通用语言，用于描述 Web 信息。作为一种基于网络的知识表示语言，RDF 用一种简单的模型来表示任意类型的数据，该模型就是以三元组的形式存储数据，如 Google 开放的 Freebase 知识图谱，就是以文本的形式逐行存储三元组 SPO（Subject，Predicate，Object），其中 S 表示主语，P 表示谓语，O 表示宾语。这个模型包括节点以及节点间的边，其中，主语 S 和宾语 O 用节点表示，谓语 P 用边表示，用于连接主语 S 和宾语 O，Web 中的资源可以用节点表示，资源的属性用边来表示。这个模型便于描述各个对象（资源）以及它们之间的关系。但是这种存储方式使得三元组的搜索效率低下，为了提升三元组的搜索效率，通常采用六重索引的方法。

（2）图数据库（Graph Database）

图数据库的方法比 RDF 数据库更加通用。图数据库是一种典型的 NoSQL。NoSQL（not only SQL，不限于 SQL）是一类应用非常广泛的持久化解决方案，它既不遵循关系数据库模型，也不使用 SQL 作为查询语言。NoSQL 不需要固定的表格模式进行数据存储，SQL 的 JOIN 操作也不太常见，其特性是水平可扩展。综上所述，NoSQL 数据库按照数据模型可以分成四类：键–值存储库（Key-Value stores）；BigTable 实现（BigTable implementations）；文档库（Document stores）；图形数据库（Graph Database）。而图形数据库是最为突出的一种类型，它与其他的 NoSQL 数据库最大的区别在于：图形数据库有丰富的关系表示和完整的事务支持，却不具备基本的横向扩展解决方案。

1）图数据库概述图数据库（Graph Database）来源于欧拉和图理论，是一种基于图的数据库。图数据库的基本含义是用“图”结构对数据进行存储和查询，而不是将图片存储到数据库中。图数据库主要用节点和关系（边）结构实现，可以用于处理键值对。其优势在于能方便快捷解决复杂的关系问题。

图的特征有：图中有节点和边；节点具有属性（键值对）；边可以有名字和方向，需要明确从哪个节点开始，到哪个节点结束；边与节点一样，可以有属性。

图数据库用图数据结构来存储数据，是一种高性能的存储数据的结构方式之一。节点（点）和关系（线）是构成图结构的基本元素。属性可以设置给节点或关系。实体通常用节点表示，但部分实体也可以用依赖关系表示。图数据库中确定节点间的关系是重要工作。利用关系可以发现多个关联的数据，例如节点集合、关系集合、节点属性集合和关系属性集合等。

关联数据库中用关联表体现数据间的关系，而图数据库中由于关系可以具有属性，为复杂、丰富的关系提供了更灵活的表示形式。灵活性是推动图数据库流行度激增的关键因素。

图可以用于解决音乐、数据中心管理、生物信息、足球统计、网络传感器甚至是时序交易中涉及到的各种数据关系问题。与任何流行的技术一样，有人可能会将图数据库应用于任何类型的问题上。但了解图数据库擅长的应用领域依然是非常重要的。例如，图数据库通常应用于问题域有：社交网络；推荐和个性化；客户数据画像，包括实体解析（关联多个来源的用户数据）；欺诈识别；资产管理等。

如果问题中频繁出现多对多的关系，使用图数据库会比关系数据库更有效地处理关系；问题中对元素本身与元素间的关系同样重要，或更加重要的时候可以采用图数据库；另外图数据库可以解决处理大型数据集的关系导致的延迟性问题。

2）Neo4j 图数据库及特点 Neo4j 是 Neo Technology 数据公司提供的开源图形数据库，它是由 Java 和 Scala 写成的一个 NoSql 数据库，专门用于网络图的存储。它具有对事务的支持，能提供强大的图形搜索能力，数据量较大，关系较多时具有更快的数据库操作能力，数据直观，数据存储灵活，图数据库应用图结构存储数据，采用特殊的优化图算法都是数据库规模增大而不会降低数据库操作速度的原因。

3）图数据库的缺点图数据库并不完美，它虽然弥补了很多关系型数据库的缺陷，但是也有一些不适用的地方，例如以下领域：

①记录大量基于事件的数据（例如日志条目或传感器数据）；

②对大规模分布式数据进行处理，类似于 Hadoop；

③二进制数据存储；

④适合于保存在关系型数据库中的结构化数据。

虽然图数据库也能够处理“大数据”，但它毕竟不是 Hadoop、HBase 或 Cassandra，通常不会在图数据库中直接处理海量数据（以 PB 为单位）的分析。图数据库更适用于解决实体关系的问题，无论是简单的 CRUD 访问，或是复杂的、深度嵌套的资源视图都能够胜任。图数据库更适合于管理半结构化数据、非结构化数据以及图形数据。

（4）大数据分布式计算处理

图数据库的优点在于其天然的能表示知识图谱结构，图中的节点表示知识图谱的对象，图中的边表示知识图谱的对象关系；但是其缺点是图数据库的更新比较复杂，对于复杂查询的支持不够。所以我们使用以图数据库为主，结合其他系统的方式来存储知识图谱。

图谱数据是一种典型的大数据来源，这一数据量远远超出单机的处理范围，将大量数据分解成多个小块，并由多台计算机分工计算就成为势在必行的趋势，这就要求在数据存储后需要进行大数据的分布式计算处理。

实现分布式计算的方案有很多，在大数据技术出现之前就已经有科研人员在研究，但一直没有被广泛应用。直到 2004 年 Google 公布了 MapReduce 之后才大热了起来。MapReduce 可以看作是大数据技术和分布式计算的交集，它是经过商业实践的成熟的分布式计算框架，为大数据技术的发展提供了坚实的理论基础。但由于 Google 没有公布商业产品，所以到目前为止，真正让大数据技术大踏步前进的是按照 Google 理论实现的开源免费产品 Hadoop，而 Hadoop 也日渐成为大数据技术生态圈的核心。

Hadoop 是在分布式服务器集群上存储海量数据并运行分布式分析应用的一种方法。它并不是真正意义上的数据库：它能存储和抽取数据，但并没有查询语言介入。Hadoop 更像是一个数据仓库系统，真正的数据处理是由 MapReduce 来完成的。

9.1.4.4 知识推理

推理是属于哲学、逻辑、心理学和人工智能等学科领域。推理是“使用理智从某些前提产生结论”的行为。推理可以通过各种方法获取满足语义的新的知识或者结论。知识推理是指在计算机或智能系统中，模拟人类的智能推理方式，依据推理控制策略，利用形式化的知识进行机器思维和求解问题的过程。知识图谱的优势之一是能够支撑高效的推理任务，如知识补全和知识问答。知识补全指的是面向知识库或知识图谱的事实补全，即利用已有的知识来通过推理得到未知的隐含的知识。知识问答主要是通过对问句的分析，从语义角度推理得到答案的过程，包含简单推理问题和复杂推理问题。无论是知识补全还是知识问答都离不开从显式数据得到隐式数据的推理过程。知识推理还可以用来检查知识库的不一致性即进行知识清洗。

（1）知识推理的分类

知识推理的方法主要解决在推理过程中前提与结论之间的逻辑关系，以及在非精确性推理中不确定性的传递问题[8]。知识推理从不同的角度出发可以有不同的分类方式。按照分类标准的不同，知识推理主要有以下三种分类方式：

从方式上分，可分为演绎推理和归纳推理；从确定性上分，可分为确定性推理（逻辑推理）和不确定性推理（概率推理）；从单调性上分，可分为单调推理和非单调推理。

1）归纳推理和演绎推理按照推理任务，知识推理可以分成归纳推理和演绎推理。

归纳推理是从特殊到一般的推理过程。从一类事物的大量特殊事例出发，去推出该类事物的一般性结论（数学归纳法），推出的结论没有包含在已有内容中，增加了新知识。它是由特殊的前提推出普遍性结论的推理，是概括性的推理。归纳推理分为完全归纳法和不完全归纳法两种。不完全归纳推理又分为简单枚举法和科学归纳法两种方法。

简单枚举归纳是根据一类事物中部分个体对象具有（或不具有）某种属性，从而推出该类事物全部对象都具有（或不具有）某种属性。简单枚举归纳用途广泛，适用于各种场合，尤其在探求新知识的过程中具有极为重要的意义。其缺点是结论是或然的，在使用过程中要考虑如何提高结论的可靠性。这就要求采取检查证据、前提和结论的相关性；提高证据的数量，增加多样性和代表性；考虑并排除反例和例外情况等措施。

科学归纳法是根据被考察的样本中百分之几的对象具有（或不具有）某属性，从而推出总体百分之几的对象具有（或不具有）某属性。科学归纳法是由样本推广到全体，因此结论也是或然的。需要增加观测次数，扩大考察范围，从而提高结论的可靠性，概率推算不是一劳永逸的，要随着实际发展不断进行修改，确定新的概率。

无论是简单枚举归纳还是科学归纳，都可以分成三个步骤，分别是：对资料进行观察、分析和整理；得出结论；验证结论。

演绎推理是从一般到特殊的过程。从一般性的前提出发，通过推导，得到具体描述或个别结论（三段论），结论已经蕴含一般性知识中，只是通过演绎推理揭示出来，不能得到新知识。演绎推理有三段论、假言推理和选言推理等形式。

三段论是由古希腊的哲学家亚里士多德提出的，也是演绎推理中的一般模式，包含三个部分：大前提——已知的一般原理，小前提——所研究的特殊情况，结论——根据一般原理，对特殊情况做出判断。例如，知识分子都是应该受到尊重的，人民教师都是知识分子，所以，人民教师都是应该受到尊重的。

假言推理是根据假言命题的逻辑性质进行的推理，分为充分条件假言推理（前件是后件的充分条件），必要条件假言推理（前件是后件的必要条件）和充分必要条件假言推理（前件是后件的充分必要条件）三种。

选言推理是至少有一个前提为选言命题，并根据选言命题各选言之间的关系而进行推演的演绎推理。一般由两个前提和一个结论所组成。根据选言前提各选言之间的关系是否为相容关系，可分为相容的选言推理和不相容的选言推理[9]。

2）确定性推理和不确定性推理根据推理时使用知识的确定性与否可以划分为确定性推理和不确定性推理。确定性推理所用的知识都是精确的，推出的结论也是确定的，其结果或为真，或为假，没有第 3 种情况出现。不确定推理所用的知识不都是精确的，推出的结论也不完全是肯定的，真值位于真与假之间，命题的外延模糊不清。

确定性推理也称为经典逻辑推理，其具体推理方式可以分成：自然演绎推理和归结演绎推理。自然演绎推理是指从一组已知的事实出发，直接运用命题逻辑或谓词逻辑中的推理规则推出结论的过程。该推理方法的优点是定理证明过程自然，容易理解，而且它拥有丰富的推理规则，推理过程灵活，便于在它的推理规则中嵌入领域启发式知识。但该方法容易产生组合爆炸，推理过程中得到的中间结论一般呈指数形式递增。归结演绎原理是一种基于鲁滨逊（Robinson）归结原理的机器推理技术，鲁滨逊归结原理把永真性的证明转化为关于不可满足性的证明。其基本过程包括：定义谓词，根据定义的谓词写出谓词表示（即利用单词或字母将题目所给的信息表达出来），将谓词公式化为子句集，使用归结原理对子句集进行归结，可以完成最终的归结演绎推理过程。

确定性逻辑推理具有准确性高，推理速度快等特点，目前也是活跃的研究方向之一，但是确定性推理很难应对真实世界中，尤其是存在于网络大规模知识图谱中的不确定甚至不正确的事实和知识。确定性推理技术也很难应用于充满不确定性的自然语言处理任务，比如知识问答等领域。

不确定性推理是指初始条件为不确定的，推理过程中使用了不确定性的知识，从而得到一定程度不确定但却合理的结论的过程。不确定性推理出现的原因是来源于客观现实的要求，不完备的推理所需的信息，模糊的信息描述，背景知识不足，推理能力不足等都是导致不确定性推理出现的因素。

不确定性推理包括非数值方法和数值方法。非数值方法包括框架推理、语义网络推理和常识推理等方面。数值方法是一种用数值对非精确性进行定量表示和处理的方法，按照其依据的理论分成两种类型：基于概率论的不确定性推理方法，称为基于概率的模型，如确定性方法、主观 Bayes 方法、证据理论等；基于模糊逻辑理论发展起来的可能性理论，称为模糊推理。

（2）基于符号演算的推理

符号推理可以看作传统的逻辑推理，特点是在知识图谱中的实体和关系符号上可以直接进行操作。归纳推理和演绎推理都可以进行基于符号演算的推理。归纳推理得到的逻辑规则需要使用演绎推理进一步用于推理具体事实。二者结合使用可以完成整个知识推理过程。

1）归纳推理需要从特殊到一般情况进行总结，其中的逻辑规则就需要明确，这也可以称为逻辑规则挖掘。频繁子图挖掘、归纳逻辑程序设计都是完成逻辑规则挖掘可用的方法。

频繁子图挖掘的基本过程是搜集知识图谱的规则实例，设定约束并将实体替换为变量，从而快速确定规则的实用性，根据规则实例快速评价挖掘的规则。频繁子图挖掘的经典算法有：Apriori-based 方法和 FP-growth 方法。Apriori-based 方法包括 AGM，AcGM，FSG 和 path-join 算法等；FP-growth 方法包括 gSpan、CloseGraph 和 FFSM 等（它们主要通过逐渐扩展频繁边得到频繁子图，但对边的扩展过程略有不同）。

归纳逻辑程序设计（inductive logic programming，ILP）在一阶规则学习中引入了函数和逻辑表达式嵌套，采用的是反向归结（inverse resolution）过程。ILP 是机器学习与逻辑程序设计的交叉领域，它借助于逻辑程序设计已有的理论与方法，在一阶逻辑的框架下，试图克服传统机器学习存在的问题，建立新的机器学习体系，使机器更好地模拟人的思维。ILP 主要应用于生物信息学，因为 ILP 考虑背景知识、数据结构，模拟产生人类能够理解的知识。另外，ILP 可以给工程学、环境监控、模式学习和关系发现等领域的数据构造预测模型。由于 ILP 对时间、空间的高要求，导致该方式难以处理规模较大的数据集合；ILP 系统很少有表达、处理概率的能力；同时 ILP 对于无法通过一阶逻辑清晰表达的图像、视频、音频无能为力。

2）演绎推理由于确定性推理难以应对真实世界中，尤其是大规模知识图谱中的不确定甚至不正确的事实和知识，演绎推理主要集中在考虑不确定性推理中的应用。

在如何有效地处理复杂性和不确定性问题的研究中，国内外学者近年来先后提出了统计关系学习（Statistical Relational Learning，SRL）和概率图模型（Probabilistic Graphical Model，PGM）等重要方法，并引起了极大关注。简单地说，统计关系学习通过集成关系/逻辑（仍以一阶谓词逻辑为主）表示、概率推理、不确定性处理、机器学习和数据挖掘等方法，以获取关系数据中的似然模型。概率图模型则是一种通用化的不确定性知识表示和处理方法，主要涵盖了贝叶斯网络（Bayesian Networks，BNs）、隐马尔可夫模型（Hidden Markov Model，HMM）、马尔可夫决策过程（Markov Decision Process，MDP）、神经网络（Neural Network，NN）等。把马尔可夫网络和一阶逻辑结合产生的全新的统计关系学习模型就是马尔可夫逻辑网络，可以应用于自然语言处理、复杂网络、信息抽取等领域。当前国际人工智能界普遍公认马尔可夫逻辑网络是一种较完美的结合一阶谓词逻辑和概率图模型的复杂性和不确定性问题表示和处理方法，已成为人工智能、机器学习、数据挖掘等领域的研究热点。

（3）基于数值计算的推理

基于数值计算的推理特指知识图谱中的表示学习技术，表示学习技术是学习一个特征的技术的集合：将原始数据转换成为能够被机器学习来有效开放的一种形式。其核心思想是将符号化的实体和关系在连续向量空间进行表示，从而简化操作与计算的同时最大程度保留原始的图结构。知识图谱上的表示学习方法是将高维知识图谱通过嵌入（embedding）

转换到低维连续向量空间，产生了多种不同方式的推理算法，这里主要介绍两大类：基于张量分解技术和基于路径排序的算法。

1）基于张量分解技术的核心思想是将知识图谱表示成张量形式，通过张量分解实现对未知事实的判定。具体来说，就是将整个知识图谱看作是一个大的张量，然后通过张量分解技术分解为多个小的张量片，也就是将高维的知识图谱进行降维处理，大大减少计算时的数据规模。

张量分解技术可以应用于判断两个实体之间是否存在某种特定关系的连接预测，判断实体所属语义类别的实体分类和识别并合并指代同一实体的不同名称的实体解析中。

2）基于路径排序算法的核心思想是以两个实体间的路径作为特征来判断它们之间可能存在的关系，从而完成实体间关系判定，为知识图谱的构建提供参考。

路径排序算法的基本流程是：首先生成并选择路径特征集合完成特征抽取；通过计算每个训练样本的特征值完成特征计算；最后训练样本，为每个关系训练一个二分类器进行分类器训练。最终完成整个关系确定流程。在特征抽取阶段可以从随机游走、广度优先搜索或深度优先搜索等不同角度进行路径特征集合选择。特征计算时要考虑随机游走概率，出现频次/频率，布尔值出现与否等方面的因素；分类器训练的方式可以分成两类，一是单任务学习，即为每个关系单独训练一个二分类分类器；二是多任务学习，就是将不同关系进行联合学习，同时训练它们的分类器。

表示学习在减少了维数层次过多、数据稀疏方面有显著效果，同时让符号数据能直接参与运算而不必借用其统计量，提高了计算速度。

9.1.5 政策文本分析的推理机模型构建

政策文本分析推理选择数据挖掘算法中的关联规则作为核心算法。

9.1.5.1 政策文本分析推理机理论依据——关联规则

（1）关联规则

关联规则算法是一种重要的数据挖掘算法，无论是集中式数据挖掘还是分布式数据挖掘，关联规则分析都是挖掘层的核心算法之一。关联规则最初提出是为了进行购物车分析，即分析购物篮中商品的关联性，从而了解顾客购物习惯。1993年，关联规则问题被R. Agrawal等人提出来挖掘顾客交易数据的关联关系，同时给出相应算法AIS，但该挖掘算法性能较差。1994年他们建立了项目集合空间理论，其核心是基于两阶段频繁集思想的递推算法，典型的算法是Apriori算法。

所谓关联，反映的是一个事件和其他事件之间依赖或关联的知识。关联规则就是有关联的规则，定义为：两个不相交的非空集合X、Y，若$X \Rightarrow Y$形式的蕴含式存在，则$X \Rightarrow Y$是一条关联规则。关联规则的强度用支持度和置信度来描述。

支持度是指规则中关联模式出现的频率。若有总集合为$I = \{i_1, i_2, \cdots, i_m\}$，事件相关的数据$D$是事务的集合，则支持度定义为：$\text{support}(X \Rightarrow Y) = P(A \cup B)$，表示事务$D$中包含$X \Rightarrow Y$（即，$X$和$Y$二者）的百分比。

关联规则挖掘过程根据不同阶段频繁集，主要包含两个阶段：

阶段一的目标是从资料集合中找到所有的高频项目组（Frequent Itemsets）。高频的含义是相对于所有记录而言，某一项目组出现的频率必须到达一个特定的值。如果支持度大于等于人为规定的最小支持度（minimum support）门槛值时，则 $\{A, B\}$ 称为高频项目组。一个满足最小支持度的 k-itemset，则称为高频 k-项目组（frequent k-itemset），一般简写为 Large k 或 Frequent k。从 Large k 的项目组中再产生 Large k+1，直到无法再找到更长的高频项目组为止。

阶段二的工作是从已经产生的高频项目组中产生关联规则（association rules）。关联规则是利用前一步骤的高频 k-项目组来产生规则，在最小置信度（minimum confidence）的条件门槛下，若一规则所求得的置信度满足最小置信度，称此规则为关联规则。

（2）Apriori 算法

Apriori 算法是最有影响的挖掘布尔关联规则频繁项集的算法之一。其核心递推算法基于两阶段频集思想。该关联规则在分类上属于单维、单层、布尔关联规则。其中，所有支持度大于等于最小支持度的项集称为频繁项集，简称频集。

Apriori 算法应用了迭代的方法，先搜索出候选 1 项集及对应的支持度，剪枝去掉低于支持度的 1 项集，得到频繁 1 项集。然后对剩下的频繁 1 项集进行连接，得到候选的频繁 2 项集，筛选去掉低于支持度的候选频繁 2 项集，得到真正的频繁二项集，以此类推，迭代下去，直到无法找到频繁 k+1 项集为止，对应的频繁 k 项集的集合即为算法的输出结果。

算法基本流程如下，

输入：数据集合 D，支持度阈值 α

输出：最大的频繁 k 项集

①扫描整个数据集，得到所有出现过的数据，作为候选频繁 1 项集。若 $k=1$，则得到：频繁 0 项集为空集。

②挖掘频繁 k 项集

a）扫描数据集计算候选频繁 k 项集的支持度

b）去除候选频繁 k 项集中支持度低于阈值的数据集，得到频繁 k 项集。如果得到的频繁 k 项集为空，则直接返回频繁 k-1 项集的集合作为算法结果，算法结束；如果得到的频繁 k 项集只有一项，则直接返回频繁 k 项集的集合作为算法结果，算法结束。

c）基于频繁 k 项集，自连接生成候选频繁 k+1 项集。

③令 $k=k+1$，转入步骤②。

从算法的步骤可以看出，Aprior 算法每次迭代都要完全扫描整个数据集，所以当数据集合规模很大，数据类型较多时，算法效率较低。基于这个原因，FP-Tree，GSP，CBA 等很多算法是基于 Aprior 算法而产生的，这些算法来源于 Aprior 基本思想，但是对算法做了改进，从而提高了数据挖掘效率。

9.1.5.2 基于关联规则的智能推理机模型构建需求

该研究实现核心建模关联推理模型需要建立在政策文本本体语义存储基础上的显性可视化基础上，根据关联规则算法，动态调整不同最小支持度下的政策协同程度合作、协调与整合的知识发现推理过程，推理机模型构建，如图 9-4 所示。根据政策文本进行分词和统计词频后，可以将各个专栏中出现频率较高的词取出来，构成关联规则的总集合 I。除了我们要考虑的重点词：开放数据和数据安全外，从每个专栏分词得到的词频统计中选取出现频率超过 10 次的词向量，构成集合，每个词向量成为一个项目，项目的集合 I 称为项集。其元素的个数称为项集的长度，长度为 k 的项集称为 k–项集，进一步确定重点词规则的支持度，对照设定的规则的最小支持、置信度，用频繁项集生成所需要的关联规则，根据用户设定的最小置信度筛选出强关联规则；调整最小支持度与置信度，动态确定政策不同主题的规则的关联情况，即政策文本的协同情况，如图 9-4 所示。

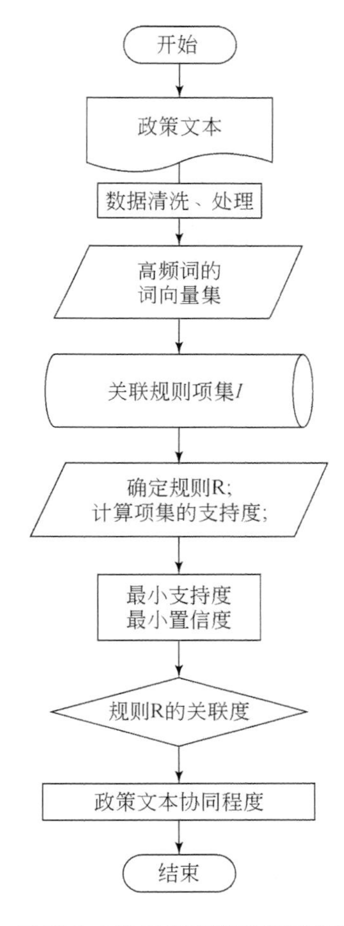

图 9-4　政策文本协同程度推理机需求模型流程

9.1.6　可行性与需求分析综述

本研究在确认研究对象政策文本不同主题协同问题导向主线，按照第四范式大数据全数据采集、清洗、分析、处理、操作、提取展示与挖掘的系列满足主题应用场景服务，具备科学的理论研究范式，数据处理流程，可行性的推理机分析，应用计算机技术实现研究场景服务应用。①场景设计输入数据要求：政策文本的切分、词性标注，文本结构要素细化。②本体模型要求：按照文本结构要素完成实体、关系、属性与值语义网络。③数据基础操作要求：基于图结构的数据存储、增、改、查等基本要求。④数据可视化提取要求：Echart 实现知识图谱可视化、词频柱状图等。⑤逻辑推理模型要求：实现基于图存储结构的关联推理知识发现智能服务算法。⑥计算机技术实现要求：python 技术栈、Echart 框架、Neo4j 图数据库。⑦实现两类场景服务，包括关于政策文本全数据的显性知识——文本核心意图、政策热点展示与主旨；常规知识服务；应用推理机理论与模型、文本清洗后数据完成政策文本全数据范围的隐性知识发现——两类不同主题在政策文本中的协同情况智能分析服务。

本研究选择单篇文本——《促进大数据发展纲要》（以下简称《纲要》）下的两个需求场景下的政策协同——开放数据、数据安全进行智能推理模式的示范性研究，未来可场景推广多篇政策文本的不同主题的协同以及多篇文本的不同政策之间的主题分析。

9.2 政策协同文本研究路径

本研究按照本体层、数据层与服务层实现《纲要》政策文本中的开放数据与数据安全两类政策的知识图谱构建、存储与政策协同趋势分析，如图 9-5 所示。

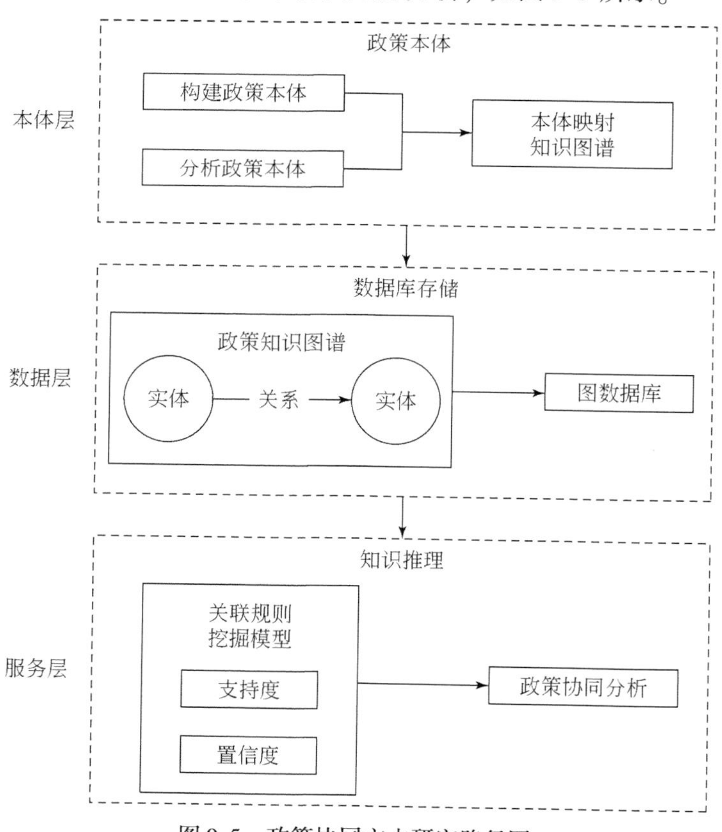

图 9-5 政策协同文本研究路径图

1）本体层：构建开放数据、数据安全政策协同的本体文本数据模型。

①本体的专业领域和范畴确定——政策文本，本研究以国务院 2015 年 8 月 31 日的“国务院关于印发促进大数据发展行动纲要的通知”的《促进大数据发展行动纲要》为例，完成基于本体的政策文本和知识图谱构建过程。“促进大数据发展行动纲要”本体范围需要在政策专家的指导下以文本内容为主，结合相关大数据中“开放数据与数据安全两类政策”确定本体范围。

②概念体系的确定：根据“促进大数据纲要行动纲要”、“开放数据与数据安全两类政策”的特点，以及专家建议，政策文本将政策文本中具有相同特性的实力抽象为一个概念，对应模型中的一个类（Owl：Class），具有上下位关系的多个类构成概念体系。

③本体模型的对象属性和数据属性对象属性是指确定实例与实例关系的对象属性、实例与概念之间的关系属性；数据属性是指某一实例的内容、含义等；属性的约束是指定义域和值域的约束。

2）数据层：实体与实体之间的关系、实体与属性以及属性值的图谱构建与存储，并完成数据库物理存储。

①应用标注的方法创建实例：将数字版的《纲要》每个章节的内容进行标注、完成基础属性，对应《纲要》政策文本主谓宾，以列的形式对应存储在 Excel 文档。

②图数据库的方法完成《纲要》政策文本图谱的存储，本章采用 Neo4j 开源数据库完成；

3）服务层：智能解读政策文本，完成基于政策文本分析的知识创新服务——基于关联规则挖掘模型的知识推理在两类政策文本协同分析与服务。

①根据政策文本本体数据，构建关联规则挖掘模型；

②针对两类政策本体数据假设关联规则支持度与置信度，仿真《纲要》中两类政策协同情况分析。

9.3 政策协同文本智能分析详细设计

根据数据源、数据加工与处理、图谱构建、推理机知识发现模型与实现、智能服务应用分析的结构展开智能服务模式的详细设计，如图 9-6 所示。

9.3.1 《纲要》开放数据与数据安全政策协同本体模型构建

开放数据与数据安全政策资源是政策协同研究的基础，发挥着举足轻重的作用，开放数据与数据安全政策资源包括：政策知识库、已标注语料库以及政策分析工具。政策知识库构建，通过术语抽取发现新词，并进行实体链接。

9.3.1.1 《纲要》政策术语抽取规则

术语抽取是指从开放数据与数据安全政策文本中通过抽取某类信息，然后将它构建成结构化的数据，这里主要的工作就是命名实体的识别和实体的链接。

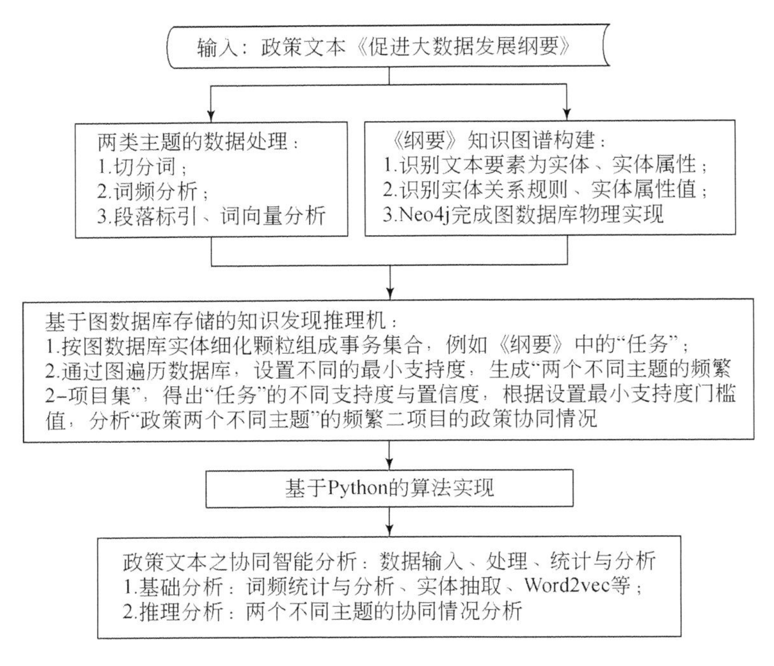

图 9-6　智能政策文本分析详细设计流程

命名实体通常是指文本中那些具有指定含义的实体，比如常用的人名、地名以及机构的名称等，然而开放数据与数据安全政策中的术语是命名实体中的一个子集。开放数据与数据安全政策的命名实体识别主要包括三个部分的工作：实体名、表示时间部分和表示数字部分。其中实体的名称主要包括常用的机构名称和地名等；表示时间部分一般包括表示日期的短语和表示时间的短语；表示数字部分主要是数值。

实体链接是以现已发行可获取的知识资源（例如知网）为基础，将从开放数据与数据安全政策文本当中正确识别出来的指称项正确地链接到知识库中相对应的实体对象中，从而构建出开放数据与数据安全政策基础库。

（1）基于规则的时间词、数词的识别

在基于规则的实体识别方法中，最具代表性的方法是命名实体词典的方法。词典的方法通常情况下是基于字符串的完全匹配或部分匹配的方式，从文本中找到与词典中最相似的单词或短语完成实体识别。基于规则的方法比较适合汉语文本中的时间词实体和数词实体进行识别，因此，选择基于规则对开放数据与数据安全政策文本中时间词和数词进行识别。GATE 是一个开源的自然语言处理平台[10]。GATE 系统主要包括 CREOLE、ANNIE 和 JAPE 三部分。CREOLE 是将 GATE 中可重用的资源组合起来，是 GATE 中的核心组件，包括 LRs、PRs 和 VRs 三种类型，其中 LRs 可以理解成信息抽取过程中需要处理的文本，PRs 是处理过程中的模板，VRs 是 GUI 中的用于进行可视化编辑的组件；ANNIE 则是通过规则进行识别功能和抽取功能的组件，它们的主要作用是完成基本信息的抽取和实体的标注；JAPE 是一组语法规则，主要用于建立规则库。

使用 GATE 系统进行时间词、数词识别的过程如下：首要对源文本分词，然后可以得到分词之后的文本；再根据想要获取的命名实体来对词表信息进行收集，建立与时间和数相关的词表；通过分析命名实体的组成 JAPE 规则的编写；可以在 GATE 平台中将前面产生的文本加入到语料库中，最后再将编写完成的规则和收集到的词表应用到本章档上，这样就可以标注出要想要完成抽取的命名实体。基于规则的命名实体识别流程图如图 9-7 所示。

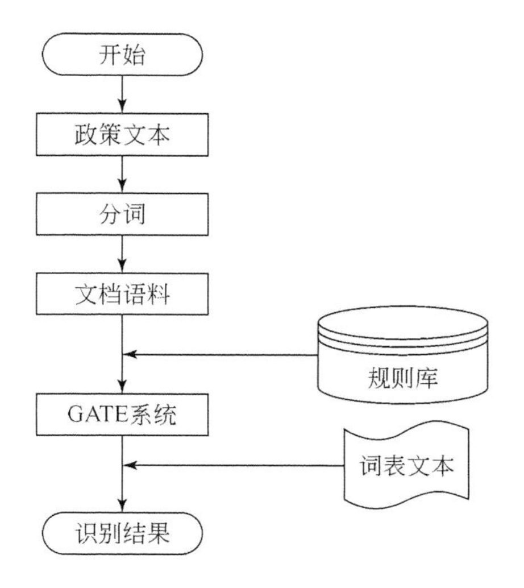

图 9-7　基于规则的命名实体识别流程图

1）时间抽取规则首先要判断文本中是否具有表示时间的词单位，例如“年、月、日”或者数字的组合、时间词单位“时、分、秒”及数字的组合、时间词单位，例如“世纪、年代”或者数字的组合等，如果存在，就把它标记成为时间词。例如图 9-8 所示，对于“1 月”这个词，先将“月”与之前建立的月词表中的词进行匹配，然后将“1”与 GATE 上的数字词匹配，如果可以匹配成功，就把它标记成为时间词。

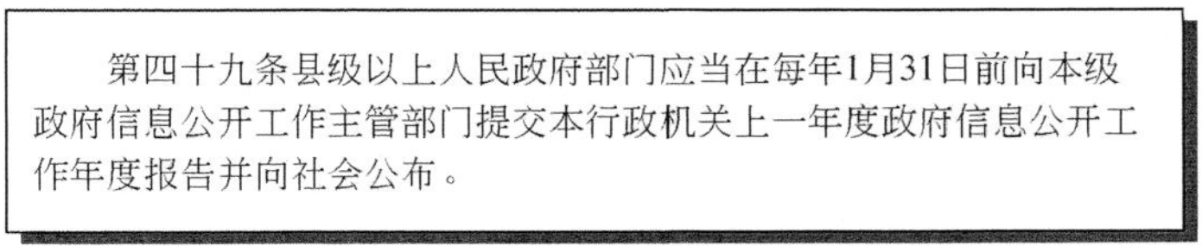

第四十九条县级以上人民政府部门应当在每年1月31日前向本级政府信息公开工作主管部门提交本行政机关上一年度政府信息公开工作年度报告并向社会公布。

图 9-8　政策文本时间实体识别

2）数词抽取规则判断文本中是否有数字单位“万、千、百万”及数字的组合、小数、百分数、“第一、第二”等序词、表示计量的单位等，如果存在，再判断在它们的前面是否还有表示数字的词，如果有表示数字的词，则可以标记成为数词。例如图 9-9 所示，例如“20 个”，就可以先将“个”这个词与前面已经建立完成的数词表中的词进行匹配，然后再将“20”与 GATE 上的数字词匹配，如果能够匹配成功，就可以将它标记成为数词。

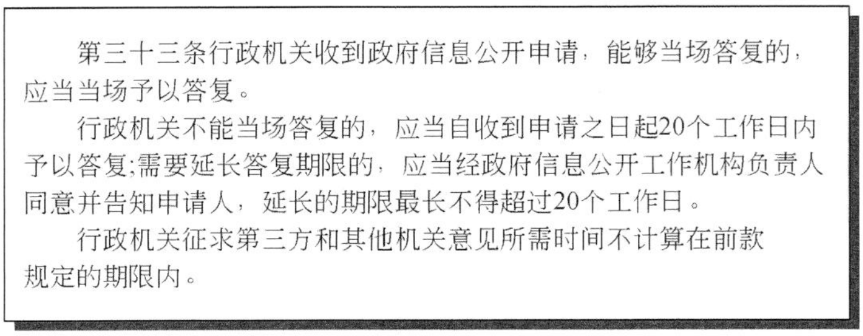

> 第三十三条行政机关收到政府信息公开申请，能够当场答复的，应当当场予以答复。
>
> 行政机关不能当场答复的，应当自收到申请之日起20个工作日内予以答复;需要延长答复期限的，应当经政府信息公开工作机构负责人同意并告知申请人，延长的期限最长不得超过20个工作日。
>
> 行政机关征求第三方和其他机关意见所需时间不计算在前款规定的期限内。

图 9-9　政策文本数词实体识别

（2）基于条件随机场的命名实体识别

基于特征的实体识别方法中最具代表性的方法就是基于条件随机场的模型，因此，可以选择基于条件随机场对开放数据与数据安全政策中的命名实体进行识别。

条件随机场（CRF）也称为马尔可夫随机场[11]。假设无向图 $G(V, E)$，其中，V 是图上的顶点，E 是图上的边；X 是输入观察序列，Y 是输出标记序列，Y 上的每个元素对应图中的一个节点，则条件随机场满足如下公式：

$$P(Y_V|X,Y_W,W\neq V)=P(Y_V|X,Y_W,W\sim V)$$

在上述公式中，$W\sim V$ 表示两个顶点之间有直接连接的边，在命名实体识别任务中一般可以看作线性的 CRF，因为输入与输出都是线性的。

基于 CRF 的命名实体识别流程如图 9-10 所示。首先将政策文本分割成为 30000 句用于训练的语句和 30 000 句不重叠测试的语料，然后将用于训练的语料进行标注转换，标注转换之后，再利用 CRF 模型对已经转换完成的语料进行训练，最终将产生模型的几类参数；然后再利用分词软件将用于测试的语料再进行分词工作和词性标注工作，然后再利用前面得到的 CRF 模型对政策命名实体进行识别，最后可以把表示词形的标注序列和表示词性的标注序列一起转换成标注序列集；通过深度挖掘还没有识别出的实体样本中的上下

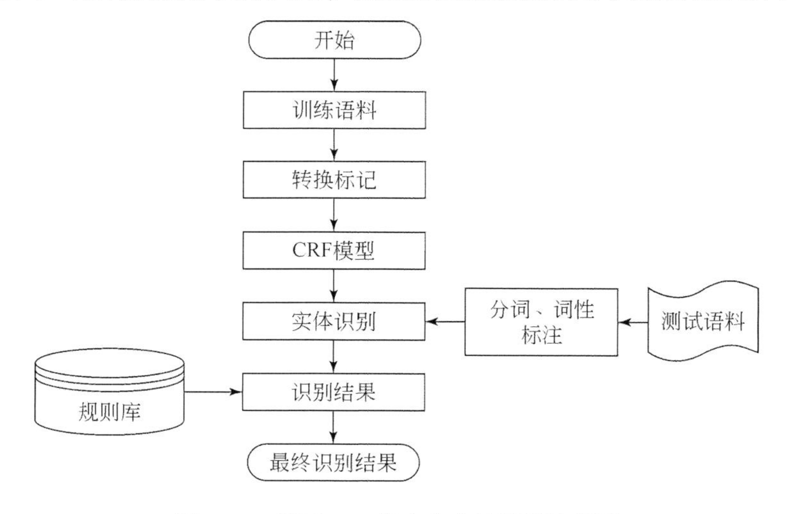

图 9-10　基于 CRF 的命名实体识别流程图

文特征和内部的特点，通过专家法研究和设计出大量的可应用的人工规则，在之前已经识别的基础之上再进行第二次识别工作，得到最终识别结果。

（3）实体链接

众所周知，知网（英文名称为 HowNet）可以被理解成为一个以英语和汉语的词语所代表的概念作为描述的对象，用来揭示概念与概念之间以及概念所具有的属性之间的关系为基本内容的常识知识库[12]。通常情况下，知网中有存在概念与义原两个主要概念。概念可以是对词汇语义的一种描述。概念可以是用知识表示语言来进行描述的，一般将这些用来进行知识表示语言所使用的这类词汇称之为义原。知网通常能够将客观世界中的词汇所代表的这些概念分为实体、事件、属性和属性值四类，并可以通过义原来标注这些概念。可以说，义原就是最基本的、也不能够再分割的意义的最小单位。所以说，概念一般都可以被分解成为多种多样的义原。知识词典又是知网系统当中的最基础的文件。在这些基础文件中每一种类型词语的概念和它的描述都形成一个记录。每一种类型语言的每一个记录都主要包含 4 项内容。而其中的每一项内容又都可以分成两个组成部分，它们中间以等号进行分隔。每一个等号的左边表示数据的域名，右边则表示数据的值。

实体链接的任务就是首先要给定一个需要进行查询的指称，然后将这个待查询的指称与目标知识库中映射的实体再进行链接。这个任务会明确指称的相关文本，并在这个文本中会储存其他的具有相关性的指称，同时，也存在许多与查询指称关联的文本信息。如果在任务中判断出这个查询指称确定与目标知识库中的实体表示的是同一个现实世界中的事物时，那么接下来会将返回这个知识库中的实体 ID；相反，如果认为这个指称与知识库中已知的实体指代的事物都不一致时，那么这个指称将被定义为新实体，最终形成开放数据与数据安全知识库。实体链接流程如图 9-11 所示。

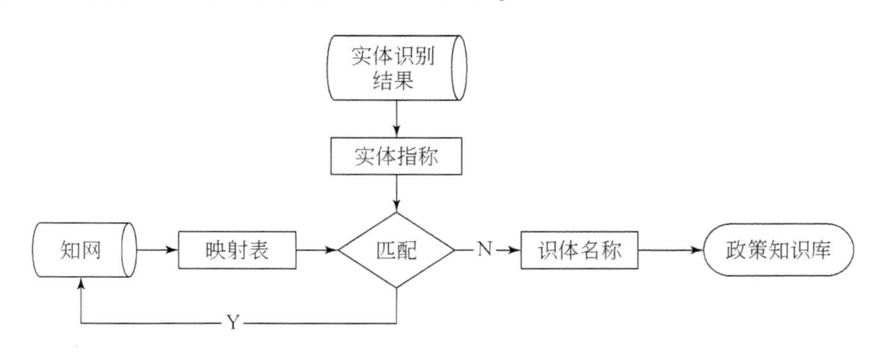

图 9-11 实体链接流程图

9.3.1.2 《纲要》政策术语实体关系构建

实体关系获取是构建知识图谱的基础。随着机器学习方法的发展，可以将关系抽取看成是一个分类问题，可以利用较为成熟的机器学习算法解决这一问题，将关系抽取分为 3 个部分：词表示、特征抽取和输出[13]。整个模型的输入是一个句子以及给定的两个词，输出是这两个词在该句子中所属的预定义的语义关系类别。

（1）词向量输入

首先，输入的句子通过词向量表示，转化为向量的形式输入网络。词向量技术是将词转化为稠密向量，并且对于相似的词，其对应的词向量也相近。词向量（Word embedding），又叫 Word 嵌入式自然语言处理（NLP）中的构建语言模型以及基于特征进行学习技术的统称，可以使用 Word2vec 预训练词向量。

（2）特征抽取

特征抽取步骤中主要包括两部分，一部分是提取词汇级别特征，另一部分是提取句子级别特征，也可以将这两部分特征链接起来，将链接结果作为最终的特征，然后再进行关系分类。当抽取词汇级别的特征时，可以将句子中的相关的词向量先挑选出来，然后再将挑选出的词向量链接起来，将链接起来的部分作为特征抽取的最终结果。当抽取句子级别特征时，就要对整个句子进行学习，然后得出一个向量表示。

（3）输出

将词汇级别和句子级别特征拼接起来，可以得到最终的特征向量。将特征向量输入 Softmax 分类器，将得到输出。

9.3.2 《纲要》中开放数据与数据安全政策文本知识图谱构建

9.3.2.1 开源数据库 Neo4j 实现政策文本数据层构建要素

Neo4j 图数据库主要由节点、关系和属性组成，三者之间是独立的。其中，节点和关系都可以进行多属性创建。

政策文本的数据与 Neo4j 图数据库中的元素可以一一对应，具体方法如下：

1）节点 Neo4j 图数据库中的节点可以用来表示政策文本中的各种主题关键词，例如，人名、地名、机构名称等，也就是将政策文本中概念名和实例名作为实体节点。

2）关系图数据库中的关系与政策文本本体中的知识节点进行连接，例如，概念与概念之间的包含关系、概念与实例关系、部分与整体关系以及概念与属性关系。

3）属性主要用来对对象的概念和实例的性质进行描述，也就是数据属性。例如，政府对象的概念属性可以包含各省、

4）索引政策文本本体是基于分布式的，所以，当存储在 Neo4j 图数据库中也应该是分布式的。所以，每个概念节点都可以与多个词汇节点对应，或者与多个实例节点对应，这样它们之间就可能存在着多个对应关系。Neo4j 数据库是分别存储节点、属性以及关系的，这样也就可以将概念与其映射的知识进行独立索引。

使用 Neo4j 提供的接口将本体数据进行数据库导入时，可以使用节点、属性和关系等类型来建立。在这种数据库中，每个节点都可以依据不同的类型来定义不同的特征，边用来表示节点关系，单独来展示对象属性。例如，机构名称“政府”在 Neo4j 中可视化为圆图，机构名与其他文本关键词都以语义角色作为关系与“政府”关联。

9.3.2.2 Neo4j 创建数据层实现过程

（1）文本数据图数据库存储代码编写

文本数据库代码如下。

create（TheText：Text {title:"文本"}）create（Organization：Text {title:"机构名"}）create（Author：Text {title:"作者"}）create（Time：Text {title:"媒体"}）create（Place：Text {title:"地名"}）create（Person：Text {title:"人名"}）create（Keyword：Text {title:"关键词"}）create（Service：Keyword {title:"信息服务"}）create（Resource：Keyword {title:"数据资源"}）create（Develp：Keyword {title:"技术研发"}）create（Village：Keyword {title:"农业农村"}）create（Data：Keyword {title:"数据"}）create（Organization）-[：抽取]->（TheText），（Author）-[：抽取]->（TheText），（Time）-[：抽取]->（TheText），（Place）-[：抽取]->（TheText），（Person）-[：抽取]->（TheText），（Keyword）-[：抽取]->（TheText），（Service）-[：抽取]->（Keyword），（Resource）-[：抽取]->（Keyword），（Develp）-[：抽取]->（Keyword），（Village）-[：抽取]->（Keyword），（Data）-[：抽取]->（Keyword）returnTheText，Organization，Author，Time，Place，Person，Keyword，Service，Resource，Deve lp，Village，Data

（2）文本数据图谱可视化

应用政策文本中的数据进行图数据存储后，Graph 可视化层呈现如图 9-12 所示。

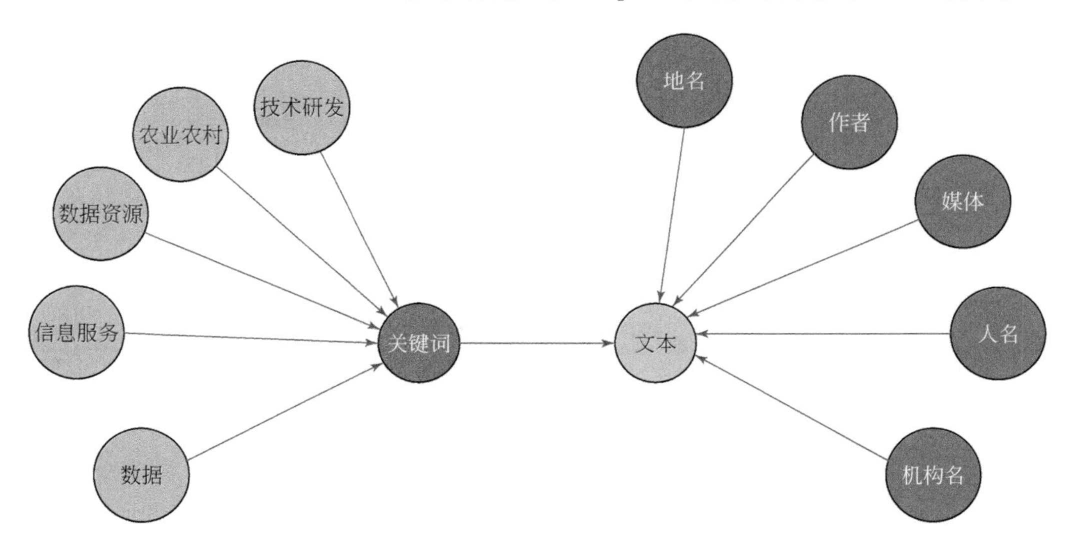

图 9-12　政策文本数据 Graph 可视化

（3）文本数据 Table 可视化

应用政策文本中的数据进行图数据存储后，对 Table 层进行可视化呈现。

（4）文本数据 Text 可视化

应用政策文本中的数据进行图结构数据存储后，对 Text 层进行可视化呈现。

9.4 《纲要》政策文本协同智能分析实现

《纲要》政策文本协同智能分析首先完成《纲要》政策文本全文数据的显示知识抽取及梳理，并利于关联规则对《纲要》的协同程度进行推理。

9.4.1 《纲要》政策文本全文数据的语义可视化

应用数据可视化前提输入要求，完成关于政策文本全文数据的显性知识——文本核心意图、政策热点展示与主旨；针对《纲要》全文要素的指导思想与目标、三大任务以及10个专栏（展开统计并分析）、政策机制分析如下以方面：

(1)《纲要》中的指导思想和总体目标的统计结果

针对《纲要》政策文本要素“指导思想和总体目标”政策文本词频统计与分析，经过文本向量化计算后的词按照词性为名词、动词、形容词进行统计，排名前10的词频统计结果如图9-13～图9-15所示，词频统计如表9-1所示。

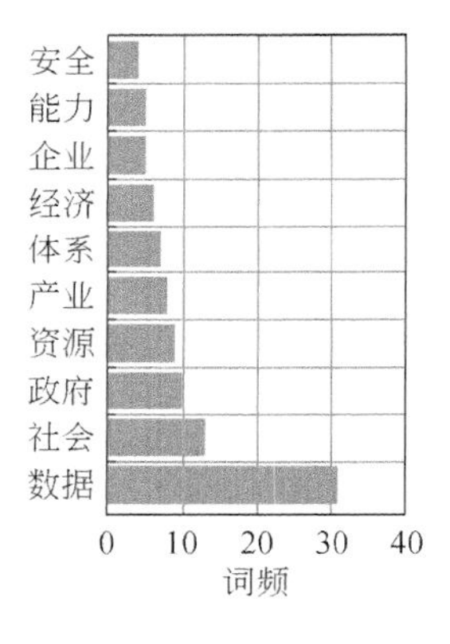

图9-13 名词

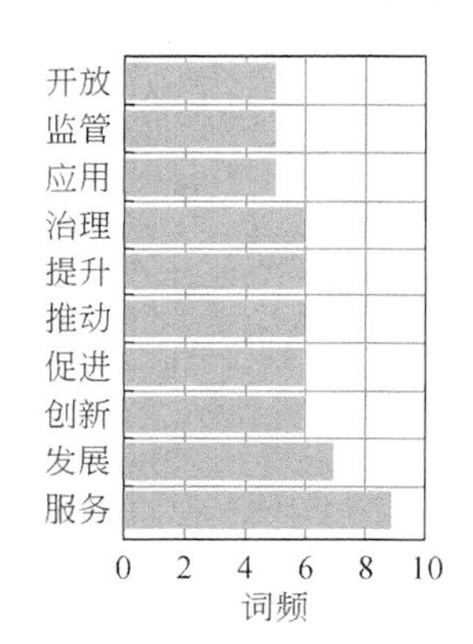

图9-14 动词

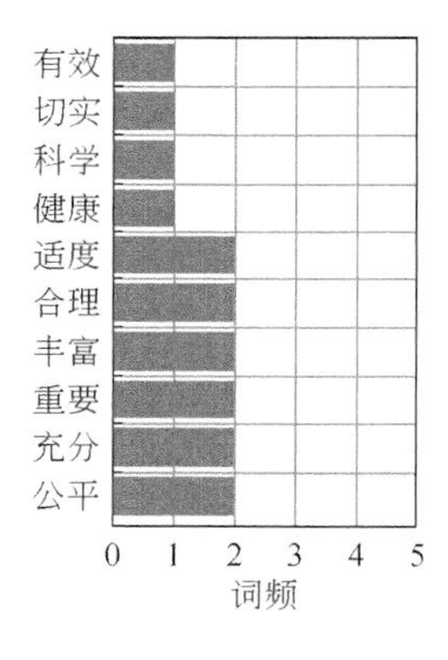

图9-15 形容词

表9-1 词频统计

序号	名词	词频	动词	词频	形容词	词频
1	数据	31	服务	9	公平	2
2	社会	13	发展	7	充分	2
3	政府	10	创新	6	重要	2
4	资源	9	促进	6	丰富	2
5	产业	8	推动	6	合理	2
6	体系	7	提升	6	适度	2
7	经济	6	治理	6	健康	1
8	企业	5	应用	5	科学	1
9	能力	5	监管	5	切实	1
10	安全	4	开放	5	有效	1

（2）《纲要》中的三项任务的统计结果

1）主要任务 1 统计分析针对政策文本要素“主要任务 1”，经过文本向量化计算后的词频统计结果，如图 9-16～图 9-18 所示，词频统计如表 9-2 所示。

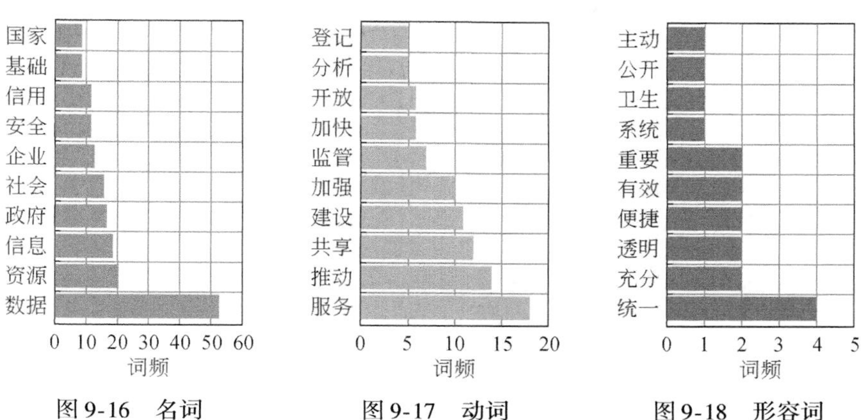

图 9-16　名词　　图 9-17　动词　　图 9-18　形容词

表 9-2　词频统计

序号	名词	词频	动词	词频	形容词	词频
1	数据	53	服务	18	统一	4
2	资源	21	推动	14	充分	2
3	信息	19	共享	12	透明	2
4	政府	17	建设	11	便捷	2
5	社会	16	加强	10	有效	2
6	企业	13	监管	7	重要	2
7	信用	12	加快	6	系统	1
8	企业	12	开放	6	卫生	1
9	基础	9	分析	5	公开	1
10	国家	9	登记	5	主动	1

2）主要任务 2 统计分析针对政策文本要素“主要任务 2”，经过文本向量化计算后的词频统计结果，如图 9-19～图 9-21 所示，词频统计如表 9-3 所示。

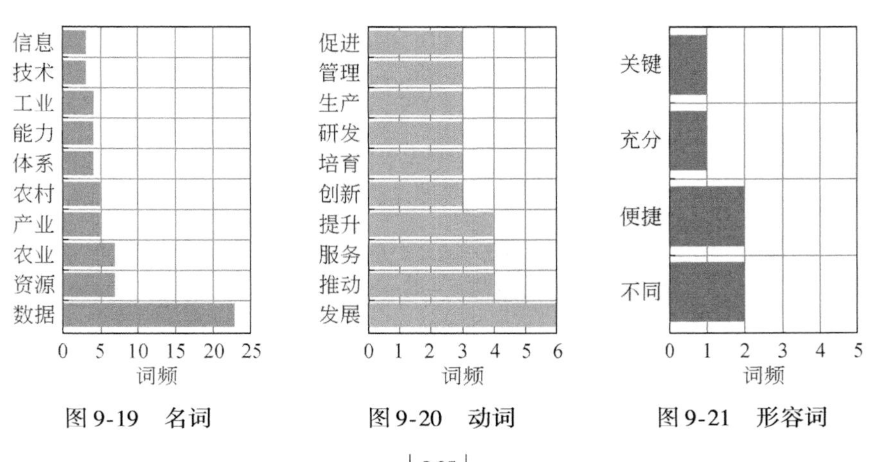

图 9-19　名词　　图 9-20　动词　　图 9-21　形容词

表 9-3 词频统计值

序号	名词	词频	动词	词频	形容词	词频
1	数据	23	发展	18	不同	2
2	资源	7	推动	14	便捷	2
3	农业	7	服务	12	充分	1
4	产业	5	提升	11	关键	1
5	农村	5	创新	10		
6	体系	4	培育	7		
7	能力	4	研发	6		
8	工业	4	生产	6		
9	技术	3	管理	5		
10	信息	3	促进	5		

第一，根据分析结果处理精确度是符合文本向量计算的良好输入要求的，分析结果按照三种词性（形容词、动词与名词）的前 10 名统计结果进行统计显示的，本结果同时运用了 TRIE 数算法进行了优化处理，优化结果可以达到原来算法的 10 倍以上的精确度。

第二，本统计分析中关于政策中实体抽取根据语言科学的预测与深入的理解和别出关键的包括地名、机构名、人名、媒体、作者及文章等主题，如图 9-22 所示。

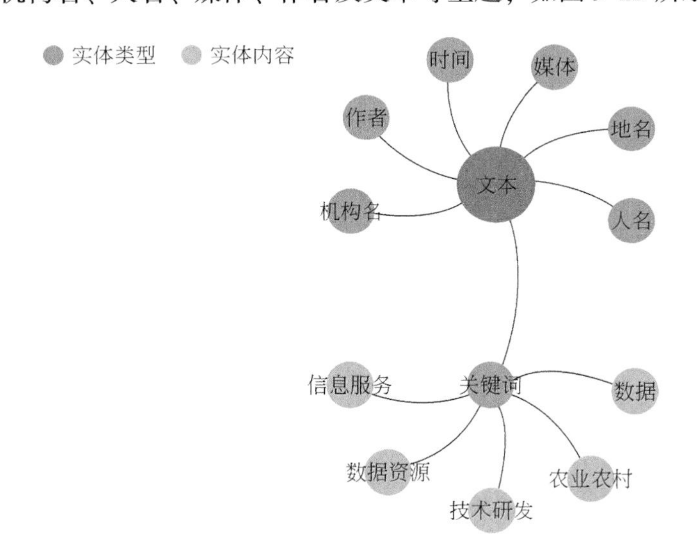

图 9-22 《纲要》的政策文本任务 2 实体抽取

第三，本统计分析的结果中按照词向量分析算法结果，统计分析过程综合了词性、词的分布等语义扩展，并对原词向量算法进行了模型改进进行封装应用，统计结果，如图 9-23 所示。

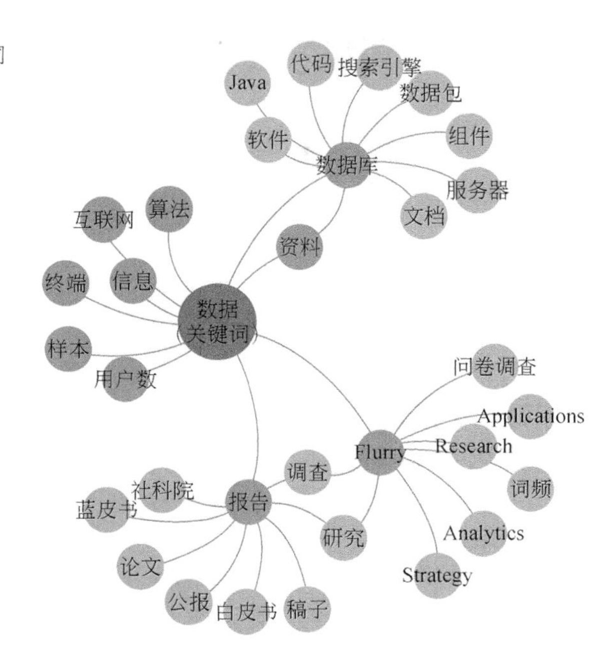

图 9-23　政策文本任务 2word2vec 统计结果

3）主要任务 3 统计分析针对政策文本要素“主要任务 3”，经过文本向量化计算后的词频统计结果，如图 9-24～图 9-26 所示，词频统计如表 9-4 所示。

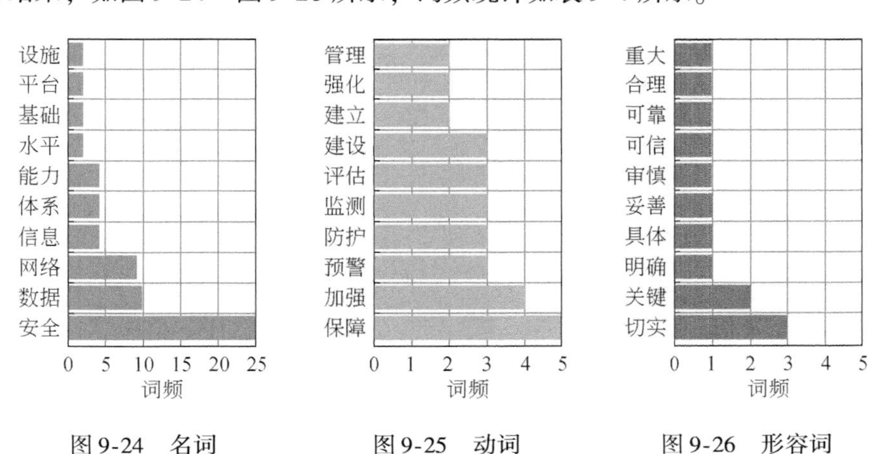

图 9-24　名词　　图 9-25　动词　　图 9-26　形容词

表 9-4　词频统计值

序号	名词	词频	动词	词频	形容词	词频
1	安全	25	保障	5	切实	3
2	数据	10	加强	4	关键	2
3	网络	9	预警	3	明确	1
4	信息	4	防护	3	具体	1

续表

序号	名词	词频	动词	词频	形容词	词频
5	体系	4	监测	3	妥善	1
6	能力	4	评估	3	审慎	1
7	水平	2	建设	3	可信	1
8	基础	2	建立	2	可靠	1
9	平台	2	强化	2	合理	1
10	设施	2	管理	2	重大	1

(3)《纲要》中的任务专栏关于词频、本体构建及实体规则抽取统计分析

1)《纲要》的政策文本词频统计与分析按照《纲要》的主要任务的三个方面划分，针对《纲要》给出的具体专栏，分别进行政策文本的分词和词频统计，得到如图 9-27 所示的专栏 1 的动词词频统计，这里根据分词后词向量的出现频次，只给出前 10 名的高频词；其中的开放根据汉语词性的标注分成动词和名动词两类，故词频统计时，分别对不同词性的“开放”进行统计。无论是动词还是名动词都归结为开放数据的一种表示方式。

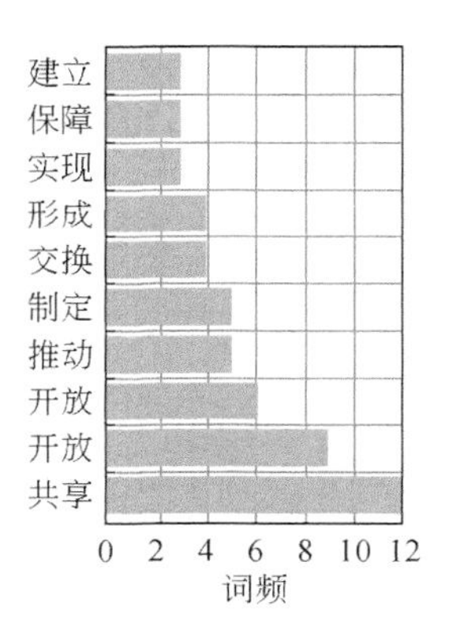

图 9-27　专栏 1 对应的词频统计

按照这个思路，可以针对不同的任务及专栏围绕“开放数据”和“数据安全”两个主题进行词频统计。开放数据的目标是实现数据共享，数据共享的必要条件是开放数据，两者是一种紧密依赖关系，所以在词频统计过程中，将“共享”等价为“开放”，故词频统计时将二者记为一个关键主题词。统计结果如表 9-5 所示。

表 9-5　不同任务及对应细化专栏对应的主题词频统计

数据来源	词频统计	
	开放（共享）	安全
专栏 1	32	1
专栏 2	2	0
专栏 3	8	14

续表

数据来源	词频统计	
	开放（共享）	安全
专栏 4	4	1
专栏 5	0	0
专栏 6	8	3
专栏 7	5	1
专栏 8	1	4
专栏 9	0	0
专栏 10	9	38

其中，专栏 5 是围绕大数据在工业、服务业、电子商务及其他行业的应用，无需考虑具体的应用数据的开放程度和数据安全性。专栏 9 主要从支撑大数据应用的基础工程建设出发，没有涉及到开放数据和数据安全的内容。

通过统计可以看出，在《纲要》的三大主要任务细化的 10 个专栏中，同时考虑到开放数据和数据安全的专栏有 7 个；不同专栏的侧重点不同导致在开放数据和数据安全的出现频率和重要程度上有所区别。如专栏 4、专栏 6 和专栏 7 分别针对大数据在公共服务行业、农业以及创新行业的应用和重要意义进行阐述，强调开放数据对大数据在同一行业中应用的影响，数据安全性要求不高；而专栏 3、专栏 8 和专栏 10 中数据安全的词频明显高于开放数据，尤其是专栏 10 中数据安全的出现频率高达 38 次，体现出这个部分是围绕网络和安全保障工作进行规划的。根据不同任务的细化和分析，可以将主要任务作为协同性推理的数据集合，其中的专栏作为事务集，将开放数据和数据安全作为两个概念事件，进行推理演绎，经过运算比较其支持度和置信度，确定合适的阈值，从而对今后的政策系统提出一定的指导意义。

2）《纲要》政策文本专栏本体统计根据《纲要》的主要任务及其细化，可以将每一个专栏对应的政策文本进行实体抽取，这里仅以部分专栏为例进行说明。由于专栏数量较多，且通过分词已知部分专栏没有围绕开放数据与数据安全主题进行政策纲要文本制订，故选取专栏 1、专栏 3 和专栏 10 进行政策文本本体构建展示及说明。

专栏 1 提纲挈领，从开放数据和数据共享的指导思想出发，阐明政府部门和公共资源的开放数据计划和实现数据共享三步走的具体工作安排。图 9-28 的本体图中可以看出：抽取出除三步走时间外的实体有：公共机构数据、制定政府数据、政府数据统一、政府数据和数据资源。其中政府数据是基础，政府数据统一的目标，制定政府数据是过程；公共机构数据和政府数据都是数据资源的一部分，由于实体间有复杂关系，在构建知识图谱时，需要行业专家对得到的实体进行人工梳理、合并或拆分等操作，保证实体的合理性。

专栏 3 从政府治理大数据工程出发，对数据资源、宏观调控决策、信息共享等细节进行说明。通过对实体（图 9-29）的分析汇总发现，不同专栏（专栏 1 和专栏 3）可能抽取出相同的实体，所以要求人工梳理时，要对不同渠道得到的实体或本体进行分类，将多次出现的实体作为基本实体进行存储，具有特殊属性的基本实体可以用不同类型的关系（上下级关系/属于关系）进行关联，保证实体不丢失，也不冗余。

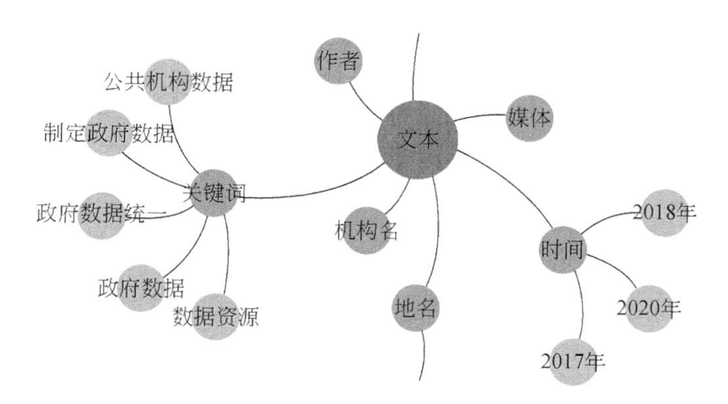

图 9-28　专栏 1 本体抽取图

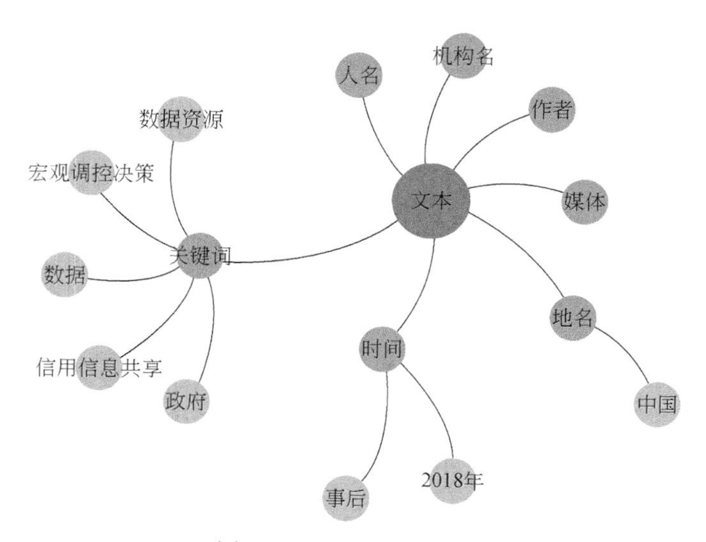

图 9-29　专栏本体抽取图

专栏 10 围绕网络和安全保障工作进行政策阐述，以数据安全为核心，可以得到如图 9-30 所示的本体关系图。其中关键词是抽取出的实体内容：信息、安全防护、信息共享、安全和网络安全。其中的信息与其他专栏抽取出的实体“数据”的关系需要区分，信息是带有特殊意义的数据，也就是说信息来自于数据，但数据不一定有信息；安全和网络安全是上下级关系，在知识图谱构建时，需要做好层次划分，便于后续的存储和访问。

3）《纲要》政策文本要素政策机制的统计结果针对政策文本要素“政策机制”，经过文本向量化计算后的词频统计结果，如图 9-31、图 9-32、图 9-33 所示，词频统计如表 9-6 所示。

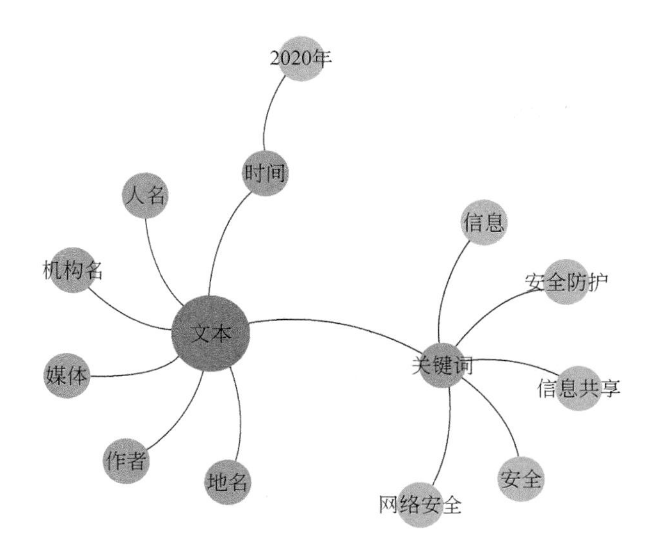

图 9-30　专栏 10 本体抽取图

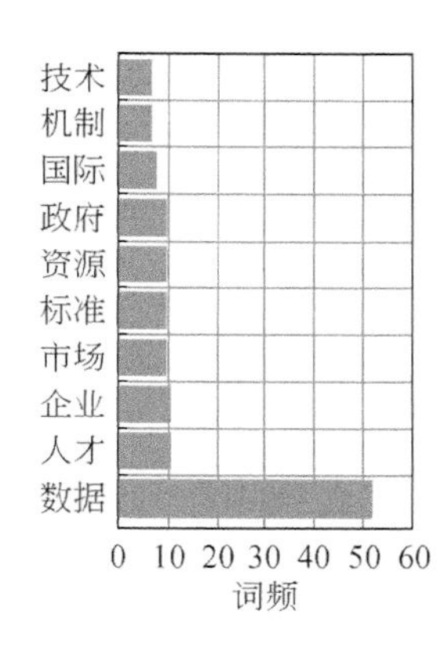

图 9-31　名词

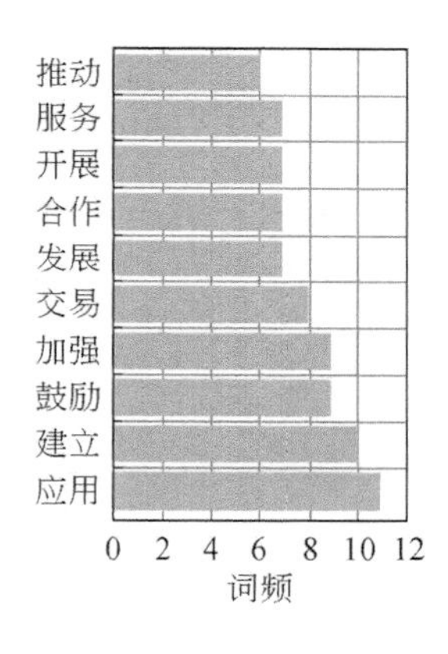

图 9-32　动词

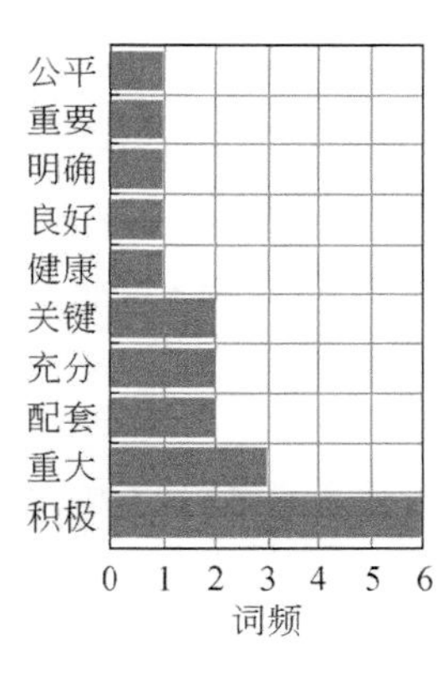

图 9-33　形容词

表 9-6　词频统计值

序号	名词	词频	动词	词频	形容词	词频
1	数据	52	应用	11	积极	6
2	人才	11	建立	10	重大	3
3	企业	11	鼓励	9	配套	2
4	市场	10	加强	9	充分	2
5	标准	10	交易	8	关键	2
6	资源	10	发展	7	健康	1
7	政府	10	合作	7	良好	1
8	国际	8	开展	7	明确	1
9	机制	7	服务	7	重要	1
10	技术	7	推动	6	公平	1

9.4.2 《纲要》政策文本全文数据的关联规则推理

利用关联规则对《纲要》政策文本全文数据进行协同性推理，需要根据《纲要》政策文本梳理后的内容构建关联规则运行的集合，并通过实验确定恰当的参数，进而对《纲要》的协同程度进行分析。

9.4.2.1 《纲要》关联规则推理协同状态的参数设计

根据《纲要》围绕主要任务及任务细化专栏的政策文本进行分词和统计词频后，可以将各个专栏中出现频率较高的词取出来，构成关联规则的总集合 I。除了我们要考虑的重点词：开放数据和数据安全外，从每个专栏分词得到的词频统计中选取出现频率超过 10 次的词向量，构成集合，每个词向量成为一个项目，项目的集合 I 称为项集。其元素的个数称为项集的长度，长度为 k 的项集称为 k–项集。

（1）项集

《纲要》中的项集 $I=$ ｛数据，政府，资源，开放，安全，信息，基础，平台，信用，企业，社会，体系，服务，农业，技术，应用，网络，创新｝，I 的长度为 18。

（2）事务集

每个专栏 T 是项集 I 的一个子集。对应每一个专栏有一个唯一标识的记号，记作 TID。专栏全体构成了专栏数据库 D，$|D|$等于 D 中专栏的个数，本《纲要》政策文本中的主要任务可以分成 10 个专栏，因此$|D|=10$。

（3）支持度

对于项集 X，设定 count（$X\subseteq T$）为专栏集 D 中包含 X 的专栏的数量，则项集 X 的支持度为：support（X）= count（（$X\subseteq T$）/$|$D$|$。本《纲要》中 $X=$ ｛开放，安全｝出现在 T1，T3，T4，T6，T7，T8 和 T10 中，所以支持度为 0.7。

（4）最小支持度

最小支持度是项集的最小支持阈值，记为 SUPmin，代表了用户关心的关联规则的最低重要性。支持度不小于 SUPmin 的项集称为频繁集，长度为 k 的频繁集称为 k–频繁集。如果设定 SUPmin 为 0.5，本《纲要》中 $X=$ ｛开放，安全｝的支持度是 0.7，所以 X 是长度为 2 的频繁集，即：2–频繁集。

（5）置信度

有了频繁集、支持度的说明，可以得到关联规则的置信度的定义。置信度是指包含开放数据和数据安全的专栏数与包含开放数据的专栏数之比。即：

confidence（$X\Rightarrow Y$）= support（$X\Rightarrow Y$））/support（X）置信度反映了如果专栏政策文本中包含开放数据，则专栏政策文本中包含数据安全的概率。

（6）强关联规则

假设关联规则的最小支持度和最小置信度为 SUPmin 和 CONFmin。规则 R 的支持度和置信度均不小于 SUPmin 和 CONFmin，则称为强关联规则。政策文本关联规则挖掘的目的就是找出强关联规则，从而说明开放数据和数据安全在政策文本中出现的频次的相关性，保证二者在政策文本中是协同的。所以，在《纲要》政策文本的关联规则实现时，需要解决两个问题：

1）找出事务数据库中所有大于等于用户指定的最小支持度的频繁项集 K。

2）根据已知频繁项集形成需要的关联规则，采用用户设定的最小置信度筛选出强关联规则。

9.4.2.2 《纲要》关联规则推理的协同结果实现与分析

（1）关联规则实现《纲要》政策文本的协同状态的推理过程

按照 10 个专栏及任务对应关系得到的项集 I 中文本实体与专栏对应关系如表 9-7 所示。说明：本研究对象《纲要》协同数据分析选择“任务与 10 个专栏”部分进行分析政策协同分析。

表 9-7 文本实体与专栏事务集对应关系

专栏 ID	文本实体 ID
T1	I1，I2，I3，I4，I5
T2	I1，I3，I6，I7，I8，I9
T3	I1，I2，I4，I5，I6，I9，I10，I11，I12
T4	I1，I4，I5，I11，I13
T5	I1
T6	I1，I4，I5，I13，I14，I6
T7	I1，I4，I5，I13，I18
T8	I1，I4，I5，I15
T9	I1，I10，I13，I16
T10	I1，I4，I5，I17

从基本章本项集出发，可以得到如表 9-8 所示的候选集及支持度统计。

表 9-8 候选集 C_1 及支持度

文本项集	支持度
{I1}	10
{I2}	2
{I3}	2
{I4}	7
{I5}	7
{I6}	3
{I7}	1
{I8}	1
{I9}	2

续表

文本项集	支持度
{I10}	2
{I11}	2
{I12}	1
{I13}	4
{I14}	1
{I15}	1
{I16}	1
{I17}	1
{I18}	1

按照关联规则 Apriori 算法的推理过程，模拟算法步骤，如图 9-34 所示。

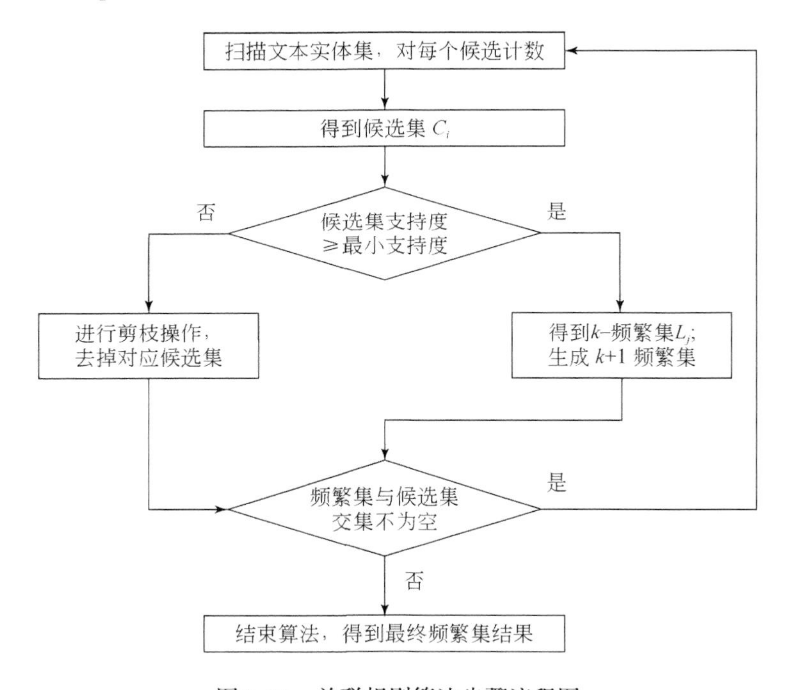

图 9-34　关联规则算法步骤流程图

关联规则中的最小支持度拟定为 2，则 C_1 的支持度与 2 相比，小于 2 的支持度的项集减掉，生成 2–频繁集 L_1，如表 9-9 所示。

表 9-9　频繁集 L_1 及支持度

文本项集	支持度
{I1}	10

续表

文本项集	支持度
{I2}	2
{I3}	2
{I4}	7
{I5}	7
{I6}	3
{I9}	2
{I10}	2
{11}	2
{I13}	4

由 L_1 生成候选集 C_2，如表 9-10 所示（45 个文本项集），并扫描该项集中的所有记录，并对候选进行计数，得到表 9-10 中的支持度，其中由于篇幅关系，省略部分内容。

表 9-10　候选集 C_2 及支持度

文本项集	支持度
{I1，I2}	2
{I1，I3}	2
{I1，I4}	7
{I1，I5}	7
{I1，I6}	3
{I1，I9}	2
{I1，I10}	2
{I1，I13}	4
{I2，I3}	1
{I2，I4}	2
{I2，I5}	2
{I2，I6}	1
{I2，I9}	1
{I2，I10}	1
{I2，I13}	0
{I3，I4}	1
{I3，I5}	0
{I3，I6}	1
{I3，I9}	1
{I3，I10}	0

续表

文本项集	支持度
{I3，I13}	0
……	……
{I10，I13}	1

根据算法步骤，将该候选集 C_2 的支持度与最小支持度 2 进行比较，小于 2 的支持度进行剪枝，可以得到如表 9-11 的 2–频繁集。

表 9-11　2–频繁集

文本项集	支持度
{I1，I2}	2
{I1，I3}	2
{I1，I4}	7
{I1，I5}	7
{I1，I6}	3
{I1，I9}	2
{I1，I10}	2
{I1，I13}	4
{I1，I11}	2
{I2，I4}	2
{I2，I5}	2
{I4，I11}	2
{I4，I5}	7
{I4，I6}	2
{I4，I13}	2
{I5，I6}	2
{I5，I11}	2
{I5，I13}	2
{I6，I9}	2

从 2–频繁集生成 3–频繁集，其中要遵循定理：如果项目集 M 是频繁集，则该频繁集的非空子集都是频繁集。根据定理，已有一个 k–频繁集的项集 M，M 的所有 $k-1$ 阶子集都肯定是频繁集，这就表示肯定能找到两个 $k-1$ 频繁集的项集，它们只有一项不同，且自连接后必须等于 M。这说明通过自连接 $k-1$ 频繁集产生的 k–候选集将能覆盖 k–频繁集。同时，如果 k–候选集中的项集 N，包含了某个 $k-1$ 阶子集不属于 $k-1$ 频繁集，则 N 就不可能是频繁集，N 项集需要从候选集中裁剪掉。按照算法可以得到如表 9-12 的频繁集 L_4 以及对应的支持度。

表 9-12　频繁集 L_4 及支持度

文本项集	支持度
{I1，I2，I4，I5}	2
{I1，I4，I5，I6}	2
{I1，I4，I5，I11}	2
{I1，I4，I5，I13}	3

通过上述算法步骤说明，可以看出 Apriori 算法的推理过程是一个循序渐进在候选集和频繁集中不断连接或剪枝的过程。由于后续步骤与前述内容类似，不再赘述，详细实现结果及分析参见后续章节。

（2）实现核心算法

运行 Python 实现的 Aprior 算法，实现时需要主要两个问题：

1）由于 Apriori 算法假定项集中的项是按字典序排序的，而集合本身是无序的，所以在必要时需要进行 set 和 list 的转换；

2）由于要使用字典（support_data）记录项集的支持度，需要用项集作为 key，而可变集合无法作为字典的 key，因此在合适时机应将项集转为固定集合 frozenset。

核心算法的流程图如图 9-35 所示，可以看出该算法流程图是在算法步骤基础上的细化。

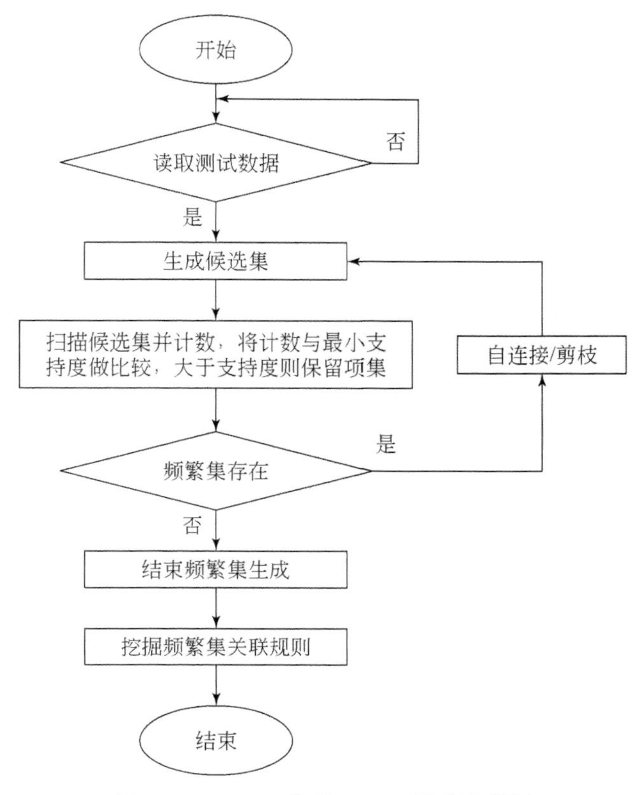

图 9-35　Python 实现 Apriori 算法流程图

其中，挖掘关联规则的过程为：按照不同的置信度对每个最后生成的频繁项集 L，产生 L 的所有非空子集 S，如果 P(L) /P(S) 大于等于最小置信度，则输出关联规则，形如：$\{S\} \Rightarrow \{L-S\}$，同时给出其置信度值。

（3）结果统计与分析

通过 Apriori 算法对《纲要》政策文本中的主要任务及细化后的 10 个专栏进行关联规则推理，可以得到如表 9-13 的频繁集，其中支持度设置为 2（即 20%）。

表 9-13　《纲要》政策文本主要任务频繁集及支持度

文本项集	支持度
{数据，政府，开放，安全}	2
{数据，开放，安全，信息}	2
{数据，开放，安全，社会}	2
{数据，开放，安全，服务}	3

置信度设置为 0.6 时，其频繁集对应的置信度结果如图 9-36 所示。

```
关联规则：[5, 2]=>[4]    置信度为：1.0
关联规则：[6]=>[4, 5]    置信度为：0.6666666666666666
关联规则：[4, 6]=>[5]    置信度为：1.0
关联规则：[5, 6]=>[4]    置信度为：1.0
关联规则：[11]=>[1, 4, 5]    置信度为：1.0
关联规则：[11, 1]=>[4, 5]    置信度为：1.0
关联规则：[11, 4]=>[1, 5]    置信度为：1.0
关联规则：[11, 1, 4]=>[5]    置信度为：1.0
关联规则：[11, 5]=>[1, 4]    置信度为：1.0
关联规则：[11, 1, 5]=>[4]    置信度为：1.0
关联规则：[11, 4, 5]=>[1]    置信度为：1.0
关联规则：[13]=>[1, 4, 5]    置信度为：0.75
关联规则：[1, 13]=>[4, 5]    置信度为：0.75
关联规则：[13, 4]=>[1, 5]    置信度为：1.0
关联规则：[1, 13, 4]=>[5]    置信度为：1.0
关联规则：[13, 5]=>[1, 4]    置信度为：1.0
关联规则：[1, 13, 5]=>[4]    置信度为：1.0
关联规则：[13, 4, 5]=>[1]    置信度为：1.0
关联规则：[2]=>[1, 4, 5]    置信度为：1.0
关联规则：[1, 2]=>[4, 5]    置信度为：1.0

关联规则：[2, 4]=>[1, 5]    置信度为：1.0
关联规则：[1, 2, 4]=>[5]    置信度为：1.0
关联规则：[2, 5]=>[1, 4]    置信度为：1.0
关联规则：[1, 2, 5]=>[4]    置信度为：1.0
关联规则：[2, 4, 5]=>[1]    置信度为：1.0
关联规则：[6]=>[1, 4, 5]    置信度为：0.6666666666666666
关联规则：[1, 6]=>[4, 5]    置信度为：0.6666666666666666
关联规则：[4, 6]=>[1, 5]    置信度为：1.0
关联规则：[1, 4, 6]=>[5]    置信度为：1.0
关联规则：[5, 6]=>[1, 4]    置信度为：1.0
关联规则：[1, 5, 6]=>[4]    置信度为：1.0
关联规则：[4, 5, 6]=>[1]    置信度为：1.0
```

图 9-36　置信度结果程序运行结果

最终频繁项集和频繁项集的置信度取决于最小支持度和最小置信度的设置，本次实验中最小支持度为0.2，置信度为0.6，得到表9-14所示的支持度对应关系。其中第一列为数据来源即10个专栏；其他列为频繁项集的1-频繁集与专栏的对应关系，其中1表示该项集在专栏中出现。根据支持度的计算公式可以知道《纲要》政策文本的主要任务及其细化专栏中“数据”是核心文本实现，围绕该文本当支持度为20%时，开放、安全、政府、信息、社会和服务是强关联的；开放和安全的支持度为70%，表示开放数据和数据安全在主要任务政策文本部分关联性较强。

表 9-14 频繁项集与专栏对应关系及支持度

专栏 ID	数据	政府	开放	安全	信息	社会	服务
T1	1	1	1	1			
T2	1				1		
T3	1	1	1	1	1	1	
T4	1		1	1		1	1
T5	1						
T6	1		1	1	1		1
T7	1		1	1			1
T8	1		1	1			
T9	1						1
T10	1		1	1			
支持度（SUPPORT）	（I1）1	（I2）0.2	（I4）0.7	（I5）0.7	（I16）0.3	（I11）0.2	（I13）0.3
SUPPORT（I4=>I5）	0.7						
CONFIDENCE（I4=>I5）	1						

当调整支持度为0.3时，得到表9-15所示的频繁项集及支持度。

表 9-15 频繁项集与专栏对应关系及支持度

专栏 ID	数据	开放	安全	服务
T1	1	1	1	
T2	1			
T3	1	1	1	
T4	1	1	1	1
T5	1			
T6	1	1	1	1
T7	1	1	1	1
T8	1	1	1	
T9	1			1
T10	1	1	1	
支持度（SUPPORT）	（I1）1	（I4）0.7	（I5）0.7	（I13）0.3

当调整支持度为0.4时，得到表9-16所示的频繁项集及支持度。

表9-16 频繁项集与专栏对应关系及支持度

专栏 ID	数据	开放	安全
T1	1	1	1
T2	1		
T3	1	1	1
T4	1	1	1
T5	1		
T6	1	1	1
T7	1	1	1
T8	1	1	1
T9	1		
T10	1	1	1
支持度（SUPPORT）	（I1）1	（I4）0.7	（I5）0.7

综合表9-14至表9-16，可以看出，在《纲要》政策文本的主要任务及其细化专栏部分，强关联规则的项集是数据、开放和安全。置信度的提高仅对频繁项集的置信度进行筛选工作，不会影响频繁集的最终结果。对频繁项集影响大的因素是支持度以及所有文本数据的项集I的组成。当支持度提高到0.8后，开放和安全不包含在频繁集中；当所有文本数据的项集I发生变化时，将影响最终的关联规则频繁集及置信度。所以关联规则的结果与协同程度的对应关系，归根结底取决于项集的构成方式，如考虑文本的词频对数据集的影响，文本的数量级等等。

对同一个文本数据的项集I来说，当某个数据文本出现词频小于4则不采用该数据文本时，专栏4，专栏6和专栏7将不包含文本实体“安全”，专栏8不包含文本实体“开放”，得到如表9-17所示的专栏和文本实体对应关系表。

表9-17 文本实体与专栏事务集对应关系

专栏 ID	文本实体 ID
T1	I1，I2，I3，I4，I5
T2	I1，I3，I6，I7，I8，I9
T3	I1，I2，I4，I5，I6，I9，I10，I11，I12
T4	I1，I4，I11，I13
T5	I1
T6	I1，I4，I13，I14，I6
T7	I1，I4，I13，I18
T8	I1，I5，I15
T9	I1，I10，I13，I16
T10	I1，I4，I5，I17

研究结果表明，如表 9-18 所示，利用算法采用支持度为 0.2，置信度为 0.6，对新的数据集合进行关联规则运算，得到的频繁集为 {数据，政府，开放，安全}；支持度为 0.3，置信度为 0.6 时，最终频繁集为：{数据，开放，服务} 和 {数据，开放，安全}；支持度为 0.4，置信度为 0.6 时，最终频繁集为：{数据，开放，安全}；支持度为 0.5，置信度为 0.6 时，最终频繁集为：{数据，开放}，且开放 => 数据的置信度为 1；数据 => 开放的置信度为 0.7。通过调整数据文本词频与专栏的对应关系，可以看到支持度和数据文本项集 I 对频繁项集和置信度有重要影响。

表 9-18　政策文本协同程度研究结论

序号	政策文本定位	支持度	置信度	协同状态	政策协同
1	主要任务及细化后的 10 个专栏（开放数据和数据安全）	0.2	0.6	强相关	政策整合
2		0.3	0.6		
3		0.4	0.6		
4		0.5	0.6		

9.5　政策文本协同研究的展望

根据本次基于知识图谱技术支持下的政策协同分析研究进度，下一步研究展望可以从两部分完善：一是针对全文本的全元素分析，二是场景模式扩展为同类多篇政策文本的不同主题的协同以及多篇文本的不同政策之间的主题分析的全数据分析。

（1）单文本中不同主题的协同进行全面的分析

根据单文本中各个不同部分作为分析对象逐项元素进行政策文本的协同情况进行推理分析，首先，针对政策文本中不同部分完成不同主题的政策协同情况，接着，建立政策文本不同部分关于不同主题协同指标指标权重，综合性判断政策文本关于不同主题的协同情况判断。

（2）多篇文本中多个主题的协同情况分析

根据该研究路径将分析对象扩展为多篇文本，一是扩大政策文本的类型，二是增加政策文本的数据量，三是通过关联推理模型参数控制，实现多文本下的多个主题的政策文本协同分析。

本 章 小 结

本章完成基于知识图谱技术的政策内部两类不同主题协同问题研究的新方法的探索，本章研究过程与撰写过程严格按照标准化软件工程规范：按照可行性分析、需求分析、概要设计、详细设计与代码实现流程完成，并针对实现的统计、挖掘结果结合研究主题进行分析。研究总体技术路线以人工智能下的知识图谱技术为核心，采用大数据时代下全文本数据内容分析的方法，并选择数据挖掘中关联规则构建推理模型构建完成。研究案例选择国务院关于印发促进大数据发展行动纲要的通知的《促进大数据发展行动纲要》（国发〔2015〕50号）为对象，完成开放数据与数据安全两个不同主题的协同情况分析：首先，完成政策全文数据的文本核心意图、政策热点等统计与分析，并以此为基础选择《纲要》中的“任务”这部分内容完成该政策中两类不同主题在政策文本中的协同情况分析。研究结果表明，通过基于知识图谱技术的政策协同情况探索研究，该方法可以推广应用在多篇政策文本中不同主题协同情况的客观分析。

参考文献

[1] King G. Restructuring the Social Sciences: Reflections from Harvard's Institutefor Quantitative Social Science [J]. Political Science and Politics, 2013, 47 (1): 165

[2] GrayJ. On eScience: A Transformed Scientific Method [M]. // HeyT, TansleyS, TolleK. The Fouth Paradigm: Data-Intensive Scientific Discovery. Redmond : Microsoft Corporation, 2009: xvii-xxxi.

[3] 米加宁，章昌平，李大宇，等．第四研究范式：大数据驱动的社会科学研究转型［J］．社会科学文摘，2018，28（4）：22-24.

[4] Rostaing J. Building Policy Coherence: Tools and Tensions [J]. Public Management Occasional Papers, 1996, (12): 168220068.

[5] Cabinet Office. Wiring it up: Whitehall's Management of Cross-cutting Policies and Services [J]. London: Cabinet Office, 2000.

[6] Wilkinson D, Appelbee E. Implementing Holistic Government: Joined-up Action on the Ground [M]. Bristol: Policy Press, 1999.

[7] Hilker L M. A Comparative Analysis of Institutional Mechanisms to Promote Policy Coherence for Development [R]. Brighton: OECD Policy Workshop, 2004.

[8] Bakvis H, Browny D. Policy Coordination in Federal Systems: Comparing Intergovernmental Processes 25 and Outcomes in Canada and the United States [J]. The Journal of Federalism, 2010, (3): 484-507.

[9] 王光远，吕大刚，等．结构智能选型：理论、方法与应用［M］．北京：中国建筑工业出版社．2005.

[10] 彭漪涟．逻辑学大辞典．上海：上海辞书出版社，2004.

[11] Cunningham H, Maynard D, Bontcheva K, et al. GATE: A Framework and Graphical Development Environment for Robust NLP Tools and Applications [C]. Philadelphia: 40th Anniversary Meeting of the Association for Computational Linguistics (ACL'02), 2002.

[12] Lafferty J D, Mccallum A, Pereira F C N. Conditional Random Fields: Probabilistic models for segmenting and labeling sequence data [C]. Eighteenth International Conference on Machine Learning. San Francisco: Morgan Kaufmann Publishers, 2001: 282-289.

[13] 清华大学人工智能研究院．HowNet［EB/OL］［2021-10-15］．OpenHowNet（thunlp. org）．

第10章　结　束　语

基于现有数据政策现状表明，我国正处于不断完善相关数据政策体系阶段，开放数据和数据安全政策多数相对独立，并没有形成体系融入到现有的数据类政策中来，要促进开放数据与数据安全子系统间协同，须建立开放数据及数据安全协同创新机制。开放数据及数据安全子系统和子子系统的平衡发展有助于复合系统协同能力发展。复合系统协同强调子系统间相互作用，加强子系统之间良好协作的意义大于单个子系统有序度的提升。政府应促进开放数据和数据安全体系的紧密结合，从实际政策数据分析来看，单独提升某一个子系统的关注度，很难提升二者之间的协同效应。如某大数据政策中开放数据子系统的有序度持续上升，但该政策中并未提及安全相关事宜，因此数据安全子系统有序度并未持续上升，而是呈现平稳或波动状态。在数据开放政策制定的同时，还要确保开放的数据安全稳定，要更加注重开放及安全子系统各子子系统之间的协同。本书基于现有自建语料库所收集的数据政策提出如下政策建议。

10.1　建设统一政府数据开放共享平台

要构建统一的政府数据开放共享平台，该平台用于汇聚、存储、共享、开放政府数据，要明确数据开放领域及数据标准格式，社会公众和市场主体关注度、需求度高的政府数据，应当优先向社会开放。如信用、交通、医疗、卫生、就业、社保、地理、文化、教育、科技、资源、农业、环境、安监、金融、质量、统计、气象等民生保障服务相关领域的政府数据应当优先向社会开放。共享数据分为无条件共享和有条件共享两部分，其中无条件共享的政府数据，应当提供给所有政府机关共享使用；有条件共享的政府数据，仅提供给相关政府机关或者部分政府机关共享使用。

1）技术层面：政府提供通用的符合技术标准的访问接口与共享平台和开放平台对接；

2）数据管理层面：政府数据实行分级、分类目录管理，所开放共享的数据能够使大数据为各行业活动提供强有力的支撑；

3）业务水平提升层面：数据行政主管部门应定期组织行政机关工作人员开展政府数据共享开放培训和交流，提升共享开放业务能力和服务水平；

4）考核标准层面：各级各类政府机构要制定考核办法，将政府数据共享开放工作目标绩效考核；

5）监管评估层面：需要有第三方开展政府数据共享开放工作的进行监管与评估。数据统计表明：以下政策中开放数据主题提及较高《中华人民共和国政府信息公开条例》《国土资源部关于印发促进国土资源大数据应用发展实施意见》《贵阳市政府数据共享开放条例》《银川市人民政府办公厅关于印发<银川市城市数据共享开放管理办法>的通知》

和《苏州市大数据产业发展规划》。

10.2 构建政府数据安全保障体系

政府要从制度建设、安全应急演练、安全监管、人才培养、知识产权等方面尽快构建完善数据安全保障体系，给各行业的营商活动提供安全保障环境。在政府构建数据共享开放平台的前提下，应当依法维护国家安全和社会公共安全，保守国家秘密、商业秘密，保护个人隐私，任何组织和个人不得利用共享、开放政府数据进行违法活动。

1）制度建设层面：政府应当依法建立健全政府数据安全管理制度和共享开放保密审查机制，行政机关和共享开放平台运行、维护单位应当落实安全保护技术措施，全力保障数据安全。

2）安全监管层面：相关部门要开展大数据安全的等级保护、日常巡查、执法检查、信息通报、应急处置等监督管理工作。

3）人才培养层面：要创新人才培养模式，建立健全多层次、多类型的数据安全人才培养体系，重点培养专业化具有统计分析、计算机技术、经济管理、计算机技术、数据安全等多学科知识的跨界复合型。

4）知识产权保护层面：要加强新领域创新成果的知识产权数据保护，加强互联网、电子商务、大数据等领域的知识产权保护规则研究，推动完善知识产权数据保护体系。

数据统计表明：以下政策中数据安全主题提及较高。

《中华人民共和国网络安全法》

《国务院关于大力推进信息化发展和切实保障信息安全的若干意见》

《大数据安全标准化白皮书》

《大数据安全白皮书（2018 年）》

《贵阳市大数据安全管理条例》

《深圳市网络与信息安全突发事件应急预案》

《广东省人民政府关于印发广东省深入实施知识产权战略推动创新驱动发展行动计划的通知》

10.3 保障开放数据和数据安全政策协同且稳定运行

通过对 2008～2018 年各级政府发布的 446 条数据类政策进行实证研究，开放数据与数据安全主题在明确职责、数据立法、知识产权、监督预警等方面都存在不同程序的关联关系。因此政府应着手从以上方面来保证数据开放平台及数据安全保障体系的协同、稳定运行。

1）明确职责：政府应明确所要开放数据的采集汇聚、目录编制、数据提供、更新维护和安全管理等工作职责，政府部门应当按照技术规范，在职责范围内采集政府数据，进行处理后实时向共享平台汇聚，采集政府数据涉及多部门，要按照规定的职责协同采集汇聚。

2）数据立法：由于政府数据共享开放与信息安全之间的法律界限不明，在开放数据过程中时常与数据安全问题产生冲突，因此应加快推进大数据相关立法工作进程。

3）知识产权：要加强对开放数据知识产权的保护来有效确保数据安全稳定。通过发掘新知识和创造新价值及大数据领域的智力成果，要采取合理的规则保护其知识产权。不但要通过开放数据防止数据资源垄断，保护基于大数据的创新动力。实现基础数据资源共享，不断完善数据资源建设体系，发挥其最大效能；还要通过知识产权保护数据获取、挖掘和开发主体的利益，实现具有商业价值的大数据的有偿转让和交易，提升数据资源集聚和管理水平。

4）监督预警：要建立开放数据和数据安全的监督和预警体系，应由专业数据行政主管部门负责政府数据共享开放的监督管理和指导工作。

数据统计表明：以下政策中开放数据及数据安全主题提及较高且协同度较高。

《国务院关于印发促进大数据发展行动纲要的通知》

《国务院办公厅关于促进和规范健康医疗大数据应用发展的指导意见》

《国务院关于促进云计算创新发展培育信息产业新业态的意见》

《北京市人民政府关于印发北京市大数据和云计算发展行动计划（2016—2020 年）的通知》

《关于印发江苏省大数据发展行动计划的通知》

《南宁市人民政府办公厅关于印发南宁市大数据建设发展规划（2016—2020）的通知》

《贵州省大数据产业发展领导小组办公室关于加快大数据产业发展的实施意见》

《青海省人民政府办公厅关于促进和规范健康医疗大数据应用发展的实施意见》

《省政府关于印发江苏省大数据发展行动计划的通知》

《江西省人民政府办公厅关于印发江西省大数据发展行动计划的通知》。